科学出版社“十四五”普通高等教育研究生规划教材

植物基因组学

（第二版）

樊龙江　主编

科 学 出 版 社
北 京

内 容 简 介

本书为国内第一本植物基因组学教材，全书共 15 章，系统介绍了植物基因组学基础理论和方法，包括植物基因组测序与拼接、转录修饰、进化选择和育种利用等经典内容，同时包括单细胞基因组、三维基因组和合成基因组等研究前沿。全书提供了植物基因组的总体概貌和共性知识。

本书适合作为植物学、农学、林学、生态学等相关专业本科生和研究生的教学用书，也可供相关研究人员进行参考。

图书在版编目（CIP）数据

植物基因组学 / 樊龙江主编. -- 2 版. --北京 : 科学出版社, 2025. 6.
(科学出版社“十四五”普通高等教育研究生规划教材). -- ISBN 978-7-03-081244-5

I. Q943

中国国家版本馆 CIP 数据核字第 20255UJ927 号

责任编辑：张静秋　林梦阳 / 责任校对：宁辉彩
责任印制：肖　兴 / 封面设计：金舵手世纪

科学出版社 出版
北京东黄城根北街 16 号
邮政编码：100717
http://www.sciencep.com

北京九州迅驰传媒文化有限公司印刷
科学出版社发行　各地新华书店经销
*
2020 年 3 月第　一　版　开本：787×1092　1/16
2025 年 6 月第　二　版　印张：16 1/4
2025 年 6 月第十次印刷　字数：434 000

定价：79.80 元

（如有印装质量问题，我社负责调换）

《植物基因组学》（第二版）
编写人员名单

主　　编　樊龙江（浙江大学）

参　　编　（按照姓氏笔画排序）

王希胤（华北理工大学）　　方　玉（中科荃银/浙江大学）

叶楚玉（浙江大学）　　付俊杰（中国农业科学院作物科学研究所）

刘庆坡（浙江农林大学）　　李　旭（华中农业大学）

李国亮（华中农业大学）　　李慧慧（中国农业科学院作物科学研究所）

吴东亚（浙江大学）　　吴瑶瑶（南京农业大学）

张一婧（复旦大学）　　张剑锋（北京生命科技研究院）

陆婷婷（上海交通大学）　　陈　露（浙江大学）

欧阳亦聃（华中农业大学）　　徐海明（浙江大学）

曹培健（北京生命科技研究院）　　谢玲娟（浙江大学）

褚琴洁（浙江大学）

审　　稿　韩　斌　储成才　谷晓峰　章　张　焦雨铃

第二版序

自《植物基因组学》（第一版）出版以来，植物基因组学经历了前所未有的迅猛发展。五年来，得益于高通量测序技术、单分子实时测序，以及大数据和人工智能在生物信息学中的广泛应用，解析复杂基因组结构和功能的能力日益增强，也进一步加深了我们对植物基因组的认识。从最初对模式植物基因组的初步解析，到如今对几乎所有栽培作物、作物近缘野生种乃至非模式植物全基因组的精细解读，飞速发展的植物基因组学不仅深化了我们对作物改良和植物进化机制的认知，也为生物多样性保护提供了强有力的支撑。这一系列突破性成果正推动植物科学迈入崭新的时代。

当前，植物基因组学已不再局限于单一物种的基因组解析，而是逐渐迈向跨种群、跨生态系统的综合研究。未来，随着测序成本的持续降低、数据处理能力的不断提升，以及人工智能的飞速发展，我们有理由相信，对植物遗传多样性、进化机制和适应性调控的认识将更为全面、深入。新版教材正是在这一背景下应运而生，它既传承了以往的宝贵经验，又融入了最新的研究成果和创新方法，力求为读者提供一部系统、前沿、权威的植物基因组学著作。

新版教材更为精炼且紧跟前沿。可以看到在第一版的基础上进行了全面的修订和更新。整体结构做了比较大的调整，有删除，也有优化与补充，很多内容进行了更新和扩展（包括科研进展、测序技术、分析工具和数据库），使新版教材更契合当前植物基因组学发展需求。

科学发展的每一次突破都离不开坚实的理论支撑和严谨的实验方法。新版教材的编写团队秉持科学严谨、求真务实的态度，对各章节进行了精心设计，力求将前沿技术与实际应用有机结合，使新版教材既适合作为本科生和研究生的入门教材，也为科研工作者开展创新研究提供了有力参考。

作为热爱和长期从事植物基因组研究的科研人员，我很荣幸再次受邀为新版的《植物基因组学》撰写序言。在此，我衷心期盼这部教材能成为广大科研工作者、教师和学生开展植物基因组学研究与教学的重要工具，也希望它能激发更多青年学子对植物科学的浓厚兴趣，为破解植物生命奥秘、推动智慧农业发展和生态环境保护贡献自己的智慧和力量，共同推动这一充满活力的学科不断向前发展。

韩　斌

2025 年 2 月 20 日

第一版序

自20世纪末人类基因组被测序以来，整个生命科学研究至今都处在“基因组浪潮”中。同样，自20世纪末和21世纪初双子叶十字花科植物拟南芥及单子叶禾本科作物水稻的全基因组序列被精确测定以来，植物科学研究也一直处于“基因组浪潮”中。迄今已发表的全基因组被测序的植物有355种（包括被子植物、裸子植物和藻类），人类认识植物的遗传多样性，以及植物的遗传、生长发育、物质能量代谢的规律不再是简单依据实验观察和描述，而是能够基于基因组数据，系统深入地解析植物复杂生命现象的内在规律，植物基因组学的快速发展极大地推动了整个植物科学的发展。可以说，研究植物基因组学已成为植物科学研究的核心，特别是植物分子生物学和遗传学研究的核心。虽然我本人和我的实验室一直从事水稻基因组学研究，也在不断追踪与探索最新的植物基因组学研究方法和技术，但是，我认为我们一直缺乏一本系统、前沿和权威的植物基因组学教科书。幸运的是，浙江大学樊龙江教授和他的团队，历经数年精心编写了这本《植物基因组学》，我很荣幸能先睹这部巨著的书稿，也非常高兴为该书作序。

樊龙江教授有植物基因组学和生物信息学教学的丰富经验，也有多年从事植物基因组学前沿研究的经历，更重要的是他有编写这部教科书的热情和强烈的责任感。我读完全书，感觉这是一本系统、全面和前沿的植物基因组学教科书，语言简洁、可读性强，是能够为越来越多有志于从事植物科学研究的本科生、研究生及青年科研人员提供从入门到独立开展植物基因组学研究的指导的参考书，值得向广大读者推荐。该书包括了总论和各论两部分。总论系统地介绍了植物基因组研究的内容和最新方法，是该书的核心部分；各论则重点介绍了一些模式植物或重要作物的基因组测序、注释分析、进化起源等最新研究成果，是典型的“案例”分析，对有一定研究基础的研究人员特别有帮助。

当读者手捧该书的时候已经能够看到该书的全部章节，我不需要在这里一一详述各章节内容。我想强调，植物基因组学的核心内容是基因组测序和功能分析，但是实现高效、准确的植物基因组测序和组装分析，以及准确的基因组注释和功能分析是非常有挑战性的。一方面，由于植物的遗传多样性丰富、基因组重复序列多，一些多倍体植物的基因组更大、结构更加复杂；另一方面，基因组测序技术发展快速，基因组学研究方法也不断改进。DNA测序技术迄今经历了三代的发展。DNA测序技术起始于20世纪70年代中后期，随后的20多年，第一代测序技术完成了人类基因组测序，并逐步诞生了高通量第二代测序技术。近年来，单分子等第三代测序技术开始出现，测序成本不断降低，也预示着测序技术的应用更广。基因组注释是利用生物信息学方法和工具，对基因组所有基因和其他结构进行高通量注释（如重复序列的识别、非编码RNA的预测、基因结构预测、基因功能注释、假基因的识别和物种个性化信息分析），是当前基因组学研究的热点。该书对这些植物基因组学研究的主要内容和方法特点都有详细的阐述，这有助于读者较为全面地了解和掌握植物基因组学的研究技术和方法。群体基因组学将基因组概念和群体遗传学理论体系相结合，有助于我们从基因组水平上更好地理解群体的进化分化历史和地理分布规律。而全基因组重测序和高通量基因分型技术的发展，促进了群体基因组学研究的飞速发展，解决了许多重要的植物科学问题：揭示物种起源驯化之谜，通过全基因组关联分析鉴定控制作物重要农艺性状的位点，解析杂种优势遗传基础，探究植物环境适应的机制。这些前沿研究的进展和研究方法也在书中有详尽的介绍。

我相信随着更精确的测序技术的发展，将能够获得更完整、更高质量的植物基因组参考序列，植物遗传多样性之谜也将随着植物泛基因组的深入研究和基因组、表型组等大数据分析技术的发展被逐步揭开。目前的基因组研究技术可为植物基因组序列多态性、植物进化和作物驯化、基因定位、基因组高效编辑和基于全基因组信息的作物遗传育种提供快速、精准的信息，从而推动整个植物科学的发展。我希望这本教科书能引导更多的本科生、研究生喜爱植物基因组学这门新兴和朝气蓬勃的学科，并从中受益良多。

韩斌

中国科学院国家基因研究中心主任、中国科学院分子植物科学卓越
创新中心主任、中国科学院上海植物生理生态研究所所长，中国科学院院士

2019 年 11 月 11 日于上海

第二版前言

植物基因组学是一个快速发展的学科，特别是近年来由于测序技术和拼接算法的突破，基因组测序呈现井喷趋势。如此快速发展的学科，其相关教材每3～5年修订一次是必要的。由于第一版篇幅比较大（书太厚），同时分为总论和各论两部分，更新和修订的工作量可想而知。所以我一直胆怯，不敢启动第二版的修订。直到有一天韩斌院士给了我一个建议：更新总论，去除各论！这使修订之路豁然开朗。

第二版的修订是从2023年5月16日第一次编写组会议正式开始的。根据修订情况，我先后分两批邀请了国内有关专家进行各章的修订。经过一年半的努力，终于在第一版出版后的第5个年头完成了修订。第一次编写会议明确了第二版总体修订思路是“去繁就简（取消各论内容、合并有关章节）和增加功能方面的内容（原一章内容分为两章）”。同时提出章节内容可以完全推倒重来，由各章负责人全权决定。按照这样的修订思路，目前的第二版实现了最初要求和修订目标。此外，为了配合实际需求，教材主页（http://ibi.zju.edu.cn/bioinplant/courses/plantgenomics/zhuye.html）提供了本书相关学习材料，供读者参考。

各章修编负责人如下：第1章樊龙江，第2章吴东亚，第3章叶楚玉，第4章褚琴洁，第5章张一婧，第6章陆婷婷和王希胤，第7章陈露，第8章樊龙江，第9章李国亮，第10章曹培健和张剑锋，第11章刘庆坡，第12章李慧慧和徐海明，第13章欧阳亦聃和李旭，第14章付俊杰、吴瑶瑶、方玉和樊龙江，第15章谢玲娟和樊龙江。此外，冯旗、邱杰、黄毓杰、郑迪怀等参与了修订工作。全书由樊龙江负责统稿和定稿。

感谢韩斌、储成才、谷晓峰、章张、焦雨铃等领域专家进行了全书或有关章节的审阅和修改。第二版的修订和出版得到农业生物育种重大专项（2023ZD04076）和浙江大学的资助。

编写本书使我更加关注植物基因组测序进展，这促成我们发表了一系列植物基因组综述文章。2020年为植物基因组测序第20个年头，是一个值得回顾和总结的时间节点。我们基于第一版教材收集的基因组测序物种，对20年来植物基因组测序情况进行了总结和分析（Sun et al.，2022）。为了配合第二版修订，我安排学生统计了2021～2023年的植物基因组测序进展，结果出乎意料——这3年的基因组测序物种总数超过了前20年（Xie et al.，2024）。如果回顾过去的5年（2020～2024年），85%以上的植物物种和染色体水平基因组都是在此期间完成的。这5年中，测序技术和拼接算法发生了翻天覆地的变化，我希望此次修订把最新的进展都介绍清楚了。

植物界有50万个不同物种，虽然目前已测序了约2000个物种（截至2024年12月31日），但这仅仅是冰山一角，许多类型（如一个目或科）的植物甚至还没有一个参考基因组，植物基因组学研究任重道远。许多大基因组，特别是巨大基因组都还没有测序完成，这都留给了未来。技术与算法的创新浪潮还在持续，可以预期更多类型，更高质量，更大、更复杂的基因组将被测序，未来5年或10年植物基因组学研究必将迎来更大飞跃。让我们一起见证吧！

樊龙江

2024年12月31日

第一版前言

2012 年，浙江大学第一次开设“植物基因组学”本科生课程。根据当时制订的教学大纲，该课程应针对植物基因组特征讲解已积累的植物基因组学知识和最新研究进展。但时至今日，仍找不到一本与该课程配套的教材！虽然目前已有一些基因组学方面的教材，如杨焕明院士和杨金水教授分别编著的《基因组学》、布朗的《基因组》等，但这些教材均属于综合性教材，针对性不够强。第一个植物基因组 20 年前就已测序完成，同时近十年来大量基因组被测序，我们对植物基因组的认识已相当深入。但至今没有一本教材对这些知识进行总结，实属意外。我只有根据自己在植物基因组方面的研究经历，梳理和总结国内外相关成果，并组织教案。本教材在此基础上编写而成。

我大概是从 1999 年开始了解植物基因组，而真正接触植物基因组是在 2001 年加入郝柏林院士的水稻基因组研究小组之后。由于有了研究水稻基因组的基础，后来就一直围绕水稻开展基因组研究。2005 年我们实验室发表了第一篇植物基因组论文，证实水稻进化过程中经历了两次全基因组加倍过程。这是我独立开展植物基因组研究的最初经历，后来陆续开展了水稻相关物种（如杂草稻和稻田稗草等）基因组测序与非编码 RNA 分析等工作。这些研究经历使我编写本教材成为可能，同时也有了许多第一手资料。水稻与拟南芥一直“领跑”植物基因组学研究，为本教材的编写提供了许多有趣案例。此外，我的生物信息学教学和科研经历，使我能更好地跟踪基因组学技术前沿及其在植物学领域的应用进展。

为了更好地组织内容，本教材借鉴了经典教材《作物育种学》（赵洪璋主编）总论和各论的组织方式，即从纵横两个角度介绍植物基因组学的相关内容。总论包括 15 章，主要介绍植物基因组学基础理论和方法，按照植物基因组测序、拼接、转录、功能、进化和利用等脉络分章，兼顾植物群体和细胞器基因组等主题，同时努力囊括目前植物基因组学的前沿研究，如单细胞基因组、三维基因组和合成基因组等。总论提供了植物基因组的总体概貌和共性知识，即一个纵切面。各论着重介绍具有代表性的植物物种基因组，代表性物种主要包括模式植物（拟南芥）、重要农作物（水稻、玉米、小麦、大豆、棉花、油菜、蔬菜、林果花卉）和早期主要进化节点植物（非维管束植物），分 10 章进行介绍。各论展现了植物基因组的多样性和异质性，即若干横切面。限于篇幅，尚有许多重要和有趣的植物物种本教材未能涉及，只能有待以后补充；同时，大量参考文献和大部分附录内容只能通过扫描二维码后阅读。

有关专家学者对本教材相关章节进行了审阅（按姓氏笔画排序）：王希胤、王晓武、田志喜、朱乾浩、严建兵、李国亮、吴为人、张天真、张忠华、钱前、徐强、徐云碧、郭亚龙、凌宏清、黄三文、黄学辉、葛颂、储成才。他们在百忙之中认真审阅，并提出许多宝贵意见。此外，方磊、徐建红、李响等同事帮助修改了有关章节内容，翁溪坊、孙砚青、孙硕、刘芳杰、丁昱雯、徐希、蒋知妍、陶天怡、龚杭荻、丁菁雯等参与材料收集、整理和翻译等工作，在此一并表示感谢。我本人主持编写了第 1-1、1-3、1-6、1-10、1-14、2-1、2-2、2-4、2-10 章和附录 2，参与了若干其他章节的编写，并进行全书统编和统稿。参编人员中邱杰主持编写了第 1-7 章；毛凌峰主持编写了第 1-2、1-9、1-15 章，参与第 2-7 章和附录 1 的编写；叶楚玉编写了第 1-11 章，参与第 1-3 和第 2-9 章的编写；陈曦编写了第 1-8 和第 1-12 章，参与第 1-13 和第 2-10 章的编写；褚琴洁编写了第 1-4 章，参与第

1-5 章的编写；吴东亚编写了第 2-8 章，参与第 2-1 章等的编写；贾磊参与编写了第 1-14 章；陈美虹参与编写了第 2-9 章、附录 1 和全书统编；沈一飞参与编写了第 1-14 章等；沈恩惠参与编写了第 2-7 章等；陈洪瑜编写了第 2-3 章；朱新恬编写了第 2-5 章；李丹青参与编写了第 2-9 章；白盼攀参与编写了第 1-5 和第 2-6 章。自 2016 年 11 月启动编写计划以来，本教材参编人员投入了大量时间，没有他们的参与，不可能完成如此庞大的编写内容。本教材的出版得到了浙江大学研究生院和农业与生物技术学院的联合资助。

与其他生物学领域一样，植物学及其相关学科正处在基因组学的发展浪潮之中，其涉及面广，技术变革日新月异。编写这样一本教材，并非易事。本教材实属抛砖引玉之作。囿于时间和学识，本书难免存在遗漏和错误，为了能够全面总结和准确反映植物基因组学的发展状况，热切希望国内外广大同行不吝赐教，以便我们再版时更正。

樊龙江

浙江大学紫金港校区启真湖畔

2019 年 5 月 16 日

目　　录

扫码解锁更多资源

本书配套教学 PPT

本书第一版各论内容“代表性植物物种基因组”

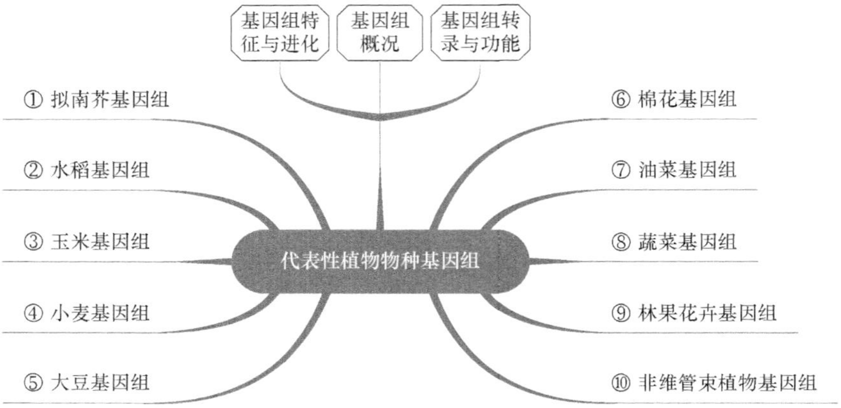

| 第 1 章 |

绪　论

扫码见
本章彩图

第一节　基因组及基因组学概念

一、基因组基本概念

（一）什么是基因组

一个生物体的基因组是指一套完整染色体 DNA 序列。例如，生物个体体细胞中的二倍体由两套染色体组成，其中一套 DNA 序列就是一个基因组。也就是说，基因组是指一个细胞或者生物体所携带的一套完整的单倍体序列。单倍体序列包括蛋白质编码和非编码序列在内的全部 DNA 序列。“基因组”一词可以特指整套核 DNA（如核基因组），也可以包含细胞器基因组，如线粒体基因组和叶绿体基因组。一个有性生殖物种的基因组，通常是指一套常染色体和两种性染色体的序列。

1920 年，德国汉堡大学汉斯·温克勒（Hans Winkler）将“gene”和“chromosome”组合，首次提出“genome”一词。

一套基因组序列可能也综合了来自不同个体的染色体，即所谓的泛基因组。2005 年，Tettelin 等提出了泛基因组（pan-genome）概念，泛基因组包括核心基因组（core genome）和非必需基因组（dispensable genome）：核心基因组指的是在所有菌株中都存在的基因；非必需基因组指的是仅在部分菌株中存在的基因。2009 年，我国科学家在 *Nature Biotechnology* 上发表《构建人类泛基因组序列图谱》，首次提出了“人类泛基因组”的概念，即人类群体基因序列的总和。2013 年泛基因组测序开始应用于动植物研究领域。

（二）基因组大小与构成

基因组大小是指一个基因组中的单拷贝 DNA 总量，一般用皮克（pg，$1pg=1\times10^{-12}g$）或核苷酸碱基总数［往往以百万个碱基（Mb）为单位］来表示。一般原核生物（如细菌和古细菌）基因组较小，真核生物基因组较大。即使同一类型生物，其基因组大小也会存在巨大差异。植物是基因组跨度最大的一类生物，其核基因组大小可以从 63Mb 到 160.5Gb（详见第 3 章第一节）。植物除核基因组外，还包含叶绿体基因组和线粒体基因组。叶绿体基因组大小相对稳定，一般在 150kb 左右（详见第 11 章第一节）；而植物线粒体基因组大小跨度很大，藻类线粒体基因组大小在 13～96kb，而被子植物跨度能达到 200～700kb，有的甚至能达到 11Mb 左右。

基因组 DNA 序列看似简单，其实其构成很复杂。真核生物核基因组一般包括 35%～80%的重复序列和约 5%的蛋白质编码序列，这些编码序列分布于整个基因组区域；同时，基因组上有大量非编码序列，包括结构 RNA［如转运 RNA（tRNA）、核糖体 RNA（rRNA）、核小 RNA（snRNA）］、调节 RNA［如小 RNA（miRNA）］和所谓假基因（详见第 3 章第二节）。从基因组序列中确定这些蛋白质编码和非编码基因是生物信息学的一个重要任务。

（三）基因组与转录组和蛋白质组的关系

当我们测序获得一个生物基因组后，得到的仅仅是其一张遗传蓝图或标准照，对其基因组上的大量基因如何表达和互作及功能还一无所知。这时就涉及其基因组的转录和翻译，即转录组和蛋白质组等问题。三个组之间存在密切关系（图 1-1）。

图 1-1　基因组与转录组和蛋白质组的关系

转录组（transcriptome）在广义上指某一生理条件下，细胞内所有转录产物的集合，包括信使 RNA（mRNA）、rRNA、tRNA 及其他非编码 RNA；狭义上表示所有 mRNA 的集合，为一个细胞在某一发育阶段包含的必需生物信息，这些 RNA 分子会指导合成基因组表达最终产物——蛋白质。在 DNA 和 RNA 水平上可能发生甲基化，直接影响基因转录表达，即影响转录组构成。蛋白质组（proteome）是指一个生物体基因组、一个细胞或组织所表达的全部蛋白质成分。与基因组不同，转录组和蛋白质组作为一个整体，在不同的时空条件下，在一个生物体的不同组织中是不同的，而一个生物体仅有一个特定的基因组。一个生物体的转录组和蛋白质组未必与基因组存在一一对应关系，主要是由于基因存在转录后的不同剪接方式和翻译后蛋白质的修饰等。从基因表达的角度来看，蛋白质组的蛋白质数量总是多于基因组的注释基因数量。从蛋白质修饰的角度来看，蛋白质组的蛋白质数多于其相应的可读框（ORF）数目，因为 mRNA 的剪切和编辑可使一个 ORF 产生数种蛋白质，蛋白质翻译后的修饰，如甲基化、乙酰化、糖基化、磷酸化、泛素化等，同样增加蛋白质的种类。氨基酸序列一致的一级结构，在一定条件下可以形成功能完全不一样的具有不同空间结构的蛋白质。由此在 DNA、RNA 和蛋白质水平上，出现了许多基于高通量测序等技术的各种组学数据，除了转录组、蛋白质组外，同时包括甲基化组、组蛋白修饰组等。这些组学数据是基因组表达和功能研究的重要基础数据。

除此之外，基因组还可能产生一些内源性代谢产物（如氨基酸、有机酸、核酸、脂肪酸、胺、糖、维生素、色素、抗生素等），它们有别于蛋白质、RNA 和 DNA 等大分子。这些代谢产物构成了代谢组的一部分。代谢组（metabolomics）是指生物样品中发现的一整套小分子化学物质。生物样品可以是细胞、细胞器、器官、组织、组织提取物、体液或整个生物体。在给定代谢组中，小分子化学物质包括生物体天然产生的内源性代谢物，以及生物体不能自然产生的外源性化学物质（如药物、环境污染物、食品添加剂、毒素等）。换句话说，既有内源代谢组又有外源代谢组。内源代谢组可以进一步细分为“主要”和“次要”代谢组（特别是涉及植物代谢组时，植物次生代谢产物非常丰富）。代谢组小分子通常必须具有＜1 500Da 的分子量，包括糖脂、多糖、短肽（＜14 个氨基酸）和小寡核苷酸（＜5 个碱基）等。最终，植物组学数据决定了其性状，如何准确、全面地收集和确定某一物种全部性状特征或表型数据——所谓表型组（phenomics），就成为基因组学研究的最末端或最外围部分了。

本书内容仅对植物基因组本身及其直接产物（即转录组）进行介绍，不再延伸到下一级产物组学内容（如蛋白质组和代谢组等）。

二、基因组学及其技术概述

（一）基因组学定义

基因组学是通过分析基因组 DNA 序列或其表达中间过程/产物等来解读基因组信息的一门学科。在技术上，基因组学通过测序和解读两个相对独立的环节来达到目标。定位、注释基因组序列中功能元件是解读基因组序列的重要内容，这是一个以生物信息学技术为基础，并与分子生物学等实验相结合的过程（中国生物技术发展中心和深圳华大基因研究院，2012）。与分子生物学或遗传学学科的研究对象为单个或一组基因不同，基因组学研究的对象是相关物种的全部基因组信息。Thomas Roderick 于 1986 年在美国举行的人类基因组会议上首先使用“genomics”一词（Yadav，2007），将其定义为一门针对基因组进行图谱构建、测序及分析的学科（“mapping，sequencing and characterizing genomes”）。可以说，1986 年“genomics”一词的出现和 1987 年 *Genomics* 刊物的创刊，标志着基因组学科的创立（详见本节“三、基因组学发展简史”部分）。

最近 20 年生物学领域最重要的研究进展是基因组学研究。基因组的测序与分析结果对整个生物学认识具有重要意义。例如，报道第一个被测序的细菌 *Haemophilus influenza* 基因组（Fleischmann et al.，1995）的论文发表不到 5 年，引用次数已超过 2 000 次。该基因组的发表对当时许多生物学领域研究产生了影响，如基因组测序、比较基因组学、功能基因研究、病菌与宿主互作、最小基因组、DNA 芯片和蛋白质组学等领域。植物基因组学研究同样对于植物生物学发展起到巨大作用。通过构建第一篇拟南芥和水稻基因组文章的引用树（citation tree），可以发现 20 年来基因组学的发展推动了植物生物学所有学科的范式转变，特别是在植物科学、分子生物学、生物技术、遗传学、农学和进化生物学领域（图 1-2）。水稻基因组学的发展，极大推进了农学领域（agronomy），特别是作物遗传育种领域的发展（Sun et al.，2022）。

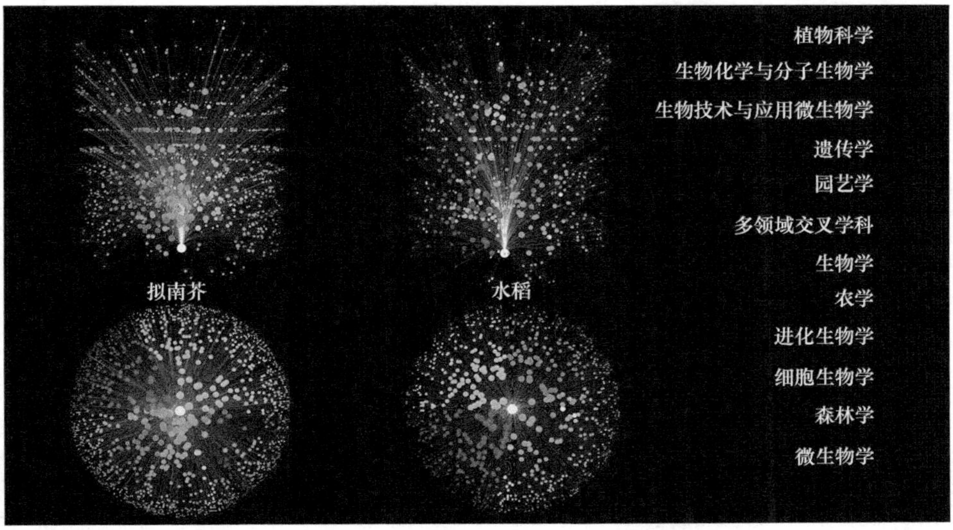

图 1-2　第一篇拟南芥（2000 年）和水稻（2002 年）基因组文章的引用树（引自 Sun et al.，2022）

（二）基因组学与其他学科关系

基因组学与细胞遗传学、分子生物学、生物信息学、进化生物学学科关系最为密切。例如，对一本基因组学方面书籍或综述论文进行“词云”分析时，你会发现“生物信息学”总是出现频率很高（图 1-3A）。因为基因组学往往离不开下一代测序（next generation sequencing，NGS）技术、序列测定和芯片等，这些都需要利用生物信息学技术。有人对基因组学与生物信息学和分子进化的关系及发展相关性进行精辟论述（Wolfe and Li，2003）：“基因组学、生物信息学和分子进化三者越来越交织在一起：进化机制正在成为基因组学数据分析的核心，分子进化研究的进展取决于基因组数据，而在没有生物信息学技术的情况下，没有人能处理这些基因组数据。”他们罗列了 3 个学科早期（1982～2001 年）发展的一些主要事件（图 1-3B）。基因组学研究促进了分子进化新认识（图 1-3B 中虚线）。同时，由于大规模基因组测序，每年产生的核苷酸序列数据剧增，序列数据的存储和挖掘技术也蓬勃发展。

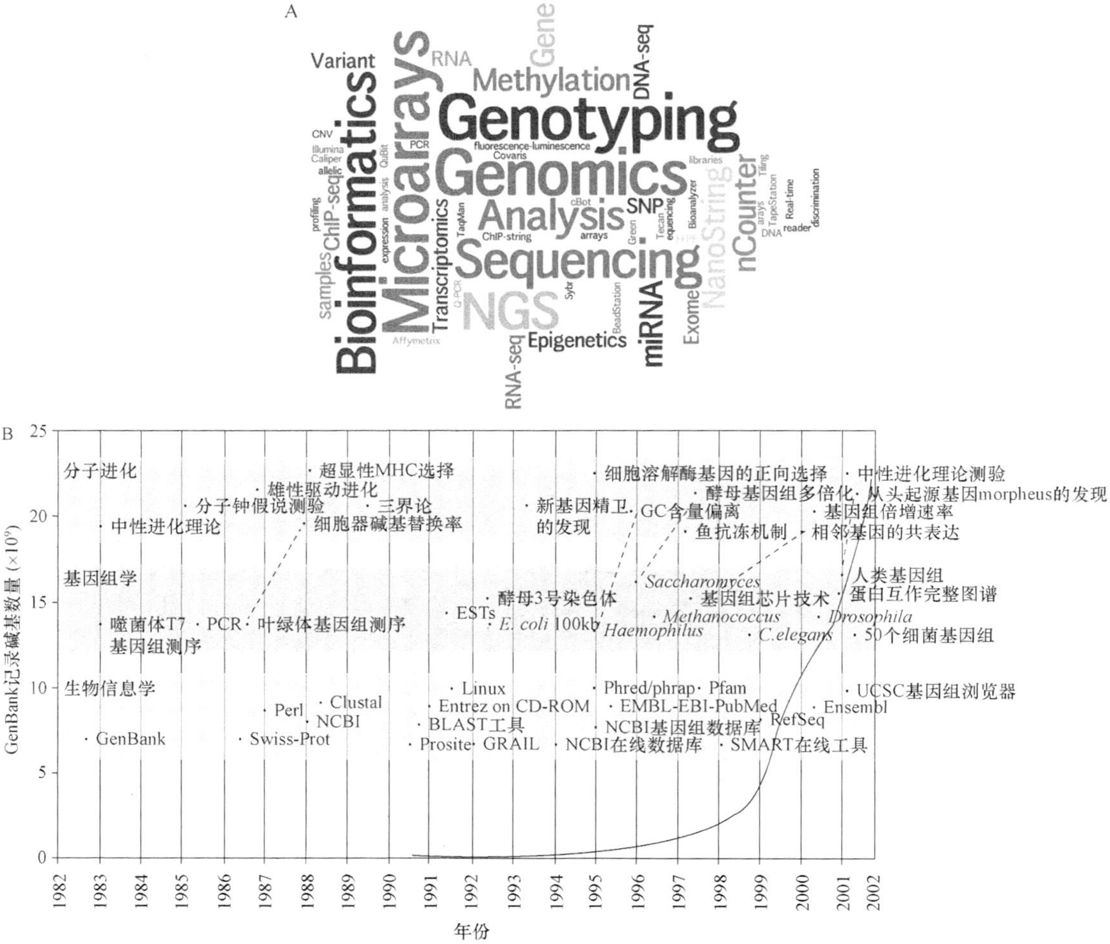

图 1-3 基因组学词云分析（A）及与其他学科（生物信息学和分子进化）的关系（B）（引自 **Wolfe and Li，2003**）

A. 基因组学“词云”中可见“Bioinformatics”（生物信息学）、“Microarrays”（芯片）、“Genotyping”（基因分型）、“Sequencing”（测序）、“NGS”（下一代测序）等。B. 基因组学、生物信息学、分子进化 3 个学科早期发展的一些主要事件及其关联性（连线），并列出了 GenBank 数据库核苷酸序列数据增长情况

（三）基因组学相关技术

基因组学有其自身技术与方法，同时也引入了大量其他相关学科的方法。基因组学相关技术较多，表 1-1 仅罗列主要技术。部分技术简单概述如下，以后相应章节中将进一步介绍。

表 1-1 基因组学主要技术概述

类别	具体方法	本书相应章节
细胞遗传学技术	流式细胞仪、FISH/染色体观测（荧光）	第 2 章
DNA 测序技术	第一至第三代测序技术；各种与基因组相关测序方式	第 2～第 5 章
基因组组装技术	基因组拼接、遗传图谱、物理图谱；Hi-C 等	第 2 章
基因组等组学序列分析技术	基因注释、进化分析、可视化、转录组、甲基化等技术	第 3～第 7 章
单细胞基因组技术	分离及测序技术	第 8 章
三维基因组技术	Hi-C 等测序与分析	第 9 章
合成基因组技术	基因组和代谢途径设计、基因线路、DNA 拼接与转化	第 10 章
功能基因组学技术	QTL、GWAS、BSA 等定位技术；T-DNA、EMS、TILLING 等突变技术；RNAi 和基因组编辑等功能分析技术	第 12～第 13 章

注：FISH. 荧光原位杂交；Hi-C. 染色体构象捕获技术；QTL. 数量性状基因座；GWAS. 全基因组关联分析；BSA. 混池（混合）分离分析；T-DNA. 转移 DNA；EMS. 甲基磺酸乙酯；TILLING. 定向诱导基因组局部突变技术；RNAi. RNA 干扰

1）细胞遗传学技术：一般包括利用流式细胞仪进行基因组大小估计、利用细胞遗传学技术进行染色体水平的分析，如染色体基数、荧光原位杂交（FISH）等。

2）DNA 测序技术：目前 DNA 测序技术主要包括 3 类，分别为传统测序技术（Sanger 测序技术）、第二代和第三代测序技术。

3）基因组组装技术：基因组组装包括 3 个过程，一是基于高通量测序数据进行拼接，获得重叠群（contig）或支架（scaffold）水平的拼接结果；二是拼贴一致性矫正（ploshing）；三是利用 Hi-C 等技术进行组装，获得超级支架（super-scaffold）水平的拼接结果，如果基因组简单，super-scaffold 甚至可以达到染色体系列水平；利用遗传图谱等进行染色体水平的组装，获得最完整和准确的基因组组装结果。

4）基因组等组学序列分析技术：获得基因组组装结果后，一般利用生物信息学和进化生物学技术对基因组进行基因注释（基因预测）；对基因组构成和进化等进行分析；对基因组概貌（基因组大小、倍性等）进行分析；同时也可以利用生物信息学技术对转录组、甲基化组等表达数据进行分析。

5）功能基因组学技术：该方面技术比较多。一是以数量遗传学的基因定位全基因组关联分析，如 QTL、GWAS、BSA；二是全基因组范围的突变体技术，如 T-DNA 插入、EMS、TILLING；三是基因敲除和过量表达等功能技术，如 RNAi 技术、基因组编辑技术等。

三、基因组学发展简史

（一）基因组学起始——人类基因组测序

基因组学是随着人类基因组研究的不断深入而逐步形成的。1984～1986 年，美国能源部

（DOE）先后组织了多次会议，开始讨论人类基因组测序的重要性和可行性；1989 年，美国国立卫生研究院（NIH）成立国家人类基因组研究中心（NHGRC），成为国际上第一个国家级基因组研究机构，由沃森（James Watson）任主任；1990 年，经过 6 年的酝酿和反复论证，美国国会批准启动人类基因组计划（HGP）项目，拨款 30 亿美元，计划 15 年内完成测序。1993 年 Francis Collins 接替沃森任 NHGRC 主任，领导 HGP 项目，并组织协调后续国际人类基因组测序协作组（IHGSC；杨焕明领导的中国团队参与 1%测序任务），直至完成。2001 年人类基因组测序完成。由 Eric Lander 和文特尔（Craig Venter）领衔的两支队伍，分别在 *Nature* 和 *Science* 以专刊形式发表了他们的基因组测序和分析研究结果（图 1-4）。Eric Lander 领衔的研究队伍为 IHGSC，由来自 6 个国家的科研人员组成；文特尔领衔的队伍来自一家由他创立的基因组科技公司 Celera Genomics。

图 1-4　2001 年 *Nature* 和 *Science* 发表的《人类基因组》专刊封面

Science《人类基因组》专刊对人类基因组测序历史进行了回顾（表 1-2）。1953 年沃森和克里克发现 DNA 双螺旋结构，吹响了破解人类基因组的号角，随后 1977 年 DNA 测序技术的发明、1987 年酵母人工染色体（YAC）技术和后续细菌人工染色体（BAC）等克隆技术及自动测序仪的发明奠定了基因组测序的技术基础，而后 1991 年，文特尔发明的表达序列标签（EST）技术解决了大规模基因表达测定鉴定问题，并提出全基因组鸟枪法测序技术的概念；Uberbacher 发展了基因组中基因预测工具等。这些技术的进步都为最终人类基因组的测序完成建立了基础。

表 1-2　基因组学发展历史及人类基因组测序过程（改自 Roberts et al.，2001；杨焕明，2016）

年份	事件
1953	Watson 和 Crick 提出 DNA 双螺旋结构模型
1972	Berg 构建第一个 DNA 重组分子
1977	Maxam、Gilbert 和 Sanger 发明 DNA 测序技术
1980	Botstein、Davis、Skolnick、White 提议用限制性片段长度多态性（RFLP）绘制人类遗传图
1982	Wada 提议建造自动测序仪
1984	第一个大基因组——艾巴氏病毒（170kb）基因组公布

续表

年份	事件
1985	Sinsheimer 在美国主持讨论人类基因组测序计划
1986	美国能源部开始资助基因组研究
1987	Gilbert 宣布组建公司测定 DNA；Burke、Olson 和 Carle 发明了酵母人工染色体（YAC）技术；Donis-Keller 发表了第一张遗传图谱（403 个标记）；Hood 设计出第一台自动测序仪
1988	美国国立卫生研究院资助人类基因组测序计划，Watson 领导该项目
1989	Hood、Olson、Botstein 和 Cantor 提议使用序列标签位点（STS）标记绘制人类遗传图谱
1990	提出到 2005 年模式生物测序量达 20Mb；Lipman 和 Myers 发布 BLAST 算法；美国人类基因组项目（HGP）正式启动
1991	Venter 发明表达序列标签（EST）技术，并计划专利部分 cDNA 序列；Uberbacher 发展了一个基因预测程序——GRAIL
1992	Simon 发明 BAC 技术；美国和法国的团队发布了第一个染色体物理图谱；第一个大鼠和人类遗传图谱被发布
1993	Collins 被任命为 NHGRC 主任；计划 2005 年完成人类基因组测序
1995	Venter 发表第一个非寄生生物流感嗜血杆菌基因组（1.8Mb）；Brown 公布 DNA 芯片
1996	模式生物酵母（*Saccharomyces cerevisiae*）基因组测序完成
1997	Blattner 和 Plunket 完成大肠杆菌（*Escherichia coli*）基因组测序；毛细管测序仪出现
1998	发起人类单核苷酸多态性（SNP）项目；水稻基因组项目启动；文特尔创建 Celera Genomics 公司，并计划在三年内完成人类基因组测序；秀丽隐杆线虫（*Caeonrhabditis elegans*）基因组测序完成
1999	美国 NIH 提出三年内完成大鼠基因组的测序；公布人类第 22 号染色体序列；中国加入国际 HGP 协作组，承担 1%测序任务
2000	Celera Genomics 发表黑腹果蝇（*Drosophila melanogaster*）基因组（130Mb）；人类 21 号染色体测序完成；提出对河豚（*Takifugu rubripes*）进行基因组测序；拟南芥（*Arabidopsis thaliana*）基因组测序完成
2001	人类基因组分别由 Celera Genomics 在 *Science* 和 IHGSC 在 *Nature* 上发表

（二）植物等模式生物基因组早期测序与分析

人类对破解和了解基因组的渴望，其实从 DNA 测序技术发明就开始了。桑格（Sanger）于 1977 年发明 DNA 测序技术后，马上进行了对第一个基因组——噬菌体 Φ-X174 基因组（5 386 个碱基）的测序（Sanger et al.，1977），随后是 λ 和 T 噬菌体基因组（Sanger et al.，1982；Dunn et al.，1983）及病毒基因组（170kb）（Matsuo et al.，1984）。随后 10 年，基因组测序历史上迎来里程碑意义的工作：1995 年文特尔领导的团队首次完成了对可以独立生存生物基因组——流感嗜血杆菌基因组（1.8Mb；Fleischman et al.，1995）的测序。

美国在 1990 年启动 HGP 项目后，随着技术进步，1993 年对 HGP 项目作了修订，将模式生物基因组计划（Model Organism Genome Project，MOGP）也列入其中，认为通过对较为简单的模式生物基因组进行研究，可为人类基因功能的鉴定提供线索。由此开始了包括植物在内的 7 个模式生物（大肠杆菌、酿酒酵母、秀丽隐杆线虫、拟南芥、黑腹果蝇、河豚和小鼠）的基因组测序工作。短短几年内就完成了对酿酒酵母（12Mb，1996 年）、大肠杆菌（5Mb，1997 年）、秀丽隐杆线虫（100Mb，1998 年）、黑腹果蝇（130Mb，2000 年）和拟南芥（157Mb，2000 年）基因组的测序。这些基因组均早于人类基因组被测序完成。2002 年，最后 2 个模式生物河豚和小鼠基因组测序完成。在此期间，还有大量细菌和古细菌基因组被测序。上述模式生物及人类等基因组的测序，极大促进了基因组相关技术的进步，促进了我们对基因组的了解。

（三）基因组学相关刊物和教材

1986 年，Thomas Roderick 为了描述基因组研究领域造出“genomics”一词，美国科学家 Victor McKusick 等就借用这个新词于 1987 年创立新刊 *Genomics*。这是基因组学方面第二本专业刊物（第一本为 *Genome*），在创刊词“A new discipline，a new name，a new journal”中，明确提出基因组学作为一个新学科已经形成，包括它的名字（即“genomics”）已取好。基因组学研究对象包括遗传图、基因组测序与分析，该学科被定义为一个新兴学科、交叉学科，涉及的研究者包括分子生物学家、生物化学家、细胞遗传学家、计算机学家［当时“bioinformatics”（生物信息学）一词还没有出现］等，该刊还详细罗列了若干个可能涉及的具体问题，如测序技术、图谱构建技术、序列分析算法和数据库构建等。同时，1987 年也发生了一些对于基因组学发展很重要的事（表 1-2）。因此，1953～1986 年，可以说是基因组学学科的酝酿和准备期，就像人类基因组测序项目一样。1986 年“genomics”一词的创立和 1987 *Genomics* 的创刊，标志着基因组学科作为一个成熟学科被创立了。

上面提及的第一本基因组学专业期刊 *Genome*，在 1959 年就由加拿大有关机构创刊，致力于对基因组方面研究的报道。虽然 1920 年汉斯·温克勒（Hans Winkler）就创造了“genome”新词，但 20 世纪 50 年代，基因组这个词还是很时髦的。60 多年来，该刊与 *Genomics* 一样，坚持办刊特色（影响因子保持在 2～3 分），好像没有受到后来出现的基因组测序“大跃进”的影响。

1991 年，另一个重要基因组学专业学术期刊 *Genome Research* 创刊，而 *Genome Biology*、*BMC Genomics* 等于 2010 年创刊。目前这些期刊已成为基因组学研究的主流专业刊物。同时，与基因组密切相关的转录组方面期刊也大量出现，如比较经典的 *RNA*、*RNA Biology* 等，同时还有不少以“epi-”开头（如 *Epigenetics*）或以“omics”结尾的新刊物，许多发表转录组水平的研究结果。植物基因组学方面也有自己的专业期刊 *The Plant Genome*，其于 2008 年创刊，2005 年之前作为 *Crop Science* 副刊出版。随着 *Molecular Plant* 等具有国际影响力的国内学术期刊的创立，迅速成为植物基因组学领域重要期刊。

一个学科的发展往往伴随教材的出现。基因组学方面教材很多，20 世纪 90 年代开始出现相关教材，比较经典的当属 T. A. Brown 的《基因组》，1999 年出版第一版，2002 年第二版，2007 年第三版（被翻译后引入我国，于 2009 年由科学出版社出版），目前已出版到第四版（2017）。国内基因组学教材出现略晚：复旦大学杨金水主编《基因组学》（2002 年由高等教育出版社出版，2019 年出版第四版）；2016 年杨焕明出版《基因组学》。2020 年本教材第一版出版，为国内第一本植物基因组学教材。

第二节　植物基因组特征与测序

一、植物基因组特征

随着植物和其他生物基因组测序完成，开展了大量比较基因组学研究。研究发现植物基因组有许多独有特征，有别于动物、微生物等基因组。2014 年 *The Scientist* 发表了一篇题为“基因组疯了”（“Genomes gone wild”）的科普文章，描述了植物基因组的特异性，认为植物基因组不可思议，它正在挑战我们对生物进化，包括我们自身进化的一些认识（“Weird and wonderful，plant DNA is challenging preconceptions about the evolution of life，including our own species”)。植物基因组大致具有如下特征。

（一）基因组大小跨度大

真核生物中，植物基因组大小跨度最大，超过动物基因组（图 1-5；详见第 3 章第一节）。高等植物中最小的基因组（*Genlisea margaretae*）只有 63Mb，而低等植物可能只有 40～50Mb（如已测序的小球藻只有 46Mb），最大的植物 *Tmesipteris oblanceolata* 基因组可达 160.5Gb。目前已经基因组测序的最大基因组植物包括唐松（31Gb）、火炬松（23.2Gb）等（详见 N3 数据库），而最小的包括 *G.margaretae* 和狸藻类植物（*Utricularia gibba*，82Mb）等。

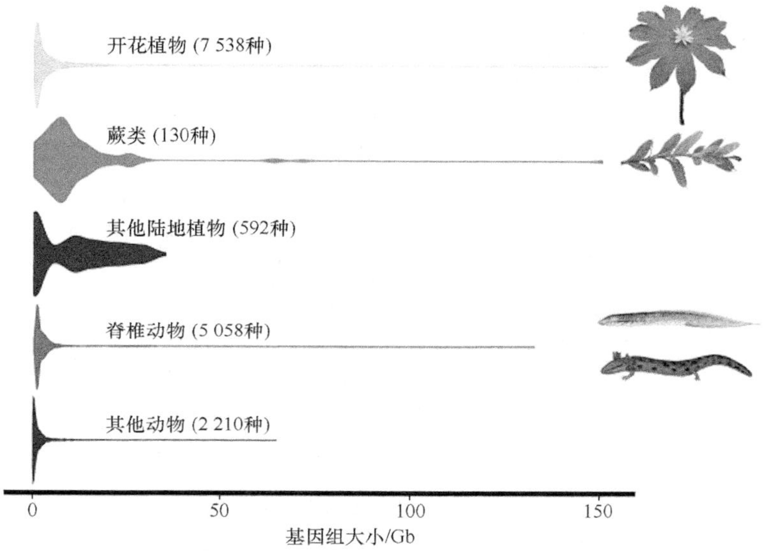

图 1-5 动植物基因组大小范围和分布（引自 **Hidalgo et al.，2017**）

（二）基因组多倍化频繁

基因组大小的快速扩增有两个重要机制：一个是基因组的多倍化；另一个是重复元件（TE）的快速增殖。植物界基因组倍增（duplication）和三倍化（triplication）频繁发生，可以说有花植物都经历过全基因倍增过程，有些植物物种（如十字花科）甚至同时经历基因组倍增和三倍化过程（图 1-6；详见第 6 章第二节）。因此，可以说植物都是古老的多倍体。如此频繁的全基因组倍增导致基因组大小变化，在其他生物（包括我们人类自身）的基因组中并不多见。动物往往是 TE 的快速增殖导致基因组变大（植物界偶尔也有这样的案例）。

（三）基因频繁发生横向转移

植物在进化上不仅依靠传统的DNA突变获得新基因、新功能，还可以通过基因横向转移（horizontal gene transfer，HGT）获得遗传资源，而动物很少利用该机制来获得新基因。根据最新研究结果，在漫长的进化过程中，植物物种之间频繁发生基因横向转移，特别是在近缘物种（如来自一个科的物种）之间和寄生植物与宿主之间（Wu et al.，2022a；Wu et al.，2022b）。

（四）基因组进化特征明显

植物基因组进化有许多特殊之处：①基因组快速与缓慢进化并存，植物一个细胞中拥有进

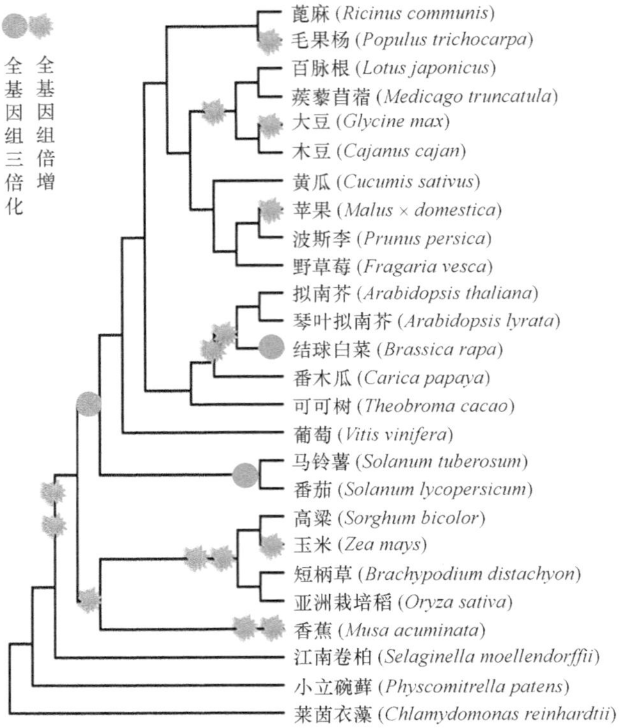

图 1-6　植物进化过程中经历的基因组多倍化事件

（引自 **Plant Genome Duplication Database** 数据库）

化速率最为缓慢的叶绿体基因组，也有最为快速的线粒体基因组；②植物起源久远，不同类型植物间分化跨度大。例如，我们熟悉的水稻、小麦等单子叶植物与拟南芥、大豆等双子叶植物，它们在1.5亿年前就分开了（图1-7），而那时人类和老鼠还没有出现分化。

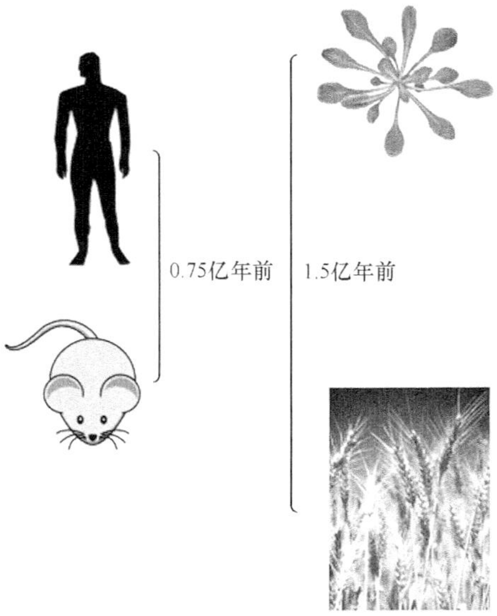

图 1-7　植物和动物不同物种分化时间比较

拟南芥和小麦在 1.5 亿年前就已分化，而人类和老鼠在 0.75 亿年前才开始分化

（五）独有叶绿体基因组

植物独有的叶绿体，被认为是内共生起源的细胞器，其具有独立基因组。叶绿体基因组是一个裸露的环状双链 DNA 分子，其大小一般在 100～180kb，编码多种蛋白质，以及蛋白质合成所需的各种 tRNA 和 rRNA，主要是与光合作用密切相关的一些蛋白质和核糖体蛋白。叶绿体基因组编码的基因数目多于线粒体基因组。叶绿体基因组可以自主地进行复制，但同时需要细胞核遗传系统提供遗传信息。

（六）基因组构成特征明显

与人和其他动物相比，植物基因组上的基因明显更小（长度短），DNA 序列长度超过 10kb 的基因很少，而人和其他动物基因组上大量基因超过 10kb（人类最长的基因超过 2Mb），同时植物每个基因的外显子数量少，植物基因组重复元件构成有其特异性，*Copia/Gypsy* 类长末端重复元件（LTR）比例最高，且没有人类基因组上大量存在的 *Alu* 等重复元件。

（七）基因组表观遗传学环境不同

DNA 甲基化是主要表观遗传修饰之一，动植物甲基化特征有所不同。例如，脊椎动物基因组 CpG 双核苷酸中 60%～80%的胞嘧啶（C）被甲基化，而被子植物基因组中，只有 20%～30%的胞嘧啶被甲基化。在哺乳动物的基因组上，除了 CpG 岛，甲基化的胞嘧啶还均匀地分布在其他区域，如编码区。但是植物基因组中的甲基化大部分发生在转座子和重复序列中。在哺乳动物中，DNA 甲基化在胚胎发育的早期需要一个全部抹除和重新建立的过程，而这一过程在植物中不存在，所以植物的 DNA 甲基化状态和甲基化的变化往往能忠实地被后代继承。

二、植物基因组测序历史及其进展

（一）叶绿体基因组首先被测序完成

1986 年，地钱（*Marchantia polymorpha*）和烟草（*Nicotiana tabacum*）的叶绿体基因组被测序完成（Ohyama et al.，1986；Shinozaki et al.，1986）。这是植物领域最早被测序完成的基因组。由于叶绿体等细胞器基因组比较小（150kb 左右），将它们作为首选测序对象是一个不错的选择。当时其他生物基因组测序还仅限于病毒基因组（基因组大小也是 kb 级别）。随后玉米和拟南芥叶绿体基因组也被测序完成（Maier et al.，1995；Sato et al.，1999），同时期，其他生物（如细菌等）基因组（Mb 级别）已被测序完成。

（二）拟南芥基因组——开启植物基因组测序序幕

1999 年，拟南芥（*Arabidopsis thaliana*）核基因组 2 号和 4 号染色体相继被测序完成，分别在 *Nature* 发表［其中 2 号染色体由文特尔领导的美国基因组研究所（TIGR）完成测序］。2000 年 12 月拟南芥全部染色体被测序完成并发表，早于人类基因组（2001 年发表）。

拟南芥基因组测序工程起步迟［1993 年启动，1996 年正式成立拟南芥基因组测序国际协作组（AGI）］，但完成早，是 7 个模式生物（大肠杆菌、酿酒酵母、秀丽隐杆线虫、拟南芥、黑腹果蝇、河豚和小鼠）中第 5 个被完成的。其实拟南芥基因组基础研究从 20 世纪 80 年代就已开始（详见国际拟南芥基因组协作组网站，www.tair.org）：1983 年第一张比较完整的拟南芥遗传图谱构建完成，1984 年其基因组大小确定，1985 年被确定为植物遗传研究模式植物，1988 年第一张 RFLP 分子标记遗传图谱完成，1993 年美国拟南芥基因组测序项目启动（属模式生物基因组项目一部分），1996 年拟南芥基因组测序国际协作组成立，1997 年拟南芥全基因组物理图谱完成。

拟南芥核基因组的测序完成，第一次为植物学家提供了植物基因组的面貌和构成，为植物遗传研究打开了第一扇天窗。

（三）水稻基因组——第一个被测序完成的作物基因组

亚洲栽培稻（*Oryza sativa*）作为模式作物，特别是单子叶禾本科模式植物，其基因组的测序完成也是植物基因组学历史上的一件大事。亚洲栽培稻共有 2 个亚种［籼稻（*Oryza sativa* ssp.

indica）和粳稻（*Oryza sativa* ssp. *japonica*）]，其基因组草图（全基因组鸟枪法）2002 年发表于 *Science*。同期发表了两个基因组：一个是籼稻品种（‘93-11’）基因组，由中国科学家杨焕明领导的团队完成（Yu et al.，2002）；另一个是粳稻品种（‘日本晴’）基因组，由 Sergenta 公司完成（Goff et al.，2002）。同年，日本科学家和中国科学家韩斌领导的团队分别发表了粳稻（‘日本晴’）基因组 1 号和 4 号染色体序列（Sasaki et al.，2002；Feng et al.，2002）。后续其 10 号染色体序列（The Rice Chromosome 10 Sequencing Consortium，2003）和全部基因组（International Rice Genome Sequencing Project，2005）的测序也相继完成。在随后近 20 年的时间里，中国迅速成为国际水稻基因组研究的领跑者。利用第二代和第三代测序技术，中国完成了大量高质量水稻基因组的测序，包括第一个从端粒到端粒（T2T）的完整基因组，同时也开展了大量水稻群体基因组研究，取得了丰硕成果（详见综述文章 Jia et al.，2021；Wang and Han，2022）。可以说，水稻基因组研究，中国团队功不可没。作为禾本科和单子叶植物的模式物种，水稻基因组为植物学家，特别是作物遗传育种工作者提供了第一个作物基因组，即一个受到长期人工选择的基因组（拟南芥为野生植物，基因组上没有人工选择留下的痕迹）。同样，该基因组也为后续作物育种分子机制研究和主要农艺性状相关基因克隆建立了重要基础。

（四）植物基因组测序进展

随着拟南芥和水稻基因组的测序完成，植物基因组研究也跟其他领域一样，由于测序成本和传统测序技术效率等问题，基因组测序进展缓慢，2000～2010 年测序完成的植物物种并不多（图 1-8）。2005 年高通量测序技术的发明，极大促进了植物基因组测序及其相关研究。2010 年后迎来植物基因组测序的高潮，截至 2023 年 12 月，累计来自 1 575 个物种的 3 517 个高质量植物基因组被测序。这些测序完成的基因组中，2/3 的基因组（2 373 个）和 1/2 的植物物种（793 个）是在最近三年（2021～2023 年）完成的，相比于前 20 年（2000～2020 年）呈现出了一个巨大飞跃（图 1-8）。近三年来，除了测序基因组数量的激增，植物基因组的组装质量也在迅速提高。

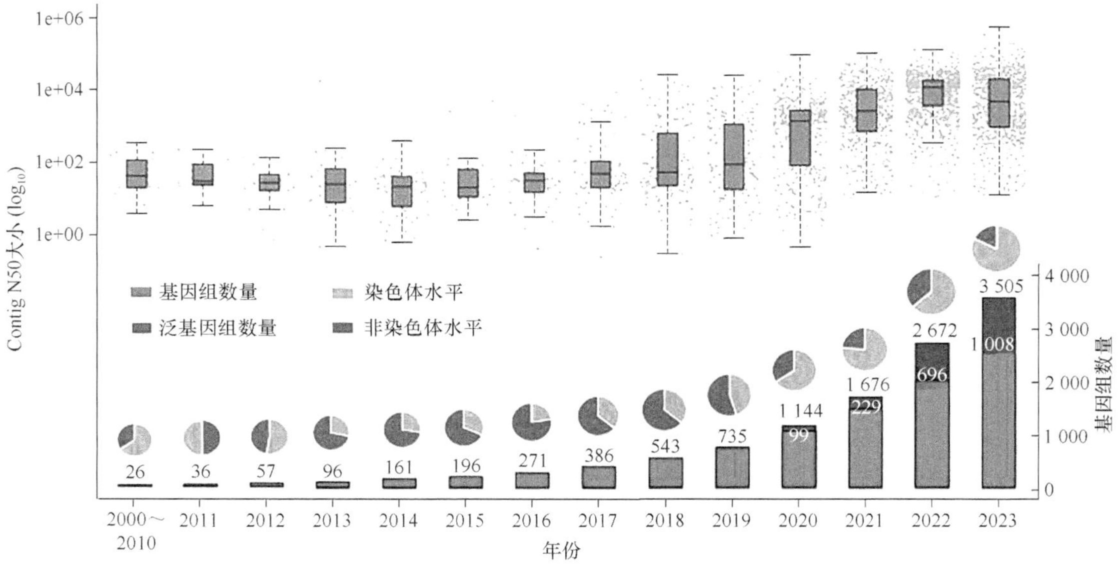

图 1-8　植物基因组测序进展（引自 Xie et al.，2024）

植物基因组测序拼接和组装质量情况。下图：自 2000 年拟南芥基因组发表以来，植物基因组测序数量增长情况。图中特别标出植物染色体水平基因组、泛基因组等情况；上图：基因组拼接长度（N50 大小）变化

拼接达到染色体水平的基因组比例从前 20 年的 47.3%增长为近三年的 73.2%，平均 Contig N50 大小从 1.44Mb 增长到 11.92Mb。其中禾本目物种被基因组测序数量最多，达到近 1 000 个物种，其次是十字花目、茄目和蔷薇目，它们均有 200 多个物种被基因组测序。

我们构建了植物参考基因组数据库 N3（http://ibi.zju.edu.cn/n3database/），读者可以了解目前植物基因组测序总体情况及其使用的测序技术平台、基因组拼接方法和拼接质量，检索不同类型植物或特定物种基因组测序进展。

第三节　植物基因组学展望与挑战

一、植物基因组学研究展望

人类基因组研究在基因组学领域中处于引领地位。如果回顾人类基因组研究历程，可以发现其研究路线图（roadmap）主要包括 4 条路径（图 1-9A）：个体基因组学、群体基因组学、功能基因组学和比较基因组学研究。个体基因组向个性化医疗发展；基因组群体调查规模从几十个到一千、几十万，甚至到一个国家群体，不断扩大；功能基因组研究主要指向基因组的非编码 RNA 和所谓“垃圾”DNA 区域。

植物基因组学研究似乎也是沿着上述路径推进（图 1-9B）。个体基因组研究集中在作物系谱（或家系）和自交系及其杂种；基因组群体调查同样经历了个体数量从几十个到成百上千的过程，部分（如水稻）已达到上万个个体的规模。由于涉及作物种类众多，不同物种群体规模不一。对于早期测序完成的植物物种（如拟南芥、水稻、玉米等），其基因组功能研究同样从编码基因转向非编码 RNA。同时，众多植物基因组的测序完成，为比较基因组学研究提供了巨大空间，通过比较基因组学结果，可以发现许多不同类型植物基因组及其基因的特征。可以预见，植物基因组研究还会沿着这张路线图持续一段时期。

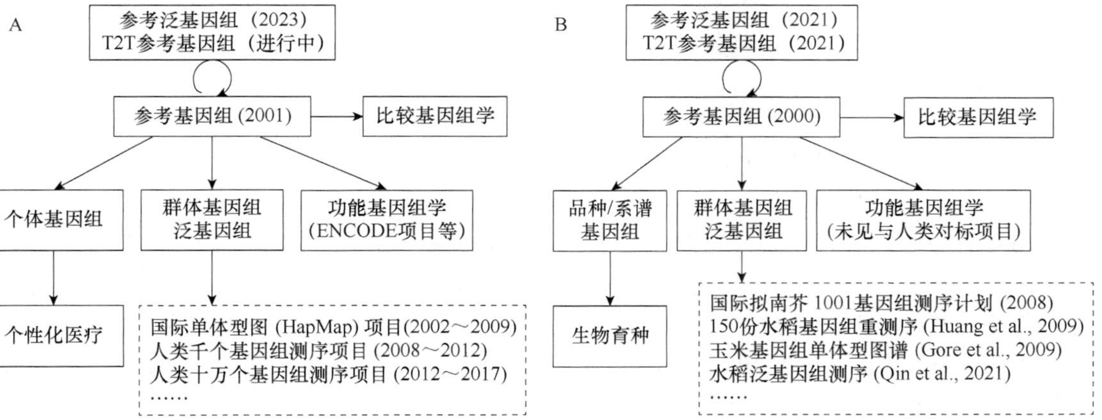

图 1-9　人类（A）和植物（B）基因组研究路线图比较

自第一个植物基因组被破解已 20 余年了，20 年来植物基因组给我们带来了什么新知识？在哪些方面得到了很好应用？显然，它对植物遗传与育种的贡献是巨大的，它提供了一个新的平台，为许多以前无法企及的研究和应用提供了可能：①遗传方面，重要性状功能基因的定位与克隆、全基因组水平基因表达与调控网络研究、基于基因组遗传变异的群体进化与环境适应分析、基于基因组遗传变异的植物病虫害种群调查、植物基因组结构变化、进化和互作等；②作物育种方面，首先是对育种理论和育种选择的分子遗传基础的认识，其次是基于基因组的育种新方法，如基因组选择育种、基于基因组大数据的育种技术、特定代谢途径和基因组合成育种技术等；③植物基因组在健康（如基于特定代谢途径和基因组设计的药物生产）、军事和环境等领域也展现出美好前景。本书多个章节都涉及上述植物基因组数据应用，如植物基因组数据育种利用、植物基因组设计与合成、作物群体遗传变异与人工选择等。

植物基因组学已经历约 30 年发展。随着技术进步和基因组数据应用的深入，目前植物基因组研究呈现如下 5 点发展趋势。

1）植物复杂大基因组将被陆续破解：利用读序更长的第三代和其他测序新技术，一批基因组大、杂合率高的多倍体植物物种基因组将被测序，从而填补植物基因组数据的短板，这将极大加深我们对植物复杂基因组进化、遗传的认识，并促进提高育种利用水平。

2）单细胞基因组学技术广泛应用，以破解单细胞水平基因表达和发育：目前我们的基因组和转录组等表达分析多基于组织混合多细胞植物材料。随着植物单细胞测序技术的不断改进，我们可以在单细胞水平上检测遗传变异和表达水平等。植物有许多定向发育的细胞，如纤毛、腺体等，单细胞技术将有利于解析这些细胞发育过程（详见第 8 章第二节）。

3）基因组水平表达调控网络深入解析，涵盖非编码 RNA 和空间表达：基因组水平的表达调控网络最终决定植物性状，破解该网络需要各种组学数据分析，包括非编码 RNA 等表观遗传和空间长距离调控等，有赖于组学测定新技术和生物信息学分析技术的不断提升（详见第 4 章、第 5 章、第 9 章等有关章节）。

4）作物个体基因组时代来临，基因组大数据广泛应用于作物育种：由于测序成本的下降，基因组重测序将广泛应用于作物育种，重要作物品种、品系和育种材料的基因组都将被测序，并用于育种选择和评价。基于基因组的大数据育种技术将广泛应用于品种评价、杂种优势预测等；基于基因组的基因组编辑技术和基因组选择技术广泛应用于育种过程和特定性状改良（详见第14章第三节）。

5）植物基因组进入合成生物学时代：基于基因组设计与合成的合成生物学技术将广泛应用于植物育种和特定代谢途径设计与利用等，彻底改变植物基因组概念，合成基因组将成为植物基因组中的重要类型（详见第10章第二节）。

二、植物基因组研究面临的挑战

2005 年，*Science* 为纪念其创刊 125 周年，提出 125 个尚未解决的重要科学问题。其中若干问题与基因组学有关，这些问题同样是植物基因组研究需要回答的。目前，其中的一些问题我们已经开始有些认识（见下框），但要完全破解这些问题还有很长的路要走。针对植物基因组，*New Phytologist* 最近发布了 100 个最重要科学问题（Armstrong et al.，2023）。由英国科学家克莱尔·格里尔森教授领衔，来自 15 个国家 20 名植物科学家讨论确定了植物科学面临的 100 个最重要的问题。与基因组直接相关的问题包括如下三个。

如何利用大规模全基因组数据研究整个植物界的进化过程？

关于植物系统发育，基因组数据还能告诉我们什么？

什么控制着植物基因组的大小和复杂性？

有所认识的部分问题

不同形式的 RNA 在基因组功能中扮演什么角色？

RNA 正在变成一个让人眼花缭乱的多面手，从后代遗传信息传递到基因表达的调控。科学家们正在加紧解密这个多功能的分子。

那些“垃圾 DNA”在我们的基因组中都做了些什么？

基因之间的 DNA 被证明对于基因组功能和新物种的进化具有重要意义。序列比较、芯片技术和实验室工作正在帮助基因组学家在这些“垃圾 DNA”中发现大量的遗传学宝库。

端粒和着丝粒在基因组功能中扮演什么角色？

这些染色体特征仍然是个秘密，直到新的技术能对它们进行测序，谜题才能得以解开。

为什么有些基因组很大，而其他一些基因组非常紧凑？

河豚基因组为 4 亿个碱基，肺鱼基因组碱基数高达 1 330 亿个。DNA 的重复和复制不能解释为什么存在这么大的尺寸差异。

新的测序技术将会降低多少测序成本？

新的工具和概念上的突破正在推动 DNA 测序的成本大幅下降。这些成本的降低使从个性化医疗到进化生物学研究成为可能。

扫码见英文原文

植物基因组研究还面临许多挑战。植物界已知存在 50 万个不同物种，大多数物种的基因组具有高重复、高杂合和多倍体等复杂特征。虽然目前已测序完成了约 1 500 个物种（Xie et al.，2024），但这仅仅是冰山一角，许多不同类型植物甚至还没有一个参考基因组，植物基因组研究任重道远。同时目前测序完成的植物基因组大小还都集中在相对小基因组（＜10Gb），大基因特别是巨大基因组（如＞50Gb）还涉及很少，这都将留给未来。伴随着测序技术和组装算法的不断创新，更多类型更高质量更大更复杂的基因组将被测序，植物生物学研究必将迎来更大发展机遇。

虽然越来越多植物物种的种内和种间泛基因组已成功构建，但植物泛基因组研究仍然处于初步阶段，亟须构建参考泛基因组标准及其呈现方式（如图泛基因组等）。目前的植物泛基因组质量评估过程缺乏统一的评价标准，一些之前发表的植物泛基因组研究的分析也相对武断。另外，作物泛基因组应当纳入作物的野生近缘物种和地方品种作为遗传多样性的补充，有利于揭示作物驯化和育种的分子机制，为遗传资源的开发提供便利。

基因组拼接质量评价标准急需建立。当前许多研究通常都会将植物基因组组装标记为“T2T”“高质量”或“无缺口”，以证明基因组的完整性和准确性。但实际上，由于缺乏使用统一参数的独立第三方评估，不同基因组之间质量差异很大并且无法进行比较，因此建立基因组拼接质量标准变得越来越重要。在定义标准时，单碱基水平的质量评估至关重要，而对于复杂区域（如着丝粒、rDNA 等）的组装精度验证也是必要的。例如，如果只有一半以上染色体均达到两端端粒均组装完整的基因组才被认定为 T2T 基因组，目前仅有 63 个基因组达到这一标准（Xie et al.，2024）。

第 2 章

植物基因组测序与拼装

扫码见
本章彩图

第一节　基因组调查与测序

正如第一代 DNA 测序技术发明者 Sanger 于 1980 年在诺贝尔化学奖获奖感言中所说，基因组序列能够极大促进我们对于生命的了解（“knowledge of sequences could contribute much to our understanding of living matter”）。核苷酸序列包含了生命体基本的遗传信息，完整的基因组能够更好地解读生命密码。

对于一个尚未进行基因组测序的植物物种，在开始基因组测序前，往往需要对该物种进行基因组概貌调查（genome survey）。一般通过两个途径：细胞遗传学和基因组调查测序与分析，获得目标基因组大小、倍性、杂合性等基本信息，为后续基因组测序提供必要参考。

一、细胞遗传学分析

（一）基于流式细胞术进行基因组大小测定

核基因组 DNA 的 *C* 值和基因组大小是重要的生物多样性指标。Swift 最早在 1950 年提出 DNA 的 *C* 值概念，即一个物种的核 DNA 数量值。它是在不考虑倍性水平情况下，不重复配子核中的核 DNA 数量（Swift，1950）。因此在细胞周期中的 G_1 期，拥有两个拷贝的未经复制的基因组具有 2*C* 的核 DNA 数量。2*C* 核 DNA 数量的测定共有两种方式：从大量细胞中提取 DNA 进行分析和对单个细胞核 DNA 进行测定。其中化学分析法（chemical analysis）和复性动力学法（reassociation kinetics）是第一种方式的代表性方法。由于用来提取 DNA 的组织中，通常含有具不同核 DNA 数量的细胞或不同时期的细胞，因此由化学提取方法鉴定的结果不能代表 2*C* 核 DNA 数量，同时由复性动力学法所产生的结果曲线由于细胞核中存在多种不同类型的重复序列而无法解释。第二种方式，即单核测定方法，更加准确。早期使用显微光密度测定法和 DNA 图像细胞计数法。后来出现的流式细胞术（flow cytometry）则是对悬浮在液体流中的单细胞，通过检测标记的荧光信号，实现高速、逐一细胞定量分析和分选。由于流式细胞术不需要细胞分裂组织，样本制备更加简易，并且可以对大量细胞快速检测，因此目前核 DNA 数量测量主要采用流式细胞术。流式细胞术通过内标法或者内参法，即通过将未知样本和参考物种同时进行提取、着色及分析，保证了测定精度。染色核的相对荧光强度是在线性范围内进行测量的，通常每个样本会对 5 000～20 000 个着色细胞核进行分析，而一个样本绝对核 DNA 数量的计算方法是基于 G_1 峰的平均峰值，因此计算公式为：

样本二倍核 DNA 含量＝样本 G_1 峰平均值÷标样 G_1 峰平均值×
标样二倍核 DNA 含量（pg DNA）

以我们测定的稻田稗草（*Echinochloa crus-galli*）为例（图 2-1），将流式细胞仪得到的稻田稗草的峰值与内参（玉米）的峰值（分别为 64.26 和 100.40）进行比较，已知玉米基因组大小为 2.3Gb，由此可以估测出稻田稗草基因组大小约为 1.47Gb。

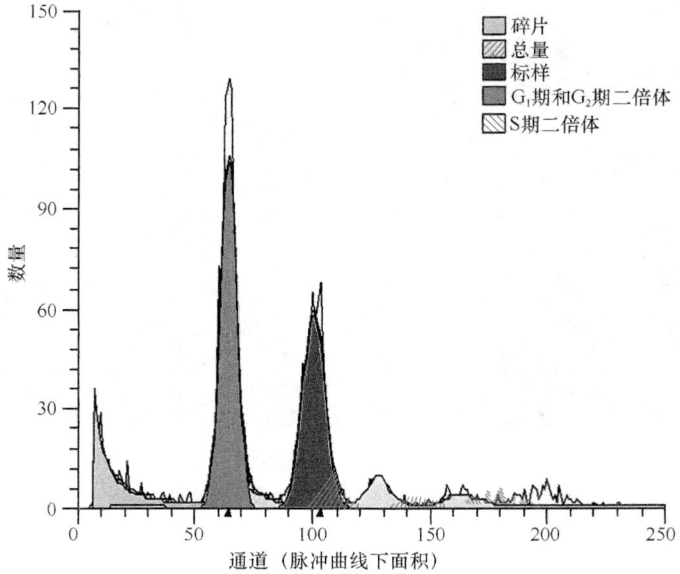

图 2-1　稻田稗草（*Echinochloa crus-galli*）流式细胞术结果
（玉米‘B73’作为内参）（引自 Guo et al.，2017）

图中 G_1、S、G_2 代表有丝分裂间期三个阶段，G_1 期的 DNA 含量可间接反映该细胞的倍性水平

绝对核 DNA 数量通常用 pg 为单位。随着分子生物学和基因组学研究进展，人们更加习惯以 bp（碱基对）来表示核 DNA 碱基数量，即基因组大小。一般而言，基因组大小是用来描述在 G_1 期核 DNA 碱基数量。pg 和 bp 之间的转换存在一些分歧，1pg DNA 在（0.965～0.980）$\times 10^9$bp。根据 Doležel 等（2003）研究结果，即考虑到 AT 和 GC 之间 1∶1 的关系及忽略存在化学修饰的碱基等，目前确定 1pg DNA$=0.978\times 10^9$bp。

综上所述，在使用植物流式细胞术进行基因组大小测定时，需注意以下几个要素：第一，需要提取足够数量并且完整的细胞核，同时 DNA 不能被降解或者修饰；第二，必须对目标物种和参考物种进行相同的化学处理过程；第三，参考物种基因组大小必须是已知的。具体关于流式细胞术的样本制备过程等详细信息，可参考 2007 年发表在 *Nature Protocol* 上的“Estimation of nuclear DNA content in plants using flow cytometry”一文。

（二）基于显微镜的细胞染色体观察

一种生物的染色体核型一般是相对稳定的，因此对该物种的核型进行分析鉴定是植物学分类及遗传研究的一个重要手段。细胞染色体的数目是染色体核型分析的重要组成部分。采用一定时期一定部位的植物组织进行染色体染色、计数是最直接也是最简便的植物染色体数目观察方法。一般步骤为：取材、预处理、固定、解离、染色及镜检。目前制片步骤根据材料不同略有不同，主要采用常规压片法和去壁低渗法。除了对植物组织直接进行染色体染色、计数外，原位杂交（*in situ* hybridization，ISH）技术及荧光原位杂交（fluorescence *in situ* hybridization，FISH）技术在植物核型分析中也得到广泛应用。图 2-2 给出了荧光原位杂交技术获得的小麦染色体观察结果案例。

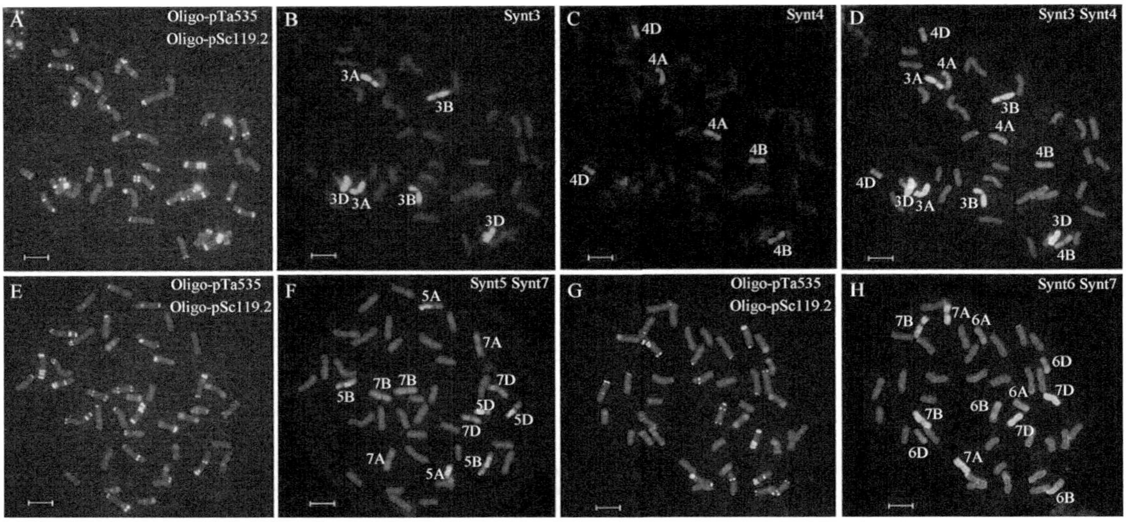

图 **2-2** 染色体 **FISH** 结果——以小麦为例（引自 **Li et al.，2020a**）

图 A～H 表示不同探针或探针组合获得的杂交效果

二、基因组调查测序与 *K*-mer 分析

除了通过流式细胞术等实验手段对基因组大小等进行估计外，通过对目标物种进行所谓基因组调查测序（如第二代测序技术）和 *K*-mer 分布频率分析技术手段，同样可以估计出基因组的一些关键信息，如基因组大小、重复序列比例、倍性、杂合度等。在实际基因组概貌调查中，流式细胞术、染色体基数观察和基因组调查测序往往同时进行，这样能帮助我们提升对目标基因组的了解，更加准确地判断一个基因组是否复杂，以及基因组测序策略的可行性等。

在基因组从头测序项目中，*K*-mer 分布频率分析往往会被用来预测基因组大小等。早在 2003 年，Waterman 课题组就发表了基于混合泊松模型（mixed-Poisson model）和 EM 算法的 *K*-mer 估测方法用于预测基因组大小和重复序列结构。2009 年 Shan 基于 Waterman 的方法，发表了一个适用性优良的 *K*-mer 预测软件 GSP（genome size prediction），但由于真实测序数据的复杂性，这两种方法并不能得到很好的预测结果。直到 2013 年 Liu 等发布了 GCE（genome characteristics estimation），通过引入 *K*-mer 个体及浮点精准预测技术，解决了测序过程中可能存在的错误和覆盖偏好性等问题。同时该技术还拓展了估计杂合率的功能。最近 Vurture 等（2017）发表了在线预测基因组特性工具 GenomeScope，相对于 GCE，其更加自动化，无须使用者根据经验去反复测试参数，并提升了基因组杂合度估计的功能性。

在预测基因组特性之前，需要进行 *K*-mer 的频率计算，目前较为常用的软件为 Jellyfish（Marcais and Kingsford，2011）。GCE 软件包的 Kmerfreq 可用于 *K*-mer 频数统计。在计算之前，需要注意的是避免将 *K*-mer 大小设置过大以免内存占用过多，同时也需注意 *K*-mer 不能过小，以保持绝大部分 *K*-mer 在基因组中是独特的。一般会将 *K*-mer 设置为 17～22。

（一）基因组大小估计

基于测序结果，假设我们获得了一个基因组的所有 *K*-mer（即 *K* 长度的序列短串），根据

Lander-Waterman 模型（1988），基因组大小（G）可以根据如下公式估计：

$$G = K_{num}/K_{depth}$$

式中，K_{num} 是 K-mer 的总数；K_{depth} 是 K-mer 的期望测序深度。

人类基因组测序工程初期，需要构建人类基因组的物理图谱。物理图谱构建过程中，一个棘手问题是需要挑选多少克隆才能覆盖整个基因组？挑选太多，工作量巨大；太少则无法覆盖整个基因组。为此 Lander 和 Waterman（1988）进行了理论测算，提出了上述方法并给出了一些参数的统计特征。*K*-mer 的总数可以根据获得的所有测序读序进行估计。如果我们能进一步知道 *K*-mer 的期望测序深度，就可以基于上述公式估算出基因组大小。据 Lander 和 Waterman（1988）分析，*K*-mer 深度频率分布遵循泊松分布，可以将 *K*-mer 频率分布曲线的峰值作为其期望测序深度。后来，Li 和 Waterman（2003）等把它引入基因组调查序列数据，特别是基于高通量测序数据的基因组大小估计。实际应用中，根据高通量测序数据 *K*-mer 分布曲线峰值，获得 *K*-mer 深度估计值，并进一步用于估计基因组大小。

以 17-mer 为例，估计雨久花科凤眼莲（*Eichhornia crassipes*），又称水葫芦的基因组大小。我们首先进行了基因组调查测序，即测定了大约 30×基因组覆盖度的短序列；基于该数据，过滤测序误差 *K*-mer 之后得到约 529.25 亿个 17-mer，其深度分布如图 2-3 所示（利用 Genome Scope 工具）。根据此图，可见其 17-mer 深度分布峰值在 50×处。由此，我们估计其基因组大小为 *K*-mer 数量/*K*-mer 深度＝52 925/50＝1 058.5Mb。该结果与流式细胞仪测定的该物种基因组大小一致（Huang et al.，2024）。

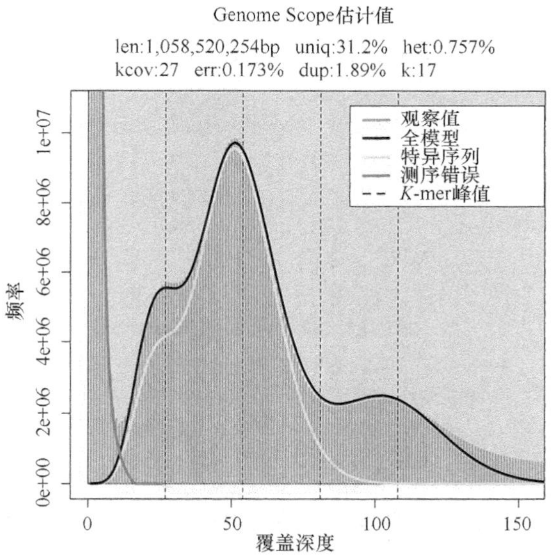

图 2-3　凤眼莲基因组调查测序及其 17-mer 覆盖深度分布图（引自 Huang et al.，2024）

图中为 GenomeScope 工具输出结果。图中横坐标为 *K*-mer 深度，纵坐标为不同深度 *K*-mer 分布频率

（二）基因组复杂度估计

由于杂合性和倍性等因素，一些植物物种基因组变得异常复杂，这增加了基因组拼接的难度。由于基因组杂合性、倍性、重复序列等因素，*K*-mer 频率分布曲线会发生变化。通过该分布曲线，我们可以估计目标基因组上述信息。

基因组的杂合性，会使来自杂合区段的 *K*-mer 深度较纯合区段降低 50%。例如，来自基因组的一个 17-mer 片段，如果没有杂合性，其覆盖深度为 2；如果有一个杂合位点，则这个片段将会产生 2 条序列，构成不同的 17-mer，同等测序数量情况下，2 个 17-mer 的深度均为 1。因此，如果目标基因组有一定的杂合性，会在 *K*-mer 深度分布曲线主峰位置（c）的 1/2 处（$c/2$）出现一个小峰（图 2-4A。实际案例见图 2-3，其杂合率为 0.757%）。同时，杂合率越高，该峰越明显。如果目标基因组为多倍体物种，特别是同源多倍体或相近物种杂交形成的多倍体，两个或多个基因组序列高度同源，许多长序列片段（＞*K*-mer 长度）甚至完全相同，在测序量一定的情况下，这样就导致相应区域的 *K*-mer 数量成倍增加，*K*-mer 深度分布曲线就会在主峰深度位置的 1 倍（四倍体）或 1 倍和 2 倍处（六倍体）出现峰值。以一个禾本科六倍体物种稗草为例，构建一个短序列测序库并测定了其 40×

基因组序列，基于该数据构建了其 17-mer 深度分布图，从该图可见 3 个明显的分布峰（图 2-4B）；四倍体凤尾莲可见 2 个明显峰值（图 2-3）。如果基因组重复序列很高，导致高深度的 *K*-mer 数量增加，其 *K*-mer 深度频率分布右端会出现一个比较明显的拖尾（图2-4A）。一个武断但基本靠谱的重复序列比例估计方法，就是计算基因组调查测序数据中大于 2*c* 深度 *K*-mer 的比例，将其作为目标基因组重复序列的估计值。如果读序测序质量不高，导致出现大量碱基测序误差，这样会使低深度［（1～2）×］的 *K*-mer 数量大量增加（图2-4A），而使主峰不明显或不出现；同时，如果测序深度不够（特别是目标基因组比较大的情况下），也同样无法使目标基因组 *K*-mer 分布特征峰出现。基因组 DNA 的 *K*-mer 分布特征会随基因组的复杂性增加而变化，一些更为复杂的基因组 *K*-mer 分布特征可参见一些理论研究结果（Chor et al.，2009）。由此可见，基因组的 *K*-mer 分布，就像我们体检中的很多生化指标一样，可以为我们了解基因组基本状况提供重要信息。

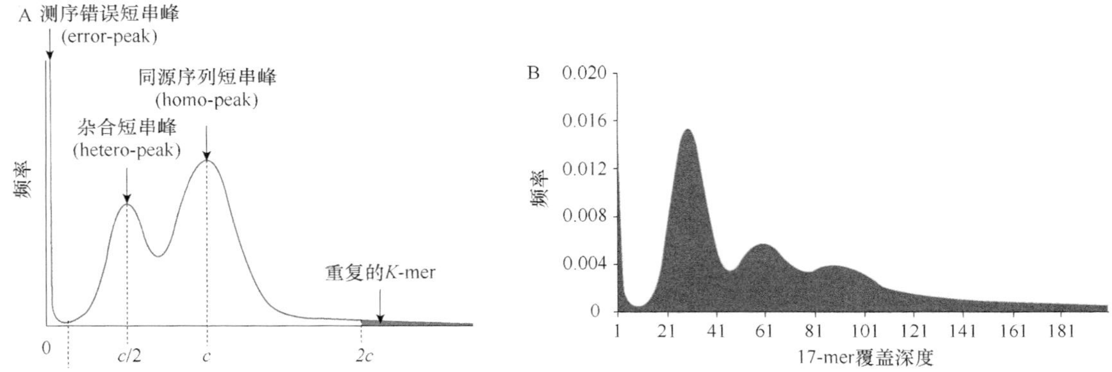

图 2-4 复杂基因组 *K*-mer 深度分布图及其特征峰（引自 Guo et al.，2017）

A．一个具有复杂基因组的 *K*-mer 深度分布模式图。在 *K*-mer 频率分布特征位置上，基因组杂合性（hetero-peak）和重复序列（repetitive *K*-mer）会在 *K*-mer 深度分布产生特征峰。B．多倍化基因组的 *K*-mer 深度分布图。以禾本科六倍体物种稗草 17-mer 分布为例

三、植物基因组测序

（一）目前主要测序技术

目前用于植物基因组测序的平台主要包括第二和第三代测序技术，早期以第一代 Sanger 测序技术为主（图 2-5）。经过不断的技术研发和改善，兼具成本低、通量高、速度快等特点的第二代测序技术应运而生。第二代测序技术又称下一代测序（next generation sequencing，NGS），或者高通量测序（high-throughput sequencing）技术，在植物基因组、转录组、表观遗传学研究中发挥了重要作用。第二代测序平台的主要代表有 Illumina 公司的系列基因组测序仪（Illumina Genome Analyzer）和华大推出的 DNBSEQ 技术平台等。关于第二代测序技术平台的测序原理的具体介绍，请阅读樊龙江主编的《生物信息学（第二版）》第 2 章“生物信息类型及其产生途径”。

第二代测序技术中存在的 GC 偏好性及读长较短等系统性缺陷（Goodwin et al.，2016），导致其在复杂植物基因组的拼接中受到了一定限制。但第二代测序技术通量大、成本降低，这极大地促进了其在植物基因组学研究领域快速发展。第二代测序技术的优势和短板并存，因此第

三代测序技术应运而生。第三代测序（third generation sequencing，TGS）是基于单个分子信号检测的 DNA 测序技术，也称为单分子测序（single molecule sequencing，SMS）。目前主流的三代测序技术包括 PacBio CCS 测序和 Oxford Nanopore 测序。最近华大也推出了纳米孔测序技术 CycloneSEQ。

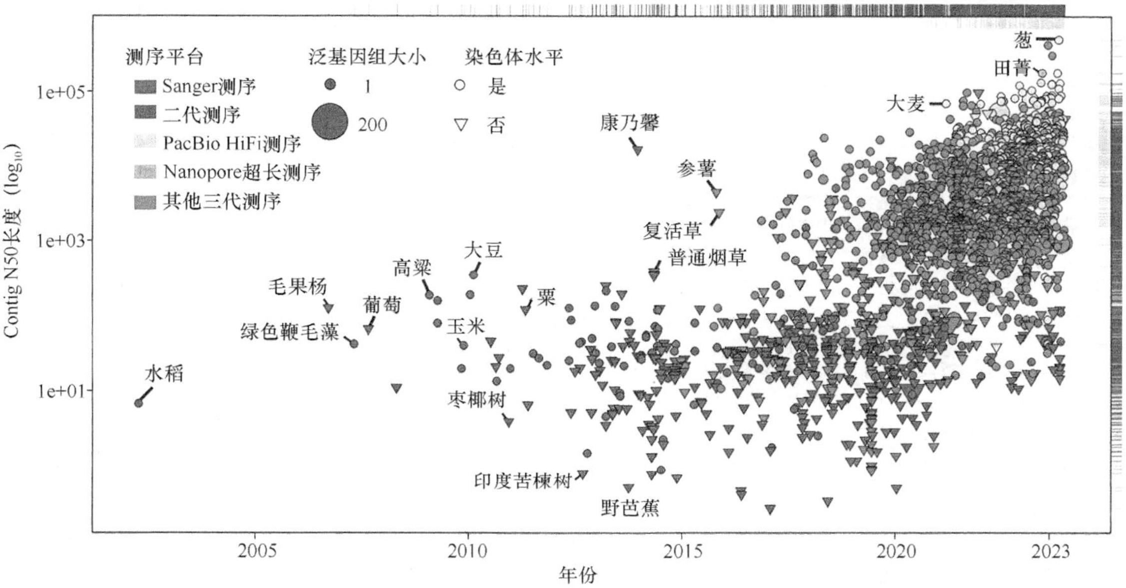

图 2-5　第二代和第三代测序技术用于植物复杂基因组拼接效果比较（引自 **Xie et al.，2024**）

图中不同颜色点代表不同测序平台，其中圆形代表染色体水平组装，图形大小代表该物种泛基因组研究中纳入的个体数量。Contig N50 长度用于评估基因组组装的连续性

第三代测序技术其错误是随机的，且不进行 PCR 扩增，因此其测序无明显偏好性，这极大地解决了第二代测序由于 PCR 等引入的测序偏差问题。此外，第三代测序产生的数据平均读长远超第二代测序，如 PacBio Revio 平台产生的 CCS 平均读长超过 20kb，Oxford Nanopore 的超长模式（Ultra-long）产生数据的平均读长可以超过 100kb，可以更加容易跨过复杂重复序列区域，这极大促进基因组拼接指标的提升。

（二）植物基因组测序策略

通过流式细胞术、染色体观察及 *K*-mer 的基因组序列分析，我们可以获得包括基因组大小、重复比例、杂合率及倍性等基因组概貌信息。根据这些植物基因组概貌信息，制订一个合适的基因组测序策略，对于整个基因组项目的顺利进行将起到关键作用，尤其是对于复杂基因组特征的植物基因组，正所谓“磨刀不误砍柴工”。

根据基因组的重复序列比例、杂合率、基因组大小及多倍化等指标，可以将基因组分为简单基因组和复杂基因组：一般可以将重复序列比例低于 50%、杂合率低于 0.5%，同时基因组小于 2Gb 的二倍体植物基因组视为简单基因组，如胡萝卜单倍体及高纯合二倍体物种苹果和月季等（表 2-1）；复杂基因组一般指重复序列比例高于 60%，或者杂合率大于 0.5%，或者基因组大于 2Gb，或者多倍体基因组，如重复序列比例超过 70%的烟草和茶树等基因组，杂合率大于 1%的 F_1 杂合拟南芥基因组等。对于复杂基因组，与简单基因组同样的测序投入只会得到远低于简单基因组的拼接指标。目前基因组拼接工具通常是针对非植物物种进行设计及参数测试的，所以对于具有高重复序列、高杂合率或多倍化历史等复杂特征的植物基因组来说，往往表现不佳。因此，我们需要针对植物基因组，制订更加个性化的测序策略以获得满意的拼接结果。

表 2-1 植物简单基因组不同测序策略举例

基因组概貌	测序策略	基因组拼接指标
胡萝卜基因组（Iorizzo et al.，2016） 染色体倍性：单倍体加倍 基因组预估大小：473Mb 重复序列比例：41.0%	纯二代测序策略 二代测序深度：约 300 层（×） 二代建库方式：170bp/280bp/800bp/2kb/5kb/10kb/20kb/40kb	基因组大小：421Mb Scaffold N50：12.7Mb Contig N50：31.2kb
苹果基因组（Daccord et al.，2017） 染色体倍性：高纯合二倍体 基因组预估大小：651Mb 重复序列比例：57.3%	二代三代组合测序策略 二代测序深度：约 135 层（×） 二代建库插入长度：300bp/2kb/5kb/10kb 三代测序深度：约 35 层（×） 三代建库插入长度：20kb	基因组大小：649.7Mb Scaffold N50：2.65Mb Contig N50：620kb
月季基因组（Raymond et al.，2018） 染色体倍性：高纯合二倍体 基因组预估大小：391Mb 重复序列比例：42.1%	纯三代测序策略 三代测序深度：约 80 层（×） 三代建库插入长度：20kb	基因组大小：503Mb Contig N50：24Mb
水稻 T2T 基因组（Shang et al.，2022） 染色体倍性：高纯合二倍体 基因组预估大小：390Mb 重复序列比例：＜50%	纯三代测序策略 PacBio CCS 数据深度：约 80 层（×） Oxford Nanopore 深度：约 220 层（×）	基因组大小：385.7Mb Contig N50：31.2Mb

根据目前的两种主流测序技术，植物基因组的测序策略可以大致分为 3 种：纯二代测序策略、二代三代组合测序策略及纯三代测序策略（图 2-5）。目前这些策略在植物基因组测序中都被采用，表 2-2 给出了一些案例。随着第三代测序技术成本的下降，目前更多纯三代测序策略被采用。对于复杂基因组（如多倍体物种），如果仅采用第二代测序技术，受限于第二代测序技术的读长，杂合或者多倍化导致的亚基因组（m 和 n）在拼接中产生了很多不能准确定相分型的区域，也就是拼接中常说的包（bubble），从而影响了拼接的连续性和拼接指标。如果采取纯三代测序策略，可以将两个亚基因组区分开，对于多倍体物种而言是好事。对于杂合率较高的二倍体物种而言，目前主流基于三代测序（主要是 PacBio 的 CCS 数据）的组装工具可以进行单体型精度的拼接组装，即产生两套基因组序列。这是三代测序碱基质量提升所带来的改变，相较于以前混合的马赛克状单套组装，单体型精度组装为基因组比较和分析提供了新的角度。由于成本等各类原因，目前植物基因组测序，往往各类测序数据都会产生，拼接策略上会尽量利用上述各类测序数据，如二代三代测序混合拼接；增加一些 BAC 等克隆测序，等等。对于简单基因组，即高纯合二倍体和单倍体基因组，往往利用各类数据都可以拼出理想的参考基因组。由此可见，对于上述定义的简单植物基因组和复杂植物基因组，最大的区别就在于复杂植物基因组由于其重复序列等多种情况，导致无法很好地进行基因组复杂区域拼接，从而致使基因组从头拼接效果不佳，以致时常影响深入解析一些关键生物学问题。值得关注的是，得益于第三代测序技术的进步，尤其是 PacBio 的 CCS 测序和 Oxford Nanopore 的超长测序，“完整组装”（即 T2T，端粒到端粒）已经变得不再困难。

表 2-2　植物复杂基因组不同测序策略举例

基因组概貌	测序策略	基因组拼接指标
茶树基因组（Xia et al.，2017） 染色体倍性：二倍体 基因组预估大小：3Gb 重复序列比例：80.1%	纯二代测序策略 二代测序深度：约 300 层（×） 二代建库方式：180bp/260bp/300bp/500bp 2kb/3kb/4kb/5kb/8kb/20kb	基因组大小：3.02Gb Scaffold N50：449kb Contig N50：20.0kb
稗草基因组（Guo et al.，2017） 染色体倍性：六倍体 基因组预估大小：1.5Gb 重复序列比例：约 40%	二代三代组合测序策略 二代测序深度：约 150 层（×） 二代建库插入长度：300bp/500bp/800bp/ 2kb/5kb/10kb/20kb 三代测序深度：约 23 层（×） 三代建库插入长度：20kb	基因组大小：1.48Gb Scaffold N50：1.8Mb Contig N50：26.5kb
向日葵基因组（Badouin et al.，2017） 染色体倍性：二倍体 基因组预估大小：3.75Gb 重复序列比例：＞75%	纯三代测序策略 三代测序深度：约 102 层（×） 三代建库插入长度：20kb	基因组大小：2.94Gb Contig N50：399kb
玉米 T2T 基因组（Chen et al.，2023a） 染色体倍性：古四倍体 基因组预估大小：2.2Gb 重复序列比例：＞85%	纯三代测序策略 Oxford Nanopore 超长模式深度：约 237 层（×） PacBio CCS 数据深度：约 70 层（×）	基因组大小：2.18Gb Contig N50：220.3Mb

第二节　植物基因组拼接组装

一、基因组拼接

基因组拼接是生物信息学的一项重要任务。一个完整的基因组序列，对目标物种的遗传研究至关重要，特别是对该物种遗传育种、进化、基因功能等研究具有重要支撑作用。目前高通量测序技术（包括第二代和第三代测序技术）测序通量大，可以在很短的时间内获得目标物种基因组几十倍甚至几百倍覆盖的基因组 DNA 序列数据。但是，第二代高通量测序仪产生的读序（read）一般为 100～150bp，第三代测序仪产生的读序通常为 8～150kb，相对于一条染色体几十 Mb 的长度，如何利用这些短序列拼接出高质量基因组序列，对于生物信息学来说是一个挑战。我们不知道基因组整条序列是如何排列或组合的，同时，目前的技术又无法实现一次把整条染色体序列完整测序。所以，我们只有通过算法和计算机的帮助，把这些短序列组装起来，拼出一条完整的真实序列，即所谓从头拼接（*de novo* assembly）。目前应用于基因组从头拼接的算法主要包括德布鲁因图（de Brujin graph，DBG）和序列重叠一致性（overlap-layout-consensus，OLC）两种（由于篇幅有限，这里不对具体的算法展开具体描述，感兴趣的读者可参考樊龙江主编的《生物信息学（第二版）》第 7 章“基因组调查、拼装与分析”）。

基因组拼接主要步骤（图 2-6）如下：①全基因组鸟枪法测序，包括单端测序（single-end）、双端测序（paired-end）及大片段末端双端测序（mate-pair），其中目前的第三代测序也是单端测序的一种，双端测序特指短片段建库双端测序，大片段末端双端测序还包括了 Hi-C、Chicago、10x 等大片段建库测序前沿技术；②原始序列的矫正和质量控制；③基因组 *de novo* 组装，又称为 contig assembly；④基因组组装改善提升，主要包括拼接延长（scaffolding）、补洞（gap filling）及拼接一致性矫正（polishing）。

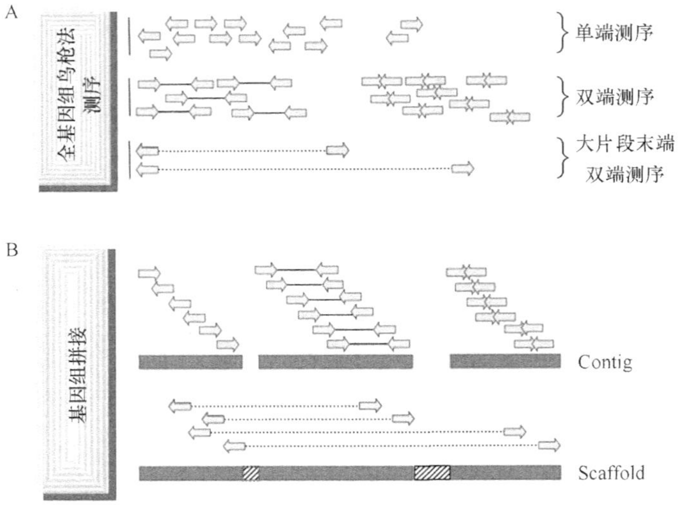

图 2-6　基因组拼接一般流程

A．全基因组鸟枪法测序所产生的数据类型，包括单端测序、双端测序及大片段末端双端测序；
B．基因组拼接过程，拼接会产生两种拼接序列（Contig/Scaffold），其中 Scaffold 序列中间尚有未测通的部分

根据以上基因组拼接步骤，以下分别进行具体介绍，并列举植物基因组拼接中一些代表性软件工具。

（一）原始序列的质量控制与错误矫正

如上所述，二代和三代测序均因为测序技术本身存在或多或少的测序错误或者偏差，所以其读序在正式用于基因组拼接前，需要特殊步骤进行矫正，以提升基因组拼接的质量。表 2-3 中列出了目前用于二代和三代测序质量控制与碱基错误矫正的代表性软件。二代测序可以根据测序文件中对于每个碱基的质量值标注，对低质量的读序进行去除，也就是所谓的质量控制，如 NGSQC toolkit（Patel et al.，2012）。尽管二代测序经过质量控制后碱基准确率可以达到 99.9%以上，但部分系统错误仍旧存在，可以通过 *K*-mer 算法进一步矫正，如 Lighter（Song et al.，2014）。三代测序由于其错误随机产生，与二代测序错误具有偏好性不同，所以在质量控制策略上也大不相同。包括 PacBio 和 Nanopore 两家公司产生的三代测序序列均可以通过高覆盖度进行自我矫正，目前较为常用的是 Canu 软件自带的矫正模块（Koren et al.，2017），也有通过二代测序构建 DBG 图对三代测序进行矫正的，如 LoRDEC（Salmela et al.，2014）。Nanocorrect 是专门针对 Nanopore 纳米孔测序技术设计的矫正软件（Loman et al.，2015）。

表 2-3　常用读序质量控制与错误矫正软件

软件	下载地址	软件	下载地址
NGSQC toolkit	http://www.nipgr.res.in/ngsqctoolkit.html	LoRDEC	http://atgc.lirmm.fr/lordec/
Lighter	https://github.com/mourisl/Lighter	Nanocorrect	https://github.com/jts/nanocorrect/
Canu	https://github.com/marbl/canu	NanoFilt	https://github.com/wdecoster/nanofilt

（二）植物基因组 *de novo* 拼接

对于植物简单基因组，利用常规拼接软件就可以获得很好的拼接结果，如二代拼接软件 SOAPdenovo2（Luo et al.，2012）、三代拼接软件 Hifiasm（Cheng et al.，2022），以及二代三代混拼软件 HybridSPAdes（Antipov et al.，2015）等（表 2-4）。对于植物复杂基因组，如上所述，目前大部分基因组拼接软件在设计时，往往不会针对植物基因组特性，因此进行植物复杂基因组组装时，常规方法往往效果不太令人满意。值得一提的是，Platanus（Kajitani et al.，2014）是特别针对植物基因组复杂特性进行设计优化的二代测序拼接软件；FALCON-unzip（Chin et al.，2016）在进行基因组拼接时，可获得复杂基因组两个完整的拼接版本并做主次划分，这尤其符合复杂基因组的拼接特性；NOVOPlasty（Dierckxsens et al.，2016）是专门针对线粒体和叶绿体拼接设计的软件。目前使用最多的基于三代测序数据的方法包括 Hifiasm、Verkko、Canu、NextDenovo 和 wtdbg2。其中，Hifiasm 和 Verkko 能够同时利用 PacBio CCS 数据和 Oxford Nanopore 超长数据来进行组装，相较于单一数据极大提高了组装的连续性。对于常见的二倍体简单植物基因组，Hifiasm 可以在 24h 内实现高质量的基因组组装。

表 2-4　主流植物基因组 *de novo* 拼接软件

软件	下载地址	软件	下载地址
SOAPdenovo2	https://github.com/aquaskyline/SOAPdenovo2	NOVOPlasty	https://github.com/ndierckx/NOVOPlasty
Platanus	http://platanus.bio.titech.ac.jp/	Hifiasm	https://github.com/chhylp123/hifiasm
HybridSPAdes	http://cab.spbu.ru/software/spades/	Verkko	https://github.com/marbl/verkko
Canu	https://github.com/marbl/canu	NextDenovo	https://github.com/Nextomics/NextDenovo
FALCON-unzip	https://github.com/PacificBiosciences/FALCON	wtdbg2	https://github.com/ruanjue/wtdbg2

（三）基因组拼接改善提升

在完成基础的基因组拼接之后，我们往往会利用二代测序、三代测序及其他的一些数据对基因组拼接进行进一步提升，提高基因组拼接指标，如 Contig N50 和 Scaffold N50 长度。对基因组进行改善提升的方法通常有三类：①补洞（gapfilling），如利用二代测序的 GapFiller（Boetzer et al.，2012），利用三代测序的 PBJelly（English et al.，2012）；②延长（scaffolding），如利用二代测序的 SSPACE（Boetzer et al.，2010），利用三代测序的 SSPACE-LongRead（Boetzer et al.，2014）；③拼接一致性矫正（polishing），如利用二代测序的 Pilon（Walker et al.，2014）、针对 Nanopore 序列的 Nanopolish（Simpson et al.，2017）及针对三代组装的 NextPolish2 和 Merfin 等（表 2-5）。

表 2-5　基因组拼接提升相关软件工具

软件	下载地址	软件	下载地址
GapFiller	https://www.baseclear.com/services/bioinformatics/basetools/	Pilon	http://software.broadinstitute.org/software/pilon/
PBJelly	https://sourceforge.net/projects/pb-jelly/	Quiver & Arrow	https://www.pacb.com/support/software-downloads/
SSPACE	https://www.baseclear.com/services/bioinformatics/basetools/	Nanopolish	https://github.com/jts/nanopolish

续表

软件	下载地址	软件	下载地址
SSPACE-LongRead	https://www.baseclear.com/services/bioinformatics/basetools/	NextPolish2	https://github.com/Nextomics/NextPolish2
		Merfin	https://github.com/arangrhie/merfin

二、染色体水平组装

对于一个重要物种基因组，Scaffold 水平的基因组草图序列明显是不够的，而染色体水平的基因组组装对于其遗传研究至关重要。因此，往往需要通过添加一些额外的数据进行染色体水平组装。这项工作通常又称为“准染色体重建”（pseudo-chromosomes reconstruction），其中“准”代表的是基因组组装仍旧存在很多不确定的地方，需要各种可能的证据来进行校验。染色体水平组装目前通常利用遗传图谱（genetic map）、光学图谱技术、Hi-C 技术、物理图谱、基于同源性的方法来进行辅助组装。

（一）遗传图谱

利用遗传群体及其高质量 SNP 等分子标记进行连锁分析，进而可以构建高密度的遗传图谱，其中遗传图谱的标记、标记对应的遗传距离和标记对应的染色体是用于辅助基因组组装的重要信息。利用遗传图谱辅助进行组装主要分“三步走”，即将分子标记定位到 Scaffold、通过标记的定位信息确定 Scaffold 的染色体定位信息，以及最终将 Scaffold 组装成染色体。目前用于遗传图谱辅助基因组组装的软件较多，如唐海宝等（Tang et al.，2015）开发的 Allmaps 软件，可以通过设置权重来同时利用多个遗传图谱来进行染色体水平的辅助组装（图 2-7 提供了一个案例）。多个可靠的遗传图谱既可以提高染色体水平组装的总长度，也可以提高拼接序列的准确率。

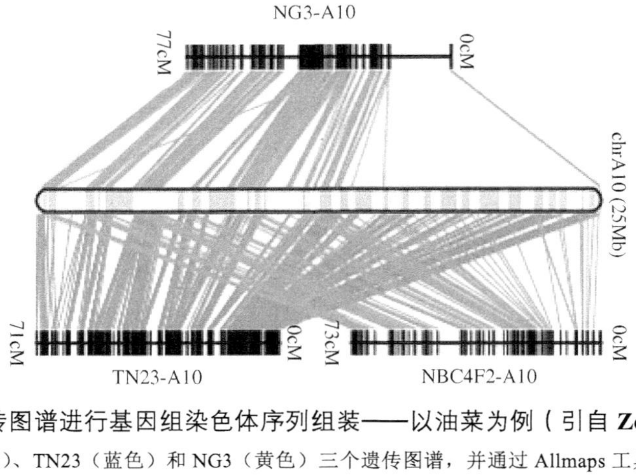

图 **2-7** 基于遗传图谱进行基因组染色体序列组装——以油菜为例（引自 **Zou et al.，2019**）

基于 NBC4F2（绿色）、TN23（蓝色）和 NG3（黄色）三个遗传图谱，并通过 Allmaps 工具进行染色体的构建

（二）基因组组装新技术

利用遗传图谱组装基因组有其局限性，如需要构建遗传群体、构图周期长等。为此许多新技术不断被开发并应用于辅助基因组组装，使基因组组装的连续性和准确性不断提高，如 Hi-C

技术、光学图谱技术（BioNano Genomics）、Chicago 技术（Dovetail Genomics）、Linked-reads 技术（10x Genomics）等。Hi-C 技术指高通量染色体构象捕获（high-throughput chromosome conformation capture）技术，是一种研究全基因组三维构象及分析染色质片段相互作用的前沿技术。对于基因组组装，Hi-C 技术主要基于染色体内的相互作用远大于染色体之间的相互作用，近距离的相互作用大于远距离的相互作用的基本原理，进行染色体基因组序列聚类和排序，并定向到它们的正确位置。它与利用遗传图谱将基因组序列组装到染色体水平的方法类似。但遗传图谱需要构建专门的作图群体，而 Hi-C 技术只需要单个个体就可以实现序列染色体定位（详见第 9 章）。最常见的利用 Hi-C 读序的 scaffolding 软件包括 3D-DNA、Lachesis 和 ALLHiC 等。与 Hi-C 技术一样，Chicago 技术、Linked-reads 技术均是基于 Illunima 二代测序平台而进行的特大片段建库技术。Hi-C 技术需要通过提取活细胞染色质构建大片段文库，由此产生一些生物学信号干扰，进而会影响基因组组装。Dovetail Genomics 公司的 Chicago 技术以重组染色质为基础构建大片段文库，通过将 DNA、纯化的组蛋白及染色质组装因子结合来重构染色质，可以去除生物学信号的干扰，产生高质量的数据。同时 Dovetail 在发布 Chicago 技术的同时，还发布了专门配套的组装软件 HiRise（Putnam et al.，2016）。与前面所提及的基于测序技术系统有所不同，光学图谱技术是一种非测序系统技术，它通过对尽可能长的 DNA 片段进行成像分析，制成可视基因组图谱。其中 BioNano Genomics 公司是目前最主流的光学图谱技术服务提供商，提供了 IRYS 和 SAPHYR 两种光学图谱平台。在辅助基因组组装方面，光学图谱除了能够用于基因组拼接片段的排序和定向，还可以用于基因组拼接片段的错误矫正及估计相邻片段之间缺口序列长度。

（三）组装质量评估

基因组组装系列工作完成后，需要通过一些方法对基因组拼接质量进行评估，主要三个角度进行，分别是连续性（continuity）、完整性（completeness）、准确性（correctness），即 3C 标准。连续性一般通过 Contig N50（即长度至少为所有 Contig 长度总和一半的最短 Contig 长度）及其衍生出的指标（如 auN、NG50 等）量化，指标越高说明基因组拼接的连续性越好；此外，可以将 BAC 序列、Hi-C 或 BioNano 等数据比对到组装上，确保无明显的连续性问题。完整性一般可以通过观察组装序列含有保守基因集完整程度来量化，如 BUSCO、CEGMA。也可以将测序数据比对到拼接基因组上的比例和覆盖深度均一性来反映，通常有效比例越高，覆盖度越均匀，组装的完整性越好。针对植物基因组高 LTR 的特征，我们也可以利用 LAI 等工具从 LTR 完整性上来评估基因组整体完整情况。准确性用来量化基因组拼接一致性矫正之后的碱基质量，目前广泛使用的方法是检验组装中是否含有原始测序数据中不存在的 *K*-mer，如 Merqury（Rhie et al.，2020），出现的异常 *K*-mer 数量越多则表明该区域的组装准确性越低。

|第 3 章|

植物基因组构成与注释

扫码见
本章彩图

第一节　植物基因组大小与基本结构

一、植物基因组大小

基因组大小是指一个基因组中单个拷贝 DNA 的总量，往往用百万个碱基（Mb）为单位。对于二倍体生物，基因组大小还可用 *C* 值（*C*-value）来说明，该值是指一个单倍体（即配子）核中 DNA 总量。许多原核微生物基因组为环形，而真核生物基因组均为线形（一条或多条线性染色体构成）。一般原核微生物（如细菌和古细菌）基因组较小，真核生物基因组较大（图 3-1）。

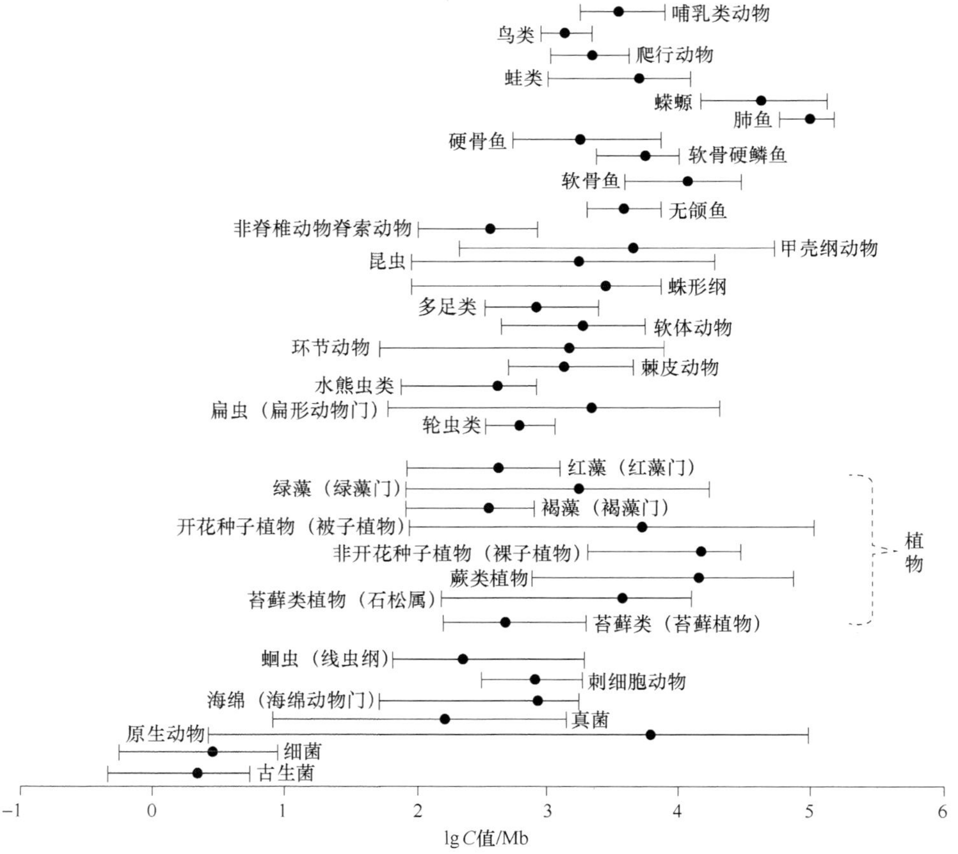

图 3-1　不同类型生物基因组大小分布（改自 Gregory et al.，2005）

即使同一类型生物，其基因组大小也会存在巨大差异。例如，原生动物（protozoa）是基因组大小跨度最大的一类生物，其次是有花植物（flowering plant）、扁形动物（flatworm）、甲壳动物（crustacean）等。表 3-1 列出了部分生物的基因组大小，包括第一个被基因组测序的物种、同一类型中具有最大或最小基因组的物种。

表 3-1 不同类型生物基因组大小举例

类型	物种	基因组大小	说明
病毒	MS2 细菌噬菌体	3.5kb	第一个测序的 RNA 基因组
	SV40（猿猴空泡病毒 40）	5.2kb	
	噬菌体Φ-X174	5.4kb	第一个测序的 DNA 基因组
	HIV（人类免疫缺陷病毒）	9.7kb	
	λ噬菌体	48kb	
	巨型病毒	1.2Mb	已知最大病毒基因组
细菌	流感嗜血杆菌（*Haemophilus influenzae*）	1.8Mb	第一个非寄生生物基因组（1995 年）
	木虱原生共生细菌（*Carsonella ruddii*）	160kb	已知最小非病毒基因组
	蚜虫初级内共生菌（*Buchnera aphidicola*）	600kb	
	Wigglesworthia glossinidia	700kb	
	大肠杆菌（*Escherichia coli*）	4.6Mb	
	Solibacter usitatus（strain Ellin 6076）	10Mb	已知最大细菌基因组
变形虫类	无恒变形虫（*Polychaos dubium*）	670Gb	已知最大基因组
植物	拟南芥（*Arabidopsis thaliana*）	157Mb	第一个测序的植物基因组（2000 年）
	螺旋狸藻（*Genlisea margaretae*）	63Mb	最小开花植物基因组（2006 年）
	水稻（*Oryza sativa*）	398Mb	第一个测序的作物基因组（2002 年）
	毛果杨（*Populus trichocarpa*）	480Mb	第一个测序的林木基因组（2006 年）
	梅溪蕨（*Tmesipteris oblanceolata*）	160.5Gb	已知最大植物基因组
苔藓	小立碗藓（*Physcomitrella patens*）	480Mb	第一个测序的苔藓类植物基因组（2008 年）
酵母	酿酒酵母（*Saccharomyces cerevisiae*）	12.1Mb	第一个测序的真核生物基因组（1996 年）
真菌	构巢曲霉（*Aspergillus nidulans*）	30Mb	
线虫	秀丽隐杆线虫（*Caenorhabditis elegans*）	100Mb	第一个测序的多细胞动物基因组（1998 年）
	南方根腐线虫（*Pratylenchus coffeae*）	20Mb	已知最小动物基因组
昆虫	黑腹果蝇（*Drosophila melanogaster*）	130Mb	
	家蚕（蚕蛾）（*Bombyx mori*）	530Mb	
	意大利蜜蜂（*Apis mellifera*）	236Mb	
	红火蚁（*Solenopsis invicta*）	480Mb	
鱼类	青斑河豚（*Tetraodon nigroviridis*）	390Mb	已知最小脊椎动物基因组
	石花肺鱼（*Protopterus aethiopicus*）	130Gb	已知最大脊椎动物基因组
哺乳动物	人类（*Homo sapiens*）	3.2Gb	

二、植物基因组基本结构

基因组 DNA 序列看似简单，其实构成很复杂。真核生物核基因组一般包括 35%～80%的重复序列和约 5%的蛋白质编码序列，这些编码序列分布于整个基因组区域。相对而言，染色体着丝粒附近重复序列比例很高。基因组上有大量非编码序列，其构成比较复杂，转录主要形成两种非编码 RNA（non-coding RNA，ncRNA）：管家 ncRNA 和调节性 ncRNA（具体分类将在本章第二节详细描述）。调节性 ncRNA 会参与蛋白质编码基因表达的调控，发挥重要功能（详见第 4 章第二节）。许多非编码序列中包含假基因，它们原来为蛋白质编码基因，但由于进化过程中碱基删除或变异等，丧失了编码蛋白质的功能。

不同类型植物基因组构成和大小均有所不同（图 3-2 和表 3-1）。例如，拟南芥、水稻、玉米的基因组大小各异，其单倍体染色体条数分别为 5 条、12 条和 10 条。图 3-2 显示拟南芥、水稻、玉米基因组中编码区域、重复序列占基因组的比例各不同。以单子叶植物水稻基因组为

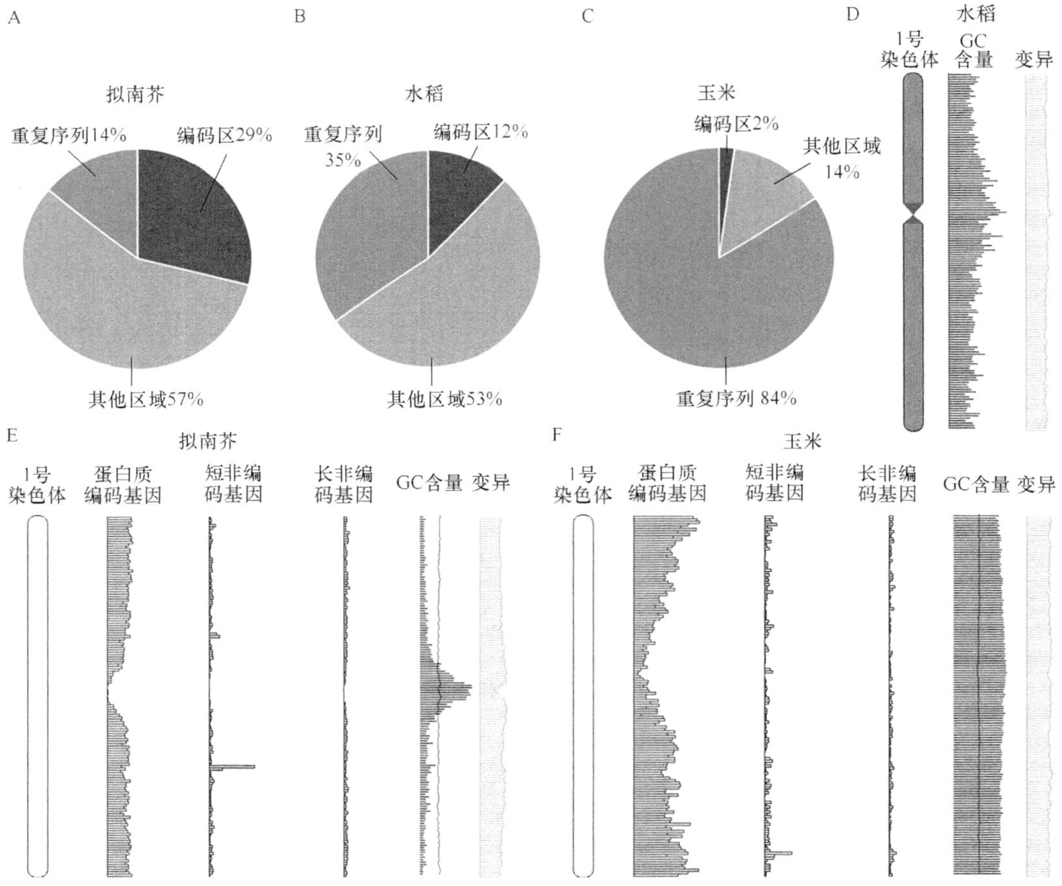

图 3-2　3 种不同植物基因组的构成

A、B、C 分别代表拟南芥（引自 The *Arabidopsis* Genome Initiative，2000）、水稻（引自 International RGSP，2005）和玉米（引自 Schnable et al.，2009）中的编码区、重复序列和其他区域（包括内含子和其他非编码区域等）占基因组的比例（不同基因组版本之间可能存在差异，但是数量级一般不变）；D、E、F 分别代表水稻、拟南芥和玉米基因组的 1 号染色体上蛋白质编码基因（红色）、非编码基因（蓝色）、GC 含量（灰色）、变异（黄色）的分布情况（数据来自 Ensembl Plants）

例，其蛋白质编码基因总数达 4.2 万个，而重复序列占整个基因组 35%左右，主要包括反转座子和 DNA 转座子类重复序列。即使是同一种类生物，不同物种之间基因组构成也会千差万别，如同为禾本科物种的水稻和玉米基因组。玉米基因组由于物种分化后转座子类重复序列大量增多，其基因组重复序列比例高达约 84%。相反，完全不同的植物——双子叶植物拟南芥基因组却与单子叶植物水稻基因组构成类似，其基因组更小，基因构成更紧密。

第二节　植物基因组主要构成因子与鉴定

一个植物细胞中包含 3 种基因组：细胞核基因组和两种细胞器基因组（叶绿体和线粒体）。叶绿体和线粒体基因组将在本书第 11 章中详细论述，本节仅对核基因组的构成进行介绍。一般情况下，一个物种的核基因组主要构成因子包含蛋白质编码基因、非编码基因、重复序列和假基因等。

一、蛋白质编码基因

一个蛋白质编码基因的典型结构包括启动子区域（promoter）、5′端非翻译区（5′-untranslated region，5′-UTR）、外显子（exon）、内含子（intron）、3′端非翻译区（3′-UTR）和终止子。基因表达后被转录成前体 mRNA，经过剪接，切除其中非编码序列（即内含子等）后，编码序列（即外显子）连接形成成熟 mRNA，并翻译成蛋白质。

（一）植物蛋白质编码基因概况及特征

蛋白质编码序列分布于整个基因组区域。相对而言，染色体着丝粒附近重复序列多而编码序列分布少。蛋白质编码序列在植物基因组中所占比例很低。一个植物基因组中，编码基因的数量通常在 2 万～4 万个（表 3-2），如拟南芥中有编码基因 2.7 万个、水稻中有 4.2 万个。而一些藻类植物基因数量会偏少，如 *Ostreococcus lucimarinus* 仅有 7 800 个编码基因。部分多倍体植物蛋白质编码基因可达 10 万个左右，如四倍体植物油菜（Chalhoub et al.，2014）、六倍体植物小麦和稗草（Guo et al.，2017；IWGSC，2018）。

我们分析了 Phytozome（V13；Goodstein et al.，2012）数据库中收录的 153 个植物基因组，植物基因的平均长度为 3.7kb，最长的基因一般可达 30～100kb。部分基因注释中可以发现基因长度达几百 kb，考虑到基因注释所采用的标准有所不同，这些特别长的基因还有待进一步实验验证。一个植物基因的蛋白质编码序列平均长度多数在 1～1.3kb，最长的编码序列可达十几 kb，也有部分达到 30kb 以上，同样，这些特别长的编码序列也有待进一步实验验证。一个植物基因所包含的外显子个数平均为 5 或 6 个，外显子个数最多的一般在 70～80 个。不同物种，每个基因所包含的内含子平均长度差异较大，一般在 160～1 000bp（表 3-2）。

（二）植物蛋白质编码基因家族概况

蛋白质编码基因往往是以基因家族的形式存在，即有多个序列相似（保守）的成员。在维管束植物中，50%以上的基因都具有 10 个以上拷贝（图 3-3）。低等植物中，高拷贝基因显著少于维管束植物，其多数基因仅有 1 个或 2 个拷贝。例如，在莱茵衣藻、团藻和小立碗藓中仅有约 30%的基因具有 10 个以上拷贝，而有约 40%的基因是 1 个或 2 个拷贝（Ye et al.，2013）。

表 3-2　植物基因组蛋白质编码基因概况（数据来源：Phytozome，V12）

物种拉丁名	物种中文名	基因数	最长基因的长度/bp	基因平均长度/bp	编码序列的最长长度/bp	编码序列的平均长度/bp	最多外显子个数	平均外显子个数	最长外显子长度/bp	平均外显子长度/bp	最长内含子长度/bp	平均内含子长度/bp
Arabidopsis thaliana	拟南芥	27 416	31 258	2 206	16 182	1 231	79	5.9	7 761	147	11 602	165
Brassica rapa	芜菁	40 492	27 238	2 233	16 125	1 163	79	5.3	7 677	157	18 193	199
Castanea mollissima	栗	25 399	126 485	5 094	16 470	1 374	80	6.6	7 989	136	45 000	759
Glycine max	大豆	52 872	94 733	4 017	16 308	1 351	78	6.5	8 618	155	16 973	519
Gossypium hirsutum	陆地棉	75 854	62 401	3 283	21 516	1 187	79	6	7 926	145	47 867	392
Hordeum vulgare	大麦	39 734	820 598	6 008	16 152	1 082	79	6.9	23 453	136	819 178	665
Malus domestica	苹果	45 116	53 052	3 079	18 333	1 127	79	5.1	8 016	159	14 877	389
Oryza sativa	稻	42 189	57 094	2 872	16 311	1 121	78	4.9	15 363	162	18 327	406
Prunus persica	桃	26 873	36 935	3 240	16 092	1 379	79	6.8	22 106	152	8 150	356
Setaria italica	粱	34 584	49 022	3 180	16 146	1 249	79	5.5	14 044	165	14 896	387
Solanum lycopersicum	番茄	36 648	337 222	4 349	20 520	1 123	201	5.9	11 091	139	277 700	754
Solanum tuberosum	马铃薯	32 917	72 383	4 081	16 506	1 204	79	5.8	7 959	145	14 424	613
Sorghum bicolor	高粱	35 115	83 222	3 379	16 311	1 302	82	5.6	9 936	161	33 045	468
Spinacia oleracea	菠菜	34 876	76 701	4 244	16 650	1 207	77	4.9	7 965	138	71 839	780
Triticum aestivum	小麦	99 386	35 335	2 552	14 874	914	74	5.9	9 275	135	25 396	358
Vigna unguiculata	豇豆	31 948	77 529	3 844	16 278	1 352	78	6.6	11 601	155	27 208	496
Vitis vinifera	葡萄	31 845	131 654	4 509	14 859	1 196	63	5.4	7 992	128	57 053	1 010
Zea mays	玉米	39 498	128 402	4 173	15 804	1 448	80	9.2	9 154	142	125 360	577

扫码见
表3-2完整版

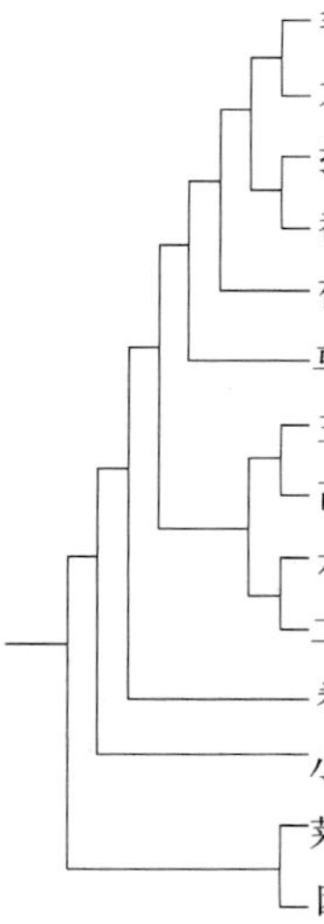

物种	1 个或 2 个拷贝		3～10 个拷贝		>10 个拷贝	
	基因数	比例/%	基因数	比例/%	基因数	比例/%
毛果杨 (*Populus trichocarpa*)	6 147	15.1	9 177	22.6	25 344	62.3
大豆 (*Glycine max*)	3 858	8.3	10 083	21.8	32 426	69.9
拟南芥 (*Arabidopsis thaliana*)	5 465	20.1	7 153	26.3	14 584	53.6
番木瓜 (*Carica papaya*)	7 247	26.3	6 872	24.9	13 183	47.8
葡萄 (*Vitis vinifera*)	6 562	24.9	6 396	24.3	13 314	50.5
马铃薯 (*Solanum tuberosum*)	6 007	15.4	7 451	19.1	25 572	65.5
玉米 (*Zea mays*)	7 944	20.0	10 122	25.5	21 590	54.4
高粱 (*Sorghum bicolor*)	4 386	15.9	6 748	24.4	16 473	59.7
水稻 (*Oryza sativa*)	10 754	22.5	8 388	21.5	19 903	51.0
二穗短柄草 (*Brachypodium distachyon*)	4 482	17.6	6 613	25.9	14 437	56.5
卷柏 (*Selaginella moellendorffii*)	4 624	20.8	6 022	27.0	11 627	52.2
小立碗藓 (*Physcomitrella patens*)	13 350	41.4	8 155	25.3	10 750	33.3
莱茵衣藻 (*Chlamydomonas reinhardtii*)	6 913	40.4	4 592	26.8	5 603	32.7
团藻 (*Volvox carteri*)	5 854	40.4	3 559	24.6	5 078	35.0

图 3-3　部分植物基因组中具有不同拷贝数量的基因分布情况（引自 **Ye et al.，2013**）

植物基因家族包括细胞色素 P450（cytochrome P450，CYP450）、蛋白激酶及 MYB 等转录因子家族。通过对拟南芥基因的结构域注释（Pfam）发现，其中含有以下 8 个结构域的基因成员最多，分别是 PF00646（F-box）、PF07714（Pkinase_Tyr，酪氨酸蛋白激酶）/PF00069（Pkinase）、PF13041（PPR repeat family，PPR 重复）/PF01535（PPR）、PF13855（leucine rich repeat，LRR，富亮氨酸重复）、PF00067（P450）、PF13639（ring finger domain，环指功能域）、PF00249（MYB-like DNA-binding domain）、PF00076（RNA recognition motif，RNA 识别基序）。基因家族并非在所有植物中都有很多成员，如 F-box 基因，即使在被子植物内部，其成员个数相差也很大，多的达到 1 000 个以上，而少的只有不到 200 甚至不到 100 个成员（表 3-3）。

扫码见
表3-3完整版

表 3-3　植物基因组中不同基因家族大小拷贝数量情况
（仅列出拟南芥基因组中家族成员最多的 8 个基因家族*）（数据来源：Phytozome，V13）

物种拉丁名	物种中文名	F-box	酪氨酸蛋白激酶	PPR 重复	富亮氨酸重复	P450	环指功能域	MYB	RNA 识别基序
Arabidopsis thaliana	拟南芥	584	666	452	289	285	296	327	383
Brassica rapa	芜菁	686	896	452	411	355	413	474	381
Castanea mollissima	栗	168	901	587	536	400	240	296	302
Glycine max	大豆	410	2 186	1 053	1 018	504	578	917	821
Gossypium hirsutum	陆地棉	489	2 002	1 351	1 286	867	890	999	1 189
Hordeum vulgare	大麦	842	5 499	3 773	2 065	1 812	842	1 299	1 898
Malus domestica	苹果	244	869	721	623	430	310	370	335

续表

物种拉丁名	物种中文名	F-box	酪氨酸蛋白激酶	PPR 重复	富亮氨酸重复	P450	环指功能域	MYB	RNA 识别基序
Oryza sativa	稻	413	852	501	450	409	364	280	384
Prunus persica	桃	397	1 389	363	458	232	342	524	802
Setaria italica	粱	379	855	586	476	414	344	296	304
Solanum lycopersicum	番茄	276	611	474	302	333	296	274	331
Solanum tuberosum	马铃薯	341	806	615	602	673	369	384	471
Sorghum bicolor	高粱	395	871	626	433	412	365	350	413
Spinacia oleracea	菠菜	174	343	266	162	170	109	130	175
Triticum aestivum	小麦	1 004	6 088	3 455	1 850	2 000	1 114	1 398	2 387
Vigna unguiculata	豇豆	259	1 285	821	635	385	355	523	524
Vitis vinifera	葡萄	176	1 030	684	645	527	317	435	604
Zea mays	玉米	221	2 518	841	655	441	666	647	1 645

*酪氨酸蛋白激酶：Pkinase_Tyr；PPR 重复：PPR repeat；富亮氨酸重复：leucine rich repeat；环指功能域：ring finger domain；RNA 识别基序：RNA recognition motif

植物基因组中有一大类基因属于转录因子家族。转录因子是一类能与基因 5′端上游启动子区域特定序列结合，从而调控基因的表达的蛋白质分子。因此转录因子在细胞中起着重要的作用。目前有多个植物转录因子数据库，包括北京大学搭建的 PlantTFDB（Tian et al.，2020），该数据库目前收录了 165 种植物的转录因子，这些转录因子数量从 43 到 6 150 不等（表 3-4）。

扫码见
表3-4完整版

表 3-4　不同植物转录因子数量情况（引自 Tian et al.，2020）

拉丁名	中文名	转录因子数量	基因家族数量
Hordeum vulgare	大麦	2 620	56
Oryza sativa subsp. *indica*	籼稻	1 891	56
Oryza sativa subsp. *japonica*	粳稻	2 408	56
Setaria italic	粱	2 410	56
Sorghum bicolor	高粱	2 654	56
Triticum aestivum	小麦	3 606	56
Zea mays	玉米	3 308	56
Nicotiana tabacum	烟草	5 176	57
Solanum lycopersicum	番茄	1 845	58
Solanum tuberosum	马铃薯	2 405	56
Castanea mollissima	栗	1 499	57
Cucumis sativus	黄瓜	1 931	57
Fragaria × ananassa	草莓	1 250	58
Glycine max	大豆	6 150	57
Malus domestica	苹果	3 119	58
Arabidopsis thaliana	拟南芥	2 296	58
Brassica rapa	芜菁	4 127	58
Gossypium hirsutum	陆地棉	5 022	58

（三）蛋白质编码基因预测

所谓基因预测或注释（annotation）就是指基因结构预测，一般是指预测基因组 DNA 序列中编码蛋白质的区域（coding sequences，CDS）。目前基因区域的预测已从单纯编码区预测发展到整个基因结构的预测，包括启动子预测及 UTR 区域预测等。多种因素使得基因注释并非易事。例如，蛋白质编码基因在基因组中所占比例很小，基因密度低；DNA 序列仅由 4 种碱基构成，无明显的基因信号；第一个和最后一个外显子（包含 UTR 区域）无剪切信号可供判断；蛋白质编码基因存在大量可变剪切情况等。对于植物基因组，特别是多倍体的复杂基因组的预测更为不易。

在基因预测之前，一般首先会对全基因组进行重复序列鉴定和屏蔽。植物基因组中存在较高比例的重复序列（详见本节“三、重复序列”），而重复序列的存在对基因预测的准确性会产生较大的影响，因此通常重复序列的鉴定是基因预测的第一步。由于重复序列保守性很差，因而对不同物种都需构建该物种的重复序列库。值得注意的是，在构建的该物种的重复序列库中不应包括和已知基因相似性高的序列，如编码组蛋白、维管蛋白等基因序列。对基因组重复序列处理的好坏将直接影响后续基因预测的质量。

目前基因预测主要方法包括两大类：一类是从头预测方法；另一类是同源比对方法。这两类方法在实际应用中往往配合使用（图 3-4）。

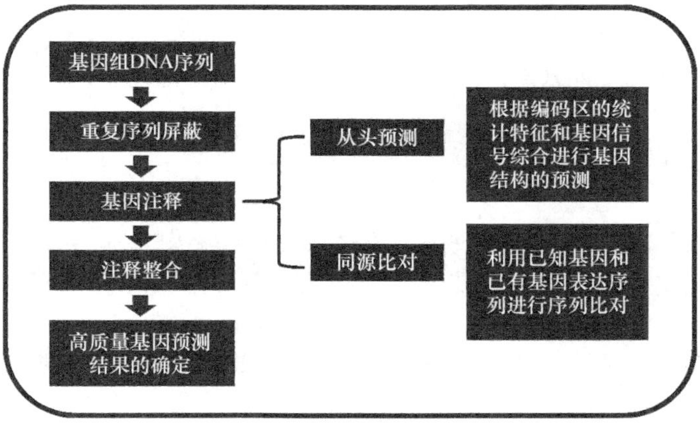

图 3-4　植物基因组中蛋白质编码基因预测（注释）流程

1．从头预测方法　从头预测方法（*ab initio* method）是根据编码区的统计特征和基因信号进行基因结构的预测。编码区特征的统计测验需要基于一定的基因模型。从头预测方法中，最早是通过序列核苷酸频率、密码子等特性进行预测，如最长 ORF 法、CpG 岛等。最长 ORF 法是将每条链按 6 个读码框全部翻译出来，找出所有可能的可读框（open reading frame，ORF）。CpG 岛（CpG island）描述的是基因组上的一部分 DNA 序列，其特点是胞嘧啶（C）与鸟嘌呤（G）的总和超过 4 种碱基总和的 50%，即每 10 个核苷酸约出现一次双核苷酸序列 CG。具有这种特点的序列仅占基因组 DNA 总量的 10%左右。从已知的 DNA 序列统计发现，几乎所有的管家基因（house keeping gene）及约 40%的组织特异性基因的 5′端含有 CpG 岛，其序列可能落在基因转录的启动子及第一个外显子。因此，在大规模基因测序中，每发现一个 CpG 岛，则预示可能在此存在基因。后来，一些其他方法陆续被提出，如隐马尔可夫模型（HMM）、神经网络（NN）、动态规划法（dynamic programming，DP）等。大量研究表明，HMM 用于基因预测表现良好。目前从头预测方法的主流方法均基于 HMM，如软件 FGENESH、AUGUSTUS、GENSCAN 等。从头预测方法的最大优势在于其不需利用外部的证据来鉴定基因及判断该基因的外显子-内含子结构，而是利用各种数学模型预测基因模型。这类方法的主要问题在于，从头预测新物种基因时，需利用已有模式物种的基因模型作为参数文件，但即使是非常相近物种，它们之间的内含子长度、密码子频率、GC 含量等重要参数也会存在一定的差异。

2. 同源比对方法 同源比对方法（homology method）是利用已知基因（包括近缘种的基因）和已有基因表达序列进行序列比对，发现同源序列或表达序列定位区域，并结合基因信号（外显子内含子剪切信号、基因起始和终止密码子等）进行基因结构预测。由于基因蛋白序列在相近物种间存在较高的保守性，因而这部分序列经常被作为基因注释过程中的主要证据，即将相近物种的蛋白序列联配到目标基因组上，获得这些蛋白序列在基因组上的对应位置，从而确定外显子边界。在这一过程中选择高质量的物种注释结果作为辅助证据尤为关键。很多研究者由于利用了低质量的注释结果，导致将注释错误从一个物种延续到另一物种当中。此外，表达数据（如 EST）、转录组数据（如 RNA-Seq）等对基因注释的准确性提升有很大帮助。

当利用以上两种策略完成注释后，会获得很多重叠或者有出入的基因结构。这时，可以根据注释的方法和软件赋予不同的权重，通过基因注释整合工具获得一个完整且较为准确的注释结果。这类软件可以从各种来源的结构注释结果中选取最为可能的外显子，然后将它们合并整合成完整的基因结构，如 EVidenceModeler（EVM）和 GLEAN 等。经过以上步骤注释出来的结果通常还存在一定数量低质量的基因预测结果（假基因、ORF 太短等），需要再进行人工筛选。一般会过滤掉编码蛋白长度小于 50 个氨基酸、编码不完整、基因长度过长、基因中间存在大量未知碱基（N）等情况的基因。

二、非编码 RNA

基因组上除了少量的蛋白质编码序列，还存在大量非编码序列。非编码序列转录形成非编码 RNA（non-coding RNA，ncRNA）。非编码 RNA 包括管家非编码 RNA（housekeeping ncRNA）和调节性非编码 RNA（regulatory ncRNA）（Inamura，2017）。

管家非编码 RNA 包括转运 RNA（tRNA）、核糖体 RNA（rRNA）（图 3-5）。tRNA 为具有

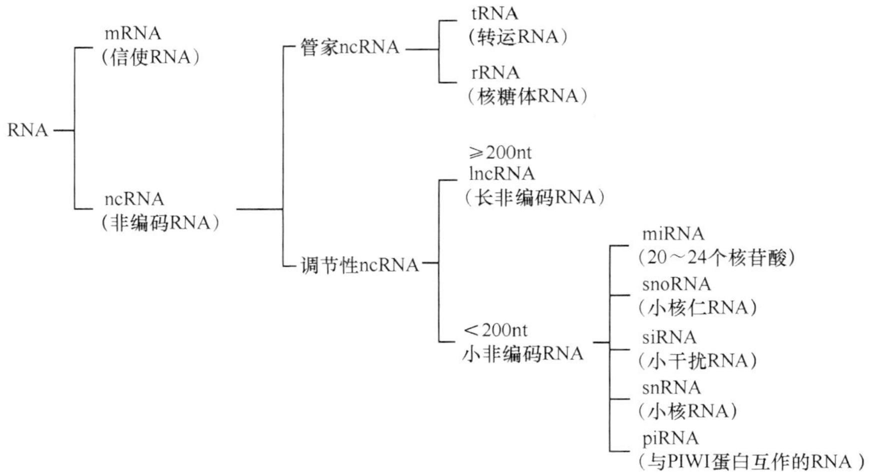

图 3-5 RNA 分类（引自 Inamura et al.，2017）

携带并转运氨基酸功能的一类小分子核糖核酸，由一条长为 70～90 个核苷酸的链组成并折叠成三叶草形。rRNA 是细胞内含量最多的一类 RNA，其与蛋白质结合而形成核糖体，参与氨基酸合成。

调节性非编码 RNA 根据 RNA 的长度可分为长非编码 RNA（long non-coding RNA，lncRNA）和小非编码 RNA（small ncRNA，sRNA，又常称为小 RNA）。小非编码 RNA 又可分为微小 RNA（micro RNA，miRNA）、小核仁 RNA（small nucleolar RNA，snoRNA）、小干扰 RNA（small interfering RNA，siRNA）、小核 RNA（small nuclear RNA，snRNA）、piRNA（Piwi-interacting RNA）。近年来环形 RNA（circular RNA，circRNA）也逐渐成为研究热点。环形 RNA 是一种以共价键结合的环形单链 RNA 分子。以前调节性非编码 RNA 因其不编码蛋白质而被认为是“垃圾 RNA”（junk RNA）。但是后来许多研究表明调节性非编码 RNA 在生物体的生命活动中发挥着极广泛和重要的调控作用。

部分植物中的非编码 RNA 种类和数量见表 3-5（Kalvari et al.，2021）。其他非编码 RNA 数量详见本节及第 4 章第二节“一、植物转录本构成及其特征”。

表 3-5　部分植物非编码 RNA 种类和数量（数据来源：Rfam，V14.10，http://rfam.xfam.org/）

物种拉丁名	物种中文名	tRNA	snRNA	snoRNA	rRNA
Arabidopsis thaliana	拟南芥	687	662	589	565
Brassica rapa	芜菁	1 096	797	636	108
Glycine max	大豆	965	1 816	1 656	468
Gossypium hirsutum	陆地棉	2 146	11 284	11 034	1 644
Hordeum vulgare	大麦	1 912	1 124	925	3 722
Oryza sativa	稻	1 745	1 511	1 332	1 042
Prunus persica	桃	519	447	341	500
Setaria italica	粱	654	664	570	102
Solanum lycopersicum	番茄	986	556	313	354
Solanum tuberosum	马铃薯	951	826	444	513
Sorghum bicolor	高粱	585	5 111	4 985	553
Triticum aestivum	小麦	8 768	4 621	3 597	3 909
Vitis vinifera	葡萄	653	377	290	206
Zea mays	玉米	1 812	1 229	748	414
Cucumis sativus	黄瓜	615	291	184	61
Capsicum annuum	辣椒	1 648	2 414	1 947	1 407
Musa acuminata	香蕉	718	313	207	96
Nicotiana tabacum	烟草	97	164	134	45

（一）小非编码 RNA（sRNA）

小非编码 RNA 中，miRNA 和 siRNA 尤为受到重视。

1. miRNA　miRNA 是目前研究最为透彻的一类非编码 RNA。在植物中，miRNA 的生成起源于一种 miRNA 初级转录本（pri-miRNA），它由 miRNA 基因经 *Pol* Ⅱ转录酶转录并折叠形成具有茎环结构的 miRNA 前体（pre-miRNA，图 3-6）。在 DCL1（dicer-like enzyme 1）、

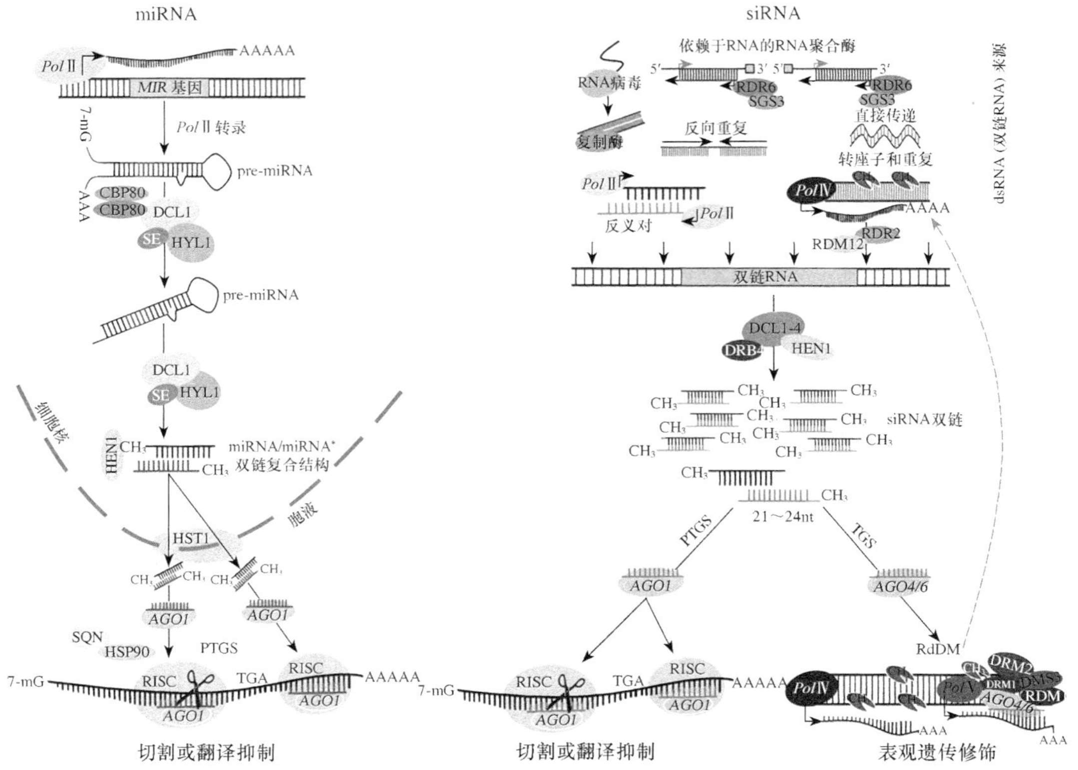

图 3-6 miRNA 和 siRNA 形成机制及其功能（引自 Khraiwesh et al.，2012）

HYL1（hyponasty leaves 1）和 SE（serrate）酶共同催化作用下，miRNA 前体茎环结构切割形成 miRNA/miRNA*的双链复合结构（miRNA*为与 miRNA 互补的另一条茎序列）。该复合结构的 3′端在 HEN1（HUA enhancer 1）酶作用下甲基化，并由 HST（HASTY）转运蛋白输出到细胞质。在细胞质中，miRNA 的成熟序列与 AGO（Argonaute）蛋白结合形成 RISC（RNA-induced silencing complex），该复合体通过碱基互补配对原则作用到靶基因，从而调节目标靶基因在植物体中的表达。而与成熟 miRNA 呈互补结构的 miRNA*，通常情况下都会降解并且不发挥调控基因表达的功能。大部分植物中 miRNA 和靶基因会形成完全或近似完全的匹配，根据与靶位点结合的紧密程度决定对目标 mRNA 切割或是抑制其翻译。

miRNA 的成熟序列一般在 21nt 左右，前体序列长度一般长 60～350 个碱基，通常为 150 个碱基左右（表 3-6）。在植物基因组中，一般有几百个 miRNA，如 miRBase 数据库（Kozomara and Griffiths-Jones，2014）最新版本（V22）中收录的拟南芥和水稻成熟 miRNA 序列分别有 428 条和 738 条。miRBase 是一个全面收集不同物种（包括动物和人）miRNA 的数据库。随着越来越多基因组序列的释放及小 RNA 测序数据的增多，很多物种的 miRNA 被大规模鉴定，部分物种的 miRNA 数量可达 1 000 个以上。

表 3-6 部分植物中已鉴定的 miRNA 数量（数据来源：PmiREN，V2.0）

物种拉丁名	物种中文名	miRNA 家族	miRNA 位点	miRNA 簇
Arabidopsis thaliana	拟南芥	148	221	20
Brassica rapa	芜菁	128	290	8
Glycine max	大豆	322	724	41

续表

物种拉丁名	物种中文名	miRNA 家族	miRNA 位点	miRNA 簇
Gossypium hirsutum	陆地棉	189	631	36
Hordeum vulgare	大麦	94	178	16
Oryza sativa	稻	303	695	39
Prunus persica	桃	154	293	23
Setaria italica	粱	62	190	9
Solanum lycopersicum	番茄	175	324	17
Solanum tuberosum	马铃薯	78	169	16
Sorghum bicolor	高粱	54	169	10
Triticum aestivum	小麦	230	1 063	79
Vitis vinifera	葡萄	135	289	25
Zea mays	玉米	194	465	19
Cucumis sativus	黄瓜	6	11	0
Capsicum annuum	辣椒	105	249	19
Musa acuminata	香蕉	55	274	16
Nicotiana tabacum	烟草	106	497	19

2．siRNA　与 miRNA 不同，siRNA 主要通过双链 RNA 复合体在 DCL 酶的切割下产生（图 3-6）。植物内源性 siRNA 首先发现于拟南芥，许多新类型 siRNA（如 nat-siRNA、ta-siRNA）最初也都是在拟南芥上发现的。以下简要介绍这两种类型 siRNA。

（1）nat-siRNA　起源于 NAT 位点的 siRNA，主要介导转录后沉默。NAT（natural antisense transcript）是指可以与其他转录本互补形成 RNA 双链的编码或非编码 RNA 序列。根据它们在基因组上的相对位置不同，NAT 可以分为两类：*cis*-NAT 和 *trans*-NAT。*cis*-NAT 是指自然状态下源于基因相同区域的反义 RNA；*trans*-NAT 是指与它的互补序列来源于基因不同区域的反义 RNA。研究表明哺乳动物和植物中 5%～10%的基因转录本都存在 *cis*-NAT。Wang 等（2006a）从拟南芥中预测出 1 320 个 *trans*-NAT。第一个 nat-siRNA 是 2005 年从拟南芥中鉴定的，来自 *P5CDH* 和 *SRO5* 基因转录物形成的 dsRNA（double strand RNA）（Borsani et al.，2005）。目前已有若干大规模鉴定 nat-siRNA 的工作在拟南芥和水稻中开展，并发现部分 nat-siRNA 具有重要功能。例如，nat-siRNA 可能在生物/非生物胁迫方面起重要作用（Borsani et al.，2005；Katiyar-Agarwal et al.，2006）。

（2）ta-siRNA（*trans*-acting siRNA）　在植物中发现的一类 siRNA，产生该类 siRNA 的位点称为 *TAS* 基因。最初植物 *TAS* 基因是在拟南芥上发现的，目前已在拟南芥中发现 4 个亚家族（*TAS1*～*TAS4*），其中 *TAS3* 在植物界是保守的（Shen et al.，2009）。ta-siRNA 的形成需 miRNA 介导，产生按 21nt 相位排列的 siRNA（phasi RNA）。不同 *TAS* 家族受不同的 miRNA 介导，其中 *TAS1* 和 *TAS2* 受 miR173 介导，*TAS4* 受 miR828 介导，*TAS3* 受 miR390 介导，并且在两端有两个结合位点（其他 3 个 *TAS* 家族均只有一个 miRNA 介导位点）（de Felippes et al.，2017）。*TAS3* 来源的 ta-siRNA 调控生长素相关基因 *ARF*（auxin response factor），在植物生长发育过程中发挥重要调控功能（Fei et al.，2013）。

（二）长非编码 RNA

长非编码 RNA 一般是指长度大于 200 个核苷酸的非编码 RNA。尽管目前对植物 lncRNA 功能的研究较少，但仍然有部分报道表明 lncRNA 具有重要功能，其作用机制包括产生小 RNA、吸附蛋白质/miRNA 等。例如，拟南芥 lncRNA 基因 *COLDAIR* 参与调控开花基因 *FLC* 表达（Heo and Sung，2011）、*IPS1* 具有吸附或诱捕 miR399 的功能（Franco-Zorrilla et al.，2007）、ASCO-lncRNA 通过竞争性吸附蛋白质从而影响基因可变剪切（Bardou et al.，2014）等。

根据 lncRNA 与蛋白质编码基因的关系，可以将其分为以下几类（图 3-7）：lncRNA 与编码基因有重叠，并且转录方向一致，为同义长非编码 RNA（sense lncRNA）；lncRNA 与编码基因有重叠，但转录方向不一致（lncRNA 在反义链上），为反义长非编码 RNA（antisense lncRNA），也称为自然反义长非编码转录本（long non-coding natural antisense transcripts，lncNAT）；由蛋白质编码基因的内含子转录产生的 lncRNA，为内含子长非编码 RNA（intronic lncRNA）；位于两个编码基因之间非编码区的 lncRNA，为基因间长非编码 RNA（intergenic lncRNA，lincRNA）；还有些 lncRNA 位于上游启动子区域等，又可细分为其他类型（Wang and Chekanova，2017）。

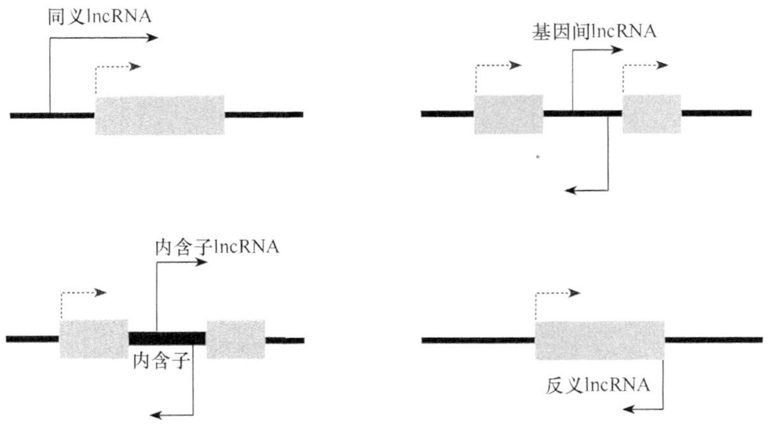

图 3-7　长非编码 RNA（lncRNA）类型

方框表示编码基因外显子，虚线箭头表示蛋白质编码基因转录方向，实线箭头表示不同类型长非编码 RNA 及其转录方向

目前利用转录组数据，已经在拟南芥、水稻、玉米等多个物种中鉴定了大量的 lncRNA。例如，Wang 等（2014a）通过对拟南芥 200 多个转录组数据的分析，在拟南芥中鉴定出了近 4 万条 lncRNA，包括 3 万多条的 lncNAT 和约 6 000 条 lincRNA；超过 70%的蛋白质编码基因产生 lncNAT。Zhang 等（2014a）通过对水稻 40 多个 RNA-Seq 数据（包括去核糖体 RNA 转录组数据）的分析，在水稻中鉴定出了高可信度的 2 000 多条 lncRNA，其中包括 1 600 多条 lincRNA 和 600 条 lncNAT。Li 等（2014）在玉米中通过对来自于 30 个不同实验的 RNA-Seq 及 EST 数据进行分析，鉴定出 1 704 条高可信度 lncRNA。实际上，随着转录组数据的增加，越来越多的 lncRNA 会被鉴定，因此目前还难以确定一个物种所有 lncRNA 的准确数目。

（三）环形 RNA

环形 RNA（circular RNA，circRNA）是一类由于转录过程中反向剪接（back splicing）而形成的单链环形 RNA 分子。随着高通量测序技术的发展，近年来 circRNA 分子在人类、动物及植物基因组中被大量鉴定，并被研究证明具有重要生物学功能，如作为 miRNA 的竞争靶标分子、调控编码母基因表达、吸附蛋白质等。植物中第一个被功能验证的 circRNA 来源于拟南芥 *SEP3* 基因的第 6 个外显子，该 circRNA 具有调控其母基因（即 *SEP3*）可变剪接的功能（Conn et al., 2017）。大部分 circRNA 是非编码 RNA，但最近研究发现有部分 circRNA 可以编码蛋白质。

circRNA 根据其产生的位置，可分为外显子类型 circRNA、内含子类型 circRNA、基因间区 circRNA 等（图 3-8）。目前，水稻和拟南芥的 circRNA 的鉴定较为全面，数量约 5 万个（表 3-7），其中外显子类型 circRNA 达到一半以上；从基因位点来看，1/3 的蛋白质编码基因都能产生 circRNA。同时，其他植物（玉米、大麦、小麦、大豆、棉花和番茄等）中也鉴定了大量 circRNA。

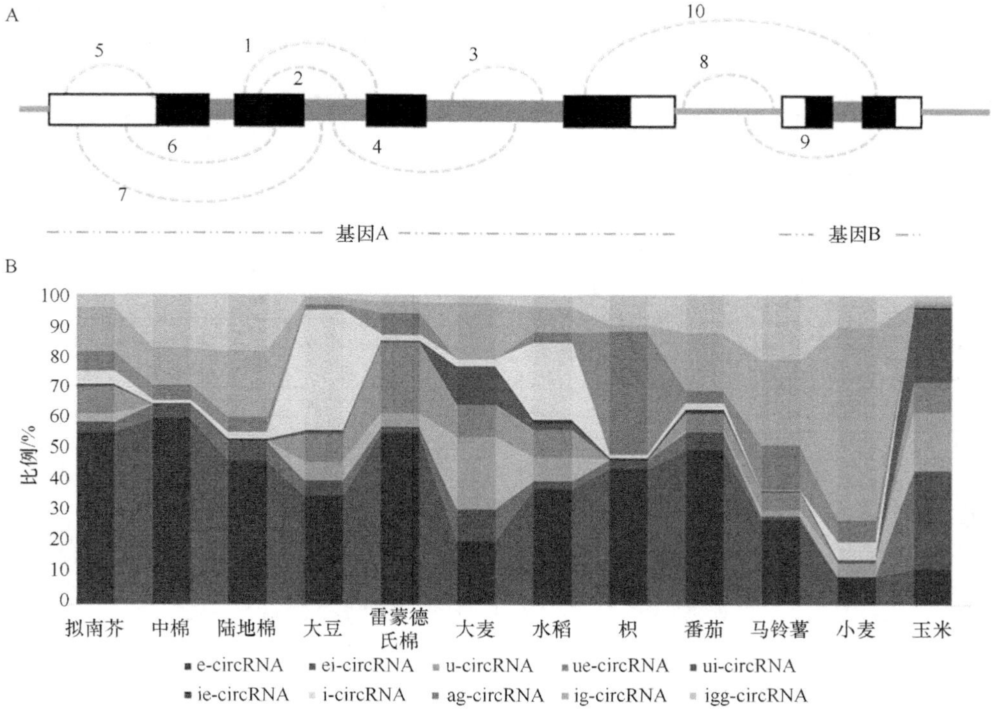

图 3-8　不同植物物种中各种类型 circRNA 分布比例（引自 Chu et al., 2018）

共 10 种不同类型植物 circRNA（A 图 1～10）在水稻、拟南芥等 12 种植物物种中的分布（B）

表 3-7　植物基因组中 circRNA 鉴定情况（数据来源：PlantcircBase，Release 7）

物种拉丁名	物种中文名	circRNA 数量	物种拉丁名	物种中文名	circRNA 数量
Arabidopsis thaliana	拟南芥	52 393	*Oryza sativa* ssp. *japonica*	粳稻	43 883
Brassica rapa	芜菁	591	*Oryza sativa* ssp. *indica*	籼稻	19 091
Cucumis sativus	黄瓜	4 832	*Pyrus betulifolia*	杜梨	258
Camellia sinensis	茶	3 174	*Panax ginseng*	人参	245
Echinochloa crus-galli	稗	825	*Populus trichocarpa*	毛果杨	4 408
Gossypium arboreum	树棉	1 041	*Poncirus trifoliata*	枳	556
Gossypium hirsutum	陆地棉	3 944	*Solanum lycopersicum*	番茄	3 796
Glycine max	大豆	9 734	*Solanum tuberosum*	马铃薯	1 728
Gossypium raimondii	美洲棉	1 478	*Triticum aestivum*	小麦	162
Hordeum vulgare	大麦	39	*Zea mays*	玉米	10 381
Nicotiana benthamiana	本氏烟草	8 559			

（四）假基因

假基因（pseudogene）是一类染色体上的基因片段，其序列通常与对应的基因相似，但至少丧失了一部分功能，如基因不能表达或编码的蛋白质没有功能。一般来说，假基因的形成有两种假说（图 3-9）：一种是基因发生了复制，随后其中的一个基因发生突变，成为假基因；另一种说法是，基因转录的 RNA 反转录并且整合到 DNA 上形成假基因。长期以来假基因一直被认为是没有功能的“垃圾 DNA”，但是近年来的研究表明假基因和其他非编码片段一样，拥有调控基因表达的功能。例如，对 1 000 多个全球分布的拟南芥基因组分析发现，66%的基因发生假基因化突变，1%的假基因在群体里受到正向选择，表明假基因与适应性进化密切相关（Xu et al.，2019）。

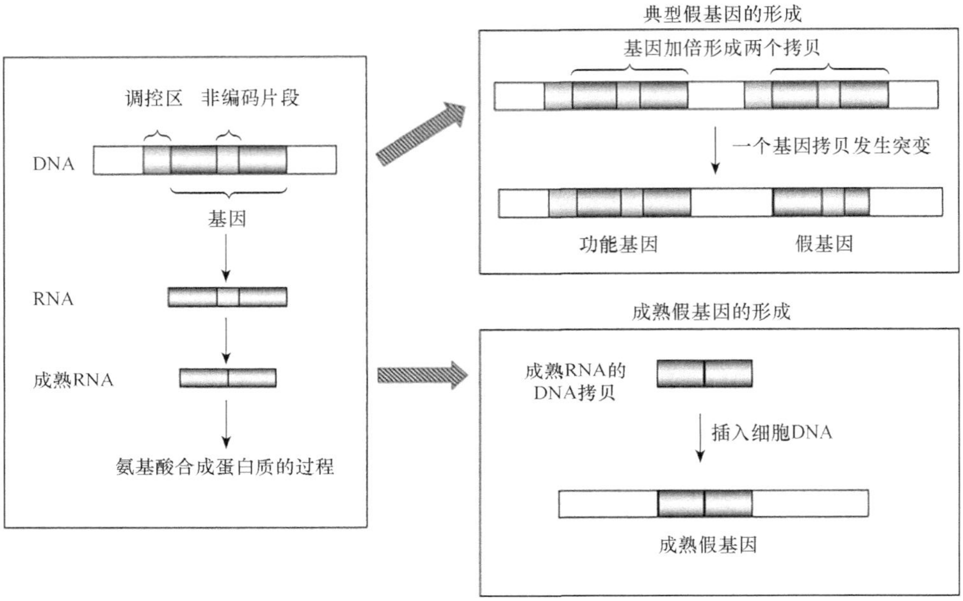

图 3-9 假基因形成假说

（五）植物非编码 RNA 鉴定

1. miRNA 鉴定 miRNA 鉴定大体可以分为两类方法。第一类方法是同源比对的方式，即基于植物 miRNA 在不同物种中具有一定保守性的特征，以已知 miRNA 序列作为搜索序列，目标物种基因组或表达序列为搜索库。第二类方法是通过大规模小 RNA 测序数据对物种进行 miRNA 的从头预测。随着二代测序技术的发展，小 RNA 高通量测序每次都可以产生百万级读序的数据，这为 miRNA 的从头预测提供了重要数据基础。目前大部分 miRNA 序列都是通过计算方法预测出来的，但由于不同的预测方法都存在或多或少的缺陷或者假阳性，所以预测得到的候选 miRNA 基因仍然需要通过实验方法进行验证，包括直接克隆、Northern、5′-RACE（5′ rapid amplification of cDNA end）等。

2. lncRNA 鉴定 lncRNA 的鉴定主要基于 RNA-Seq 数据，通常以去除 rRNA 的建库方式进行 lncRNA 测序，也可以基于 poly（A）尾巴富集进行普通的 mRNA 测序，而往往两种数据结合，能更全面鉴定 lncRNA。首先，我们需将这些数据比对到基因组上（可选用软件 TopHat），利用 Cufflink 等转录组拼接软件可以得到新的转录本，用于之后 lncRNA 的甄别。鉴定 lncRNA 的关键点在于确定其非编码性，主要通过过滤编码蛋白质的转录本实现。编码性首先通过可读框长度来判别。对于编码蛋白质的 mRNA 来说，其可读框长度一般大于 300nt，也就是说编码的蛋白质序列长度大于 100 个氨基酸。因此，若 RNA 序列的可读框小于 300nt，其编码蛋白质的可能性会非常小，会被判定为非编码 RNA。然而这种武断的判断方法会存在一些问题，一些 lncRNA 会被错误地划分为 mRNA。类似的，有些可读框长度小于此阈值的 mRNA 也会被误判为 ncRNA。因此，可先根据可读框保守性，采用比较基因组学的方法进行甄别。mRNA 的可读框具有保守性，即可编码蛋白质的转录本序列与已经注释的蛋白质或蛋白质结构域有同源相似性。因此可以采用 BLASTX、Pfam 等方法，进行蛋白质库搜索，最后根据比对得到的同源相似性得分来判别是否可能编码蛋白质。不过值得注意的是，有些 mRNA 进化而来的 lncRNA 也会表现出与蛋白质序列类似的同源相似性，从而被错误地判断为 mRNA。因此，通常需要采用综合性方法进行甄别，如利用 CPC 等软件，它们可以通过比较肽链长度、氨基酸构成、蛋白质同源性、二级结构、蛋白质比对或表达等多种特征，建立分类模型，从而确定编码性。

3．circRNA 鉴定　　circRNA 鉴定的关键在于确定反向剪接位点。可以通过子读序比对、候选分子法、机器学习等方法进行鉴定。目前 circRNA 鉴定方法研发得较多，包括 circRNA_finder、find_circ、CIRCexplorer、CIRI、MapSplice、TopHat-Fusion、segemehl 和其他一些内部脚本流程等。我们专门针对植物 circRNA 提出了鉴定方法 PcircRNA_finder（Chen et al.，2016）。该方法通过结合多种软件如 TopHat- Fusion、STAR-Fusion、MapSplice、segemehl、find_circ 等，希望能找到一个更全面的反向融合 RNA 候选位点，从而提高方法的敏感性。当然各种 circRNA 的鉴定方法之间也存在一些差异，并且每种方法都存在一些假阳性，因此想要真正判断 circRNA 的存在与否，还是要通过实验验证的方法。

三、重复序列

基因组 DNA 的总含量与物种的进化复杂性无关，甚至矛盾，即所谓的 *C* 值矛盾（*C*-value paradox）。如上所述，编码基因数量在不同物种中总体相似，而造成基因组大小显著差异的主要来自重复序列。植物基因组中重复序列通常占了很大比例，其分布在着丝粒、端粒及染色体各区域。根据序列排列方式可以将重复序列分为两类：一类是串联重复序列，重复单元（单位）首尾相连，成串排列；另一类为散在重复序列，其排列方式不是首尾相连簇集在一起，而是散布在不同位置，转座子（transposable element）即是典型的散在重复序列。

（一）串联重复序列

串联重复序列按照其重复单位的长短可分为三类：微卫星 DNA（micro-satellite DNA）、小卫星 DNA（mini-satellite DNA）、卫星 DNA（satellite DNA）。微卫星 DNA 序列，又称短串联重复序列（short tandem repeat，STR）或简单重复序列（simple sequence repeat，SSR），是一类由几个核苷酸（一般为 1～6bp）为重复单元簇集而成的长达几十个重复单元的串联重复序列。小卫星 DNA 序列通常是指以 7～100bp（多数为 15bp 左右）为重复单元的串联重复序列，长度多在 0.5～30kb。卫星 DNA 通常包含富含 AT 的重复单元，一个重复单元长度通常在 150～400bp，形成长度可达 100Mb 的串联重复序列（Mehrotra and Goyal，2014）。

微卫星 DNA 可分布在整个基因组的不同位置上，包括编码和非编码区域。这类重复序列最大的特点是长度的高度变异性，突变率比基因组其他部分高得多（López-Flores and Garrido-Ramos，2012）。同时，微卫星 DNA 两端的序列多是相对保守的单拷贝序列，因而可根据两端的序列设计一对特异的引物，扩增每个位点的微卫星 DNA 序列。微卫星 DNA 的丰富多态性、共显性、基因组位置上广泛分布等特性，使得微卫星 DNA 作为遗传标记受到人们的普遍关注（Miah et al.，2013）。在植物微卫星 DNA 中，AG/CT 是最为常见的，而在动物中，A 和 AC 重复是最常见的。Yu 等（2017）搭建了植物微卫星 DNA 数据库（PMDBase），该数据库中收录了 110 个已测序植物基因组。表 3-8 列举了其中几个植物基因组中的微卫星 DNA 情况。

表 3-8　植物基因组微卫星 DNA 概况（引自 Yu et al.，2017）

物种	微卫星 DNA 个数	累计长度/bp	不同重复单元微卫星 DNA 个数*					
			Mono	Di	Tri	Tetra	Penta	Hexa
拟南芥	45 552	881 467	34 751	9 375	5 593	169	41	57
水稻	124 340	2 738 682	70 130	37 841	29 709	2 593	548	357
玉米	180 183	3 668 218	85 853	65 190	42 822	3 316	1 064	616
油菜	326 319	7 025 546	250 678	86 974	22 079	1 841	473	484
大豆	382 236	8 871 496	276 404	105 796	40 810	4 202	1 239	297
毛果杨	241 319	5 435 389	194 557	54 304	25 130	3 178	772	665
小麦	624 900	12 705 261	235 273	301 936	144 906	12 486	1 487	1 412
高粱	116 355	2 673 686	55 906	38 138	28 480	5 368	946	726

* Mono 至 Hexa 依次表示 1～6 个碱基重复单元

卫星 DNA 位于染色体的各个不同区域，主要在着丝粒周围及亚端粒区域。重复单位长度多为 135～195bp 和 315～375bp。卫星 DNA 在植物基因组中占比多的可高达 20%，拷贝数可高达 10^6～10^7（Macas et al.，2010）。一个物种中有多种不同的卫星 DNA 家族，一个家族也可能出现在不同物种中（López-Flores and Garrido-Ramos，2012）。卫星 DNA 具有很高的进化速率，多数卫星 DNA 是物种或属特异性的。PlantSat 是一个专门的植物卫星 DNA 数据库，收录了 154 个卫星 DNA 家族，如拟南芥中的 AR3 家族（重复单位 159bp）、水稻中的 RCS2 家族（重复单位 159bp）、玉米中的 CentC 家族（重复单位 155bp）等（Macas et al.，2002）。随着一些新技术应用及算法的研发，越来越多的卫星 DNA 被发现。例如，Novak 等（2017）在蚕豆（*Vicia faba*）中新鉴定了 30 多个卫星 DNA 家族，而之前仅鉴定了 4 个家族。

（二）转座子

基因组上存在可移动的元件，是由美国科学家麦克林托克（McClintock）在玉米中发现的，后来这类元件被命名为转座子（transposable element）。转座子依据其转座机制不同可以分为两大类，一类是先转录成 RNA，然后以 RNA 为模板反转录成新的转座子拷贝，再整合到基因组完成转座，这一类称为反转座子（retrotransposon，Class Ⅰ element），即所谓“复制-粘贴”机制（图 3-10）。反转座子又分为长末端重复元件（long terminal repeat element，LTR）反转座子和非 LTR 反转座子，后者包括长散落元件（long interspersed nuclear element，LINE）和短散落元件（short interspersed nuclear element，SINE）。另一类是通过切离和重整等一系列过程，基

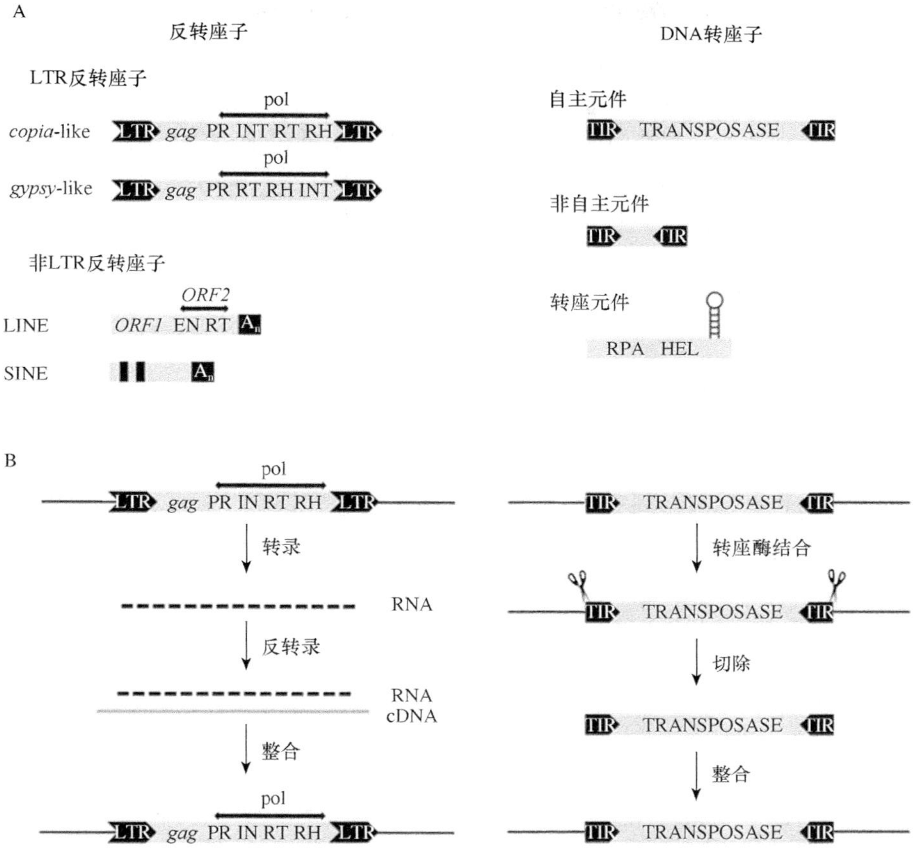

图 3-10　拟南芥中转座子类型（A）及其转座机制（B）（引自 Joly-Lopez and Bureau，2014）

LTR．长末端重复元件；TIR．末端反向重复；TRANSPOSASE．转座酶

因组 DNA 从一个区域跳跃至另一个区域（“剪接-粘贴”机制，图 3-10），即 DNA 转座子（DNA transposon，Class Ⅱ element）。LTR 类型通过末端反向重复（terminal inverted repeat，TIR）实现不同类别的转座子的转座，又可以细分为超级家族（super family）或家族（family），如 *Gypsy* 和 *Copia* 就属于 LTR 超级家族。

越来越多的研究表明，转座子具有重要功能，包括影响基因组的结构和进化，参与调控基因表达、产生新基因、性染色体分化等。转座子在植物基因组中大量分布，如在玉米和小麦中占基因组 80%以上（Ma et al.，2015a）。在植物基因组中，通常是反转座子比 DNA 转座子多，而反转座子中 LTR 类最多。

作为重复序列，尽管部分转座子在植物基因组中可以达到几千个拷贝，但是多数转座子在基因组中只是呈现出低或中等拷贝数（Sahebi et al.，2018）。例如，在玉米 400 个 LTR 家族中，超过 250 个家族仅有一个或两个成员。LTR 在玉米基因组中占 75%，而其中 70%仅由 20 个 LTR 家族所贡献，剩下的 380 个家族仅占基因组的 5%（Baucom et al.，2009）。

（三）重复序列鉴定

最常用的转座子鉴定方法是利用 RepeatMasker 软件进行鉴定。RepeatMasker（http://www.repeatmasker.org/）主要是基于已知转座子一致性序列，利用同源搜索，从而鉴定转座子。Greedier 也同样是利用同源搜索的一个转座子鉴定软件（Li et al.，2008a）。然而这类方法的主要缺陷是不能鉴定新的转座子及分化程度大的已知类型转座子。针对这个缺陷，一些从头预测的方法被提出。例如，RECON（Bao and Eddy，2002）和 RepeatScout（Price et al.，2005）通过对目标基因组中的所有序列互相比较，从而将超过一定拷贝数的序列作为重复序列。然而这一类方法的缺陷在于不能区别转座子和非转座子类别的重复序列，且不能有效地检测低拷贝的重复序列。另外一类从头预测的方法是基于信号特征，鉴定具有特定结构模式的序列，从而鉴定转座子，如 LTR_finder（Xu and Wang，2007）等。当然也有一些整合多个软件的方法，如 LTR_retriever（https://github.com/oushujun/LTR_retriever）和 RepeatModeler（http://www.repeatmasker.org/RepeatModeler/）。

| 第 4 章 |

植物基因组转录

扫码见
本章彩图

第一节　转录组概述

一、转录组及其测定

根据中心法则，DNA 转录形成 RNA，可见转录组与基因组密切相关。广义上，在相同环境或生理条件下的一个细胞或者一群细胞的基因组转录出的所有 RNA 的总和即为转录组（transcriptome），包括信使 RNA（mRNA）及非编码 RNA（ncRNA，详见第 3 章第二节）。1989 年表达序列标签（expressed sequence tag，EST）测序技术首次在果蝇中被引入，该技术通过克隆和测序 cDNA 文库中的短片段，可以识别和鉴定果蝇基因组中表达（即转录）的基因。EST 技术基于传统的 Sanger 测序技术，可以对特定样本转录本双端分别进行一个读序（700bp 左右）测定。植物领域首先在拟南芥上进行大规模 EST 测定和分析（Höfte et al.，1993）。由于 EST 往往是转录本的部分序列，为了满足分子生物学者对转录本全长的渴求，产生了一个与 EST 技术对应的同样基于传统测序技术的全长 cDNA（full-length cDNA）测序技术。EST、全长 cDNA 及大量功能基因的克隆，催生了另外一个技术的出现——基因芯片（gene chip）。基因芯片可以大规模观察基因表达情况。第一张植物基因芯片来自拟南芥（Schena et al.，1995）。2005 年，随着高通量测序技术的兴起，高通量转录组测序（RNA-Seq）越来越广泛地运用到动植物的研究中。最早的植物 RNA-Seq 研究来自拟南芥和水稻（Weber et al.，2007；Filichkin et al.，2010；Lu et al.，2010；Zhang et al.，2010）。随后，小非编码 RNA、长非编码 RNA 及环形 RNA 等分析都相继在拟南芥和水稻上报道。

转录组测序（RNA-Seq）可以获得某一物种特定组织或细胞在某一特定状态下的基因的覆盖度，以此来分析蛋白质编码基因的表达量、差异表达等，还可分析可变剪接、基因融合等现象，也可预测新转录本，为科学研究提供便利。目前转录组测序的流程已非常成熟，并且可针对不同的研究需求收集不同类型转录本进行高通量测序（图 4-1）。高通量转录组测序步骤主要包括建库和测序两部分。

转录组的测序可以在不同的平台实现。而使用不同转录组测序的建库策略的目的是富集不同类型的转录本。图 4-1 和表 4-1 分别详细展示了几种不同转录组测序建库方法之间的异同（Griffith et al.，2015）。具体来说，首先从各组织分离 RNA，并且利用脱氧核糖核酸酶（deoxyribonuclease，DNase）降解基因组 DNA，从而获得总 RNA。RNA 的质量可用凝胶和毛细管电泳评估，RNA 的质量和总量会对后续的测序和分析产生影响。其次富集转录本，常见的有总 RNA、poly（A）选择、去 rRNA、RNA 捕获等（表 4-1）。

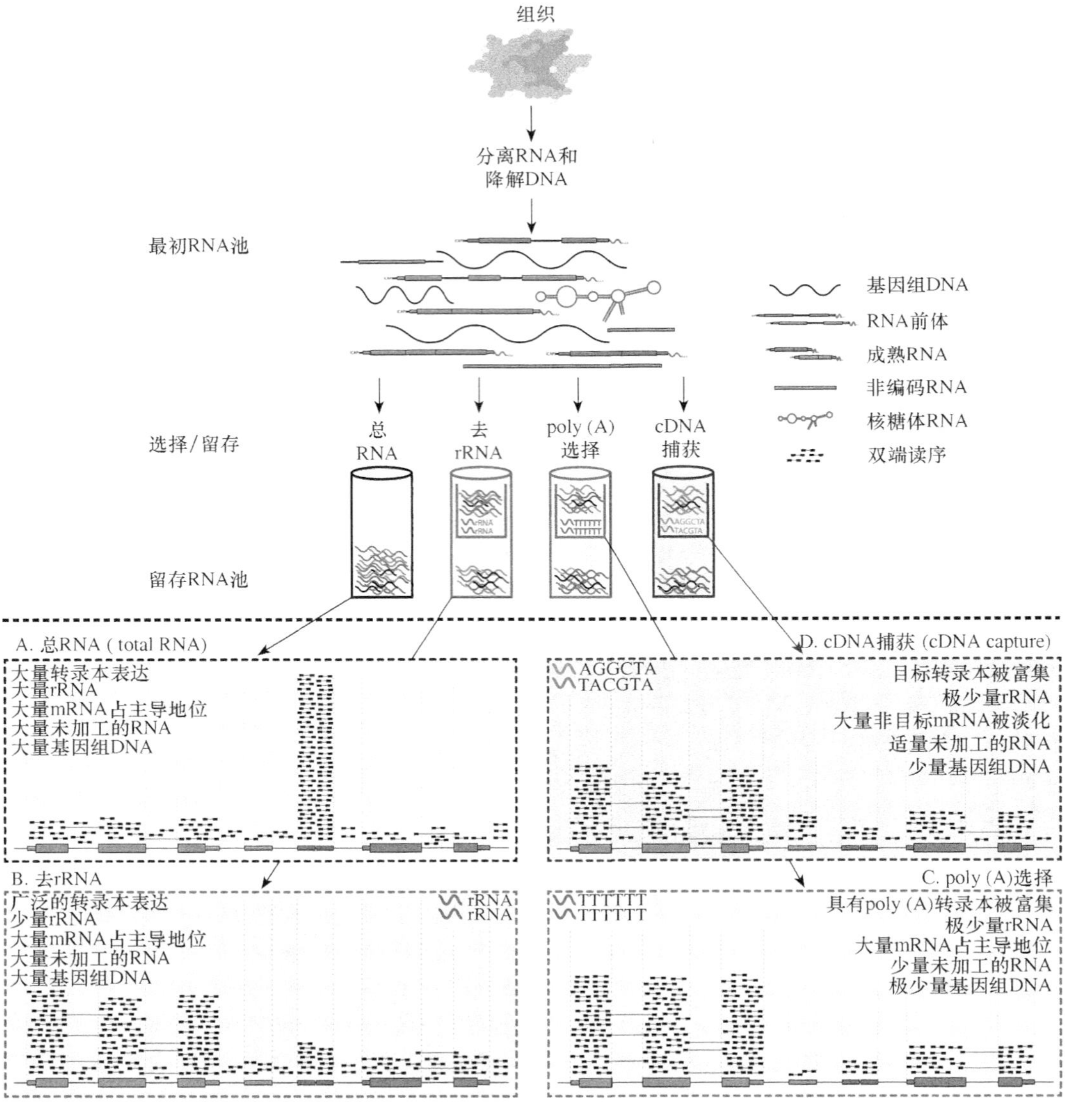

图 **4-1** 转录组测序的不同建库策略及其转录本富集情况（引自 **Griffith et al., 2015**）

表 4-1 几种转录组测序建库方法比较

建库策略	RNA 类型	rRNA 含量	未加工 RNA 含量	DNA 含量	RNA 分离方法
总 RNA	全部 RNA	高	高	高	无
poly（A）选择	编码	低	低	低	用 poly（dT）低聚物杂交
去 rRNA	编码和非编码	低	高	高	去除与 rRNA 互补的寡聚物
RNA 捕获	目标 RNA	低	中等	低	用所需转录本互补的探针杂交

常规转录组测序则富集的是带有 poly（A）尾巴的转录本，采用 poly（dT）低聚物与 RNA 杂交，然后将 RNA 反转录成 cDNA。cDNA 常被片段化处理并且通过大小选择进行纯化以适用于高通量测序机器。常规转录组测序技术不能提供序列转录的方向信息（这个信息对于转录组

注释很重要)，但是可以采用单链测序（single-strand sequencing）或链特异性测序（strand-specific sequencing）技术解决这一问题。当前这种测序技术已经成为转录组测序技术发展的一个重要方向。

非编码 RNA 测序富集的是不编码蛋白质的 RNA 转录本，此处主要介绍小 RNA 测序（sRNA-Seq）、长非编码 RNA 测序（lncRNA-Seq）和环形 RNA 测序（circRNA-Seq）。

小 RNA 测序是对目标物种小 RNA 富集之后进行的大规模测序分析。小 RNA 测序能够快速全面地鉴定该物种在特定状态下的小 RNA 表达情况，为研究小 RNA 的种类、结构、功能及此物种的基因调控机制提供了有力工具。一般情况下，与小 RNA 测序配套进行的是降解组测序（degradome sequencing），用于 miRNA 靶位的确定。长非编码 RNA 测序采用的是去 rRNA 建库策略，环形 RNA 测序也可先将 rRNA 去除。不同的是，环形 RNA 测序会进一步用 RNase R 酶处理，该酶能够在降解线性 RNA 的同时使环形 RNA 不被降解，从而达到富集环形 RNA 的目的。但是最近的研究表明，有一些环形 RNA 也能够被 RNase R 酶降解，因此也有大量的研究采用仅去 rRNA 的建库策略来进行环形 RNA 的高通量测序，这种测序技术与长非编码 RNA 测序一致。也就是说长非编码 RNA 测序策略既可研究长非编码 RNA 的表达特征，也可用来研究环形 RNA 的表达特征。

二、基因转录水平分析

基因的表达量常被用来定量评估基因的转录水平。计算基因表达量的常用指标有比对到基因上的读序数量（read count），以及基因表达量标准化指标 RPKM、FPKM 和 TPM。由于基因长度和测序深度等干扰因素的存在，难以使用读序数量来比较基因间的表达量差异，而标准化指标 RPKM、FPKM 和 TPM 正好排除了这些因素的影响。

（一）RPKM 和 FPKM

RPKM（reads per kilobase of exon model per million mapped reads）指每百万比对上的读序中比对到每千个碱基长度的读序数量，计算公式如下：RPKM＝total exon reads/［mapped reads（millions）×exon length（kb）］，即 RPKM＝比对到外显子上的读序数量/（比对到基因组上的总读序数量×外显子长度）。

FPKM（fragments per kilobase of exon model per million mapped fragments）指每百万比对上的片段中比对到每千个碱基长度的片段数量，计算公式如下：FPKM＝total exon fragments/［mapped fragments（millions）×exon length（kb）］，即 FPKM＝比对到外显子上的片段数量/（比对到基因组上的总片段数量×外显子长度）。

RPKM 和 FPKM 的区别是 RPKM 计算的是读序数量，而 FPKM 计算的是片段数量。在单端测序的数据中，理论上这两者相同，因为一条读序就是一条片段；但有时人工计算与软件给出的结果仍有一些差异，是因为不同的软件存在一些内部算法的不同。而在双端测序的数据中，如果一对读序都比对到基因上了，那么计算 FPKM 的时候算的是一条片段，而计算 RPKM 的时候算的是两条读序；如果一对读序中的其中一条读序比对到基因上，另一条读序没有比对到基因上，那么计算 FPKM 的时候算的是一条片段，计算 RPKM 的时候算的是一条读序。

（二）TPM

TPM（transcripts per kilobase of exon model per million mapped reads）指每百万比对上的读

序中比对到每千个碱基长度的转录本上的读序数量，计算公式如下：

$$\mathrm{TPM}=\frac{N_i/L_i\times 10^6}{N_1/L_1+N_2/L_2+\cdots+N_n/L_n}$$

式中，N_i为比对到基因 i 上的读序数量；L_i为基因 i 的外显子长度的总和；n 为具体读序。

TPM 的计算首先是按转录本的长度对读序数量进行标准化，消除转录本长度造成的差异；随后消除样本间测序总读序数量（即测序深度）不同造成的差异。

非编码基因的转录水平评估与编码的基因的表达量的计算方式大致相同，不同的是其计算比对到非编码基因上的 RNA-Seq 读序。

第二节 植物基因组转录特征

一、植物转录本构成及其特征

基因组转录而来的转录本包含所有的 RNA 类型，其中包括常见的 mRNA、rRNA、tRNA 和其他调节性 ncRNA（如 sRNA、lncRNA 等），而 rRNA 大约占总 RNA 的 80%。由于不同植物的基因组存在差异，因此不同植物基因组转录而来的转录本的类型和数量也存在差异。以水稻和拟南芥为例，植物基因组一般会存在 3 万～8 万个左右编码蛋白质的转录本，100～800 个 miRNA，1 万～3 万条长非编码 RNA 和 1 万～5 万个环形 RNA 的转录本（表 4-2）。这些转录产物长度不同，同时，不同类型植物（如多倍体植物）转录组构成与规模会存在一定差异。

表 4-2 不同植物基因组上鉴定的转录本类型和数量

转录本类型	编码特征	形态	长度	植物物种			
				拟南芥	水稻	玉米	番茄
mRNA①	编码	线性	150bp 以上	48 332	42 780	72 539	34 429
circRNA②	非编码	环形	50bp～5kb	52 393	43 883	10 381	3 796
miRNA③	非编码	线性	20～24bp	428	738	325	147
lncRNA④	非编码	线性	200bp 以上	13 599	11 565	32 397	8 741

①mRNA 数量来源于 Ensembl Plants Release 57（http://plants.ensembl.org/index.html）；②circRNA 数量来源于 PlantcircBase V7（http://ibi.zju.edu.cn/plantcircbase/index.php）；③miRNA 数量来源于 miRBase V22（https://mirbase.org/）；④lncRNA 数量来源于 PLncDB（https://www.tobaccodb.org/plncdb/）

随着高通量测序技术的发展，转录组测序技术的广泛应用使人们对基因转录的认识更加清晰。一个物种基因组上的成千上万个基因各司其职，在不同组织、时期、环境下表达，从而能够翻译出应对不同生长需求或不同环境条件的蛋白质，达到生长发育或者应激响应等目的。

（一）基因整体转录水平

植物不同组织在不同的发育时期，表达的编码基因数量存在差异。例如，在水稻中，正常生长的植株表达的基因占所有基因数量的 40%～70%（图 4-2A），也就是 1.5 万～2.7 万个基因。并且，水稻的不同组织中，表达基因的数量也存在差异，由图 4-2 可知，水稻四叶期幼苗中表达的基因数量最多（约占 70%，约 2.7 万个），而授粉后 25d 的胚乳中表达的基因数量最少（约占 40%，约 1.5 万个）。图 4-2 所使用的数据（NCBI SRA 编号：SRP008821）显示，水稻中不同组织基因表达的数量由多到少依次为：四叶期幼苗、抽穗前花序、抽穗后花序、雌蕊、授粉后 5d 的种子、花药、生长 20d 的叶片、授粉后 25d 的胚芽、初生幼苗（shoots）、授粉后 10d 的种子、授粉后 25d 的胚乳。

不同植物，甚至是同一物种的不同品种之间，表达的基因数量也存在差异。图 4-2B 展示了水稻品种‘日本晴’‘93-11’和分别以它们为父母本的两个 F_1 四叶期幼苗中表达基因的数量所占的比例。总体来说，与图 4-2‘日本晴’的不同组织相比，这 4 个品种的基因表达的数量都占很大比例（都高达 70%以上）。但是‘93-11’和以‘93-11’为父本的 F_1 四叶期幼苗中表达基因的数量（占 80%以上，甚至接近于 90%），明显大于‘日本晴’和以‘日本晴’为父本的 F_1 四叶期幼苗（约占 70%）。

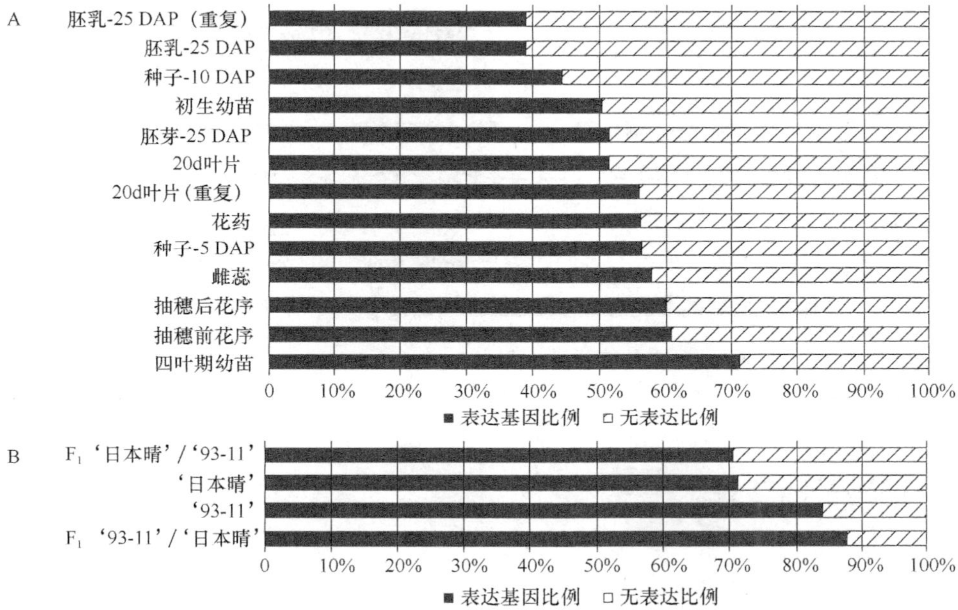

图 4-2　水稻转录组转录情况，包括不同组织中基因表达的数量（A）和不同品种水稻四叶期幼苗的基因表达量（B）

图中统计基于水稻参照基因组（‘日本晴’）39 045 个蛋白质编码基因（以 RGAP7 的注释为依据）的表达情况。横坐标以百分数的形式展示，黑色填充的为表达的基因所占比例，斜线填充的为不表达的基因（即基因的表达量为零）所占比例；纵坐标表示的是不同的组织或者品种。图中所用的表达数据来源于 RGAP 数据库。DAP 表示授粉后的天数

（二）转录本的可变剪接

通过对 mRNA 前体的剪接，有些特殊的外显子可能在成熟 mRNA 中被去除或者保留，导致一个基因位点产生多个蛋白质，这就是可变剪接（alternative splicing，又称选择性剪接）。可变剪接在真核生物中是一种很常见的现象，它在有限的基因组大小内极大地增加了蛋白质的生物多样性。研究显示，人类基因组中，约 95%的多外显子基因上有可变剪接现象（Pan et al.，2008）。根据剪接的位置，可变剪接可被分为 5 类（图 4-3）：供体位点可变剪接（alternative donor site，AltD）、受体位点可变剪接（alternative acceptor site，AltA）、双位点可变剪接（alternative position，AltP）、外显子跳跃剪接（exon skipping，ExonS）和内含子保留剪接（intron retention，IntronR）。

Wang 和 Brendel（2006）在植物的可变剪接事件研究中发现，在 EST 和 cDNA 的证据支持

下，4 707 个拟南芥基因（约 21.8%）上有 8 264 个可变剪接事件，其中约 56%可变剪接事件是内含子保留类型，只有 8%是外显子跳跃类型；6 568 个水稻基因（约 21.2%）上有 14 542 个可变剪接事件，其中约 53.5%可变剪接事件是内含子保留类型，13.8%是外显子跳跃类型。通过高通量测序手段，Lu 等（2010）发现水稻中约 48%的基因上存在可变剪接现象；Filichkin 等（2010）发现拟南芥中有约 42%的基因存在可变剪接。

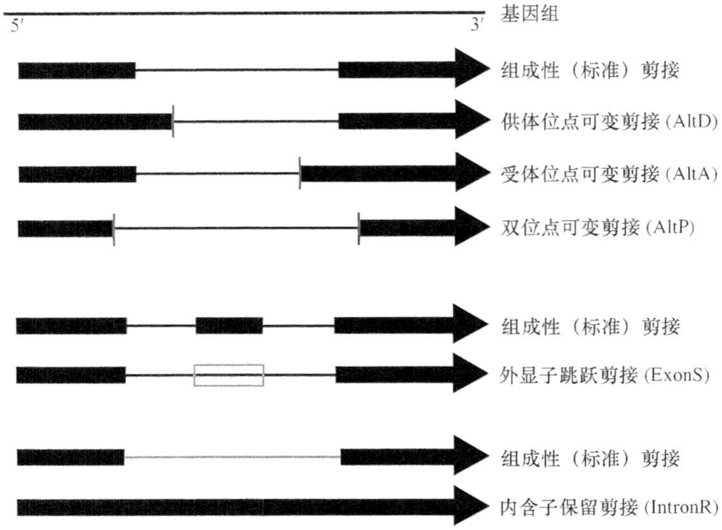

图 **4-3** 可变剪接类型（引自 **Wang and Brendel**，**2006**）

黑色填充方块代表外显子，箭头代表转录方向，透明方块代表可变剪接排除的外显子，方块之间的连线代表内含子

二、编码基因转录水平变化

（一）不同发育阶段转录水平变化

如上所述，植物在不同的发育时期，为了满足不同的发育需求，表达的编码基因数量和表达值的大小都存在差异，如图 4-2 展示的不同发育时期的基因表达的数量和基因表达的数值。同样，同一个基因在不同发育时期的表达量可能存在显著差异。

早在 2009 年，Jiao 等利用基因芯片数据，对水稻几个不同发育时期的茎、叶和幼苗等的 40 种细胞类型进行研究，发现了水稻基因表达的细胞特异性。图 4-4 展示了蛋白质编码基因在水稻不同发育阶段的表达变化。图 4-4A 表示差异表达基因在不同细胞类型中的表达量，在这 40 种不同的水稻细胞类型中，一共表达约 2.5 万个基因，而每个细胞类型中表达的基因数量为 0.6 万～1.6 万个（也就是 26%～52%，图 4-4B）；其中有 2 188 个（约 7%）基因只在某个特定的细胞类型中表达，而 2 171 个（约 7%）基因在 40 种细胞类型都表达（图 4-4C）。

Lu 等（2010）在粳稻‘日本晴’、籼稻‘93-11’和‘广陆矮 4 号’（‘Gla4’）的幼苗中，利用 RNA-Seq 数据发现，这 3 个品种水稻两两之间存在一定数量的差异表达基因。他们发现有 3 464 个可靠的差异表达基因至少在两个品种中存在。具体来说，‘93-11’和‘Gla4’之间有 1 353 个差异表达基因，‘93-11’和‘日本晴’之间有 1 802 个差异表达基因，‘Gla4’和‘日本晴’之间有 2 000 个差异表达基因，并且有 80 个基因在这 3 个品种中都差异表达。

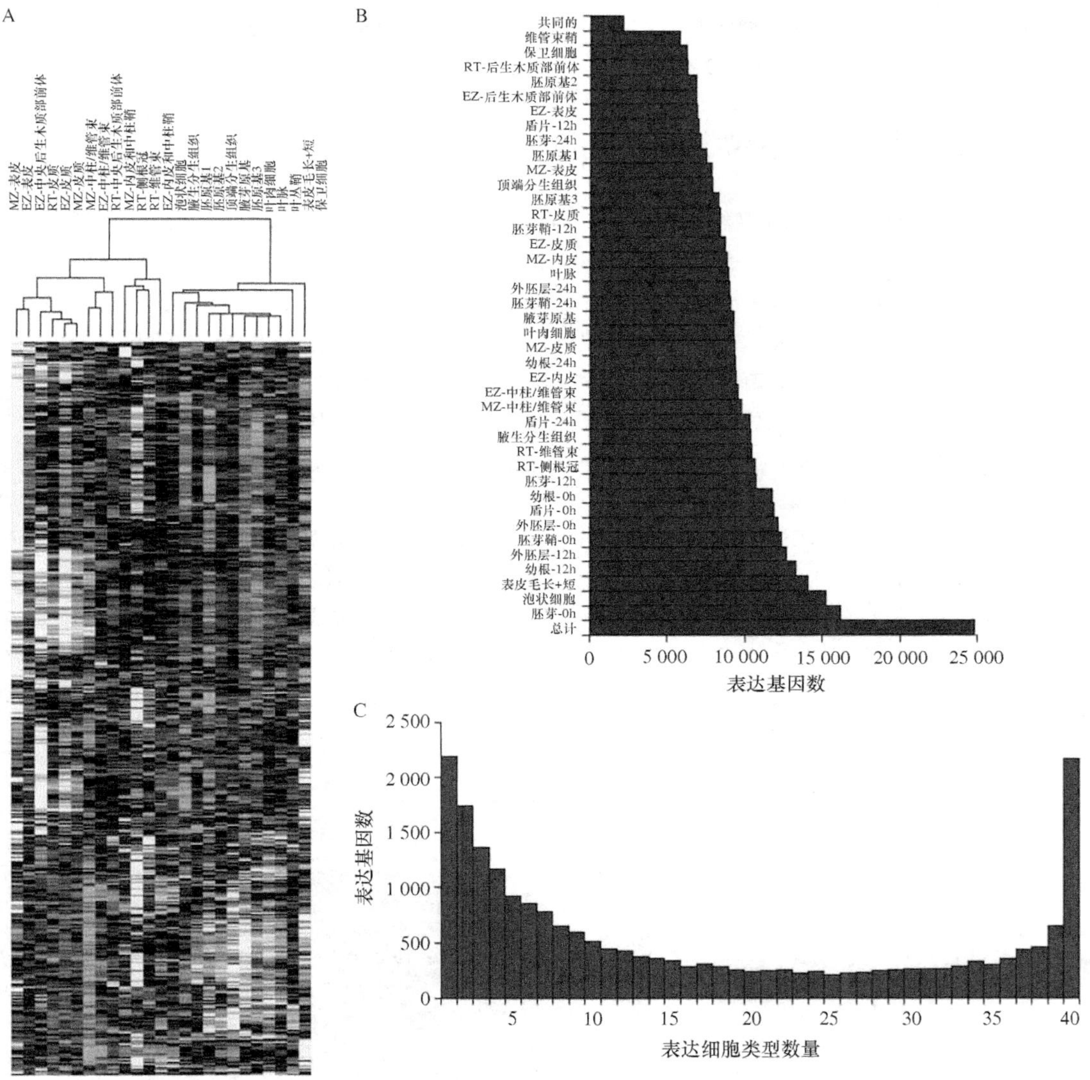

图 4-4 水稻 40 种不同组织/细胞类型基因的表达情况（引自 Jiao et al.，2009）

A. 差异表达基因在不同细胞类型中的表达值。黄色和蓝色分别代表基因在某个特定的细胞类型中高表达和低表达。B. 不同细胞类型中基因表达的数量。C. 在多个细胞类型中表达的基因数量。MZ（maturation zone）表示成熟区；EZ（elongation zone）表示伸长区；RT（root tip）表示根尖

（二）不同环境条件下转录水平变化

植物为应对不同的环境，编码基因的表达也会发生变化。早在 2002 年，Kreps 利用基因芯片技术（一共约有 8 100 个基因探针），对低温（4℃）、高盐（100mmol/L 氯化钠）、干旱（200mmol/L 甘露醇）环境下的拟南芥的根和叶的研究发现，与正常情况生长的拟南芥相比，有 2 409 个基因的表达量至少是正常表达量的两倍。也就是说约有 30%的转录组对这些常见的逆境能够做出响应。

Zhang 等（2017a）对水稻幼苗在缺钾条件和正常生长情况下的转录组进行研究，一共发现 805 个差异表达基因，在缺钾环境中有 536 个基因表达上调，269 个基因表达下调。基因功能分析发现这些基因的功能主要集中在养分运输、蛋白激酶、转录过程、植物激素等方面。此外，

当 Zhang 等将自己的结果与公共数据库的芯片数据比较后发现，在缺钾条件下差异表达的基因同样在其他逆境中也有表达量的变化。

三、非编码 RNA 转录水平变化

长非编码 RNA 的表达具有组织特异性。以水稻为例，很多长非编码 RNA 在生殖繁育的时候特异性表达。当检测它们的表达水平时，可以发现基因间长非编码 RNA（lincRNA）和自然反义长非编码转录本（lncNAT）通常具有相似的表达水平，但是信使 RNA 的表达量会显著地高于长非编码 RNA 的表达量（图 4-5A），此外，那些转座子相关的信使 RNA（TE-mRNA）的表达量水平会显著低于长非编码 RNA。利用 JS（Jensen-Shannon）散度评估长非编码 RNA 和信使 RNA 差异表达的程度，可以发现 lincRNA 较 lncNAT 更容易差异表达。同时，两种类型的长非编码 RNA 较信使 RNA 都更容易差异表达（图 4-5B）。lincRNA 的低表达水平及高度的差异表达模式同样也存在于拟南芥和动物中，暗示着长非编码 RNA 表达的物种保守性。长非编码 RNA 的这种高度的组织表达特异性可以作为在众多转录本中分类出长非编码 RNA 的依据。Zhang 等（2014a）通过水稻长非编码 RNA 表达的聚类分析，将长非编码 RNA 划分为三大类：①在生殖器官中高度表达的长非编码 RNA；②在营养器官中高度表达的长非编码 RNA；③在多种器官中表达或在特定测序数据中表达（图 4-5C）。有趣的是，其中有一些水稻长非编码 RNA 只会在某个特定的生长发育时期特异性表达，如长非编码 RNA 在整个有性生殖过程中特异性表达暗示着其在有性生殖过程中的潜在功能。

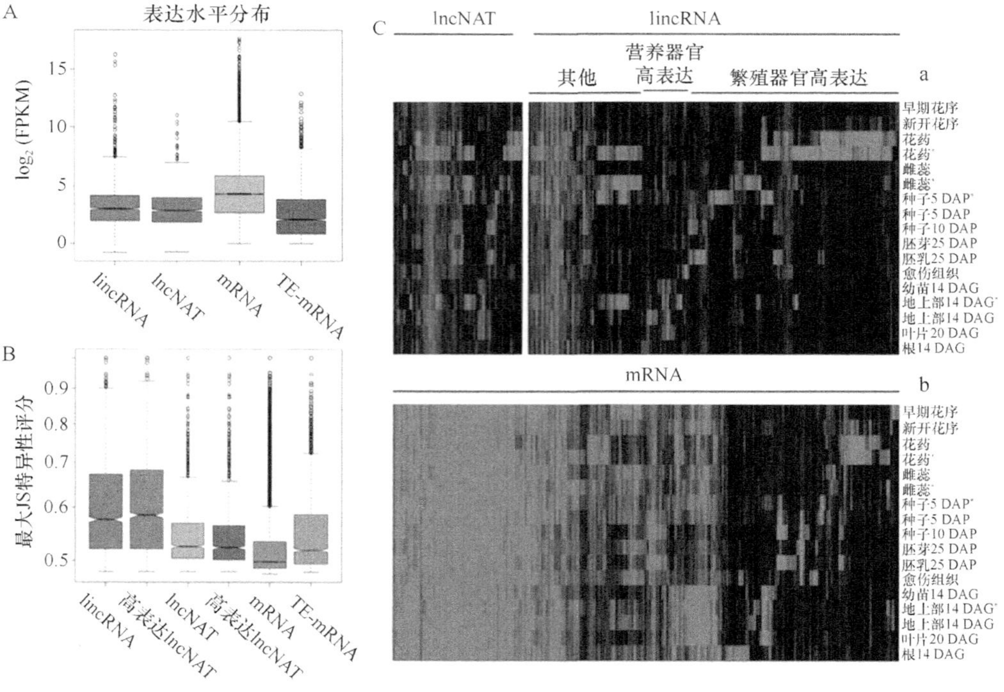

图 4-5　水稻长非编码 RNA 在不同生长发育过程和不同组织中的表达模式（引自 Zhang et al.，2014a）

A. lincRNA 和 lncNAT 的表达水平低于蛋白质编码基因，但高于 TE-mRNA；B. 所有 lincRNA、lncNAT、蛋白质编码基因和 TE-mRNA 的最大 JS 特异性评分分布；C. 17 个阶段/组织中所有表达的 lincRNA 和 lncNAT（a 图）和蛋白质编码基因（b 图）的丰度。红色代表高表达；黑色代表低表达。DAP（days after pollination）表示授粉后天数；DAG（days after germination）表示萌发后天数；*表示链特异性转录组测序

微小 RNA（miRNA）在植物不同发育时期的表达也具有特异性。Lan 等（2012）针对水稻 G_1（开花后 6～12d）、G_2（开花后 13～17d）、G_3（开花后 18～20d）3 个时期的籽粒中的 miRNA 进行了研究，在 G_1、G_2、G_3 分别鉴定到 190 个、168 个、187 个 miRNA（图 4-6A）。其中有 143 个 miRNA 在 3 个时期全部表达，分别有 26 个、12 个、30 个 miRNA 在 G_1、G_2、G_3 中特异表达。图 4-6B 表明来自 13 个 miRNA 家族的 18 个 miRNA 在水稻的 3 个不同时期差异表达，其中分别有 9 个 miRNA 呈现出上调和下调的表达趋势。

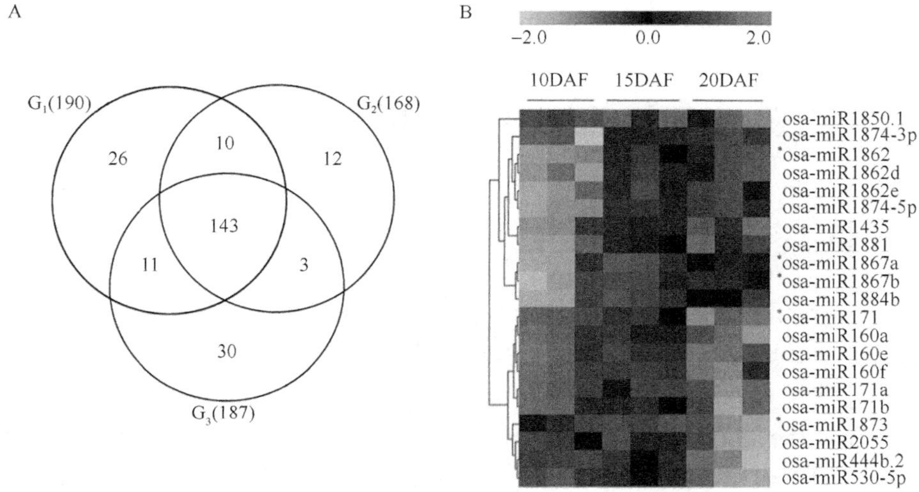

图 4-6　水稻 miRNA 在不同生长发育过程中的表达模式（引自 Lan et al.，2012）

A．水稻 G_1、G_2、G_3 3 个时期分别鉴定到的 miRNA 的数量；B．3 个时期（开花后 10d、15d 和 20d）miRNA 的差异表达情况。DAF（day after flowering）表示开花后天数；*表示前导序列与已知 miRNA 有所不同

|第 5 章|

植物基因组甲基化修饰

扫码见
本章彩图

第一节　植物基因组甲基化特征及测定

一、植物基因组甲基化特征

在同一有机体中，细胞的基因组序列通常是完全相同的，但不同类型的细胞却呈现出不同的基因表达模式。这被归因于在特定的发育阶段或逆境环境下，细胞会启动特定的表观重编程机制，大量基因组位点的表观修饰发生变化，从而改变基因表达模式应对内外变化。主要的表观修饰包括 DNA 甲基化以及组蛋白（能够将 DNA 组装成染色质的蛋白质）的共价修饰。植物不能运动，为了适应多变的环境，与动物相比，植物在进化过程中经历了大规模表观复合体的扩张和功能特化，并且进化出一些独特的表观遗传机制。其中，植物特有的 RNA 介导的 DNA 甲基化（RNA-directed DNA methylation）在植物的发育与环境响应中发挥关键作用。本章重点介绍直接影响基因组 DNA 的甲基化修饰，并从组学层面分析其对细胞、发育和环境胁迫的响应与功能。

植物 DNA 甲基化主要发生在胞嘧啶序列中：CG、CHG 和 CHH（H 代表 A、T 或 C），这是通过 DNA 甲基转移酶家族的添加、维持和去除来实现的（图 5-1）。

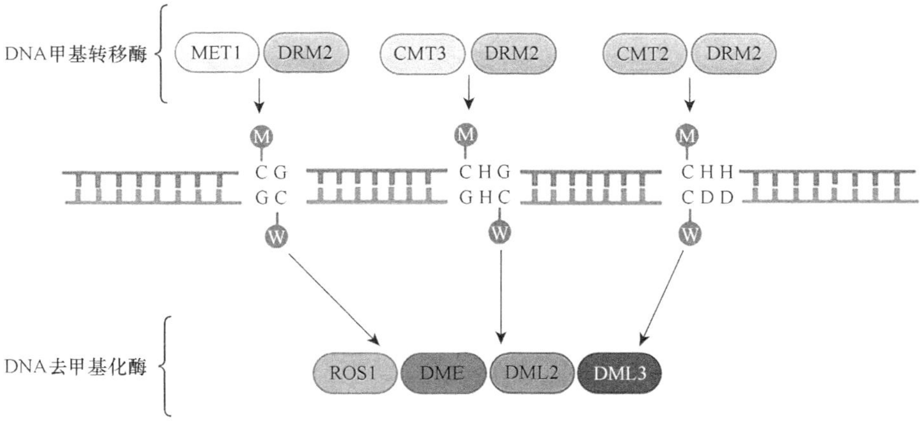

图 5-1　特异性 DNA 甲基转移酶和去甲基化酶介导不同序列模式的胞嘧啶甲基化
（引自 Lucibelli et al.，2022）

植物 DNA 甲基化在模式植物拟南芥中的研究相对系统。在 DNA 复制过程中，CG 位点的 DNA 甲基化由甲基转移酶 1（MET1）维持。而甲基化酶 2 和甲基化酶 3（CMT2 和 CMT3）通常甲基化 CHH 和 CHG 位点。具体来说，CMT2 主要负责 CHH 位点的甲基化，而 CMT3 主要负责 CHG 位点的甲基化。此外，甲基化修饰酶 DRM2（domains rearranged methylase 2），不仅参与维持现有的甲基化状态，还通过 RNA 依赖的 DNA 甲基化（RdDM）途径，在小 RNA 分子的引导下，对目标序列进行从头甲基化。

RdDM 途径是植物特有的一种重要的甲基化修饰机制，它可以通过经典和非经典两种方式发挥作用。①经典途径主要参与维持异染色质区的甲基化，这一过程中，植物特有的 RNA 聚合酶Ⅳ（*Pol* Ⅳ）与染色质重塑子 CLSY1 及 SHH1 相互作用形成复合体，与异染色质结合。随后，RNA *Pol* Ⅳ会转录出长度为 30～45 个核苷酸的短单链 RNA（ssRNA）。RNA 依赖性 RNA 聚合酶 2（RDR2）将这些 ssRNA 转化为双链 RNA（dsRNA）。接下来，核糖核酸内切酶 DCL3 会将 dsRNA 切割成 24 个核苷酸的 sRNA。这些 sRNA 被加载到 Argonaute（AGO）蛋白上，主要是 AGO4 和 AGO6，并与互补的支架 RNA 形成配对。最后，AGO4 与 DNA 甲基转移酶 DRM2 互作，后者以一种不依赖序列的方式催化从头 DNA 甲基化的过程。②非经典途径的发生频率较低，包括许多经典型途径的变体，通常导致从头 DNA 甲基化。在非经典途径中，sRNA 的生物合成还可以由许多其他机制产生，例如，RNA 聚合酶Ⅱ的转录（Lucibelli et al.，2022；Zhang et al.，2018a）。

在植物中，DNA 去甲基化是一个受到精细调控的过程，它可以是 DNA 复制过程中甲基化信号丢失的被动机制，也可能是由特定酶介导的主动机制。植物中存在一些特定的 DNA 糖基化酶，它们通过碱基切除修复途径启动主动的 DNA 去甲基化过程。在拟南芥中，已经发现了四种 DNA 去甲基化酶，它们分别是沉默抑制酶 1（ROS1）、DME、DML2 和 DML3（图 5-1）（Zhang et al.，2022）。ROS1、DML2 和 DML3 在所有营养组织中均有表达，而 DME 主要在雌配子体的中心细胞和雄配子体的营养细胞中表达。在哺乳动物中，10-11 易位甲基胞嘧啶双加氧酶（TET）在去甲基化中扮演重要角色，它能催化甲基化胞嘧啶的氧化（Wu and Zhang，2017）。虽然植物中尚未鉴定到类似 TET 的酶，但通过在拟南芥中过表达人源 TET 蛋白的实验发现，该蛋白可以显著诱导基因组去甲基化，这暗示在植物中可能存在类似的 TET 蛋白（Ji et al.，2018）。

二、基因组甲基化测定

DNA 甲基化位点鉴定与测序技术经历了一个长期演变过程（图 5-2）。这些技术包括 BS-Seq（重亚硫酸盐测序）、MeDIP-Seq（甲基化 DNA 免疫沉淀测序）、RRBS-Seq（简化代表性重亚硫酸盐测序）、WGBS（全基因组重亚硫酸盐测序）、MethylCap-Seq（甲基化捕获测序）、MBD-Seq

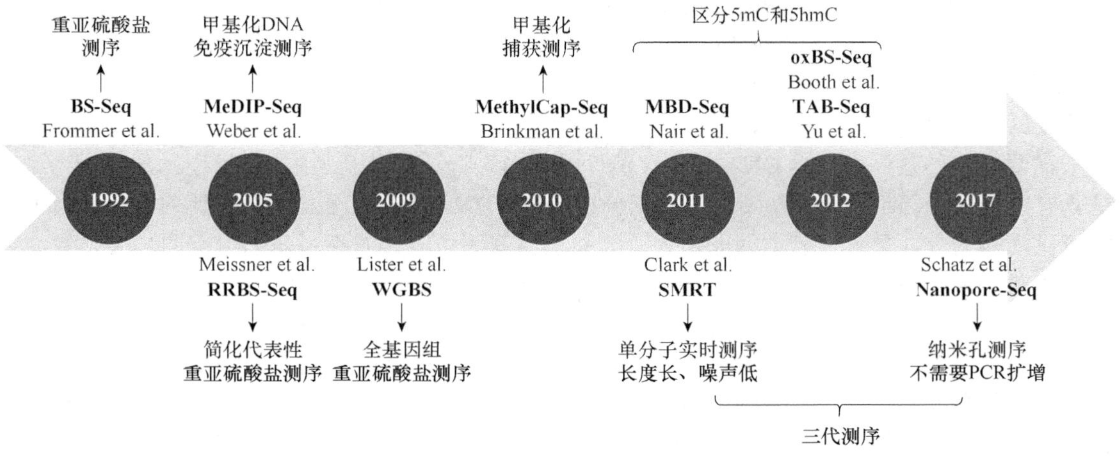

图 5-2　DNA 甲基化分析中甲基化位点鉴定与测序技术的演变（改自 Barros-Silva et al.，2018）

（甲基化 DNA 结合域测序）、SMRT（单分子实时测序）、oxBS-Seq（氧化亚硫酸氢盐测序）、TAB-Seq（TET 相关亚硫酸氢盐测序）和 Nanopore-Seq（纳米孔测序）。

按照原理 DNA 甲基化测序方法可以分成以下几类。

（一）基于重亚硫酸盐转化技术

重亚硫酸盐测序（bisulfite sequencing，Bisulfite-Seq 或 BS-Seq）是目前 DNA 甲基化研究中最常用的方法，可提供单核苷酸分辨率。该技术基于未甲基化胞嘧啶化学转化为尿嘧啶，而甲基化胞嘧啶则受到保护，免受这种转化的影响。通过 PCR 或测序建库，尿嘧啶被转变为胸腺嘧啶，从而可以在单核苷酸水平上确定 DNA 甲基化（图 5-3）。

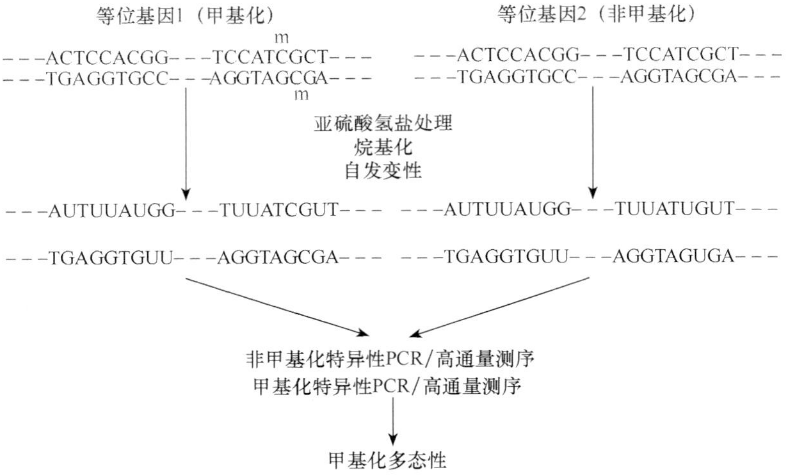

图 5-3 重亚硫酸盐甲基化测序的分析原理

近期研究发现一些新的胞嘧啶甲基化修饰，如 5-羟甲基胞嘧啶（5hmC），据推测它在 DNA 去甲基化过程中起着重要的作用。研究人员采用氧化亚硫酸氢盐测序（OxBS-Seq）技术，通过将羟甲基化脱保护并将 5hmC 转化为 5-甲酰胞嘧啶（5fC），经过亚硫酸氢盐处理后转变成尿嘧啶，结合重亚硫酸盐测序，可实现在单碱基分辨率下的甲基化和羟甲基化定量测定（Booth et al.，2014）。

重亚硫酸盐测序数据的分析需要根据其原理选择。由于 C→T 转换（每个给定的 T 可能是真正的基因组序列，也可能是转化的甲基化的 C）会给测序分析带来一定的挑战。一些传统的测序数据比对工具，如 Bowtie 或 BWA（Burrows-Wheeler 比对）已不再适用，对于全基因组 DNA 甲基化的分析，可以使用的软件包括 Bismark、BSMap、BS-seeker 和 methylKit 等，这些软件包的基本原理是将测序片段和基因组参考中的所有 C 转换为 T 进行比对。

需要注意的是，在分析 DNA 甲基化测序数据时，特别是全基因组 DNA 甲基化数据，前提是具有准确的基因组信息。与转录组数据分析不同，DNA 甲基化分析是容错比对，即序列中的 C 可以转换为 T，导致搜索空间非常大，如果测序基因组与比对参考基因组不同，会导致大量错误比对，这并不是由于 DNA 甲基化导致 C→T 转换，而是由于存在单核苷酸变异（SNV）。而 SNV 在同一种植物不同品系甚至不同个体中普遍存在，特别是 DNA 高甲基化的区域常常是重复序列和转座子富集区，因而，基于全基因组 DNA 甲基化数据的结论需要特别谨慎。一个常用策略是在 DNA 甲基化分析中屏蔽掉所有的 SNV，但是这并不能屏蔽测序片段中的 SNV。特别是涉及到杂交相关研究，如杂种优势、父母本的基因组印记，这些结论本身就依赖于 SNV 区分测序片段亲本来源，同时还需要考虑 C→T 转换，假阳性率可能会很高，需要特别谨慎，所得结论需要实验证据支持。

（二）基于三代测序技术

近年来发展的第三代测序（third generation sequencing，TGS）技术，能够对单分子直接测序，克服了二代测序短读长的限制，代表技术包括 PacBio SMRT 测序和 Oxford 纳米孔（Nanopore）测序。PacBio SMRT 技术利用 DNA 聚合酶催化荧光标记的核苷酸掺入互补的核酸链，并通过荧光脉冲的到达时间和持续时间来反映聚合酶的动力学信息。这种技术能够直接检测 DNA 模板中的修饰核苷酸，包括 N6-甲基腺嘌呤（N6-mA）、5-甲基胞嘧啶（5mC）和 5-羟甲基胞嘧啶（5hmC）。另一种 TGS 技术是 Oxford Nanopore，它通过纳米孔的碱基对离子电流产生独特的影响，理论上能够区分所有碱基及其修饰（Simpson et al.，2017）。为了更灵敏地识别 DNA 甲基化修饰，近年来还开发了多种基于特殊化学修饰或类似重亚硫酸盐的碱基转换技术，将表观遗传信号转换为可通过三代测序技术读取的编码，用于测定不同类型的胞嘧啶甲基化修饰（Searle et al.，2023）。同时，对基于三代测序的碱基识别算法的优化也是当前活跃的研究领域（Liu et al.，2021a）。

（三）基于 DNA 甲基化亲和富集

该策略使用 DNA 甲基化特异性抗体或甲基结合蛋白来亲和富集甲基化的基因组区域。甲基化 DNA 免疫沉淀测序（methylated DNA immunoprecipitation sequencing，MeDIP-Seq）是通过胞嘧啶抗体特异性富集基因组上发生甲基化的 DNA 片段进行测序的方法。而甲基化 DNA 结合域测序（methylated DNA binding domain sequencing，MBD-Seq）则通过特异性结合甲基化 DNA 的 MBD 蛋白富集甲基化的 DNA 片段。上述方法的优点是能够研究整个基因组范围的甲基化区域，具有较高的性价比，并且可以进行多样品间 DNA 甲基化区域的比较分析。然而，这些方法无法提供精确到单个碱基的甲基化状态，只能给出甲基化的区域信息；其次，需要较大量的起始 DNA 样本，一些稀缺样本或低丰度样本的研究存在困难；而且，抗体的价格昂贵且对富集区域有偏好性，对高度甲基化、高 CpG 密度的区域更为敏感，可能进一步导致其他区域的甲基化水平被忽略或低估。

随着测序成本的降低及大量物种的全基因组序列公开，基于亲和富集的方案已经不再是 DNA 甲基化研究的主流检测手段。但是，对于基因组序列未知或测序个体与参考基因组序列存在较大差异的情况下，亲和富集仍然是一种推荐策略。

（四）基于甲基化敏感的限制性内切酶

甲基化敏感的限制性内切酶是 DNA 甲基化分析的经典工具。其中大多数酶都受到其识别位点甲基化的抑制，例如，*Hpa* Ⅱ和 *Msp* Ⅰ都能够识别 CCGG 序列，*Hpa* Ⅱ不能切割甲基化的 C 碱基，而 *Msp* Ⅰ对甲基化的 C 碱基不敏感；此外，还有一些限制性内切酶（如 McrBC）具有特异性消化甲基化 DNA 的能力。基于限制性内切酶的方法和基因组分析相结合，产生了诸多变体。

1）通过对 *Hpa* Ⅱ和 *Msp* Ⅰ处理样品进行比较测序，可以判断目标区域是否富集 DNA 甲基化。

2）简化代表性重亚硫酸盐测序（reduced representation bisulfite sequencing，RRBS-Seq）。使用 *Msp* Ⅰ（甲基化不敏感）在重亚硫酸盐处理前对样本进行处理，去除低 CG 含量 DNA 片段，从而使用较小的数据量富集到尽可能多地包含 CpG 位点的 DNA 片段。

3）利用 DNA 甲基化特异性消化酶 McrBc 切割目标区域，然后与未切割对照进行比较，结合 PCR 技术来判断目的区域的甲基化情况（Chop-PCR）。

酶切的效率是这类方法的弱点，有些甲基化的位点可能并没有被酶切开，导致分析结果不完整，因此主要用于局部位点的甲基化情况鉴定。

第二节　植物基因组甲基化的分子机制与功能

一、植物基因组甲基化的分子机制

DNA 甲基化作为一种关键的表观遗传修饰，通过多种机制调控基因表达、维持转座子沉默，以及影响染色体间的相互作用，从而在植物基因组的稳定性、基因调控和进化中发挥重要作用（图 5-4）。

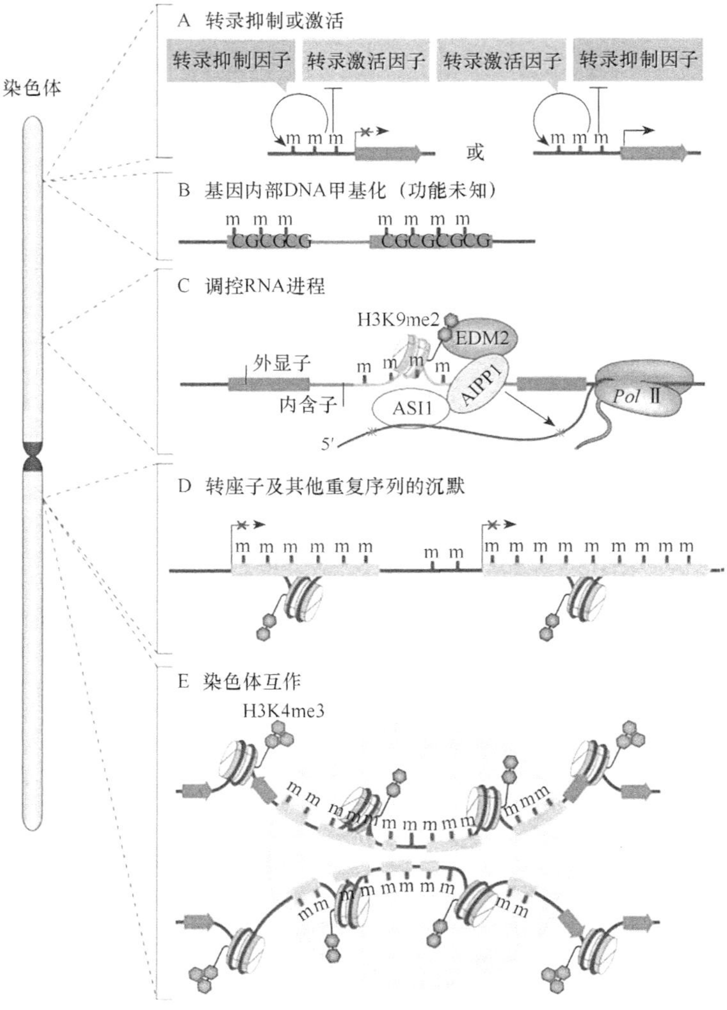

图 5-4　**DNA** 甲基化调控基因表达、转座子沉默和染色体相互作用

（引自 **Zhang et al.，2018a**）

A．基因启动子的 DNA 甲基化通常抑制转录，但在某些情况下也可以增强转录；B．基因内的 DNA 甲基化主要存在于 CG 背景下，其功能还未完全阐明；C．异染色质内含子的 DNA 甲基化吸引 ASI1-AIPP1-EDM2 复合物，促进 mRNA 加工过程中选择替代的远端多腺苷酸化位点（红色星号）；D．DNA 甲基化对于转座子和其他 DNA 重复序列的沉默也很重要，主要发生在着丝粒异染色质中；E．DNA 甲基化参与了着丝粒区域之间的染色体相互作用以及染色体其他部分的松弛染色质区域上的交互异染色质岛的形成。图中，转座子和其他重复序列以黄色表示，基因以蓝色表示，黑色和黄色区域分别代表着丝粒区域和着丝粒区域周围的区域；*Pol* Ⅱ代表 RNA 聚合酶Ⅱ

（一）DNA 甲基化与基因表达调控

植物中的 DNA 甲基化可以发生在基因上游启动子区，基因下游区域或转录的基因体（gene body）上。启动子区的 DNA 甲基化通常被认为能够抑制基因转录，举例来说，玄参科植物柳穿鱼的花通常是两侧对称的，但部分柳穿鱼的花呈现辐射对称。研究人员通过详细的序列和表观分析发现，控制花型对称性的 *CYC* 基因的启动子甲基化沉默是导致花型变化的直接原因（Cubas et al.，1999）。但是，从基因组统计角度分析，在 DNA 甲基化酶突变体中，基因的上下游及基因体上的 DNA 甲基化水平下调，并伴随着类似数量的基因上下调，这说明 DNA 甲基化与基因转录调控似乎没有显著关联（He et al.，2022）。可能原因如下：①DNA 甲基化可能主要与维持染色质状态有关，其变化相对缓慢，因而与转录的动态关联不明显；②基因表达的变化受组蛋白修饰等多种表观修饰的协同调控，DNA 甲基化并不是主导决定因素；③DNA 甲基化数据分析存在问题。研究表明，通过增加细胞异质性的 DNA 甲基化状况，能够显著改善全基因组 DNA 甲基化与表达之间的关联（Xu et al.，2021）。

植物基因区的 DNA 甲基化（genebody DNA methylation，gbM）的作用存在争议。一方面，在盐芥（*Eutrema salsugineum*）和线果芥（*Conringia planisiliqua*）这两种被子植物中，*CMT3* 基因的自然缺失导致了 gbM 全基因组缺失，但似乎没有影响植物的生存与生长。另一方面，在拟南芥 *met1-3* 突变体中，基因体 CG 甲基化几乎完全消失，然而与未甲基化的基因相比，gbM 基因的稳态 mRNA 水平似乎没有显著增加。此外，研究还发现，在拟南芥种群中，gbM 的自然变异与整体基因表达水平之间没有显著的相关性。因此，gbM 在被子植物中的生物学重要性似乎取决于物种的不同（Zhang et al.，2018a）。

（二）DNA 甲基化与转座子沉默

DNA 甲基化缺失会导致转座子的转录本表达明显上调，说明 DNA 甲基化的主要作用是抑制转座子转录（He et al.，2022）。DNA 甲基化通过调节转座子的迁移，参与维持植物基因组的稳定性。转座子甲基化在植物物种中普遍存在。一般认为，通过 RdDM 途径维持短转座子和大转座子末端的 CHH 序列甲基化，而 CMT2 则负责大转座子内部区域的甲基化。

转座子的活性可以破坏基因或调控区域的结构，而 DNA 甲基化则是一种细胞防御机制，能够降低转座子活性。DNA 甲基化也可能通过调控转座子的甲基化状态进而影响周围基因表达。在水稻中，有一个名为 OsDCL3a 的核酸酶，其主要功能是负责产生小分子 RNA。当它的功能受到干扰时，水稻株系会表现出矮化、叶夹角增大和穗长变短的多效缺陷表型。OsDCL3a 主要通过加工微型反向重复转座元件（miniature inverted-repeat transposable element，MITE）类转座子产生 24nt 的小分子 RNA，这类小 RNA 通过调控 MITE 旁侧基因的表达影响水稻的发育，并利用 H3K9me2 等异染色质修饰介导这一调控过程。特别是靶向于赤霉素和油菜素内酯途径中的关键基因，而这些基因在水稻株高、叶夹角等重要农艺性状建成中发挥着关键作用（Wei et al.，2014）。在大基因组作物，如玉米和小麦中，启动子区的 CHH 甲基化与周围基因的表达呈一定正相关关系（Gent et al.，2013；Jia et al.，2021），高甲基化 CHH 岛是由 RdDM 机制维持的，推测其作用是分离转录活性区和非活性转座子，避免活跃的常染色质周围的转座子被激活（Gent et al.，2013）。

尽管 DNA 甲基化在基因组稳定性方面起着重要作用，但它本身并不能确保抑制转座子的活性。额外的标记，如组蛋白修饰，对于调控转座子的沉默是必要的。例如，在拟南芥中，H3K9me2 水平和染色体臂存在的转座子之间存在相关性，表明这种修饰在转座子的沉默中起着作用。MET1 或 CMT3 的单个功能障碍很少引起转座子活动，而这两种 DNA 甲基化酶的双突变或 DDM1 的功能障碍会显著降低 CG 和 CHG 类型甲基化，并伴有转座水平升高（Kato et al.，2003；Mirouze et al.，2009；Tsukahara et al.，2009）。与野生型植物相比，*nrpd1* 突变体在响应热胁迫时，反转录转座子 *ONSEN* 的转座频率明显增加（Ito et al.，2011）。然而，在非胁迫条件下，缺失 *CMT2* 或 RdDM 因子的突变体中尚未发现活跃转座的情况，表明 CHH 甲基化在抑制拟南芥转座方面并不单独起作用。在水稻中，ROS1 同源 DNA 糖基化酶（DNG 701）影响了反转录转座子 *Tos17* 的转座，表明通过主动去甲基化也可以促进转座子的活性（La et al.，2011）。

（三）DNA 甲基化与染色体互作

DNA 甲基化影响染色质的表观遗传状态，从而可能参与染色体间的相互作用。在拟南芥细胞核中，染色体互作发生在一个被称为 KNOT 的结构中（Grob et al.，2014）。KNOT 结构形成的染色体区域常常包含互作的异染色质岛（IHI），它们是位于常染色质染色体臂中，富集了转座子和小 RNA 的抑制性染色质区域（Feng et al.，2014）。在 RdDM 缺陷的突变体中，某些 RdDM 区域的染色体间相互作用频率增加，这表明在野生型植物中，RdDM 通过阻止某些基因组区域的染色体间互作发挥作用（Rowley et al.，2017）。

（四）DNA 甲基化与副突变

副突变（paramutation）是一种表观遗传现象，涉及等位基因之间的相互作用，常表现为一个等位基因的沉默导致另一个等位基因的活跃表达受到抑制，而且这种沉默效应可以被遗传。最初的相关报道来自于对控制玉米色素基因座位的研究（Brink，1956），之后在其他植物和动物中也发现了类似现象（Hollick，2017）。多项遗传证据表明 RdDM 通路的因子参与了副突变的发生（Alleman et al.，2006；Dorweiler et al.，2000；Erhard et al.，2009）。此外，当外源转基因拷贝数比较高时，也会发生类似副突变的表观遗传沉默；而内源多拷贝的转座子沉默，也被认为通过类似机制介导（Hollick，2017）。因而，DNA 甲基化在副突变过程中扮演着重要角色，帮助抵御外源 DNA 片段的影响，从而维持基因组稳定及促进基因组进化。

二、植物基因组甲基化的生物学功能

（一）基因组甲基化与发育

1．营养生长与果实成熟 甲基化水平不足会导致许多发育异常。近期通过构建拟南芥 DNA 甲基转移酶的五重突变体，成功获得无 DNA 甲基化的植物。突变体表现出一系列发育缺陷，包括细胞形状异常、核内复制问题、细胞死亡、开花异常、毛状体形态变化、微管系统和分生组织发育问题，以及根细胞命运决定困难（He et al.，2022）。此外，这一研究还发现 DNA 甲基化对基因表达和转座元件的抑制具有强烈的剂量依赖性影响。因而，在基因组庞大含有大量转座元件的植物中，DNA 甲基化的作用更加广泛（Alleman et al.，2006；Cronk，2001；Erhard et al.，2009；Lang et al.，2017；Liu et al.，2015；Wei et al.，2014）。

在番茄果实发育过程中，约 1%的果实果皮 DNA 甲基化发生了改变。这种变化是通过 DNA 主动去甲基化来实现的，主要发生在多个果实成熟基因的启动子区域上，这些区域被调控成熟的关键转录因子 RIN（ripening-inhibitor）结合。在成熟的番茄果实中，DNA 去甲基化酶 2

（DME-like 2，DML2）的表达显著增加，介导果实成熟过程中发生的 DNA 去甲基化。DML2 介导的去甲基化能抑制数百个成熟抑制基因的表达，说明启动子 DNA 甲基化激活基因转录是番茄果实基因调控的重要机制。在功能丧失的 *dml2* 番茄突变体中，果实不能成熟发育（Lang et al.，2017；Liu et al.，2015）。

2．基因组印记与种子发育　DNA 甲基化对于植物生命周期的第一步受精过程至关重要。在这一阶段，不同亲本来源的两个等位基因会在一些位点发生差异甲基化过程，从而调控胚胎生长，被称为基因印记（imprinting）。母本印记表达基因（maternally expressed gene，MEG）的一个共同特征是母本等位基因是低甲基化的，而父本等位基因则是甲基化并被抑制的。在某些 MEG 中，如拟南芥中的 *MEDEA* 基因，父本等位基因通过抑制性组蛋白 H3K27me3 修饰沉默，而不是通过 DNA 甲基化进行调控（Gehring et al.，2006；Jullien et al.，2006）。父本印记表达基因（PEG）的母本等位基因通常被 H3K27me3 抑制性修饰所标记（Moreno-Romero et al.，2016；Zhang et al.，2014b）。因而，印记基因主要受到抑制性表观修饰 H3K27me3 和 DNA 甲基化的共同调控。

拟南芥使用基于雌雄配子体的多细胞性质的双受精策略，其中花粉中的两个精细胞能够使雌配子体中的卵细胞和中央细胞受精，分别产生胚胎和胚乳。在拟南芥、水稻和玉米的中央细胞和营养细胞中，DME 去甲基化酶还可以使移动元件去甲基化，从而激活产生小 RNA，这些小 RNA 会递送至卵子和精子细胞中，进一步加强配子中转座子的沉默（Calarco et al.，2012；Hsieh et al.，2009；Ibarra et al.，2012；Slotkin et al.，2009）。

基因组水平检测 DNA 甲基化导致的印记，如前所述，涉及不同基因组物种之间的杂交，依赖 SNP 来区分测序片段的亲本来源。而 DNA 甲基化序列比对需要 C→T 的容错比对，当测序片段的亲本基因组与参考基因组不一致时，可能会导致假阳性。因而，在实验设计之初需要考虑选择合适的参考基因组和亲本，并在获得数据后，对对比软件和参数进行调整，辅以必要的实验证据，确保结论的可靠性。

（二）基因组甲基化与环境响应和适应性进化

在植物生长发育过程中，DNA 甲基化作为一种关键的表观遗传调控机制，在生殖细胞发育及果实成熟等多个生物学过程中，展现出其多维度的调控作用（图 5-5）。植物可以通过改变其表观遗传模式来响应环境刺激。不同植物物种的甲基化组学分析证明，生物或非生物胁迫可影响 DNA 甲基化，从而改变胁迫应答基因的表达和调控 DNA 甲基化沉默机制，这一过程是植物和病原微生物互作研究的焦点（Arora et al.，2022）。病原微生物入侵，会导致基因组 DNA 甲基化变化，一些在正常情况下被沉默的抗病基因 DNA 甲基化抑制被解除，提升植物对病原微生物的抗性或耐受力。植物的 DNA 甲基化通路成员及类似物，也会介导一些病原微生物基因组或特定位点的甲基化沉默。另一方面，病原微生物会“劫持”植物的 DNA 甲基化通路蛋白或编码类似物，抵抗植物的抗性或耐受力。甲基化也参与介导植物对非生物环境刺激的响应（Liu et al.，2022）。大量组学尺度的研究表明，当植物面临非生物胁迫时，DNA 甲基化会发生广泛的变化。而且，很多甲基化通路的突变体，表现出异常的非生物胁迫响应。说明 DNA 甲基化广泛参与调控植物的非生物胁迫响应。

环境刺激导致基因组 DNA 甲基化的重编程，并可能传递给下一代。与动物不同，植物的生殖系统在发育的较晚阶段受到外界信号和细胞环境的影响才会建立起来。植物体细胞和生殖细胞之间缺乏早期分离，提升了表观遗传修饰的跨代遗传的概率（Cronk，2001；Whipple，2012）。

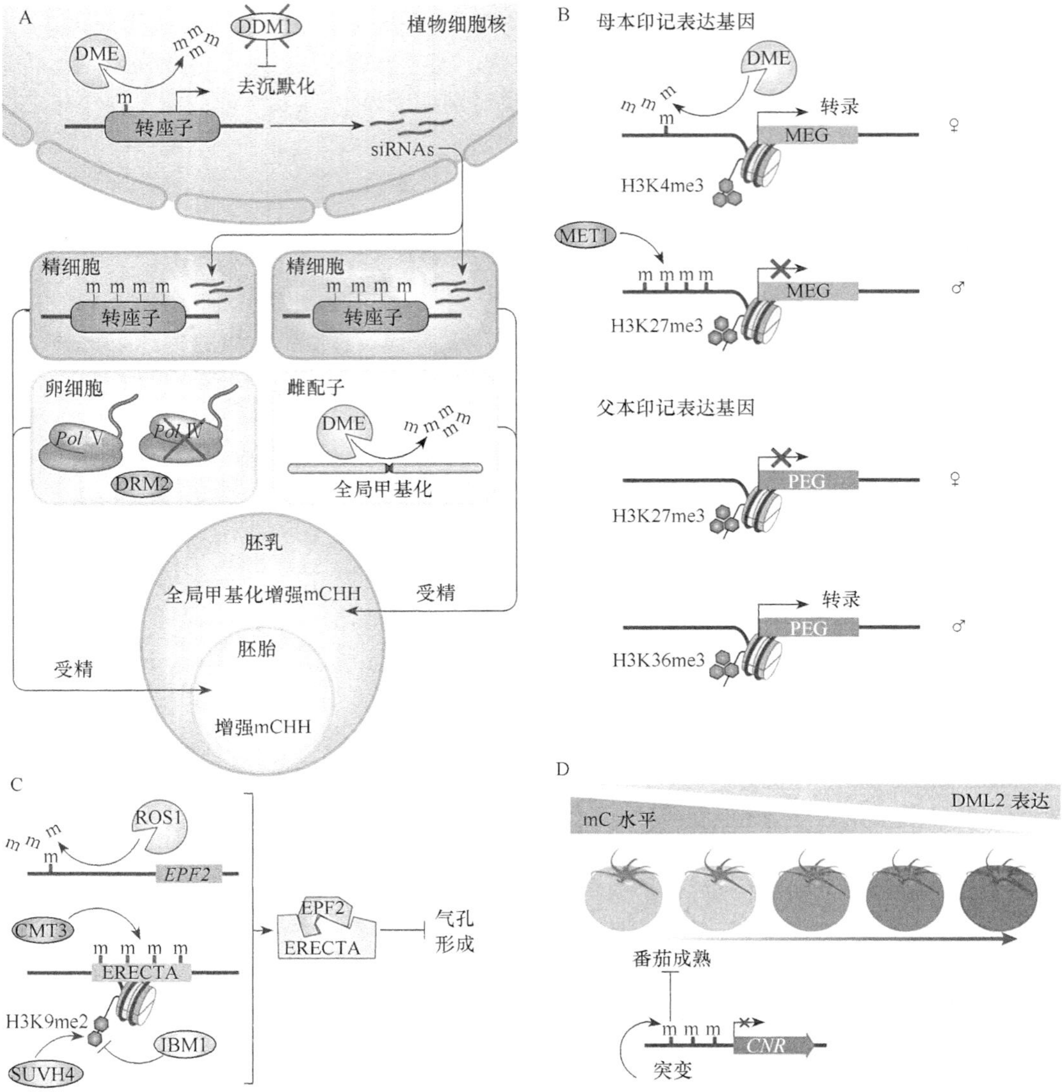

图 5-5 在植物生长发育过程中 DNA 甲基化的机制（引自 Zhang et al.，2018a）

A. 拟南芥雄配子细胞中，通过转录激活因子 DME 和染色质重塑因子 DDM1 的调节，转座子被解除抑制。转座子转录本产生 siRNA，在两个精子细胞中通过 DNA 甲基化方式加强转座子的沉默。其中一个精细胞与雌配子细胞受精，生成内胚乳。另一个精子细胞与卵细胞受精，产生胚胎。B. 在内胚乳中发生在 MEG 或 PEG。MEG 的母源等位基因特征是 DNA 低甲基化和 H3K4me3 修饰，而 PEG 的父源等位基因特征是 H3K36me3 修饰。C. DNA 去甲基化酶 ROS1 去除 *EPF2* 基因启动子的 DNA 甲基化。D. 在番茄果实成熟过程中，DML2 的表达逐渐增加，mC DNA 甲基化逐渐丧失

1. DNA 甲基化与重复序列及基因组大小　不同植物物种的 DNA 甲基化水平各不相同，这取决于其基因组中重复和可移动 DNA 元件的含量，这些元件一般具有较高的甲基化水平。DNA 甲基化在植物进化过程中具有多种功能，转座元件的甲基化在所有植物物种中普遍存在。DNA 甲基化可以视为是一种与植物基因组大小和复杂性有关的进化特征。然而，全局胞嘧啶甲基化与基因组大小之间的关系并非简单线性，具有复杂的对应关系，可能是多种机制协同作用的结果。

2. DNA 甲基化与基因表达调控及物种演化　DNA 甲基化的变化和相关基因的表达变化，

可以诱导表型变化，进而在选择压力下，适应性的甲基化变异被固定下来，推动物种演化。天然的表观等位基因已在番茄、水稻和棉花等多种作物及玄参科植物中被发现，并影响重要性状。例如，在番茄 *cnr* 表观突变体中，*CNR* 基因的转录被启动子区域中的 DNA 高甲基化抑制，导致产生无法着色、不成熟的果实（Manning et al.，2006）。在具有 *rav6* 表观等位基因的水稻中，启动子 DNA 低甲基化导致 *RELATED TO ABSCISIC ACID INSENSITIVE3/VIVIPAROUS16* 基因的异位表达，其通过调节油菜素内酯稳态来改变叶片角度（Zhang et al.，2015）。在经过驯化的异源四倍体棉花中，与野生棉花相比，*CONSTANS-LIKE 2D* 的表观与等位基因相比具有较低的甲基化水平，从而促进了开花（Song et al.，2017）。具有差异表观基因组的植株间杂交可以获得表观遗传重组近交系（epiRIL），基因组中的许多表观等位基因可以多代保持稳定，突显了将表观遗传信息整合到群体遗传学与进化研究的必要性（Johannes et al.，2009；Reinders et al.，2009）。

3．DNA 甲基化对基因组进化速率的影响　甲基化 DNA 区域普遍被沉默，大多对表型的影响不大，因而具有高突变率。有益的突变可能在特定条件下被释放，诱导表型变化，并在进化过程被固定下来（Liu et al.，2022）。这些证据进一步强调将表观遗传信息整合到群体遗传学与进化研究的重要性。

DNA 甲基化在植物发育、环境响应和适应性进化中起着核心作用。在植物细胞中，DNA 甲基化和去甲基化对基因表达、转座子迁移和染色体相互作用进行精细调控。全面系统理解 DNA 甲基化的功能和机制及其对植物物种进化的影响充满吸引力和挑战。

| 第 6 章 |

植物基因组进化

扫码见
本章彩图

第一节 植物基因组保守性与变异

一、植物基因组保守性与进化

（一）植物起源

植物起源于水生藻类。植物的进化是遵循着由简单到复杂、由水生到陆生的方向进行的。原始单细胞绿藻（Chlorophyta）在原始海洋中，经过漫长的年代，进化为多细胞藻类。典型的绿藻细胞具有一中央液泡，色素在质体中，细胞壁由两层纤维素和果胶质组成。几乎所有的绿藻都拥有叶绿体。绿藻纲包括衣藻属、团藻属等。绿藻进化出链形植物（Streptophyta），如克里藻（Klebsormidiophyceae）和轮藻（Charophyceae）（图 6-1）。轮藻在植物体结构及生殖方式

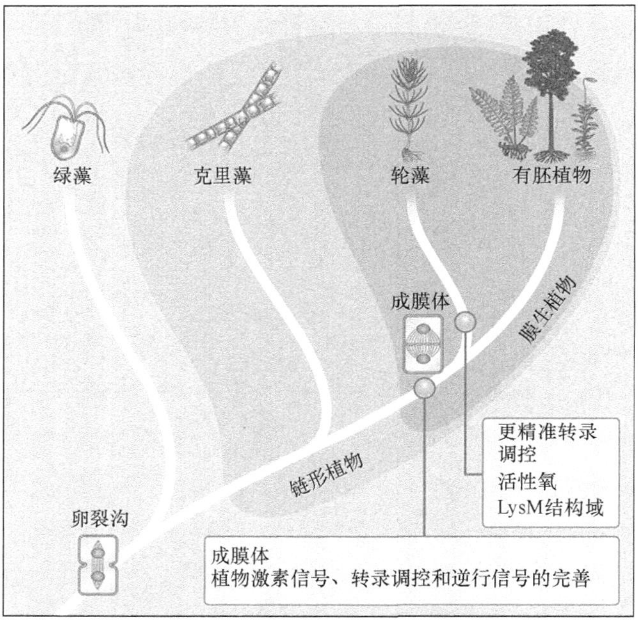

图 6-1 植物的起源（引自 Nishiyama et al.，2018）

植物起源于水生单细胞绿藻，绿藻进一步进化出链形植物，如克里藻和轮藻。轮藻是膜生植物（Phragmoplastophyta）的一支，具有在新生细胞壁形成过程中起作用的成膜体（phragmoplast），为陆生有胚植物（Embryophyta，如苔藓类、蕨类、裸子和被子植物）最亲近的亲属

方面都比绿藻纲复杂，轮藻有类似根、茎、叶的分化，生殖器官构造可与高等植物的性器官相比较。后来，由于地壳的剧烈运动，不少水域变成陆地，某些古老轮藻进化为苔藓类植物（bryophyte）以适应陆地环境。苔藓类植物缺乏维管组织和真正的根，但已拥有所有陆地植物进化所需的关键创新。石松类植物（lycophytes）的起源还有争议，其中一个观点是认为其由苔藓类植物进化而来。蕨类植物是高等植物中比较低级的和最原始的维管植物，分化出较原始的维管组织构成维管系统，和苔藓植物一样都具有明显的世代交替现象。后来由于陆地气候干燥，蕨类植物进化为裸子植物（gymnosperm），用种子繁殖，完全摆脱对水域的依赖。再经过一段时期，某些裸子植物进化出被子植物（angiosperm），更能适应外界不良条件，成为今天植物界的主角。

在植物起源后漫长的地质年代中，不同类型植物类群在地球上依次出现。在 30 亿～4 亿年以前，地球上的植物仅为原始的、低等的藻类。随后，苔藓植物和蕨类植物扩展到了陆地，蕨类植物成为当时陆生植被的主角。3 亿多年前，裸子植物出现，并逐渐取代蕨类植物在陆地上的主角地位。大约 1.3 亿年前的早白垩世（白垩纪是地质年代中中生代的最后一个纪，始于 1.45 亿年以前，结束于 6 500 万年以前，历经 8 000 万年，分为早白垩世和晚白垩世），被子植物起源并迅速发展起来，成为地球上种类最多、分布最广泛、适应性最强的优势类群。时至今日，被子植物可分成两个类别：双子叶植物和单子叶植物。被子植物基部群包括小类群和单子叶植物，其中小类群包括无油樟目、睡莲目等植物，形成一个单系群，在系统发育上可以描述为双子叶植物的一个特化分支；大部分双子叶植物可组成单系群，称为真双子叶植物分支。

（二）植物基因的保守性

物种在基因水平具备保守性的概念（即所有生物具有相同的基因），大约是在 20 世纪 70 年代建立起来的。1990 年，Woese 和 Fox 开创性地采用 16S 小亚基核糖体 RNA 的碱基序列构建了包括动物、植物和微生物的生命之树（universal tree of life）（图 6-2）。基因在进化过程中，会发生缓慢的碱基突变，这些变异与物种亲缘关系远近直接相关，这样构建的系统发生树可以真实反映植物物种之间的系统发生关系。通过生命之树，他们发现了古细菌域（Archaea），并提出了地球生命世界的三域学说（三界论），即真细菌、古细菌和真核生物。与蛋白质和 RNA

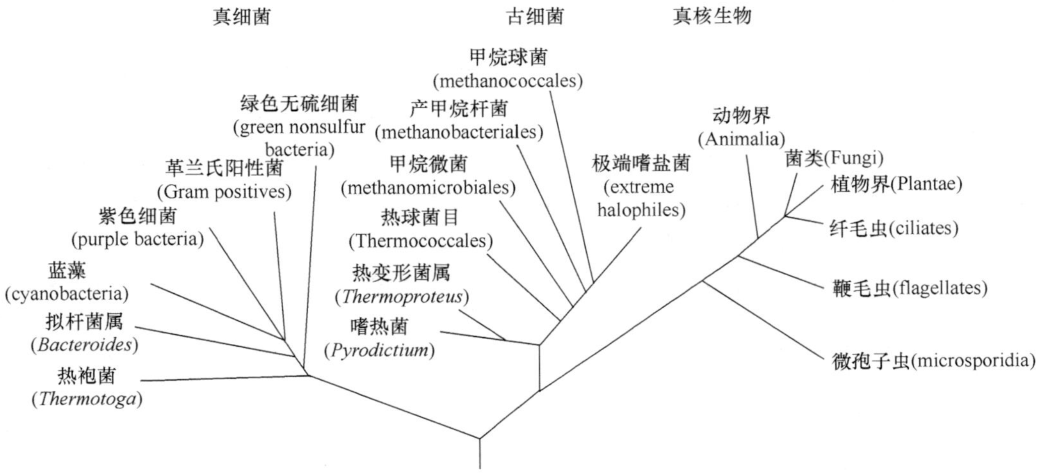

图 6-2　基于 rRNA 的生命之树（改自 Woese et al.，1990）

可见生物界明显的三域分类。植物界物种系统发生树详见第 10 章第一节

序列相比，DNA 序列具有更多的变异信息位点，可以应用到更广泛的类群中。用于构建生命之树的分子数据，经历了从单个 DNA 片段、多 DNA 片段、叶绿体或线粒体基因组到核基因组的发展过程。与形态性状相比，分子性状的变异在大尺度上（如界、门、纲、目、科）的同源性更易于区别，根据所研究的分类阶元选择相应的具有不同进化速率的分子片段，为准确构建包括更大范围类群的生命之树提供了可能，如植物界的物种发生关系。这种保守基因在各自基因组上的位置分布也可能具有保守特征，由此可以发现基因组水平的保守性。

任何两个植物物种基因组之间，即使是同一物种不同个体之间，在序列水平上虽然存在保守性，但都会存在一定变异。基于基因序列变异可以开展许多植物进化分析，如系统发生、群体结构和进化选择等。例如，基于单个或多个基因的序列差异构建植物系统发生树（phylogenetic tree），已成为分子进化的一个比较成熟的分析内容，形成了完善的进化模型和建树方法（详见 Nei 和 Kumar 主编的《分子进化与系统发育》）。

植物基因的保守性由此引入一个问题：植物保守的核心基因和特有基因有哪些？基于植物基因的保守性，国际上已确定了一个植物核心基因集，建立了相关数据库。目前国际公认保守基因集来自 BUSCO（Benchmarking Universal Single-Copy Orthologs），其对各个物种大类都有一个所谓保守基因集合。目前其植物数据集（“Plant Set”）包括 1 440 个保守基因，代表了植物核心基因集。该数据集往往被用于植物基因组测序完备性评估的基础之一。

植物经历长期进化过程，不同类型植物基因形成了一些各自特性。例如，单/双子叶植物基因序列构成上总体上有所不同。如果我们以基因密码子第三位 GC 含量（mean GC3）为横坐标，以其 GC3 含量变异（standard deviation GC3）为纵坐标画图，单/双子叶植物基因可以大致分为两个类群，呈现出不同的特征（图 6-3）。同时，植物进化出许多单/双子叶植物特有的抗性和免疫系统相关基因。例如，*SDS2*（*SPL11* cell-death suppressor 2）就是这样一个基因（Fan et al.，2018），为单子叶植物特有，参与调控植物程序性细胞死亡（PCD，programmed cell death）。另外，植物还进化出许多科属甚至物种特异的抗性和免疫系统相关基因，如模式识别受体类基因 *PRR*（pattern recognition receptor）。*EFR*（EF-TU receptor）和 *LORE*（lipooligosaccharide-specific reduced elicitation）是十字花科特有 *PRR* 基因，识别细菌 EF-Tu 和 LPS 蛋白；*CORE*（cold shock protein receptor）为茄科特有 *PRR* 基因，识别细菌冷激蛋白。这些特有基因构成了不同类植物基因组的保守性和特异性。

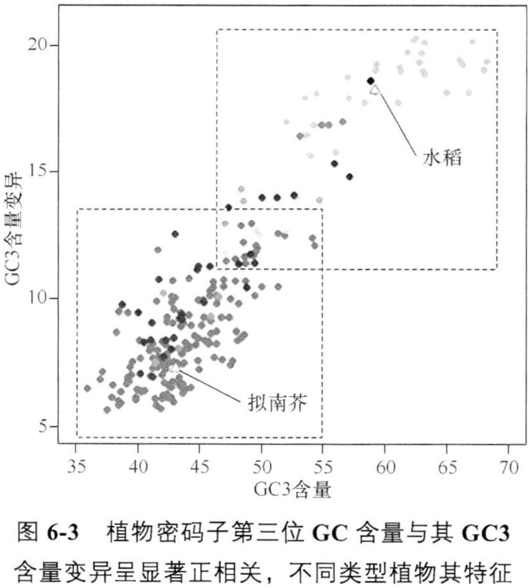

图 6-3 植物密码子第三位 GC 含量与其 GC3 含量变异呈显著正相关，不同类型植物其特征不同（改自 Serres-Giardi et al.，2012）

单子叶植物往往有比较高的 GC3 含量和变异（右上角虚框），而双子叶植物（包括裸子植物）正好相反（左下角虚框）

（三）植物基因组的保守性——共线性

植物除了在基因水平上存在保守性，同样在一定亲缘关系以内，在基因组水平上也存在保守性——即不同植物基因组间的共线性。在经典遗传学中，共线性描述了个体或物种内同一染色体上遗传基因座的物理位置相邻性。然而现代生物学家通常用共线性表示两条染色体之间一些基因组区块（如基因）排列顺序的保守性（“the conservation of blocks of order within two sets of chromosomes that are being compared with each other”）。共线性的英文术语一般用“synteny”或“collinearity”，两词在共线性程度上有所不同，“collinearity”强调基因排列顺序的保守性（Tang et al.，2008）。

第一个经典植物基因组共线性图出现在 20 多年前（Gale and Devos，1998），令当时的植物科学家们印象深刻。其实，对于植物基因组保守性，早在遗传图谱出现时就已被注意到。1988 年，康奈尔大学 Tanksley 就观察到番茄和马铃薯遗传图谱中 RFLP 分子标记的共线性（Bonierbale et al.，1988）；1998 年，在还没有获得任何植物基因组序列的情况下，英国 John Innes Centre 的 Michael Gale 和 Katrien Devos 等，就利用 RFLP 分子标记构造了禾本科作物基因组共线性图（图 6-4A）。

2002 年以后，水稻、高粱、玉米等植物基因组陆续被测序完成，于是在基因组序列水平上可以建立它们的比较图（图 6-4B）（Wang et al.，2015a）。如果用连线把那些水稻基因组各条染色体之间的保守区块（BLOCK）连接起来（图中内圈），可见许多保守区块在各自基因组物理位置上依次排列。禾本科植物共有的祖先基因组加倍，使其基因组内和基因组间的同源性比预期复杂得多。

植物基因组之间共线性与进化距离有关：进化距离越近，基因组共线性越明显（如禾本科内物种）；进化距离远，基因组共线性就明显下降。例如，最早测序完成的双子叶植物拟南芥和单子叶植物水稻，1.5 亿年前它们就已分化开来，导致拟南芥和水稻基因组的共线性已不存在或难以发现（Wang et al.，2006b）。拟南芥最早被确定为植物界模式物种，随着植物基因组测序进展，发现在基因组水平上单子叶和双子叶基因组序列保守性已很弱了。因此，植物需要多个参照基因组。

A

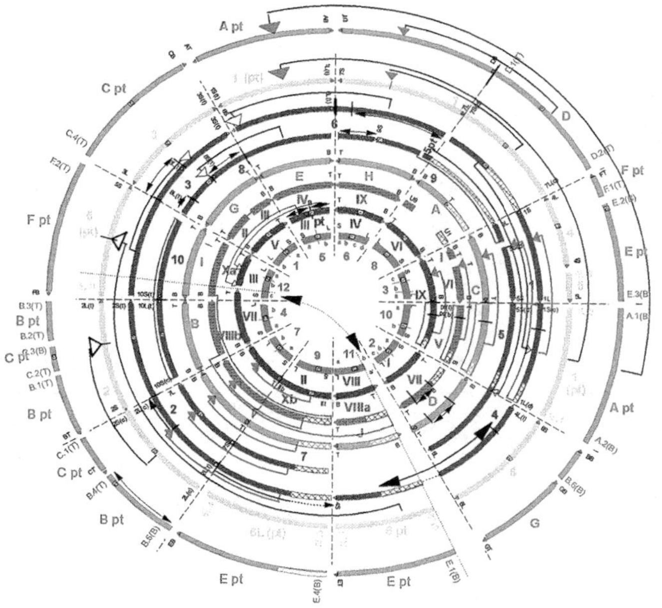

各圈由外向内
依次为：
燕麦
小麦
玉米
高粱
甘蔗
谷子
水稻

图 6-4　禾本科作物基因组（grass genomes）共线性

A．一张早期经典禾本科作物基因组整合遗传图（a consensus grass comparative map）（Gale and Devos，1998）；
B．基于基因组序列的禾本科作物基因组保守性（Wang et al.，2015a）。
图中列出了与水稻 12 条染色体（OS01～OS12）共线性的其他禾本科物种各条染色体；
最内圈连线表示基因组内部序列保守区块。

B

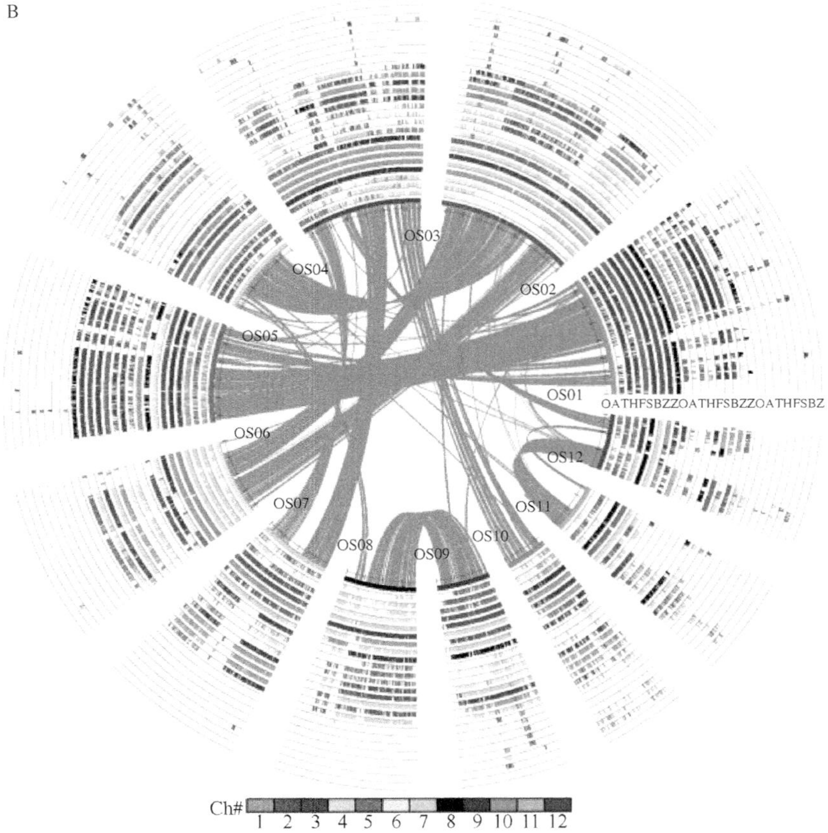

图 6-4 （续）

（四）基因组进化分子机制

除了基因组的保守性，我们能更多看到的是序列变异。即使最近缘的植物物种之间，甚至是同一作物物种的不同品种基因组之间，都能看到大量序列变异。我们可以看到基因组之间的差异包括序列碱基变异、基因家族大小构成不同、重复序列含量不同、基因组大小差异明显、基因组片段的重组重排等（表 6-1）。那么这些变异从何而来？

表 6-1 导致基因组变异的遗传进化机制

基因组变异	可能的进化分子机制
序列碱基变异	复制过程中的 DNA 突变
基因构成和家族大小	基因组及基因水平的倍增；横向基因转移等
染色体序列间相似性或共线性	基因组多倍化、基因组片段倍增等
重复序列含量不同	重复元件转座与插入
基因组大小	基因组多倍化；重复元件转座与插入；基因组多倍化过程等

大量研究已经证实，引起这些变异的遗传机制包括基因组复制过程中的 DNA 突变、染色体重组、重复元件转座与插入、基因组及基因水平多倍化、横向基因转移等。我们观察到的植物基因组之间的任何差异（如基因组大小）都是某一个或多个遗传机制作用的结果，同时也是

在植物长期进化过程中不断累积的结果。本章第二至三节将分别介绍上述基因组进化机制。

二、植物基因组复制及其变异机制

（一）基因组复制

基因组复制是物种繁衍和进化的基础。为了维持基因组的功能，基因组必须在细胞的每次分裂都能进行复制，细胞的整个 DNA 在细胞周期特定阶段进行拷贝，子代细胞中新产生的 DNA 分子都是一个完整的基因组拷贝。基于分子生物学知识，基因组复制分为 3 个阶段：起始、延伸和终止（Brown，2009；2017）。以下对基因组复制过程进行简要说明。

1．起始　复制的起始（initiation）并非是一个随机的过程，它总是从 DNA 分子上同一个或多个位置开始的，这些位点称为复制起点（origin of replication）。一旦复制开始，基因组中就形成两个复制叉，沿着 DNA 分子向相反的方向进行，因此复制是双向的（图 6-5）。环形的细菌基因组只有单一的复制起点，这就意味着每一个复制叉要复制几千 kb 的 DNA。真核细胞基因组具有多个复制起点，其复制叉的行程要短得多，一般复制起点相隔 30～100kb。

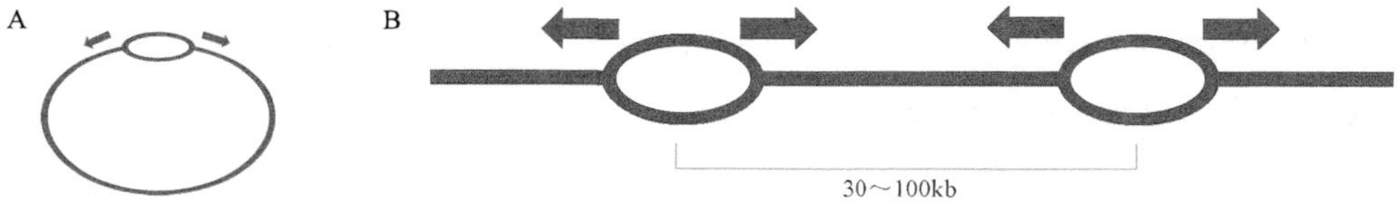

图 **6-5**　环状细菌染色体（**A**）和线形真核细胞染色体（**B**）复制（改自 **Brown**，**2017**）

图中箭头为复制方向

2．延伸　一旦复制起始，复制叉就沿着 DNA 分子前进，进行基因组的复制延伸（elongation），即合成与亲代多聚核苷酸互补的两条新 DNA 链。以下两个因素使 DNA 复制更为复杂，而转录则不存在这些问题：①在 DNA 复制时，双螺旋的两条链都必须被拷贝。因为 DNA 聚合酶只能从 5′→3′方向合成 DNA，这使复制变得非常复杂，这也就意味着亲代双螺旋中的一条链，即前导链（leading strand），可以连续复制；而后随链（lagging strand）的复制就只能以非连续的方式进行，即当一系列的短片段合成以后，才被连接起来形成完整的子链。②模板依赖性的 DNA 聚合酶不能在单股 DNA 分子上启动 DNA 的合成，它必须有一个短的双链区为酶提供一个能添加新核苷酸的 3′端。这就意味着需要引物（primer），即在前导链启动互补链合成时所需的一个片段；后随链启动每个不连续 DNA 片段合成时，也都需要的一个片段。

3．终止　相对而言，DNA 复制终止的研究较少，但也取得了一些进展。DNA 复制终止是指两个 DNA 复制体相遇时的一系列关键步骤，包括但不限于：复制体的聚合和相遇、填补前导链和后随链之间的间隙、复制体的去组装，以及复制产物姐妹染色单体的分离。相较原核生物，真核生物基因组较大，大量的复制起始点是确保整个基因组能在 S 期内复制的关键。S 期时间长度在不同细胞类型之间以及胚胎和体细胞之间存在差异。尽管 S 期长度有所变化，但双向凝胶电泳和放射自显影技术显示，在哺乳动物、酵母细胞和非洲爪蟾早期胚胎中，复制终止以非特定方式发生（Dewar and Walter，2017；Jones et al.，2024）。这主要由以下几个因素造成：①复制起源不具有序列特异性；②起源在整个 S 期的不同时间被触发；③复制叉以不同的速度移动。有研究揭示 Pif1 家族解旋酶在复制终止过程中具有重要作用（Deegan et al.，2019；Moreno et al.，2020）。

DNA 复制过程中必须考虑最后一个线性 DNA 分子的末端维持问题。这个问题关系到随着 DNA 的连续复制，必须采取措施以避免线性双链分子的末端越来越短。端粒是真核生物染色体末端特殊的 DNA 序列。端粒 DNA 由一种微卫星序列组成，在大多数高等真核生物中这种微卫星序列含有多个拷贝的短重复基序 5′-TTAGGG-3′（植物为 5′-TTTAGGG-3′），在每条染色体的末端随机地重复上百次，因此解决末端缩短问题的方法就在于端粒 DNA 的合成。大部分端粒 DNA 在 DNA 复制中以正常方式被复制，但这并不是它合成的唯一方法。为弥补复制过程的局限性，端粒也可以由端粒酶（telomerase）所催化的独立反应延伸。端粒酶是一种由蛋白质和 RNA 组成的不同寻常的酶。端粒酶的活性必须进行精准调控以保证每条染色体末端延伸适当的长度。

缺乏端粒酶活性的细胞每次分裂都会导致染色体缩短。最终，经过多次细胞分裂，染色体末端严重短缺会使一些重要基因丢失。但这并非因缺乏端粒酶活性导致细胞发生缺陷的主要原因。更重要的因素在于，在每一个染色体末端需要一个蛋白质“帽”，以避免 DNA 修复酶将染色体末端与染色体意外断裂形成的无帽断端连接。那些形成保护帽的蛋白质，如 TRF1、TRF2、POT1、TIN2、TPP1 和 RAP1，可识别端粒的重复序列并与之结合。因此，如果端粒丢失了，这些蛋白质将失去其附着点。如果缺乏这些蛋白质，修复酶就会在缩短但仍完整的染色体末端形成不正确的连接，这可能是端粒缩短导致细胞周期破坏的潜在原因。

此外，Francis Crick 研究所的一项研究也表明，端粒末端形成套索状“t 环”（t-loop）结构，阻止染色体被识别为 DNA 损伤，起着至关重要的保护作用（Sarek et al.，2019）。

（二）基因组突变、重组与转座

1．DNA 突变与修复 突变是遗传多样性的源泉，是进化和育种的基本物质。基因组复制过程的 DNA 突变是基因组变异的重要分子机制之一。几乎在各个层面（基因组位置、基因功能、表观基因组环境、环境条件、基因型和物种等）都能观察到不同类型的变异，这源自 DNA 损伤、修复和转座元件激活速率的不同。突变（mutation）是基因组小范围的核苷酸序列的变化，主要为单个核苷酸替换的点突变（point mutation），这种点突变根据嘌呤和嘧啶内部或之间的替换分为转换（transition）和颠换（transversion）两类（Brown，2009；2017）。其他突变包括一个或多个核苷酸的插入或缺失/删除（insertion/deletion，合称 Indel）。

从基因组所受到的数以千计的损伤及复制时出现的错误来看，细胞必须具备有效的修复系统。没有这些修复系统，关键基因DNA损伤而失活后，基因组维持细胞的基本功能无法超过几小时。多数细胞具有6类不同的DNA修复系统（图6-6）。①直接修复（direct repair），直接作用于受损核苷酸，将之恢复为原来的核苷酸。光复活修复（photoreactivation）即是一种DNA直接修复机制，主要修复紫外线诱导的嘧啶二聚体（TT、CT和CC）。②切除修复（excision repair），先切除一段含有损伤部位的核苷酸，然后利用DNA多聚酶重新合成正确的核苷酸序列。根据损伤类型不同，分为碱基切除修复（base excision repair，BER）和核苷酸切除修复（nucleotide excision repair，NER），BER通常修复点突变损伤，而NER则修复较大片段的受损序列。③错配修复（mismatch repair），修正复制错误时，也是通过切除含有异常核苷酸的DNA单链区段，再修复所造成的缺口。④同源重组修复（homologous recombination repair，HRR），一种高度保守的DNA修复机制，通常在细胞S期和G_2期有受损双链断裂时发挥作用。⑤非同源末端连接（non-homologous end-joining，NHEJ），用于双链断裂的修补，在植物中，主要有经典NHEJ（canonical NHEJ，cNHEJ）和替代性NHEJ（alternative NHEJ，aNHEJ）两种路径，aNHEJ是一种非同源的DNA损伤修复机制，只需要少量同源区域（5～25bp）就可以进行修复。

如果基因组的一个区域存在大量损伤，修复系统将会无能为力。生物（如大肠杆菌）在基

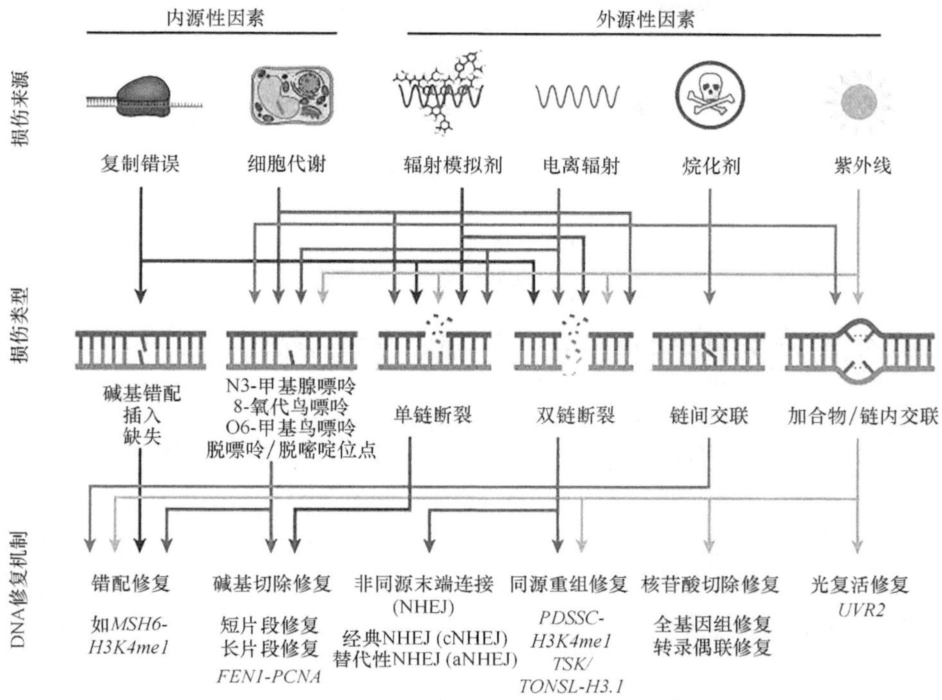

图 6-6　DNA 损伤的多样来源以及负责修复的途径（引自 Quiroz et al.，2023）

以绿色文字显示的基因在特定基因组区域具有定向修复的证据

因组复制时会采取 SOS 应答（SOS response）作为应急措施，绕过主要损伤位点。

2．同源重组　同源重组和转座是植物基因组经常发生的遗传事件，是植物进化的重要推动力。重组（recombination）最初被遗传学家用来形容减数分裂过程中同源染色体对之间互换的结果。互换可以使子代染色体具有和其父本染色体不同的等位基因组合。在 20 世纪 60 年代，生物学家意识到 DNA 重组的关键是 DNA 分子的断裂和再连接过程。同源重组（homologous recombination），也称一般性重组（general recombination，generalized recombination），发生在具有高度序列同源性的 DNA 片段之间。这些片段可能处在不同的染色体上，或者也可以是同一染色体的不同部分。同源重组发生在减数分裂过程中，它在细胞中的首要作用是 DNA 修复。如果没有重组，基因组可以保持一个相对稳定的结构，染色体重建就不会发生，基因组的进化潜能将大大受到限制。

基因水平的结构域倍增和重排是新基因产生的重要遗传机制。植物上虽然没有人类和动物如此普遍，但可以发现不少倍增和重排的事件。结构域倍增将在本章第二节中介绍，下文介绍结构域重排或重组事件。

结构域重排（domain shuffling）是指来自完全不同基因的结构域区段重组形成一个新的编码序列，它相应产生杂合或嵌合的蛋白质（图 6-7）。这种蛋白质序列可能具有不同结构域组合，并可能使细胞具有全新的生化功能。高通量测序技术（如二代 Illumina 技术双端测序方式和三代长读序）为大规模寻找重组基因提供了有效途径。通过大规模转录组测序（RNA-Seq）与分析可以发现大量重组融合基因。例如，Zhang 等（2010）在水稻转录本中发现了各种重组融合基因：来自同一染色体的两个相邻位置或很远位置，甚至来自不同染色体的两个转录本都有可能发生融合。

另外一种基因重组机制与转座元件有关。目前已经鉴定的植物转座子约 150 种，许多可以参与携带基因片段的 DNA 转座。例如，MULE（mutator-like transposable element）可以将外显

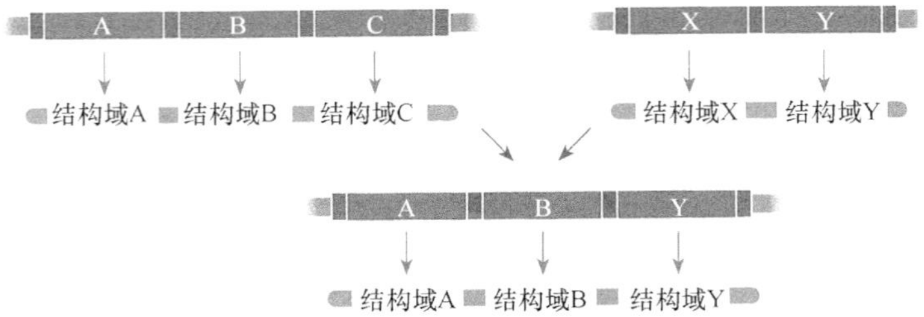

图 6-7 通过结构域重排产生新基因（引自 Brown，2017）

子或者其他基因片段带到基因组其他位置，这种情况已经在很多真核生物中观察到，在植物中尤为常见。MULE 在其自身的 DNA 序列中常带有基因组的某些基因片段，因此 MULE 的转座也可将其包含的基因转移到一个新的基因组位置。在 MULE 转座过程中，不同的基因片段被收集起来，随着 MULE 的迁移而形成新的融合基因。因此，基因组中转座子引起的转座重组同样是基因进化的重要动力之一。

结构域倍增和重排的发生可能是以一种不太精确的方式，使得许多重排获得的基因没有功能，即基因编码结构域的区段并没有与外显子或外显子组完全相符或对应。虽然这些遗传事件很随意，但很多编码基序的核苷酸序列的确被转移到许多不同的基因中，说明倍增和重排的确发挥着重要进化作用。

当然，还有一类基因不通过已有基因或功能域序列重组，而是从非编码序列进化出一个新基因，即从头（*de novo*）起源。这类新基因为从无到有的创造，一直被认为是小概率事件，其起源进化机制也知之甚少。王文团队以模式生物果蝇为研究对象，系统分析了黑腹果蝇基因组中的新基因起源机制，发现 12%的新基因从非编码序列从头起源，表明从头起源新基因在物种进化过程中可能发挥了重要生物功能（Zhou et al.，2008）。目前在植物上的这类新基因进化研究还不多。龙漫远团队研究发现，水稻基因组上有 175 个从头起源基因，且超过一半基因可以检测到翻译信号（Zhang et al.，2019a）。杨泽峰团队最新研究系统阐释了从头起源新基因 *GSE9* 如何参与调控水稻籼粳亚种间粒型的分化，为改良水稻粒型提供了潜在的靶基因（Chen et al.，2023b）。

3. 转座 转座（transposition）不是一种重组类型，而是一个利用重组的过程，其结果是将 DNA 片段从基因组的一个位置转移到另一位置。转座的一个特征是转移片段两端具有一对短重复序列，这是转座过程中形成的。真核及原核生物中的各种转座元件，根据转座机制，可将它们粗略分为三类：①复制型 DNA 转座子，其原有转座子拷贝依然存在，一个新拷贝出现在基因组的其他位置；②保守型 DNA 转座子，通过剪切-粘贴过程，原有转座子移至新位点；③反转录元件，其转座通过 RNA 介导。

转座对基因组可能产生一些有害的影响。例如，插入某一基因编码区或启动子和增强子序列，这些序列会改变邻近基因的表达模式。转座还常常一起双链断裂，这种断裂对基因组的完整性具有严重破坏作用。转座子等重复序列在基因组中往往占有相当高的比例。例如，在许多植物基因组中超过 50%，这些序列大部分是可以移动的。对于宿主基因组而言，如果失去对转座元件的有效抑制，这些元件将对基因表达和基因组的稳定性构成影响。因此，基因组存在限制转座元件移动的机制。阻止 DNA 转座子和反转录元件转座的一种方法是将它们的 DNA 序列甲基化。甲基化是沉默基因组序列的常用方式，许多转座元件的序列确实是高甲基化的。例如，甲基化系统缺陷的拟南芥突变体会发生比正常个体多得多的转座事件；水稻中，一些表观遗传调控因子（如水稻特异的组蛋白 H3K4me3/2/1 去甲基化酶 JMJ703）在调控反转座子活性中具有重要作用。

第二节　基因组多倍化

多倍化（polyploidy）在植物演化史上反复发生，是物种分歧、新种形成、类群发生和功能创新的重要原因。基因组分析发现，从被子植物共同祖先开始，拟南芥及其祖先基因组经历了五次多倍化，而水稻及其祖先物种经历了四次多倍化影响。种子植物早期可能也受到多倍化的影响，但现在仍有争论。作为一种激变事件，多倍化在短时间内创造一个拥有染色体数目加倍的基因组的新物种，产生大量的重复基因，引发生物学功能的大规模重整，如调控路径和调控网络的重新编制和调试。多倍化引发基因组的不稳定，即在一些物种中，可能会发生相当数量的基因丢失，染色体 DNA 重排甚至染色体尺度上重构和数目变化，最终恢复二倍化遗传（diploidization）；对于一些由较大分歧的亲本产生的异源多倍体，即使基因组在一定时期内比较稳定，亚基因组（subgenome）之间也可能有相当规模的相互作用，导致基因组不稳定。对水稻等禾本科植物研究表明，部分同源重组可持续数千万年，基因组不稳定为植物演化提供持续的动力；有研究把种子植物和被子植物的产生和快速演化成庞大植物类群与多倍化事件联系起来。

一、基因组片段倍增

（一）基因倍增及其发生机制

当植物基因组测序完成后，对基因组序列进行最简单的分析，就能发现大量基因是由于基因倍增产生的。可以说，基因倍增在基因组上经常发生。植物基因组中包含大量基因家族，这些基因家族成员有些序列完全相同或仅有几个碱基的变异，有些成员间序列变异巨大，遗传分化明显，在植物生长发育过程中行使不同的功能。

一些基因家族由完全相同的成簇成员组成。例如，水稻 1 号、4 号、9 号染色体上均存在一个 *OsCP* 基因家族基因簇（Wang et al.，2018a）（图 6-8A）。基因簇可以是因重复而产生的两个相邻基因，也可以是数百个相同基因串联排列在一起。在其产物被极度需要的情况下，大量的串联重复可能出现，如 rRNA 基因和组蛋白基因。这样的串联重复基因簇是由于基因组复制过程中 DNA 片段性错配，并未启动修复机制而造成基因倍增形成的。

另外，一个基因内的功能域也会发生倍增事件。功能域倍增（domain duplication）是指编码结构域的基因片段通过不等位交换、复制滑移或其他方式发生倍增。植物具有这样结构的基因比比皆是。串联功能域重复深刻影响了基因进化。图 6-8 给出了两个例子：拟南芥 Sweetie 基因（AT1G67140，HEAT repeat-containing protein；UniProtKB：F4HRS2）和水稻腺苷三磷酸酶基因（LOC4350436，phospholipid-transporting ATPase 2；UniProtKB：A0A0P0Y1P2），它们都内含多个功能域重复单元。倍增的结果是蛋白质结构域重复，该结果可能有优势，如使蛋白质更稳定；倍增的结构域也可能因为其编码序列突变而逐渐改变，使蛋白质结构改变，产生新的功能。值得注意的是，结构域倍增使基因变长。基因变长可能是基因组进化的普遍趋势，总体上高等真核生物的基因平均长度大于低等生物。另外，人类及动物基因长于植物基因。

有多种途径可以使具有一个或多个基因的 DNA 短片段得到倍增，例如，①不等位交换（unequal crossing-over）：一对同源染色体上不同位置的相似核苷酸序列间产生的重组。不等位交换的结果是重组后的一条染色体上一段 DNA 被倍增。②不等位姐妹染色单体互换（unequal sister chromatid exchange）：与不等位交换发生机制相同，但发生在同一染色体的一

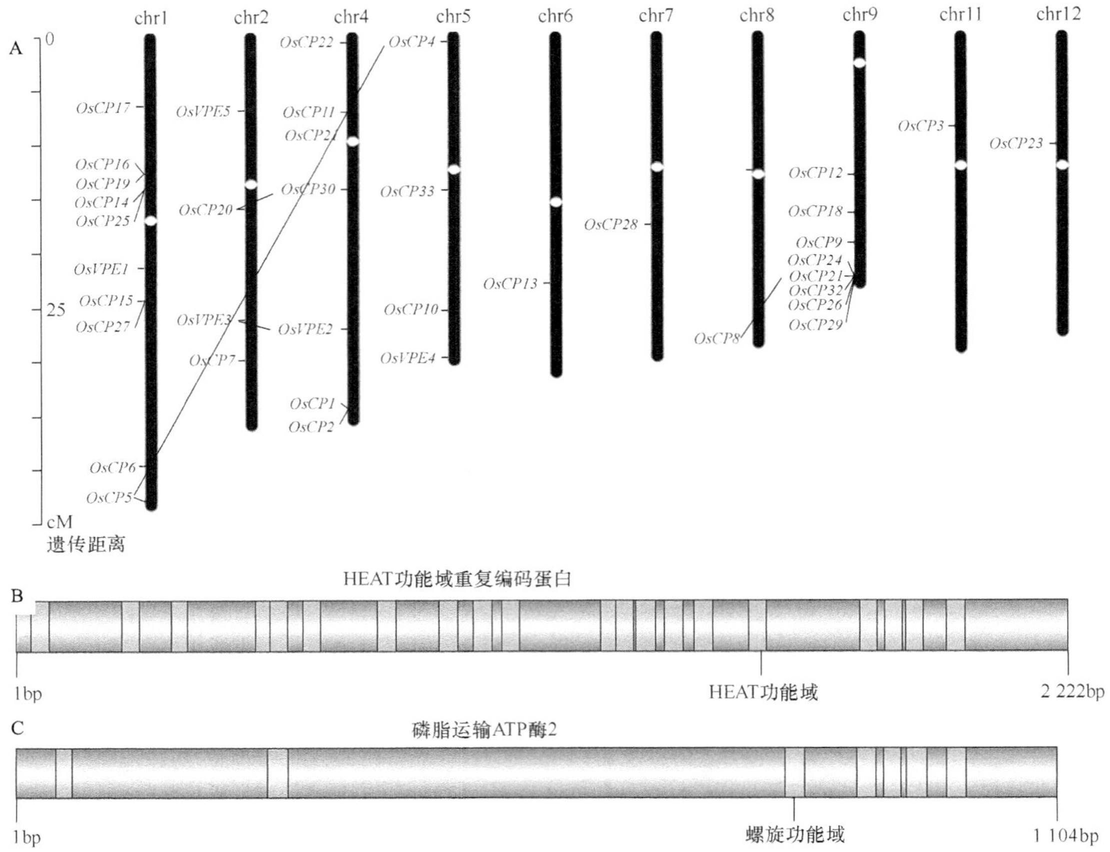

图 6-8　植物基因簇和功能域倍增

A．水稻基因簇案例（Wang et al.，2018a），图中连线表示相应家族成员来自片段倍增；B、C．两个功能域倍增基因案例，分别来自拟南芥 AT1G67140（功能域 F4HRS2）和水稻 LOC4350436（功能域 A0A0P0Y1P2）

对姐妹染色单体之间。③DNA 扩增（DNA amplification）：细菌和其他单倍体生物中的基因倍增。倍增可能来自复制泡中两个子代 DNA 分子的不等位重组。这 3 种过程都会导致串联倍增，即两个倍增片段在基因组上相邻。这和我们观察到的很多基因家族分布模式一致，基因家族的成员之间也并不总是都排列在一起。这些拷贝可能曾经是串联排列，后来由于大规模的染色体重排而分散开。它们之间的距离当然也有可能是倍增过程中产生的。

基因倍增也可以由反转录产生，这种反转座作用类似于已加工的假基因的形成。已加工的假基因是由于一个基因的 mRNA 被反转录成 cDNA，再重新插入基因组而形成的。如果插入的位点不含有启动子序列，那么插入的序列不能再被转录，形成假基因。如果插入的位点位于另一个基因的启动子附近，就会获得转录活性。这种方式产生的倍增基因称作反转录基因（retrogene）。反转录基因的显著性特征是不包含内含子。这段拷贝可能在距离原始基因很远的地方插入。最近研究发现反转录基因也可能是完整的基因，不但包括内含子，而且包含部分或全部的启动子序列。人们逐渐认识到反义 RNA 并不是一种罕见的现象，而且在基因调控中确实起到一定的作用，其作用方式可能与 miRNA 类似。

基因水平倍增在基因组进化中发挥重要的作用。基因倍增后，最初的结果是出现两个完全一样的基因。在选择压的作用下，其中的一个保持原来的序列，或至少保留与原来的相似的序列，从而可以继续提供原有单拷贝基因编码的蛋白质功能。对于第二个基因，一种可能是承受同样的选择压，保持序列不变，这样可以加快基因产物的合成速率，从而有利于物种生存（图 6-9）。然而更常见的情况是，第二个基因不能给物种带来任何好处，从而不受选择压的作用，随机突变积累。有证据表明，大部分由基因倍增而产生的新基因会由于删除突变而失活，变成假基因。通过对现存假基因进行的研究可以发现，最常见的失活突变是读码框位移和位于编码区的无义突变。然而，在一些特殊情况下，这些突变也会不引起基因失活，而是使其产生对生物有用的新功能（图 6-9）。

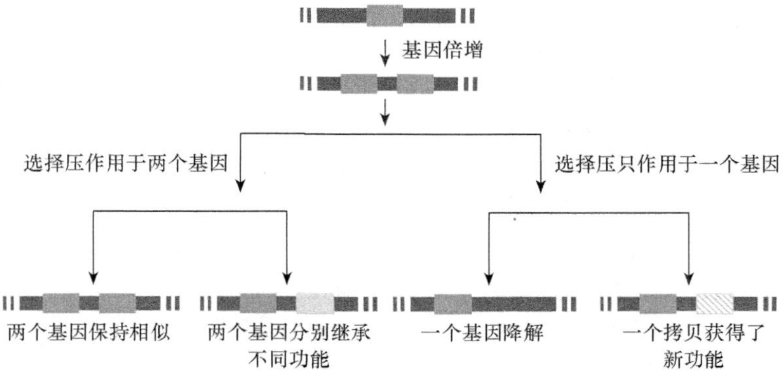

图 6-9　基因倍增后的 4 种进化后果（改自 Brown，2017；Wang et al.，2009a）

（二）基因组大片段倍增

前面介绍的倍增过程产生的都是较小的 DNA 倍增片段，长度一般在 100kb 以下。基因组上也可能发生更大片段（Mb 尺度）的倍增。植物基因组测序完成后，这样的事件就可以清楚地被发现。一个经典的例子是水稻基因组上发生的 11 号和 12 号染色体片段倍增事件。基于测序完成的水稻基因组序列，可以发现水稻基因组 12 条染色体之间存在大量共线性片段，对这些片段发生倍增的时间进行估计，发现除了 11 号和 12 号染色体之间约 5Mb 长度片段发生时间为 700 万～500 万年前，而其他片段均发生在 8 000 万～7 000 万年前（Zhang et al.，2005；International Rice Genome Sequencing Project，2005；Wang et al.，2005）。根据这些时间估计，可以确定 11 号和 12 号染色体之间发生的是片段倍增，而其他倍增片段（几乎覆盖整个基因组）来自一次全基因组倍增。后续研究发现，在高粱等其他禾本科植物基因组中也存在相同的同源性片段对。由此认为，11 号和 12 号染色体同源片段对其实也来自禾本科分化前的那次全基因组倍增事件（the pan-grass polyploidization），只是后来由于基因转换而造成协同进化（concerted evolution）或平行进化，导致它们在物种内序列相似度特别高，显著区别于其他同源片段对；同时，物种间比较发现，这里是基因突变率和基因丢失率最高的区域，只是物种内因基因置换无法发现其突变规模（Wang et al.，2009a；2011a）。也就是说，这两条染色体间的同源片段是古基因组加倍的遗迹，数千万年来，相互间一直进行着非正常重组（illegitimate recombination），而造成上述奇妙现象。许多植物基因组中存在这样的基因组片段倍增（Wendel，2015）。

二、基因组多倍化方式

（一）全基因组倍增

当减数分裂产生配子的过程中发生错误，导致配子未完成减数分裂而是二倍体时，全基因组倍增（whole-genome duplication）就有可能发生。如果两个二倍体配子融合，将会产生同源多倍体（autopolyploid），此时四倍体细胞核中含有每条染色体的 4 个拷贝。同源多倍性像其他类型的多倍性一样，在植物中很普遍。同源多倍体通常可以存活，因为每条染色体仍具有同源配对体，并可能在减数分裂时形成二价体。这使得同源多倍体可以繁殖，但通常不能与其来源生物体进行变种间杂交。这是因为当二倍体和四倍体杂交时，产生的子代三倍体因为有一套染色体缺乏同源配对体而不能繁殖。同源多倍化是植物产生新物种的一种普遍机制。但动物中，特别是具有明显两性分化的动物中，同源多倍体很少见。同时，植物中两种不同的物种种间杂交产生的异源多倍体（allopolyploid）也很普遍，像同源多倍体一样能产生可生存的杂合体。通常形成异源多倍体的两个物种亲缘关系很近，许多基因是共有的。但每个亲本都拥有一些对方不具有的基因，或至少是共有基因中也略有所不同，属于不同等位基因。例如，普通小麦为异源六倍体，是四倍体的栽培二粒小麦和二倍体的粗山羊草之间异源多倍体化后产生的六倍体；油菜、棉花和烟草等作物都属于异源四倍体。同源多倍体与异源多倍体之间，并无绝对的界限。在遗传上，同源多倍体植物可能执行多倍化遗传，多个同源染色体间可能形成多价式配对（multi-valent pairing）。而异源多倍体中，执行的是同源染色体间的一对一配对，而部分同源染色体间一般并不配对，所以至少从理论上异源多倍体执行的是二倍体遗传。植物地理学分布观测和跨类群的基因组学比较分析显示，寒冷胁迫可能与多倍体的形成和生存相关（Song et al.，2020a）。

随着植物基因组测序完成，为观察植物基因组多倍化进化事件提供了绝佳机会。2000 年第一个植物基因组——拟南芥基因组的测序完成，第一次在基因组序列水平上证实，典型的二倍体拟南芥其实源于古老多倍体植物，其进化过程中发生过多次全基因组倍增事件（Bowers et al.，2003）。2002 年水稻基因组测序完成，包括本书编者在内的多个研究小组同样发现清晰的基因组倍增证据，证明典型的二倍体水稻其实也是古老多倍体，在禾本科植物分化前（即共同祖先种），经历过一次全基因组倍增过程。随着植物基因组不断被测序和拼接完成，更多证据表明植物在进化过程中经历过多次全基因组倍增过程（Lee et al.，2012）。可以说，在长期进化过程中，所有植物都经历过全基因组倍增，甚至经历多次全基因组倍增事件，同时还包括三倍化事件。这使得目前我们看到的一些植物基因组，其实是在原有基因组加倍几十到几百次后形成的基因组。基于各个时期植物经历的基因组倍增和三倍化事件，可以推测出各个物种的大致倍性（Wendel，2015）。例如，从被子植物基部始，拟南芥、水稻、玉米、小麦、大豆、棉花、油菜、番茄等分别经历了 48 倍、32 倍、64 倍、96 倍、48 倍、144 倍、288 倍和 36 倍扩增。裸子植物发生基因组加倍情况还在争议中，有研究推测种子植物分歧前有可能发生了古多倍化（Leebens-Mack et al.，2019）。而更古老的植物类群蕨类和石松类植物却有发生多倍化的证据（Wang et al.，2020a）。

基于大量植物基因组序列，最新研究发现植物基因组倍增事件大量发生在白垩纪-古近纪交界时期［the Cretaceous-Paleogene (K-Pg) boundary，或 the Cretaceous-Tertiary (K-T) boundary］，距今 6 600 万年左右（图 6-10）（Vanneste et al.，2014）。这个时期涉及大规模的物种灭绝［包括所有恐龙（但鸟幸存下来）］。该时期植物基因组倍增，可能与环境胁迫有关，为植物物种生存提供了重要遗传基础。但上述 K-T 时间估计也许有偏差。根据最新化石证据，禾本科分化前发生的那次著名多倍化事件，发生时间被重新估计为 9 600 万年前，这意味着这次事件发生在 K-T 之前。综上所述，几乎所有被子植物类群在过去 1 亿～1.2 亿年经历了四个不同的古多倍化事件，包括一次核心真双子叶全基因组三倍化事件（γ）和三次两倍化事件（即单子叶植物 τ、木兰类植物 λ 和睡莲目祖先经历的 π 全基因组加倍事件）（Zhang et al.，2020）。

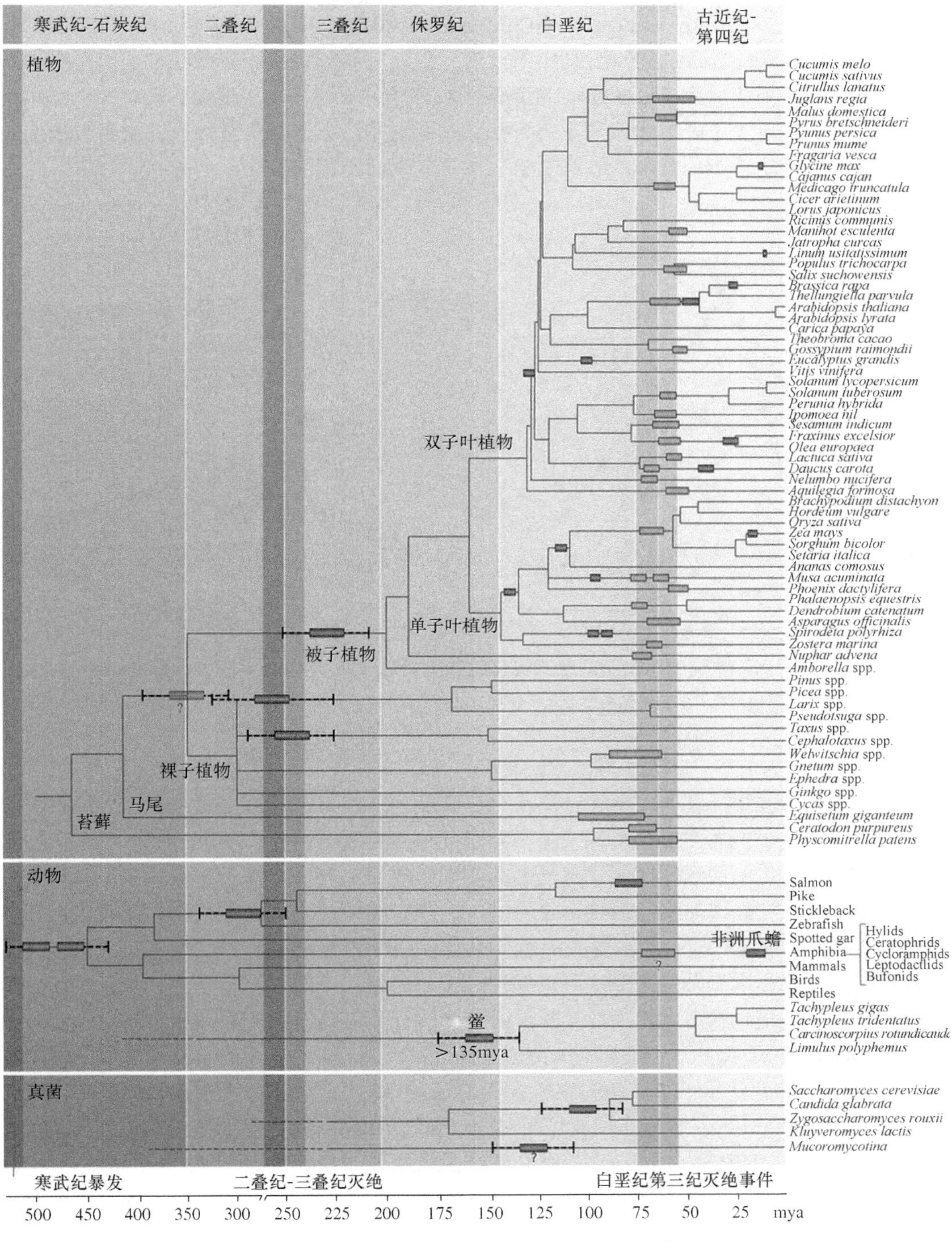

图 6-10　植物基因组倍增事件发生的地质时期（引自 van de Peer et al.，2017）

动植物等系统发生树中方框表示基因组多倍化发生时间，可见其大量发生在白垩纪-古近纪交界时期。mya 表示百万年前

（二）基因组三倍化

植物除了可能发生全基因组倍增外，还可能发生基因组三倍化（whole-genome triplication）。这一独特进化现象，十字花科白菜和茄科番茄基因组给出了清晰的染色体序列水平的证据

（Wang et al.，2011b；The Tomato Genome Consortium，2012）。研究者发现一个基因组三倍化事件发生在茄科茄属（*Solanum*）分化前（9 100 万～5 200 万年前），相对比较近代，可见 3 条染色体具有很高的序列相似度（图6-11），这是基因组三倍化事件清晰的证据。最新关于基因组三倍化事件的研究来自单子叶植物藏红花的单倍体基因组测序数据，全基因组复制事件表明，藏红花经历了两次特定谱系的整个基因组三倍化事件（Xu et al.，2024）。

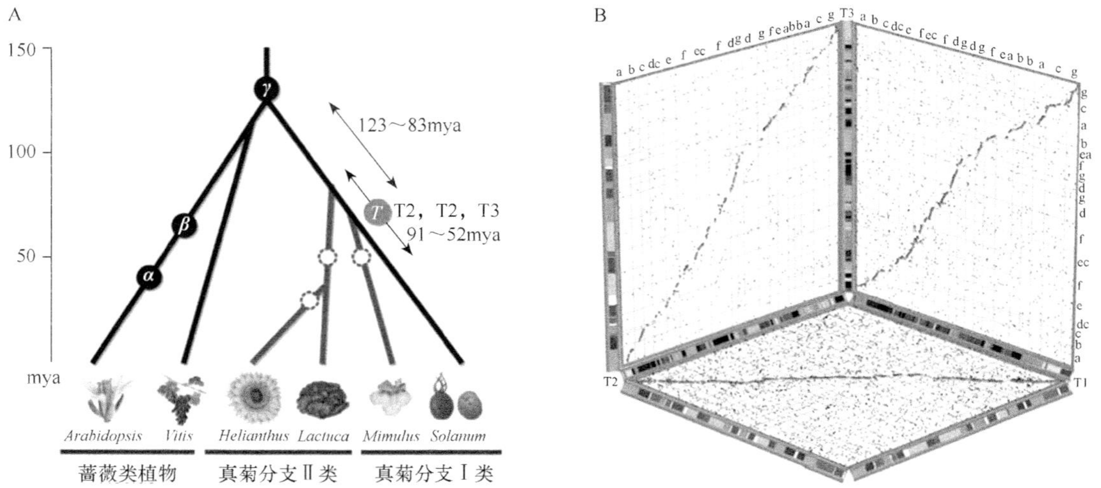

图 6-11　基于番茄基因组发现的植物基因组三倍化过程（引自 The Tomato Genome Consortium，2012）

A．番茄和其他双子叶植物系统发生关系及其三倍化事件发生时间估计（91～52mya）；B．番茄来自三倍化的 3 条染色体（T1～T3）之间的基因组共线性情况。*Arabidopsis*．拟南芥；*Vitis*．葡萄；*Helianthus*．向日葵；*Lactuca*．莴苣；*Mimulus*．沟酸浆属；*Solanum*．茄属。mya 表示百万年前

其实，三倍化事件在更早时候就已发现有关线索。葡萄（*Vitis vinifera*）基因组测序完成后，科学家们就发现一个古老三倍化事件发生在双子叶植物物种分化前（Jaillon et al.，2007）。从其基因组内部染色体之间共线性区域，可见葡萄基因组明显存在 3 个拷贝。后续基于基因拷贝数的深入分析，同样支持该观察（Tang et al.，2008）（图 6-12）。由于这是一个非常古老的三倍化事件，大量染色体重组已使一些植物基因组（如拟南芥和毛果杨）很难观察到完整的古老拷贝，但通过基因拷贝数和系统发生关系，可以发现这个事件遗留下的痕迹。

植物基因组多倍化很普遍，这是其基因组进化的一个重要因素（Wendel，2000；Adams and Wendel，2005）。关于植物基因组多倍化的生物学意义，一般认为其是一种环境适应性的进化形式。Ni 等（2009）做了一个有趣的实验说明了这一点。他们利用二倍体 *Arabidopsis thaliana* 和 *Arabidopsis arenosa* 人工合成了异源四倍体 *Arabidopsis suecica*。与很多多倍体一样，人工合成的异源四倍体 *Arabidopsis suecica* 株型和生物量较祖先二倍体更大。通过基因表达分析，四倍体中表达上调的 128 个基因中有 67%的基因上游存在 CCA1（生物节律相关基因）或者夜间单元绑定位点（evening-element binding site）。基于此，推测人工合成的异源多倍体生长更加旺盛的原因与生物节律有关系。进一步分析发现，通过 CCA1 等表观遗传抑制，导致异源四倍体淀粉合成和叶绿素含量的增加，表现出更大的生物量。

反复的多倍化造成植物基因组内部存在多重同源片段，而多倍化后基因组不稳定引起大量基因丢失和染色体重排，使目前植物基因组内的同源关系呈现碎片化、多重化的特点。如何正确解析现有基因组内的复杂同源关系，重构多倍化发生前后的基因组构成，对于厘清多倍化次数和性质，明确其对植物基因组结构与功能的影响至关重要。多倍化造成的部分同源区

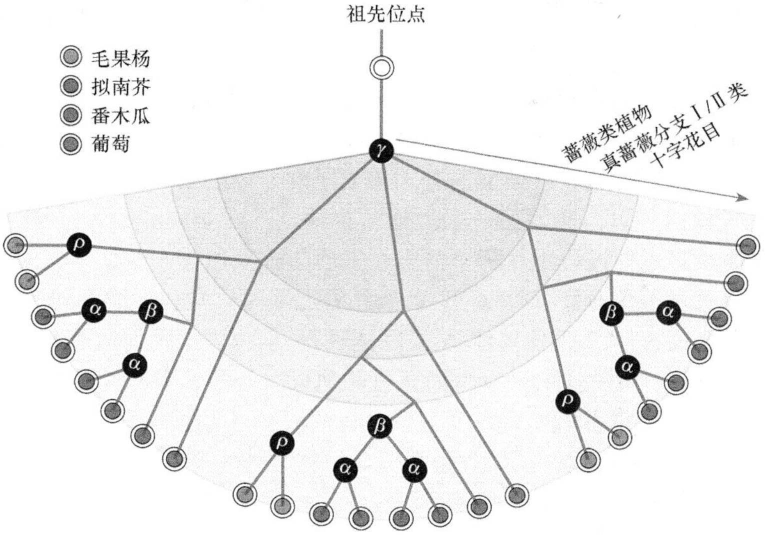

图 6-12　基于系统发生关系观察到的双子叶植物一次古老基因组三倍化事件（γ）和 3 次倍增事件（α、β 和 ρ）（引自 Tang et al.，2008）

图中列出了拟南芥、毛果杨、葡萄和番木瓜基因组中同源基因 3 个拷贝情况

（homoeologous region）之间存在一些共线性基因（collinear gene），即保留了祖先染色体上相对位置的基因，亦称为旁系同源基因（paralogous gene）。经数百万年甚至上亿年进化，保留下来的共线性基因可能很稀疏，但提供了重要研究抓手。对共线性基因的分析，是理解基因组结构、鉴定古多倍化事件、重构染色体演化史和探索基因功能创新规律的重要途径；而对反复发生的多倍化事件中产生的共线性基因进行划分，对认识不同的多倍化事件的性质和影响，解析基因组复杂结构至关重要；多个亲缘物种基因组间的联合分析，则可以互相参照、互相印证，有利于不同多倍化事件产生的共线性基因的划分。

基因组共线性基因可以用 WGDI 或 MCSCANX 等工具来推断。为了进行比较分析，特别是厘清多倍化事件是否发生于一个植物类群的共同祖先基因组中，需要同时分析不同物种间的共线性基因。不同物种间，常常既包含二者的直系同源基因（orthologous gene）形成的共线性，也可能包含其共同祖先物种中多倍化产生的外旁系同源基因（outparalogous gene）形成的共线性。基因共线性点图可用于观察基因组内或不同基因组间的基因共线性，有助于认识多倍化的性质和染色体的重排。计算出共线性基因间的 K_s 值，有利于把不同加倍事件产生的同源基因分组，或者把物种间的直系同源基因与旁系同源基因分开。

厘清染色体的起源关系，无论对于染色体还是其包含的基因，都明确划分了直系同源和旁系同源关系。例如，水稻中发现有 3 249 对共线性旁系同源基因，二穗短柄草中 4 427 对，而二者之间处于共线性位置的直系同源基因有 15 427 个，二者之间处于共线性位置的外旁系同源基因有 10 280 个；小麦的三个亚基因组中，各有 2 589～2 852 个旁系同源基因，全基因组累计达 8 000 多对。大量的同源基因的存在，无疑为遗传创新提供了巨大机会。

三、基因组多倍化后二倍化过程

植物基因组一个显著特征之一是其基因组大小变幅很大，既有基因组很小的物种，也有基因组很大的物种。如上所述，植物基因组经历几十甚至几百次全基因组多倍化事件，这些遗传事件将不断增大基因组；同时，大量重复元件增殖等，也会不断增加植物基因组大小。植物基因组是否还在不断增大？植物基因组大小的上限在哪里？同时，我们看到有些植物基因组并不大。说明一定存在其他遗传机制可去除植物基因组 DNA 序列，降低植物基因组大小。在多倍化发生后，整个基因组将经历一个快速二倍化过程（diploidization），即重建二倍体的进化过程。在二倍化过程中，将发生大量和持续性的基因丢失事件。Wendel 等（2016）总结了植物基因组倍增后的二倍化过程，该过程会发生一系列遗传事件，导致基因和染色体缩减（图 6-13）。基因组倍增后，在漫长的进化过程中，两个倍增而来的同源染色体（A 和 B），各自基因的存留或删除并不平衡，导致基因偏分离（即 A 和 B 染色体上基因数量和种类不同），同时会发生大规模基因组缩减（downsize）（B 染色体比 A 染色体短）、染色体重组而数量减少（A 和 B 染色体重组为一条染色体）等。染色体数量减少最有可能的机制是通过端粒“侵入”，导致同条染色体内部和染色体之间的交叉重组，丢失多余的中心粒或端粒（Wang et al.，2015b）。禾本科在基因组加倍前单体型有 $x=7$ 条染色体，经基因组加倍后有 $4x=28$ 条染色体，主要经两次染色体合并和回复二倍化遗传形成目前稻属中的 $2n=2x=14$ 条染色体。多倍化重组后的同源染色体，可能再经历第二次基因组多倍化过程，如此循环往复。两次多倍化的时间间隔难以度量，短至连续发生，长至亿年。植物基因组永远在扩张和缩减的进化过程中。例如，目前四倍体作物，如油菜、棉花和烟草等，其四倍化时间各不相同。油菜是最近发生多倍化的作物，大约发生在 7 500 年前，其二倍化过程才刚刚开始。

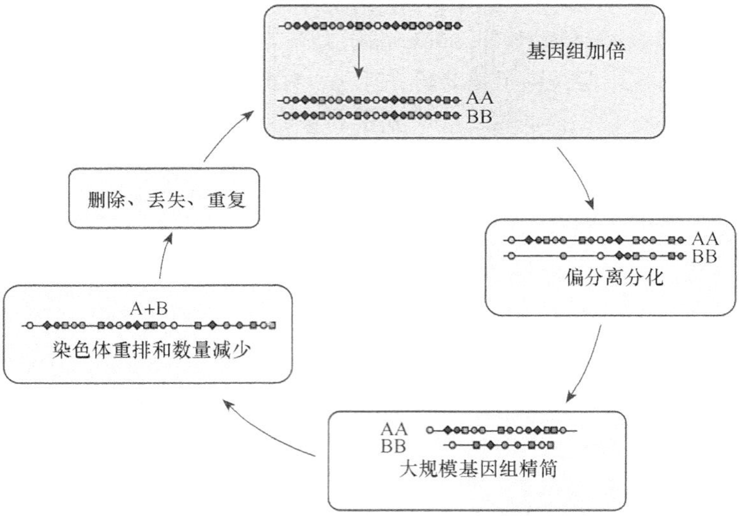

图 6-13　植物基因组倍增后二倍化过程中经常发生的一系列基因组缩减事件（引自 Wendel et al.，2016）

由此可见，植物基因组构成和大小永远在变化，我们现在看到的各个物种基因组组成及其倍性，都是其不断变化的一个瞬间。也就是说，基因组进化是一个动态过程，除了基因组多倍化和重复序列扩增等增大基因组过程外，还包括大量降低基因组大小的删除事件等。两种作用的组合结果决定了植物基因组的最终大小。以狸藻类植物 *Utricularia gibba* 为例，它也经历多次基因组倍增过程，为古老八倍体基因组，但其基因组很小（82Mb），为典型二倍体植物（图 6-14A）。通过分析该物种基因组，可以观察其基因组多倍化后的二倍体化过程——即基因组变小过程（Ibarra-Laclette et al.，2013）。比较基因组学分析发现，狸藻在基因组倍增后，加倍的每条染色体就不断发生基因丢失；该基因丢失在两个加倍的同源染色体（即 homolog）上独立发生，导致在两条同源染色体上基因丢失率和位点并不完全一致，有偏好性，即基因或染色体偏分离（biased gene or chromosomal fractionation）。二倍化过程中不同类型基因的保留和丢失也同样具有显著的偏好性，某些功能类别的基因更倾向被保留下来。最近研究发现，基因的进化速率、结构复杂性与 GC 含量对基因保留具有显著的影响。例如，结构复杂的基因发生亚功能化的概率最高，低进化速率的基因往往受到剂量平衡效应的影响，而高 GC 含量的基因更倾向发生新功能化（Jiang et al.，2013）。基因偏分离导致加倍后的基因组基因数量不断减少。这样基因偏分离和多倍化两个遗传进化过程交互影响着狸藻基因组，最终决定了狸藻基因组大小（图 6-14B）。

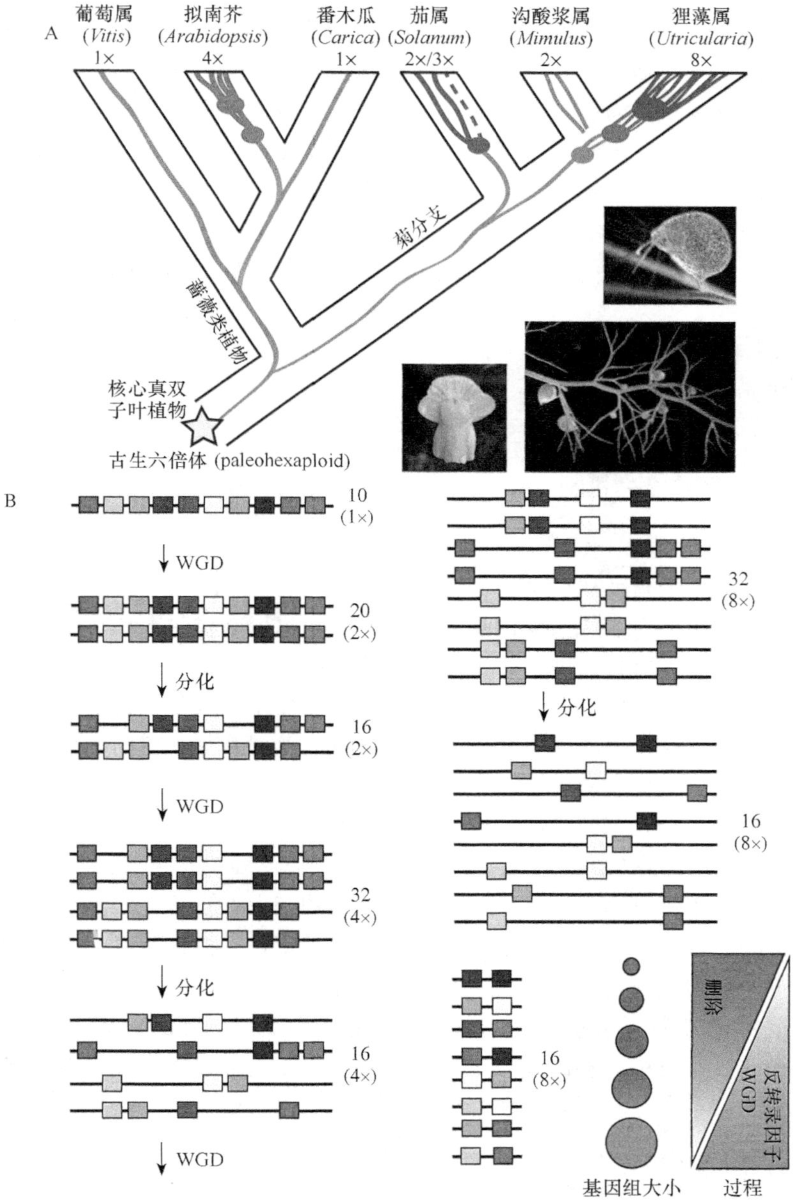

图 6-14 狸藻类植物 ***Utricularia gibba*** 基因组多倍化后基因丢失及基因组大小变化

（引自 **Ibarra-Laclette et al.，2013**）

虽然基因组经历 8 倍扩增，但由于二倍化过程大量基因丢失，所以狸藻的基因组很小。WGD 表示全基因组倍增

即使存在二倍化进化机制，但由于重复序列增殖和多倍化等反向机制，我们还是可以发现有些植物基因组巨大。例如，蕨类植物 *Tmesipteris oblanceolata* 和有花植物 *Paris japonica* 基因组大小分别为 160.5Gb 和 148.8Gb，是一般植物基因组的几十倍甚至上百倍。由此产生一个问题：植物基因组大小的上限在哪里？有人给出了多个限制植物基因组大小的理由（Hidalgo et al.，2017）：①从生化和能量代价角度，要维持一个超过 150Gb 的大基因组的正常功能并非易事，需要包括与 DNA 复制和转录相关的磷、氮等元素消耗，大量合成组蛋白用于包裹基因组，调控非编码 RNA 和重复元件的活性等。②面对来自内部和外部因素引起的 DNA 损伤，维系基因组完整性需要消耗大量能量。即使一个并不大的人类基因组，每天每个细胞都要经受上万次的 DNA 损伤事件，而修复一个双链断裂就需要超过 1 万个 ATP。③几何限制和时间限制。基因组增大会降低细胞表面积，增大体积比率（volume ratio），增加有丝分裂和减数分裂的时间。这将影响一系列细胞过程，如跨膜转运等。④进化限制。最近研究表明，随着基因组的扩张，将增加基因之间的间隔，加入大量表观沉默、非编码重复 DNA 等。大量重复序列导致的基因间隔变化会影响基因表达，妨碍植物对环境胁迫的反应。

第三节　其他基因组进化机制

一、横向基因转移

（一）横向基因转移发生机制

横向基因转移，又称基因水平转移（horizontal gene transfer，HGT）或侧向基因转移（lateral gene transfer，LGT），是基因从一个物种以非生殖杂交途径转移到另外一个物种的遗传现象。它可能发生在远缘甚至没有亲缘关系的生物个体之间，也可能发生在单个细胞内部细胞器（叶绿体、线粒体）之间及细胞核之间。水平基因转移是相对于垂直基因转移（亲代传递给子代）提出的，它打破了亲缘关系的界限，使基因流动的可能变得更为复杂，被认为是推动生物进化的重要动力。横向基因转移最早在微生物上发现，目前发现基因的横向转移不仅普遍发生在细菌之间，而且也发生在细菌与高等生物之间，甚至是高等生物之间。由质粒或病毒等介导的水平基因转移是在各生物间进行遗传物质水平传递的重要媒介，但目前发现的大量横向转移是不需要媒介的“直接”转移（Soucy et al.，2015）。

横向基因转移是植物独特的进化机制之一，是植物获得新基因的一条重要途径。除了微生物遗传物质向植物的横向转移，植物之间也会发生横向转移。植物间遗传物质的横向转移，早期发现的是重复序列的横向转移，后来发现蛋白质编码和非编码基因也可能发生横向转移事件，如寄生植物向宿主植物的横向基因转移（Diao et al.，2005；Yoshida et al.，2010；Kim et al.，2014；Shahid et al.，2018）。多次横向基因转移甚至可以使植物获得一个新的代谢途径，如禾本科植物间发生的古老横向基因转移使 C3 植物获得 C4 途径。

（二）植物横向基因转移类型举例

1．禾本科毛颖草属（*Alloteropsis*）植物通过横向基因转移获得 C4 途径　Christin 等（2012）报道了一个禾本科毛颖草属物种 *A. semialata* 通过 C4 植物横向基因转移获得 C4 途径的例子。该物种被视为 C4 植物，属于毛颖草属，但该属及近缘许多物种为 C3 植物。研究发现在不到 2 000 万年的时间内，通过至少 4 次独立的禾本科内横向基因转移，*Alloteropsis* 物种获得了 C4 途径的一些关键基因，由此进化出 C4 途径（图 6-15）。植物 C4 途径进化起源是一个很有趣的问题，许多作物为 C4 植物（如玉米、高粱等），由于其高光效系统而备受关注。其中一个研究目标是将目前的 C3 作物（如水稻）改造成为 C4 物种，以提高光合效率，提高作物产量（详见第 10 章第二节）。

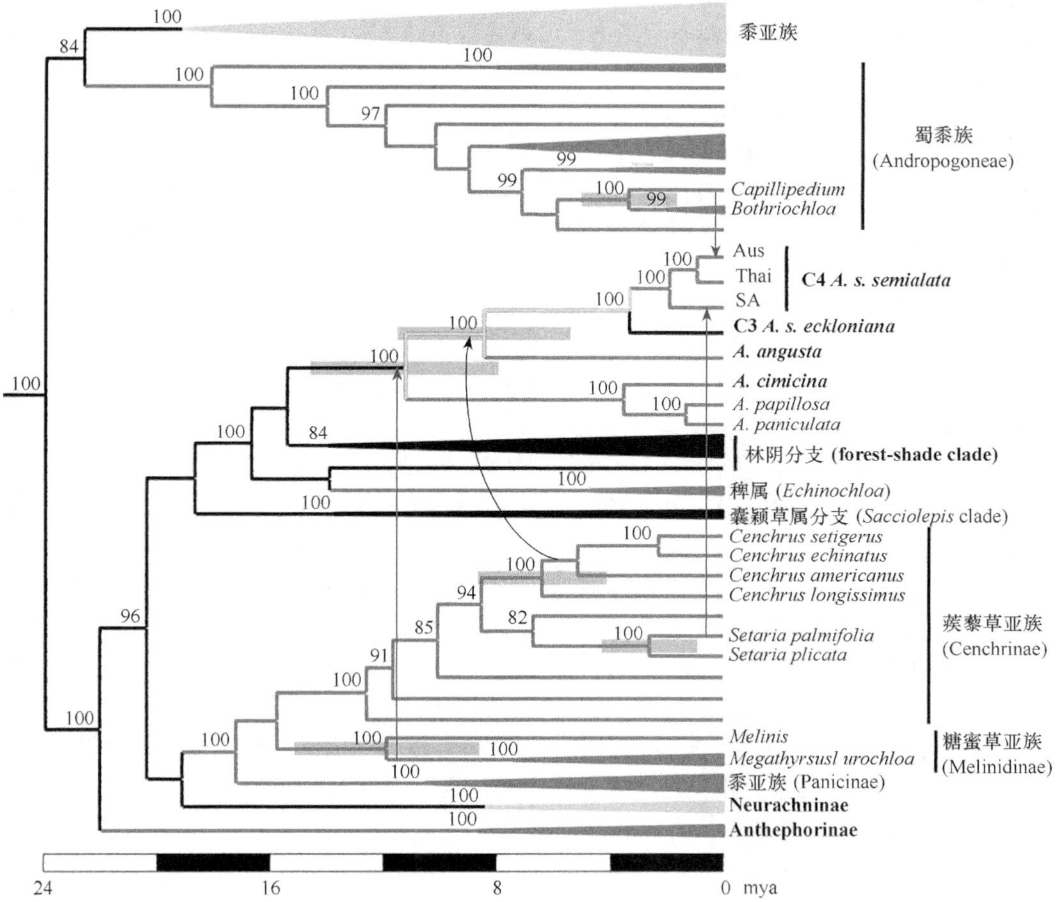

图 6-15　禾本科 ***Alloteropsis*** 物种系统发生关系及 4 次向该物种横向转移 C4 途径相关基因事件（箭头表示）（引自 **Christin et al.，2012**）

mya 表示百万年前

2．寄生植物向宿主植物横向基因转移　最新研究发现，寄生植物基因直接向宿主植物横向转移进行跨物种调控。寄生植物菟丝子（*Cuscuta campestris*）可以向宿主植物（拟南芥和本氏烟）横向转移大量 mRNA 和非编码 miRNA 基因，这些 RNA 分子能够直接靶向宿主 mRNA，从而调控其基因表达，在菟丝子寄生过程中起作用（Kim et al.，2014；Shahid et al.，2018）。菟丝子可以在吸根（haustoria）富集大量特异 miRNA，然后通过吸根把 miRNA 和 mRNA 导入宿主体内。本书编者在对另外一个独脚金属寄生植物 *Striga gesnerioides* 及其宿主植物豇豆（*Vigna unguiculata*）的研究中，同样发现该转移机制，*S. gesnerioides* miRNA 通过根横向转移至少 9 个不同的 miRNA，其中大多数 miRNA 靶向豇豆 NBS 类或其他抗性基因。这些 miRNA 可以降解这些抗性基因，使宿主抗性水平下降，达到寄生目的。与抗 *S. gesnerioides* 寄生豇豆品种比较发现，抗性品种可以抵御 *S. gesnerioides* miRNA 的横向导入，从而保持其原有抗性水平。上述例子说明，植物之间的确会发生基因的大规模跨物种间物理转移，这些横向转入的基因，一旦整合到受体基因组中，就成为受体基因组的一部分，成为我们目前可以观察到植物横向基因转移的证据。

3．微生物向植物的横向基因转移 在植物长期进化过程中，细菌等微生物与植物长期共生，其持续向植物横向转移基因，目前植物基因组上可以发现大量横向转移而来的微生物基因。例如，早期陆生植物小立碗藓基因组中，可以发现多达 57 个基因家族共 128 个基因是从原核生物、真菌或病毒横向转移而来的（Yue et al.，2012）。这些基因参与木质部形成、植物防御和激素合成等重要功能。根据扬州大学杨泽峰等的研究发现，早期横向基因转移对维管束植物（包括蕨类植物、裸子植物和被子植物）起源发挥了重要作用。维管束形成和进化对植物向陆地扩展具有至关重要的作用。维管束植物中，至少 31 个基因或基因家族是通过早期横向基因转移而来的，其中绝大多数来自细菌，少量来自真菌。这些基因涉及维管束发育、植物激素、谷氨酸盐和脂肪酸生物合成、糖转运等（Fang et al.，2017）。例如，至少 5 个植物维管束发育相关基因与横向基因转移有关，包括转醛醇酶（transaldolase-like protein）、L-Ala-D/L-Glu 差向异构酶（AEE）、Vein Patterning 1（VEP1）、纤维素酶、β-葡萄糖苷酶等。

植物界横向基因转移其实是一个持续发生的过程，有些可能发生在近代。一个有趣的例子来自比利时研究者的一个发现——基于基因组分析，发现甘薯其实是一个天然转基因作物！即目前我们的栽培甘薯品种中存在着来自于细菌（农杆菌）的基因（Kyndt et al.，2015）。研究者是在分析甘薯细胞 RNA 时发现了细菌基因的存在。追溯这些 RNA 来源，他们发现这些细菌 RNA 来源于农杆菌。农杆菌是一种天然的植物病原菌，可以通过植物的创伤部位侵染植物，转移并整合其一段 DNA（T-DNA）到植物核基因组中。转入的农杆菌 T-DNA 基因可以在植物体内转录表达，合成农杆菌所需的营养物质。进一步研究发现，目前栽培甘薯品种中都能发现该天然横向转入基因，但在野生甘薯种中却检测不到，说明这是一次非常近代的基因横向转移事件。导入的 T-DNA 也许控制某一重要性状，成为人工驯化选择靶基因之一。

4．植物细胞器基因组 DNA 向核基因组的大规模转移 植物细胞器（叶绿体和线粒体）基因组 DNA 会向核基因组大规模横向插入。例如，全面比较水稻核基因组序列与叶绿体基因组序列，确定了两次几乎叶绿体全基因组的横向插入和大量大片段的插入（图6-16）（Guo et al.，2008）。由于长期进化，其中一条插入序列与现在水稻叶绿体基因组序列相比，已有许多变化和删除，表明两次全基因组序列的横向插入时间不同。

二、B 染色体和环状 DNA

（一）B 染色体

1．B 染色体起源、进化和表达 B 染色体（B-chromosome），又称副染色体（accessory chromosome）、超数染色体（supernumerary chromosome），为 A 染色体（常染色体）的对应词。在一组基本染色体外，所含的多余染色体或染色体断片称为 B 染色体。它们的数目和大小变化很多，比正常染色体小，一般在顶端都具有着丝粒，大多含有较多的异染色质，即主要由异染色质组成。在减数分裂时不能和同样的常染色体配对，而且 B 染色体彼此之间配对能力也很差。在个体间 B 染色体数目和形状的变化显著，甚至同一个体的不同细胞中数目也有变化。B 染色体又被称为“自私染色体”（selfish chromosome），因为它的存在对于宿主没有带来明显生存优

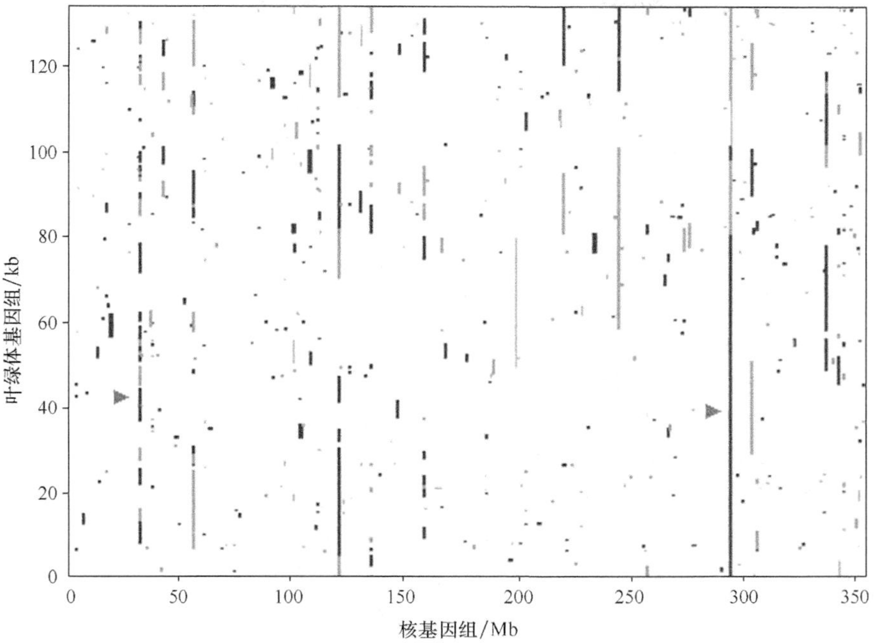

图 6-16　水稻核基因组与叶绿体基因组序列比较图（引自 **Guo et al.，2008**）

图中可见核基因组中包含大量叶绿体 DNA 插入，其中包括至少两次叶绿体基因组水平的横向转移（箭头所指）。正向和反向序列联配结果用不同颜色表示

势；减数分裂时不与任何 A 染色体配对，B 染色体之间的配对也缺乏规律。B 染色体表现为非孟德尔遗传，对表型的影响主要取决于 B 染色体的数量，随着 B 染色体数目的增加将使生长势、结实率下降，但可以增强适应性。B 染色体的存在还可增加减数分裂中的交叉频率、重组值和多价体数，在基因组进化中起到重要作用。

B 染色体于 1927 年首先在玉米中发现，现已证实在动植物中都有 B 染色体存在。总的来说，一般认为 B 染色体源自 A 染色体，来自同一物种或相关物种。一个物种所能承受的 B 染色体数量因物种不同而不同，如玉米和黑麦（*Secale cereale*）分别是 34 条和 6 条（Houben，2017）。目前 B 染色体已引起人们的广泛重视，不少研究集中在其与基因表达、植物抗性、群落分布等方面的关系，以及它在自然选择、系统进化中的作用。目前植物 B 染色体研究大多集中在玉米和黑麦两种作物上。

随着高通量测序技术的出现，可以在序列水平上更加高效和准确地分析 B 染色体起源、进化及表达等。近年来对于植物 B 染色体有了不少新的认识（Ruban et al.，2017）。例如，对于黑麦的研究表明，黑麦 B 染色体起源于 1.3～1.1mya，在黑麦属形成后 40 万～60 万年内形成；进一步序列分析表明，B 染色体是由来自多条染色体（主要来自 3R 和 7R 染色体）序列组拼而成的镶嵌式（mosaic）序列。同样，重复序列也基本跟 A 染色体相同。也就是说，黑麦 B 染色体可能是进化过程中 A 染色体序列重组的副产物。同时从野生和栽培黑麦 B 染色体高度保守特征推测，B 染色体在形成之初有个剧烈变化，随后染色体构成等进化速率明显趋缓。有趣的是，B 染色体上基因序列的遗传变异明显大于 A 染色体的同源基因。这些基因部分存在表达活性，具有功能。例如，与黑麦耐热性和 RNA 切割酶活性有关（Banaei-Moghaddam et al.，2013；Pereira et al.，2016）。在玉米上的研究表明，B 染色体上存在具有转录活性的基因，它们在序列上与 A 染色体高度相似。玉米 B 染色体对 A 染色体上基因表达产生明显影响，随着 B 染色体拷贝数量的增加，A 染色体基因表达变化加剧（Huang et al.，2016a）。

对基因组结构的分析在进化上揭示了 B 染色体产生的可能机制（图 6-17）。根据以端粒为中心的染色体重构模型推断（Wang et al.，2015b），在“染色体花束”期，通过染色体内交叉产生的环状染色体（ring chromosome，RC）可能形成一条过渡型的含有两个黏性末端（自由端）的染色体，包含原染色体的主体部分，以及一条包含两个端粒及基因很少的小染色体，即 B 染色体。B 染色体可能会丢失，这对植物的适应性几乎没有影响，但在人类可能会导致严重症状。黏性端染色体会引起基因组不稳定，其一端可能插入另一条染色体中，特别是重复序列丰富的着丝粒区域，导致嵌套染色体融合（nested chromosome fusion，NCF）。而在染色体花束期，在空间上靠近的两条染色体如在其末端发生交叉，可能造成染色体端端连接（chromosome end-end joining，CEJ），形成一个包含大部分 DNA 的主要染色体（这条双着丝粒染色体其中的一个着丝粒会失活）和一个包含端粒的 B 染色体。B 染色体可能会丢失，导致染色体数目的减少。如图 6-17 所示，水稻 2 号（Os2）、4 号（Os4）和 6 号（Os6）染色体是同源染色体，水稻 2 号染色体是祖先染色体 GAK2 和 GAK3 发生 1 次 NCF 形成的，GAK3 的染色体两个端粒附近交叉，产生具有两个黏性末端的主要染色体和一条可能在以后丢失的 B 染色体，这条具有黏性末端的主要染色体不稳定，插入到祖先染色体 GAK2 的着丝粒区，导致嵌套染色体融合，形成了 Os2。麦类 4 号（T4）和 5 号（T5）染色体的形成涉及 1 次 NCF、1 次 CEJ 和 1 次相互易位，其间产生了两条 B 染色体。二穗短柄草 4 号染色体（Bd4）形成涉及 2 次 NCF 事件，其间产生的两条 B 染色体。拟南芥 2 号（At2）和 3 号（At3）染色体以及 4 号（At4）和 5 号（At5）形成过程类似，都发生了 1 次相互易位和 1 次 CEJ，其间产生一条 B 染色体。上述过程中产生的 B 染色体在进化过程中都丢失了。

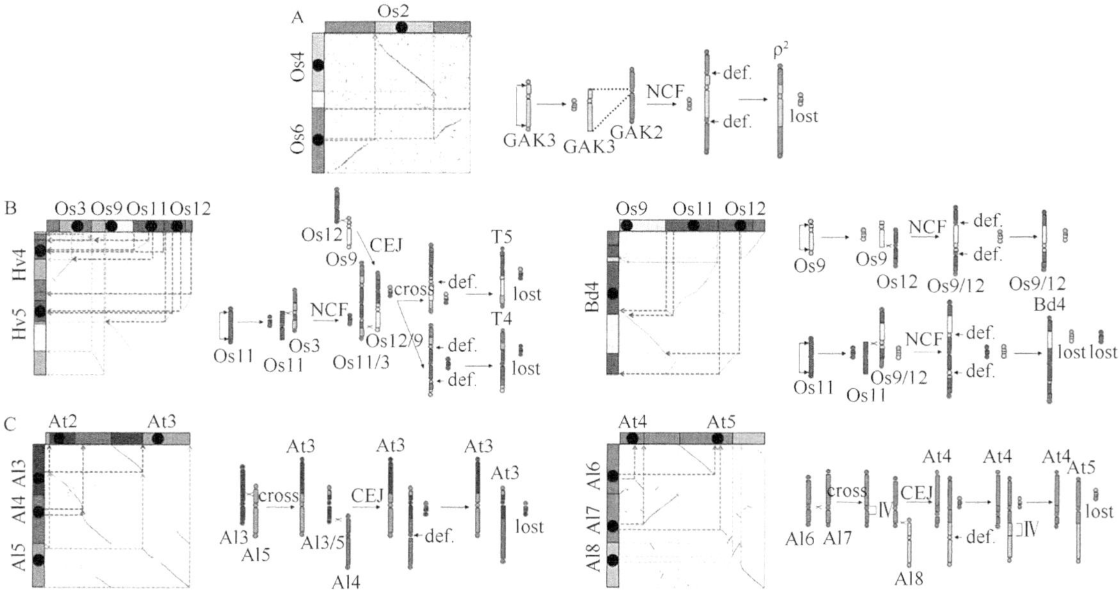

图 6-17 植物染色体重构与 B 染色体形成相关的共线性点图和染色体重构路径

（引自王振怡和王希胤，2020）

图中，点图周围示不同物种的染色体，颜色基于祖先染色体的赋色，黑圆示着丝粒；重构路径中，由两个端粒构成的小染色体即 B 染色体。NCF．嵌套染色体融合；CEJ．染色体端端连接；def.．多余的着丝粒去功能化；lost．丢失；cross．相互易位；Os．水稻；Hv．大麦；Bd．二穗短柄草；Al．琴叶拟南芥；At．拟南芥

2．利用高通量测序技术研究 B 染色体 目前大量研究采用高通量测序技术进行植物 B

染色体分析，一般会采取两条技术路线（图 6-18）：一条是利用显微分离技术或流式分离技术将 B 染色体分离出来，然后进行高通量测序及后续生物信息学分析。该技术路线的难度在于 B 染色体的分离及其测序样品的制备。分离单条染色体本身就具有挑战，同时分离出来的 B 染色体不可能很多，这给 DNA 测序也提出了挑战。另外一条技术路线是利用同一宿主含有和不含有 B 染色体的一对材料，分别进行高通量测序，然后利用 3 种生物信息学方法（基于序列相似度的聚类方法、基于覆盖度差异分析方法和基于 *K*-mer 分布差异分析方法）进行 B 染色体的鉴定。该技术路线的难点在于生物信息学分析如何避免测序误差和测序数量波动等导致的 B 染色体序列判别误差。

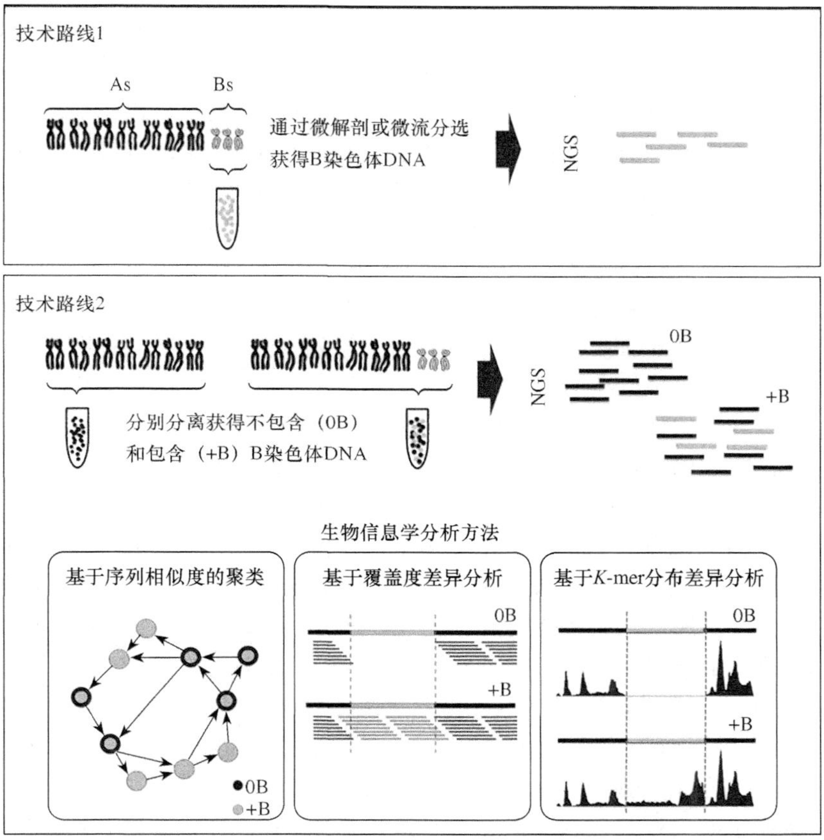

图 6-18　利用高通量测序（NGS）技术进行 B 染色体序列测定和分析的技术路线
（引自 Ruban et al.，2017）

（二）植物染色体外环状 DNA

1. 染色体外环状 DNA 简介　基因组作为生命遗传信息的载体，过去一直被认为是相对稳定的实体。然而，随着科学研究的不断深入，科学家们逐渐发现基因组实际具有显著的动态特性。这种动态性不仅体现在 DNA 序列的变异上，还包括染色质构象的改变、表观遗传修饰的动态调控，以及各类非典型 DNA 结构的形成，其中染色体外环状 DNA（extrachromosomal circular DNA，eccDNA）就是一个典型代表。

eccDNA 是一类存在于真核生物体内、独立于染色体之外的环状 DNA 分子（图 6-19）。这

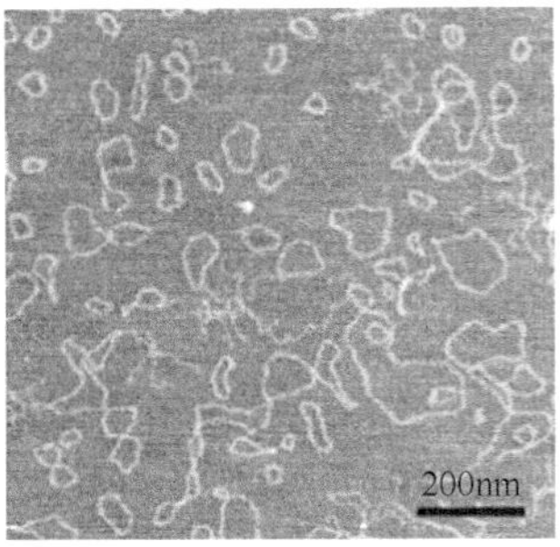

图 6-19 原子力显微镜拍摄的 eccDNA 形貌（引自 Wang et al.，2021a）

些分子的大小差异显著，从不足 100 个碱基对到数百万碱基对不等，它们可以携带完整或部分的基因序列及其调控元件（Zhao et al.，2022a）。关于 eccDNA 的研究可以追溯到 20 世纪 60 年代，当时 Franklin Stahl 首次提出了高等生物染色体中可能存在环状 DNA 分子的设想。这一假设随后得到了 Hotta 和 Bassel 的实验证实。他们在哺乳动物细胞中发现了各种大小的环状 DNA 分子，并将其命名为双微体（double minute，DM）。同年，Cox 等也在小麦胚芽、野猪精子和人类肿瘤标本中观察到了类似的双微体结构，这些发现为 eccDNA 的后续研究奠定了重要基础。

近年来，得益于高通量测序技术的发展和生物信息学分析方法的完善，eccDNA 研究取得了突破性进展。研究发现，eccDNA 的数量和种类远超科学家们的早期认知，其生物学功能也比预想得更为复杂和重要。从单细胞生物到高等生物，eccDNA 都参与调控着多个重要的生命过程。研究表明，eccDNA 通过其独特的环状结构和基因组特征，在基因表达调控和染色质结构维持方面发挥重要作用（Wu et al.，2019）。特别是在肿瘤的发生发展过程中，eccDNA 介导的致癌基因扩增和过表达与患者的不良预后密切相关。

2．植物染色体外环状 DNA 研究 eccDNA 的研究在植物领域的探索才刚刚起步。得益于高通量测序技术的发展和分析方法的完善，这一领域正在快速发展。植物基因组的复杂性和多样性赋予了其 eccDNA 独特的形成机制和生物学功能，深入研究这一领域将有助于我们更好地理解植物基因组的动态性、适应性进化及环境胁迫响应机制。

植物 eccDNA 的来源呈现多样化特征，主要涉及串联重复序列、转座子和其他基因组区域。早期研究发现植物细胞中存在大量由串联重复序列生成的 eccDNA（Cohen et al.，2008）。Cohen 等（2008）和 Navrátilová 等（2008）的工作揭示，源自卫星 DNA 的 eccDNA 在植物中分布广泛。这些含有高度重复序列的 eccDNA 不仅参与调控基因表达，还在维持基因组稳定性方面发挥重要作用。此外，转座子活动也是植物 eccDNA 形成的重要来源之一。Lanciano 等（2017）通过测序植物细胞中的环状移动组，发现了大量由反转座子衍生的 eccDNA。表观遗传调控在植物 eccDNA 的形成过程中发挥着关键作用，尤其是 DNA 甲基化和转录后基因沉默机制。Zhang 等（2023a）在拟南芥的研究中发现，缺失 DNA 甲基化相关基因 *DDM1* 的突变体中，eccDNA 的形成显著增加。这些 eccDNA 主要来源于 EVD 和 VANDAL21 等转座子，表明 DNA 甲基化在抑制转座子活动和 eccDNA 形成方面具有重要作用。环境胁迫也是影响植物 eccDNA 形成的重要因素。在作物杂草苋菜（*Amaranthus palmeri*）中，Koo 等（2018）发现草甘膦抗性是由含有 5-烯醇丙酮酸莽草酸-3-磷酸合酶（EPSPS）基因的 eccDNA 驱动的。这种特定的 eccDNA 被称为 eccDNA 复制子（eccDNA replicon）。随后，Molin 等（2020）对该 eccDNA 复制子进行了深入测序分析，揭示了其复杂而稳定的结构特征。更有趣的是，Spier-Camposano 等（2022）发现来自地理上遥远种群的 eccDNA 复制子序列特征显示其可能具有共同起源，并能在种群间传播。

水稻作为重要的粮食作物和模式植物，其 eccDNA 的研究近年来取得了显著进展。Zhuang 等（2024）利用 Circle-Seq 技术对水稻的胚芽、根、茎、叶、叶鞘和穗六种组织进行了系统分析，共鉴定出 25 718 个 eccDNA（图 6-20A）。研究发现这些 eccDNA 呈现明显的组织特异性分布特征，其中 86.7%存在于叶片组织中。叶片作为 eccDNA 形成或积累的主要场所，可能与其活跃的代谢活动以及与外界环境的直接接触密切相关。

从序列特征来看，水稻 eccDNA 表现出独特的分子特征（图 6-20B）。研究发现，eccDNA 及其上下游 150bp 区域的 GC 含量普遍高于基因组平均水平，这暗示 GC 富集区域可能是 eccDNA 形成的热点区域，与 DNA 复制和修复机制可能存在关联。在长度分布上，约 49.74% 的 eccDNA 集中在 200～400bp 范围内，这种长度上的保守性可能反映了其特定的形成机制和稳定性要求（图 6-20C）。通过对 eccDNA 质量的评估表明，虽然大多数 eccDNA 的评分较低（0～20k 范围），但在所有样本中都检测到少量高质量（＞100k）的 eccDNA，这种分布特征提示 eccDNA 的形成可能是一个随机性与特异性并存的过程（图 6-20D）。在形成机制方面，替代性末端连接（Alt-EJ）和非同源末端连接（NHEJ）是水稻 eccDNA 产生的两大主要途径，其中直接重复序列在 Alt-EJ 介导的 eccDNA 形成过程中发挥关键作用，有利于形成更稳定的 eccDNA 分子。水稻 eccDNA 的生物学功能研究虽处于起步阶段，但已显示出其在基因表达调控和发育过程中的重要作用。Chu 等（2023）发现，源自水稻中一种活跃的反转录转座子——PopRice 的 eccDNA 能在水稻种子萌发过程中充当转录因子的“海绵”，通过与特定转录因子结合影响其在细胞核内的分布和活性，从而调节下游基因的表达。

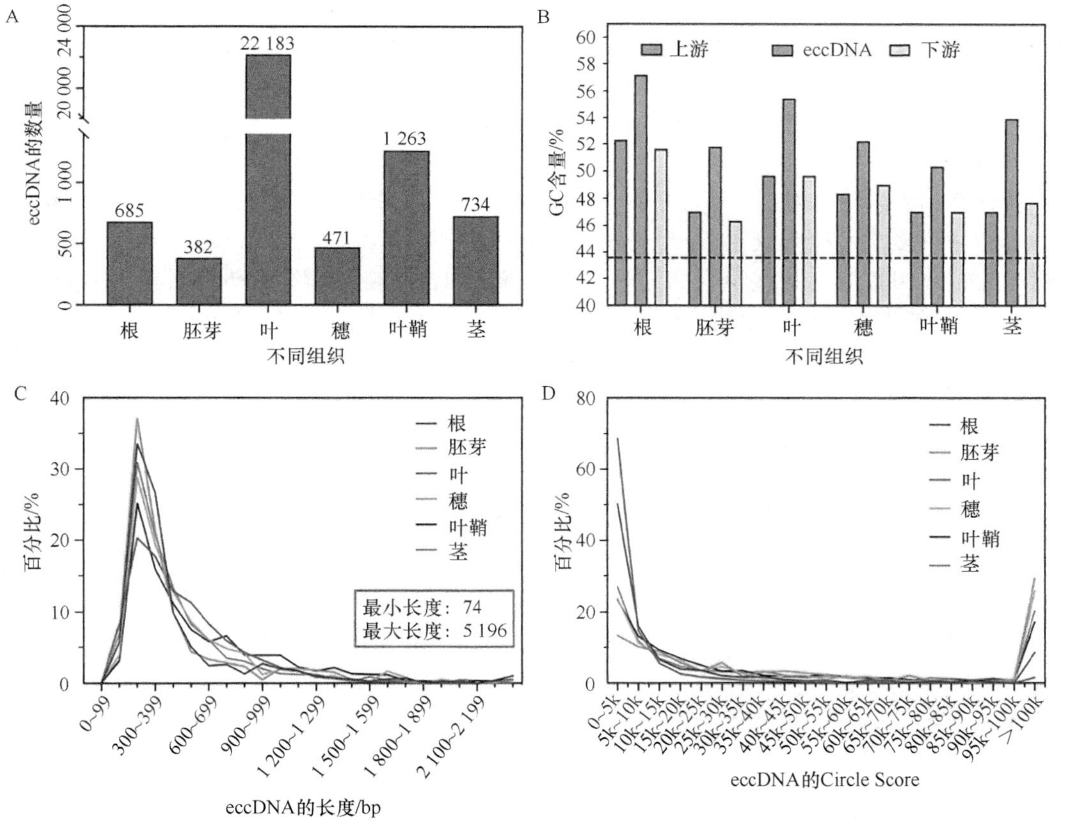

图 6-20　水稻六种组织中 eccDNA 的特征分析（引自 Zhuang et al.，2024）

A．展示了不同水稻组织中 eccDNA 的数量分布；B．比较了 eccDNA 序列及其来源位点上下游 150 个碱基对区域的 GC 含量，其中黑色虚线代表水稻基因组的平均 GC 含量；C．显示了各组织中 eccDNA 的长度分布范围（74～5 196bp）；D．展示了不同组织中 eccDNA 的 Circle Score 分布

|第 7 章|

植物群体基因组

扫码见
本章彩图

第一节　群体基因组学概述

群体基因组学（population genomics）是群体遗传学的重要分支，由 Gulcher 和 Stefansson 于 1998 年最早提出。21 世纪初，Black 等（2001）开始将群体基因组学视为一门学科，并定义了群体基因组学的概念，即将基因组数据和技术与群体遗传学理论体系相结合，通过覆盖全基因组范围内的多态性位点推测全基因组效应和位点特异性效应。之后，Luikart 等（2003）提出广义群体基因组学概念，即通过对全基因组高覆盖度的多态位点开展群体遗传学研究，从而更好地理解在进化过程中影响基因组和种群变异的因素，如突变、遗传漂移、基因流及自然选择等所扮演的角色。

群体基因组学研究经历了同工酶时代到海量数据的核苷酸测序时代。第一个通过测序进行的核苷酸序列多态性研究是由 Kreitman 于 1983 年在果蝇上完成的，该研究对单个 *Adh* 基因进行了测定；2007 年，果蝇再次成为第一个大规模的群体全基因组学研究对象（Begun et al., 2007）。与其他生物一样，植物群体基因组学研究历程可以大致分为两个阶段：第一阶段是利用传统测序技术（PCR 产物）和基因芯片技术，对单个位点或大片段进行研究。其中，拟南芥、玉米和水稻的相关研究最早也最为系统（Nordborg et al., 2002；Remington et al., 2001；Caicedo et al., 2007）。第二个阶段是基于高通量测序技术，对全基因组进行重测序，相关的研究首先在拟南芥（Ossowski et al., 2008）和水稻（Huang et al., 2009）。后续越来越多的植物物种进行了全基因组重测序，在基因组水平开展了物种起源与进化、遗传多样性、自然或人工选择信号等研究。由此，植物群体基因组学也逐渐发展起来。植物群体有其特殊性，其繁殖系统、倍性特征及生活历史等为群体基因组学研究提供了独特的研究视角。本节将介绍群体基因组学研究内容和方法，并根据植物种群特点，分别对自然和作物群体进行介绍。

一、群体基因组变异与进化分析

（一）群体基因组变异检测

植物特定群体的个体基因组之间往往会存在大量变异，如单核苷酸变异（SNP）、插入缺失变异（Indel）、结构变异（SV）等。这些基因组上的差异会受遗传漂变、基因流、长期自然/人工选择等生物学过程影响。因此，利用群体遗传多样性特征，可以推测群体遗传结构、群体历史，以及环境适应的分子机制。

目前在群体水平进行的基因组变异检测一般基于高通量测序技术，即对特定群体的多个个体进行低/高覆盖度的二代或三代高通量 DNA 测序。植物群体基因组学研究也大致如此，通过检测特定群体中不同个体的 SNP 和 Indel，获得群体基因组变异图谱并进行群体遗传学研究。随着第三代测序技术的发展，也逐渐开展了一些基于 *de novo* 基因组拼接的群体基因组研究。除此之外，群体简化基因组测序（如 GBS、RAD-Seq 等）、RNA 测序和基因芯片技术等仍在群体进化研究中有所运用。几种方法各有优缺点（图 7-1）。总体而言，简化基因组技术更适合无参考基因组的物种，以及特大群体调查和遗传图谱的构建等研究。全基因组重测序则多用于群体起源进化、选择位点鉴定、全基因组关联分析等研究。而基于 *de novo* 基因组的比较多用于泛基因组、特异基因组结构变异检测等。

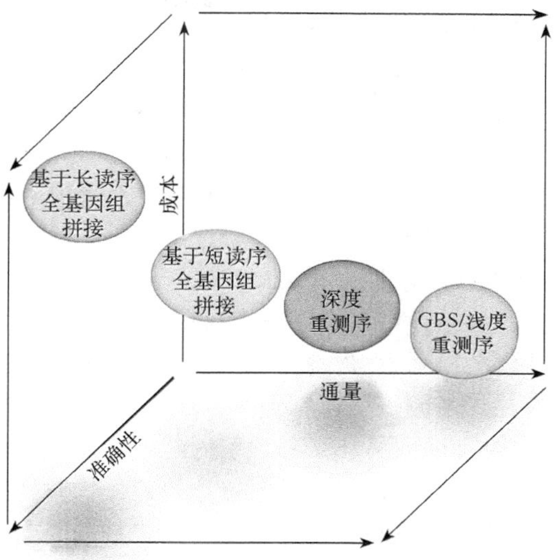

图 7-1 群体基因组不同分析方法的测序成本（cost）、准确性（accuracy）和通量（throughput）比较（引自 Weigel et al.，2015）

群体基因组研究的基础是高质量的群体基因型数据。因此，在获得群体原始测序数据后，如何高效准确地进行变异检测和群体基因分型等是后续研究的关键。该过程总体可分为数据质控、读序联配、变异检测、基因分型 4 个步骤，目前应用较广泛的软件包括 SAMTOOLS、GATK。此外，商业化软件 Sentieon 通过将 GATK 的内核用 C 语言重写，速度提升了 10 多倍。2018 年，谷歌公司也开发出了利用深度学习方法进行基因组变异鉴定的软件 Deep- Variant（Poplin et al.，2018），预示着机器学习和深度学习将在基因组学中扮演着更为重要的角色。此外，随着测序和基因组拼接技术的发展，越来越多的研究开始基于 *de novo* 拼接基因组，鉴定群体中每个个体的基因组结构变异并进行后续群体基因组分析（Liu et al.，2016a）。这种基于 *de novo* 拼接的方式可以更准确地挖掘复杂的结构变异（如序列倒置和易位变异），并有效减少参考基因组偏倚的影响。

（二）群体基因组进化分析方法

1．群体系统发生树和群体结构 群体系统发生树是反映特定群体中个体间亲缘关系的重要依据。由于利用了整个基因组的变异信息，因此能一定程度抵消横向基因转移及单个基因速率差异带来的分析误差，所构建的系统发生树，通常比基于单基因或基因组片段构建的结果更接近真实进化关系。目前利用全基因组 SNP 构建进化树主要包括邻接法（neighbor-joining method，NJ 法）和最大似然法（maximum likelihood method，ML 法）。NJ 法通过对个体之间进行 SNP 差异的两两比较，通过计算出的个体差异距离来实现拓扑树的构建，速度较快。ML 法则对所有可能的拓扑结构计算似然函数，得到似然率最大的系统发育关树，获得的树更吻合进化关系，但是耗时久。目前基于群体 SNP 构建进化树的软件工具已有不少，如 MEGA、PHYLIP、SNPhylo、iqtree 等。

群体遗传结构（population genetic structure）是指基因型或基因在空间和时间上的分布模式，它包括种群内的遗传变异和种群间的遗传分化。群体遗传结构是分析生物对环境的适应、物种的形成及进化机制的基础。群体遗传结构经过长时间的进化而形成，很多物种的遗传结构反映了其进化历史中的一些特殊进化事件。确定群体结构可以应用 Structure、ADMIXTURE、FastStructure（由 Structure 软件同一实验室发布）等主流软件。总体流程为首先确定亚群数（K），然后计算各个体归属第 K 亚群的概率 Q 值。此外，主成分分析（PCA）也常用于群体结构的划分，可用 Eigensoft、GCTA、PLlink 等软件完成。

2．群体遗传分化 在明确一个物种存在群体结构后，通常需要量化该物种亚群间的分化程度。固定系数（F_{ST}）反映群体等位基因杂合性水平，是体现种群间遗传分化程度的一种重要方法。F_{ST} 值越大，说明种群间的遗传分化程度越大，反之亦然。种群内及种群间的遗传变异能够反映种群间的遗传分化或基因交流程度。亚群间和亚群内的变异及遗传距离的评估可利用 Arlequin 软件进行 AMOVA（analysis of molecular variance）分析；用 FSTAT 进行亚群间分化系数（F_{ST}）、群体内分化系数（F_{IS}）和群内遗传多样度（H_S）分析。对于大数据量分析，可使用 VCFtools、PopGenome 等软件获得群体分化相关参数。

3．基因流（包括渐渗） 在群体遗传学上，基因流（也称基因迁移）是指从一个物种的一个种群向另一个种群引入遗传物质，从而改变群体遗传组成的过程。植物基因流主要是借助花粉、种子、孢子、营养体等遗传物质携带者的迁移或运动来实现的。其中，种子扩散和花粉传播是植物基因流的最主要方式。基因交流是遗传变异一个非常重要的来源，影响群体遗传多样性，产生新的性状组合。频繁的基因流动会改变原有种群的基因频率，进而改变遗传结构，使种群间在遗传上趋于一致。基因流值与固定系数成反比；与种群间的地理距离成反比，空间距离越近，发生基因流动的概率就越大，而空间距离远的种群间则可能只有很小的基因流或根本没有基因流存在。植物基因流是研究植物群体动态和进化的一个中心问题，在转基因植物安全性分析、入侵植物控制等方面具有重要意义。对于基因流的检测，在全基因组层面上可以利用 D-统计（ABBA-BABA）、Treemix、Migrate-N、dadi 等。在基因组区间中，则可以计算 Fd 统计量，识别不同区间发生的渐渗程度。

4．种群动态和进化历史 种群是指生活在特定地理区域同一分类群或物种的所有生物体。它具有自身的内敛性和整体性，是一个庞大、内稳的系统（Kelly，1994）。种群动态是指种群大小或密度随时间或空间的变化。种群动态理论与方法主要包括种群大小及其变化、种群生长模式的量化描述，以及引起种群变化的外在环境因素。有效群体大小（effective population size，N_e）指与实际群体有相同基因频率方差或相同杂合度衰减率的理想群体含量，通常小于绝对的群体大小。它决定了群体平均近交系数增量的大小，反映了群体遗传结构中基因的平均纯合速度，是群体遗传学研究的一个重要参数。通过有效群体大小，可以更清楚地了解种群进化历史和复杂性状的遗传机制。目前基于全基因组的种群历史动态分析方法主要包括 PSMC、MSMC、SMC＋＋等。

二、基因组选择信号检测方法

选择是影响种群变化的重要因素，挖掘基因组上的选择位点或基因有助于了解植物在自然和人工环境下的适应机制。因此，群体基因组学研究的一个重要目标是发现选择作用位点。从施加选择作用的外部力量来看，选择作用包括两种类型：一种是自然选择作用，主要是各种环境、生态因子对野生和栽培群体的选择作用；另一种是人工选择作用，主要是人类早期对作物的驯化及现代育种改良活动对特定性状的持续选择。选择基因和信号的鉴定可在宏观和微观两个尺度下进行（图 7-2）。

（一）群体选择信号分析——宏观进化尺度鉴定方法

宏观尺度检测选择信号的方法，通常针对发生时间较久的选择事件，涉及到物种之间的比

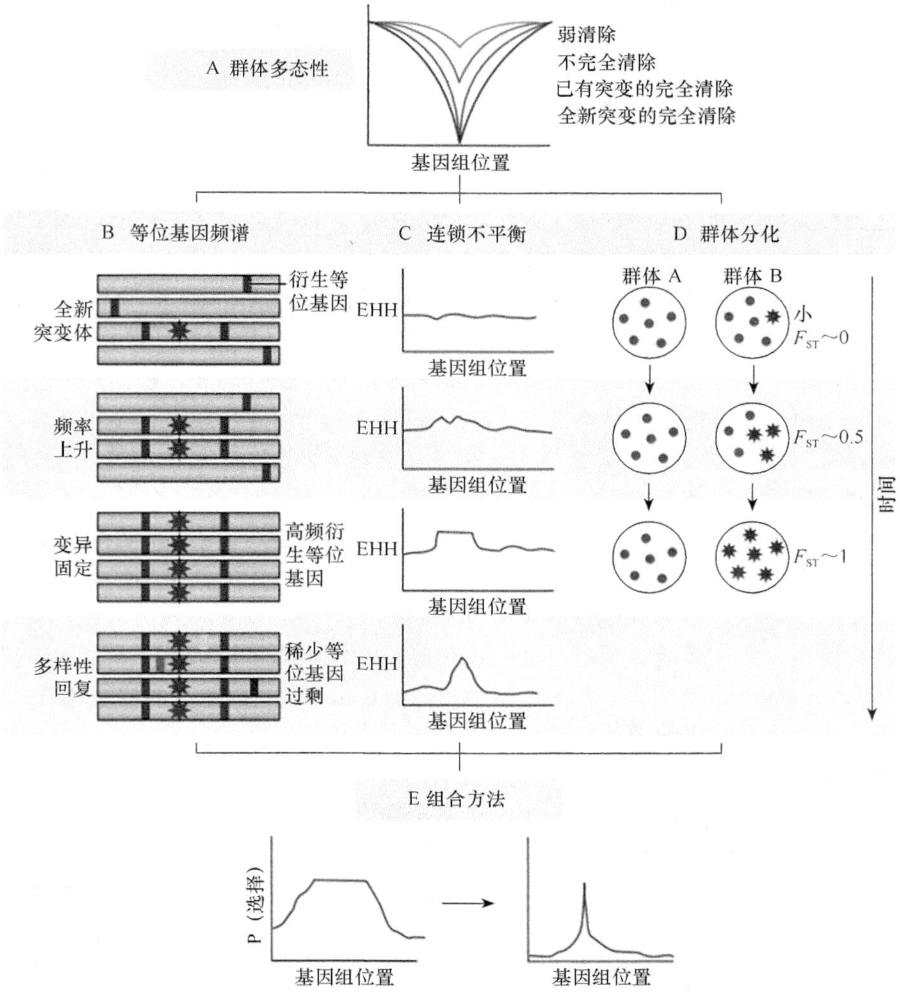

图 7-2　微观进化尺度选择信号检测的方法原理图解（引自 Vitti et al.，2013）

A. 群体多态性：选择搭车效应将提高有利突变周围的变异频率，导致在群体范围上该选择位点的遗传多态性降低。该选择位点上等位基因变化频率的模式与选择强度和选择类型相关。B. 等位基因频谱：有利突变不断在群体中固定，当完全固定时，周围可能由于随机突变会出现稀有等位基因。C. 连锁不平衡：选择性清除会引起包含等位基因的单倍体纯合性提高，与周围变异的连锁不平衡程度变高。D. 群体分化：随着受到选择的等位基因频率上升，该群体和原群体的分化程度（F_{ST}）变大。E. 组合方法：将多种检测信号结合，可以提高选择信号的准确性并有助于找到引起直接功能改变的变异。EHH（extended haplotype homozygosity）表示群体间扩展单体型纯合度

较。在这个过程中，主要是对同源基因序列进行比较，判断这些基因在某一物种或进化分支上是否存在加速进化的情况。目前宏观尺度常用的检测选择的指标是 K_a/K_s，也称作 d*N*/d*S* 或 ω。该方法计算每个位点的非同义替换率与同义替换率的比值。根据中性进化学说，同义突变总体是中性进化的，如果 $\omega>1$，则表示存在更多的非同义突变，即意味着改变蛋白序列的突变受到了正向选择。而 McDonald-Kreitman 检测（MKT）的本质是比较物种内和物种间的 K_a/K_s 值。在中性情况下这些值应该是一样的，而如果种间的比值显著超过种内的比率时，就意味着在该物种中存在正向选择信号。与 MKT 检验相似，HKA 检验利用了物种间分化（D）和种内多态性（P）信息来衡量位点是否受到选择，利用适合度测试检验每个个体的位点是否偏离中性 D/P 值。如果 D/P 值相对较大的 D/P 值，表明选择压增加了该位点的突变速率；如果该值较小，说

明该位点可能受到平衡选择。相对于 MKT 或 K_a/K_s，HKA 可以对基因组的任意区域进行检测而不限于基因编码区。

（二）群体选择信号分析——微观进化尺度鉴定方法

在正向选择的作用下，有利等位基因在群体中频率会变高甚至固定。当有利等位基因和其周围变异达到较高频率的时候，这段区间在群体水平就会呈现遗传多态性降低的现象，即选择性清除（selective sweep）。选择性清除是正向选择在植物基因组上留下的印迹。与野生祖先相比，栽培物种在选择性清除区域的遗传多样性显著降低，这是驯化发生区域的典型特征。此外，选择性清除还会使连锁不平衡区块延长、群体间固定指数（F_{ST}）增大、Tajima's D 出现负值且显著偏离零等。以中性模型为基础的检测方法有很多，其中 Tajima's D 检验是最经典的检测方法，也是第一个用于检测选择信号的方法（Tajima，1989）。后续发展了许多可在微观进化尺度检测的方法，包括适用于大 SNP 数据集的 XP-CLR 法和 $\pi_{野生}/\pi_{栽培}$、基于机器学习的 diploS/HIC 等。根据不同原理，可大致把微观进化尺度检测或定量方法分为以下几类：①基于等位基因频谱；②基于连锁不平衡；③基于群体分化；④组合方法（图 7-2）。同时，在检测选择信号的时候，需要考虑遗传漂移（genetic drift）对选择信号的影响。为了降低这种影响，通常是在全基因组扫描窗口的基础上，将具有极端值（如前 5%或 1%）的区域作为候选位点。另外，也可以根据复杂种群历史（瓶颈效应、种群扩张、迁移等）对等位基因频率的影响，用溯祖（源）模拟（coalescent simulation）的相关方法（如 MSMS、Fastsimcoal2）模拟该群体统计量（π、Tajima's D 等）分布，从而将具有极端统计变量值的位点作为选择候选位点。

以上宏观和微观两个尺度分析都是自下而上的策略（bottom-up approach），即通过群体基因组扫描鉴定具有选择信号的基因组区域，从而挖掘可能与某种表型或适应性相关联的基因。然而，这种策略不可避免地会引入许多假阳性。为了减少假阳性，可以检测等位基因频率随时间的变化规律来进行验证，即基于该物种进化过程中多个时间点或多个世代的群体基因组数据来追溯候选位点的等位基因频率变化情况。此外，由于大多数与驯化和育种有关的农艺性状都是复杂数量性状，可使用 QTL、GWAS 等传统定位方法（详见第 13 章第一节），即所谓自上而下方法（top-down approach）进行佐证，用其获得的结果来预测基因组扫描中鉴定出的大量候选位点的功能。

三、泛基因组分析

随着越来越多物种基因组测序完成，人们认识到单个个体的基因组不足以代表整个物种内的遗传多样性。2005 年，Tettelin 等首次基于微生物的研究提出了泛基因组概念（pan-genome，“pan”源自希腊语“παυ”，意为“全部”），用来描述感兴趣的分类群的基因组总和，其中包括了在物种所有个体中都存在的核心基因（core gene）和在部分个体中缺失的非必需基因（dispensable gene）（Golicz et al.，2016）。随着测序技术和计算方法的发展，越来越多的结构变异（SV），包括插入缺失变异（Indel）、拷贝数变异（CNV）、存在/缺失变异（PAV）、倒位、异位等被发现，进一步丰富了泛基因组的多样性来源。目前普遍认为泛基因组由可变的 DNA 序列与保守的核心序列组成，代表了一个物种的所有非冗余遗传物质集合。其中，核心基因组一般与物种生物学功能和主要表型特征相关，反映了物种的稳定性；非必需基因组（dispensable genome）一般与物种对特定环境的适应性或特有的生物学特征相关，反映了物种的特性。

泛基因组分析不仅有助于理解物种基因组进化的分子机理和性状多样性的形成原因，同时泛基因组结构变异图谱还有助于克隆调控表型变异关键基因。选择不同亚种材料进行泛基因组测序，可以研究物种的起源及演化等重要生物学问题；选择野生种和栽培种等不同特性的种质资源进行泛基因组测序，可以发掘重要性状相关的基因资源，为科学育种提供指导；选择不同生态地理类型的种质资源进行泛基因组测序，可以开展物种的适应性进化、外来物种入侵性等热门科学问题。

目前泛基因组拼接的方法主要分为 3 种（图 7-3）：①对个体基因组分别进行从头（*de novo*）拼接，这样的拼接可以利用许多目前基因组拼接工具（详见第 2 章第二节）；②通过迭代联配和组装生成泛基因组，即先使用单个基因组作为参考基因组，其他个体基因组测序读序与其进行联配，所有联配不上的读序进一步拼接，然后加入参考基因组，依次循环，最终创建非冗余泛基因组；③基于图组装的策略对泛基因组进行构建和存储，泛基因组由不同基因组片段构成，这些片段在不同个体中存在或不存在，然后根据所有个体的片段构成，以基因组片段为边，就可以构成该物种的图形泛基因组。目前泛基因组分析和可视化主要工具包括：①进行图形泛基因组构建的工具 vg；②进行结构变异分析的 PanGenie、SyRi、SVMU、NGMLR、Sniffles；③进行 RNA 定量的 RPVG 等。

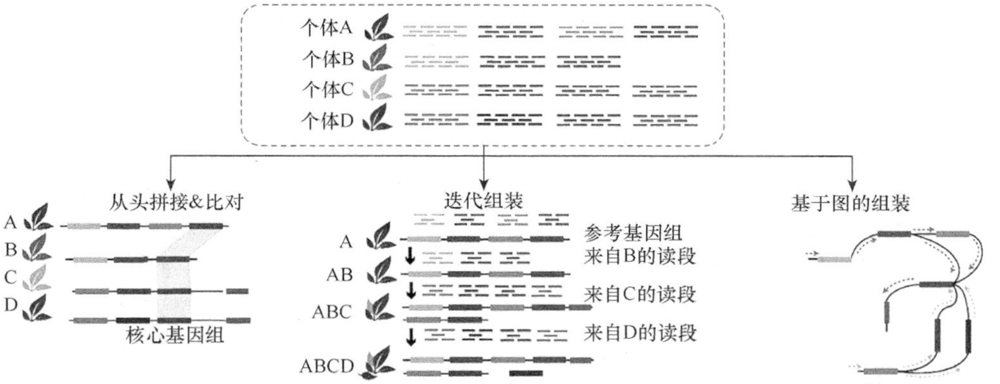

图 7-3　泛基因组的三种基因组拼接策略（引自 Li et al.，2022a）

图中 A～D 指同一物种 4 个不同个体材料

第二节　自然群体基因组特征与自然选择

一、自然群体基因组变异与进化

（一）自然群体基因组变异

在植物领域，自然或野生群体是相对于栽培群体而言。栽培群体是指将植物的自然繁殖过程变为人工控制，使植物朝着人类所需要的性状进化后产生的群体。反之，自然群体是未经过人工干预，自然生长，群体内随机交配的植物种群。自然群体基因组学研究一般会根据研究目的选择代表性较强的样本，产生较高基因组覆盖度的测序数据，然后针对鉴定到的全部多态位点，利用中性进化位点推测种群进化历程，利用受到选择位点推测种群的适应性进化及性状分化调控基因等。

自然群体区别于栽培群体的最大特征就是其具有丰富的遗传多样性。首先是与驯化植物直接相关的野生祖先种群：草本作物祖先自然群体遗传多态性（π）一般在0.003～0.008，较相应驯化作物群体遗传多态性更高，并且这一趋势在草本和木本作物中一致（详见本章第三节）。但是，在作物的育种过程中，远缘杂交导致的遗传渐渗会使一些物种遗传多态性急剧变化，出现一些复杂的遗传多态性变化趋势。也就是说，对于一些遗传背景复杂的植物而言，自然群体的遗传多样性并不一定高于栽培群体。其次是野生植物群体，它们的遗传多态性一般在0.002～0.006（表7-1）。例如，国际拟南芥研究协作组对全球广泛分布的1 000多份野生拟南芥进行了基因组重测序（The 1001 Genomes Consortium，2016），发现拟南芥群体多态性（θ）在0.003～0.006（峰值在0.005左右）或平均每1kb约有85个SNP。如图7-4A所示，部分拟南芥基因组变异极小，甚至完全一样，也有部分群体变异较大［如孑遗（relict）群体］。孑遗群体与大多数拟南芥群体之间的差异都较大，是古老分化的种群。另外，虽然随着地理距离的增加，种群之间的遗传多态性总体呈上升趋势（图7-4B和图7-4C；详见本章本节“群体起源和进化历史”）。但一些地域隔绝、距离很遥远的拟南芥个体之间遗传多态性极低，可能是鸟、水流等携带拟南芥种子长距离传播导致的。

表7-1 植物野生自然群体基因组遗传多态性举例

物种	群体大小	遗传多态性（$\times10^{-2}$）	文献
拟南芥（*A. thaliana*）	1 135	0.6	The 1001 Genomes Consortium，2016
稗草（*E. crus-galli*）	328	0.11	Ye et al.，2019
杂草稻（*O. sativa* f. *spontanea*）	155	0.21（籼型） 0.07（粳型）	Qiu et al.，2017
毛果杨（*P. trichocarpa*）	554	0.41	Evans et al.，2014
柑橘（*A. buxifolia*）	15	0.25	Wang et al.，2017a
梅花（*Prunus mume*）	15	0.28	Zhang et al.，2018b

注：作物野生祖先物种种群遗传多态性见表7-2

农业杂草是另外一类野生植物，它们既非作物野生祖先种，也非与拟南芥一样的真正意义上的野生植物（即生长在自然生态环境中）。根据和作物的进化关系，农业杂草可分为作物近缘杂草（weedy crop relatives）和非作物近缘杂草（weedy non-crop relatives）（Guo et al.，2018）。两类杂草对农田的危害都很严重，它们与作物竞争生长空间，使得在农业生产中不得不喷施大量除草剂来控制它们的生长。例如，生长在农田环境中的稗草是一种典型的非作物近缘杂草，与玉米、高粱等作物近缘，其与栽培稻的形态几乎相同，极难防治，是目前全球稻田中危害严重的杂草。在稗草进入稻田的过程中，其种群规模受到人类的干预，经历了强烈的瓶颈效应，遗传多态性显著降低，通过拟态稻苗形态躲避农民拔除（Ye et al.，2019）。作物近缘杂草以杂草稻为例，其起源主要来自栽培稻“去驯化”（de-domestication）过程，即其源自驯化过的栽培稻而非野生稻（Qiu et al.，2017）。在去驯化的过程中，杂草稻不断逃离人工驯化环境，进入并适应野化的生态环境，进化出了很多与野生稻相似的性状。但由于杂草稻的去驯化过程也受到了强烈的瓶颈效应，其遗传多态性低于栽培稻群体；然而，如果杂草稻的进化过程中存在野生稻的遗传渐渗，则其遗传多态性会显著上升。其实，去驯化是作物群体普遍发生的进化事件，如存在农田里的杂草高粱、杂草向日葵等。去驯化现象可能是农田野生（杂草）种群的重要来源途径之一（Wu et al.，2021a）。

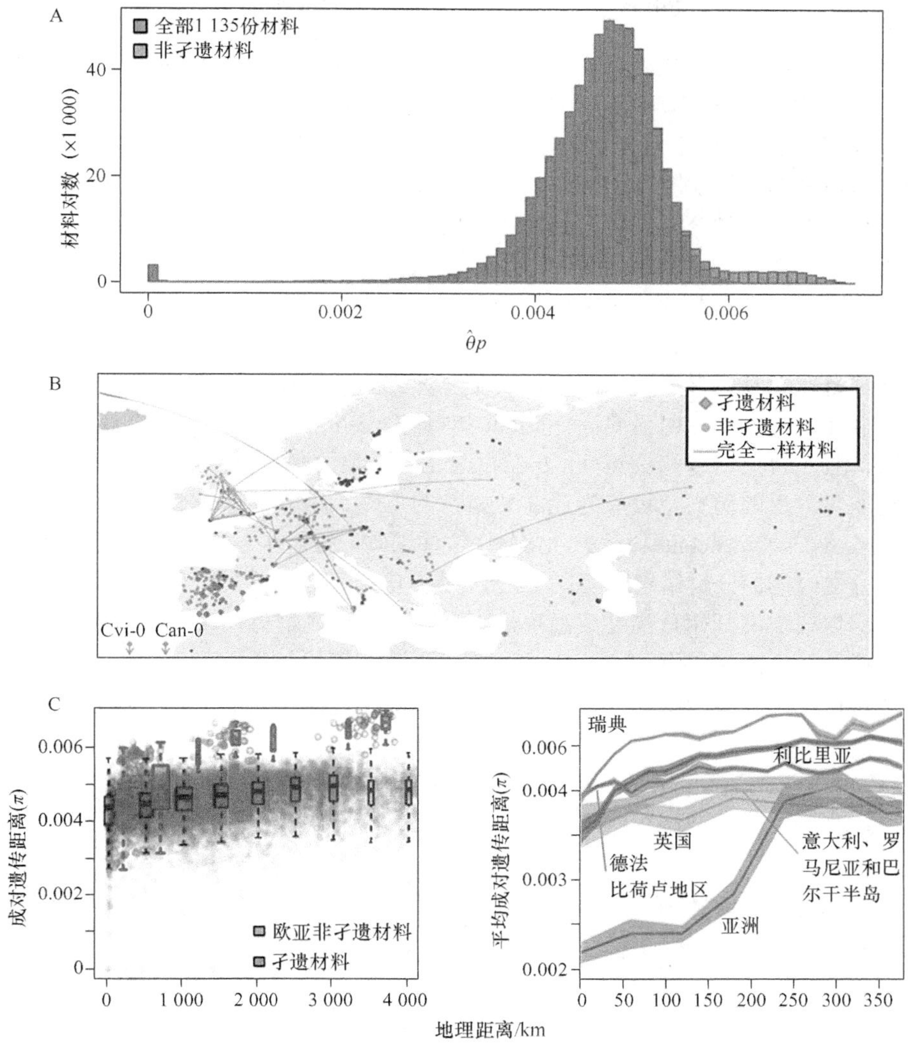

图 7-4　拟南芥群体基因组遗传多态性及其与地理距离的关系

（引自 The 1001 Genomes Consortium，2016）

A．1 135 份拟南芥每两个个体之间基因组差异分布图；B．拟南芥孑遗材料和非孑遗材料的地理分布，基因组差异小的个体间用线连接表示；C．不同地理距离种群之间遗传多态性分布

（二）群体起源和进化历史

植物自然群体在其长期的进化过程中，经历了种群的扩张、传播、本地化适应、基因交流等。利用基因组水平的遗传变异，可以更加准确且全面地了解植物群体的这些进化事件，解析群体系统发生关系及其结构、群体进化历史和遗传渐渗情况等。

1．群体遗传结构与地域分化　群体遗传结构是指一个大群体中，地理、生态来源不同的亚群间基因型频率存在显著差异的现象，反映了种群在漫长的进化过程中产生的地理、生态适应性分化。群体遗传结构是推断种群历史动态如地理分布变迁、基因流、遗传分化等的重要依据。

为解析拟南芥如何适应环境的改变，Zou 等（2017）对生长在我国长江流域的 118 份拟南芥进行了重测序，并整合分析了已公开的、具有地理代表性的 103 份材料。系统发生、群体结构及主成分分析表明，221 份材料中除了一些中间类型，可以根据地理主要区分为 3 个类群（东亚、中亚、欧洲/北非），代表东亚的长江流域材料 86 份、中亚的中国西北材料 25 份和欧洲/北非材料 67 份。进一步研究发现，欧洲/北非拟南芥的遗传多态性、特有 SNP 数量都比长江流域或中亚拟南芥更多，表明欧洲/北非拟南芥是祖先群体，即拟南芥是由欧洲向亚洲传播的。

2．种群动态与进化历史 种群动态是研究种群数量在时间和空间上的变动规律，对种群动态及影响种群数量和分布的生态因素进行研究，在生物资源的合理利用、生物保护等方面都有重要的应用价值。

为研究拟南芥的群体起源和种群历史动态，Durvasula 等（2017）从非洲采集了 76 份拟南芥进行了基因组重测序，并结合前期国际拟南芥 1001 基因组项目数据（主要是欧亚样本）进行了分析。该项目首先利用群体结构分析，发现非洲拟南芥和亚欧拟南芥间存在明显的分离，且非洲拟南芥群体遗传多样性明显更高。此外，非洲拟南芥群体相对于亚欧拟南芥具有更多的特有等位基因，且在自交不亲和位点（S-locus）上的单体型类型更多。基于此，研究者推测非洲拟南芥具有非常久远的历史，可能为亚欧拟南芥的祖先。为验证这一假设，研究者基于马尔可夫溯祖（Markovian coalescent）方法（MSMC 软件工具）推断了各个群体的有效群体大小（N_e）及群体间的分化时间。分析结果表明在 12 万～9 万年前，即在最后的间冰期和更新世期间，拟南芥的祖先群体在非洲开始分离并逐渐形成亚群。欧亚祖先群体在 8 万年前从非洲分化，随后欧亚拟南芥群体在 4 万年前进一步分化（图 7-5）。这一模式与包括人类在内的多种物种分化时间模式非常相似，意味着间冰期和更新世时期的气候事件对物种分布具有重要影响。

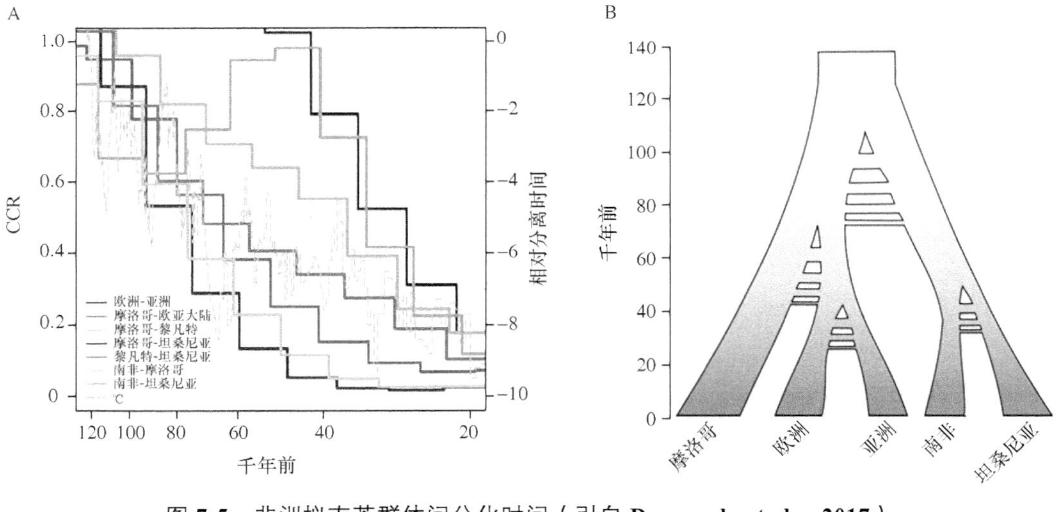

图 7-5　非洲拟南芥群体间分化时间（引自 **Durvasula et al.，2017**）

A．群体之间相对分离时间。从 1.0 降低表示群体分离。可见欧亚群体分离时间最为近代。CCR（cross-coalescent rate）表示交叉聚合率，是推测群体间分化和迁移的指标。B．全球各地区拟南芥群体起源与进化模型。可见拟南芥祖先群体在非洲（包括摩洛哥、南非、坦桑尼亚）起源，并于 12 万～9 万年前开始分化

二、自然选择位点及其特征

（一）自然群体适应性基因鉴定

植物自然群体为了适应特定气候因素，或在特定环境选择压下，会发生环境适应性进化。

这些气候因子包括温度、海拔等一系列与植物生长生存息息相关的条件。基于群体在自然环境中的分布信息，群体基因组重测序数据，利用全基因组关联分析（GWAS）等可鉴定自然植物种群中与不同环境因子相关联的基因、制定相关的种质资源保护策略。目前已在拟南芥、杨树等上开展了许多气候因子的基因组关联研究。

为了适应不同地域环境条件，特别是冰后期全球气候的变化，拟南芥进化出适应不同地域的生态类型。通过在不同低温环境胁迫下种植上千份拟南芥发现，不同生态类型的拟南芥在开花时间上具有极大差异。对开花时间进行 GWAS，鉴定到了若干植物开花相关基因（*FLC*、*FT* 等）（图 7-6A）（The 1001 Genomes Consortium，2016）。不同于草本植物，木本植物的世代更长，更易受环境变化的影响。香杨是东亚温带落叶林的重要林木树种，主要在我国的东北分布。Sang 等（2022）收集了我国南和北部的 24 个香杨群体共计 230 个个体，利用 LFMM 和 RDA 方法对环境变量相关位点进行了鉴定。在将两个方法鉴定到的交集位点作为“核心气候适应性位点”时，Sang 等发现这些位点在基因组上广泛分布，表明了香杨的多基因适应模式。研究也发现了与降水量相关的 *CLR1*、与温度相关的 *HSP6-3A* 等基因。

（二）本地适应性进化

本地适应性进化是指处于某种特定环境的群体相较于其他群体，更加适合该环境的现象，这是自然群体的进化特征之一。拟南芥是研究自然群体适应性进化的一种模式植物。对全球范围的拟南芥群体进行全基因组选择区域扫描发现，拟南芥在物种水平上受到强烈的选择候选区域极少。这种现象出现的主要原因之一就是来源于不同环境背景的群体受到不同的选择压，在基因组上的不同位置上形成了选择印记。因此，对来自不同环境的群体进行选择位点扫描，能很好鉴定到本地适应性位点。例如，国际拟南芥 1001 基因组项目（2016）利用 F_{ST} 比较拟南芥群体和当地孑遗群体的基因组差异，发现相关分化基因富集在花发育和 ABA 相关功能上，与富集结果一致，孑遗拟南芥确实比非孑遗植物开花的时间平均晚 21d（图 7-6B）；Zou 等（2017）在对长江流域拟南芥群体受正向选择区域基因进行功能富集时发现，这些基因与免疫响应、防御响应和生物调节等相关，可能与该群体适应长江流域环境相关；Qiu 等（2017）对我国江苏、广东、辽宁和宁夏四地的杂草稻群体进行基因组重测序分析，发现 4 个群体的起源方式为独立去驯化起源。进一步通过与当地栽培稻群体进行基因组分化分析，分别对这 4 个杂草稻群体的本地环境适应（去驯化）基因进行了鉴定，发现 90%以上的适应性基因在粳型（辽宁和宁夏）和籼型（江苏和广东）杂草稻群体中是不同的，表明了它们本地适应的遗传机制的不同。

相反，来自不同环境的群体中发现的共有选择区域，代表着该物种保守的环境适应机制。例如，虽然拟南芥重测序数量至今已达上千份，但到目前为止，唯一最明显的共有选择区域在 10 多年前就已发现（Clark et al.，2007），当时仅利用 20 份拟南芥重测序研究中就已鉴定到了。这个区间的受选择时间大约只有几万年，比拟南芥物种本身形成时间（100 万年）要近代很多。在全世界范围内，有超过 90%的拟南芥个体都能找到该等位基因区段。由于该区段有数百 kb 长度，所以选择信号非常突出。该区段的基因可能在拟南芥适应自然环境中扮演了重要作用。Qiu 等（2017）对我国江苏、广东、辽宁和宁夏四地杂草稻群体进行基因组分析也发现，7 号染色体 6.0～6.4Mb 区间为 4 个不同杂草稻群体的趋同进化区域，该区域包含了决定水稻休眠和种皮颜色的基因 *Rc*，且富集了一串编码水稻过敏性蛋白的相关基因，这段区域应该与杂草稻环境适应密切相关。

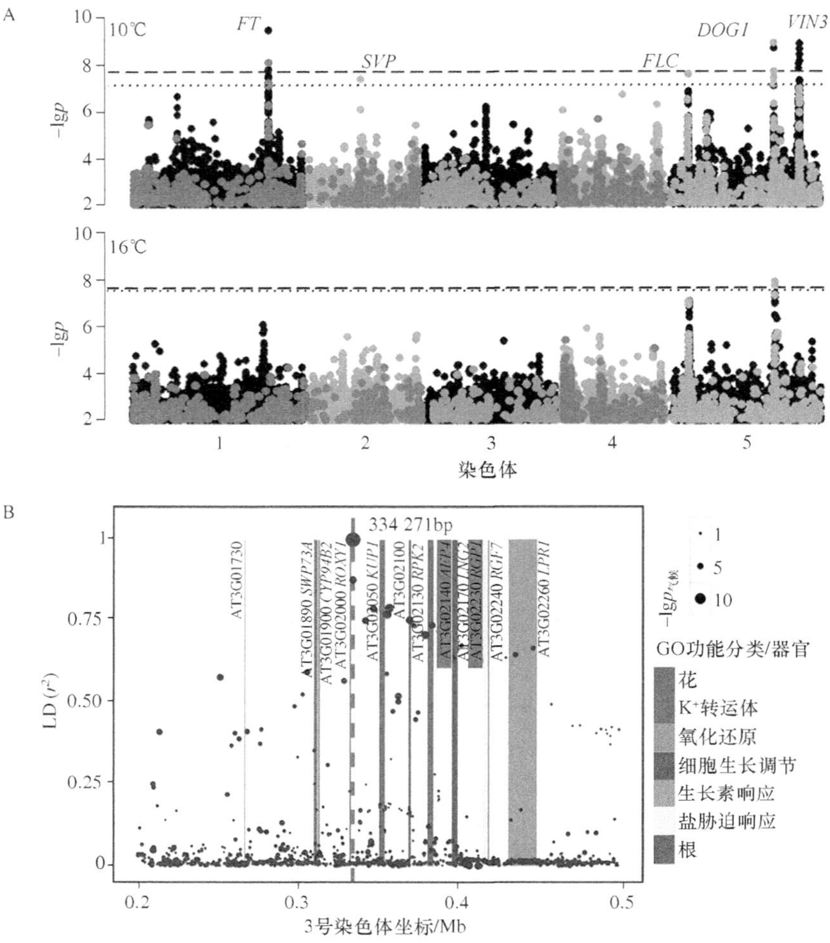

图 7-6　拟南芥群体基因组分化和地域适应性分子机制（引自 The 1001 Genomes Consortium，2016）

A．不同温度条件下 GWAS 曼哈顿图。其中低温（10℃）环境下发现植物开花相关基因（*FLC*、*FT* 等）；B．3 号染色体上一个降雨量关联位点（334 271bp 处）连锁不平衡（LD）分析结果。许多重要功能基因与该位点紧密连锁

（三）平衡选择

适应性的一个核心因素是遗传多样性的高低，丰富的遗传多样性是保证物种在变化多端的生态环境中生存繁衍的根本。从对遗传多样性的影响来看，各种自然选择的作用不同。正选择表现为固定某种有利等位基因，负选择表现为清除不利等位基因，平衡选择则表现为多种等位基因均具有一定的选择优势从而能共存。因此，在这 3 种自然选择中，只有平衡选择能保持群体的遗传多样性。

中国科学院植物研究所郭亚龙团队对十字花科中两个已分化 800 万年的邻近物种——拟南芥和荠菜进行了全基因组范围的扫描，以鉴定那些受到平衡选择的基因（Wu et al.，2017）。研究者发现有 5 个基因受到长期的平衡选择（AT1G35220、AT2G16570、AT4G29360、AT5G38460 和 AT5G44000）。这些基因参与了生物和非生物胁迫，以及一些其他基础的生化通路。有趣的是，该研究发现，具有不同单体型的群体分布于不同的生态环境中，表明平衡选择在物种的适应性中起到了非常重要的作用。该研究结果揭示了除了已知的 S-locus 基因和抗性基因外，还有很多其他位点的基因受到了平衡选择。这些基因大多与胁迫抗性相关。此外，杂草稻

基因组上也发现了很多区域存在强烈平衡选择信号（Qiu et al.，2017），表明杂草稻群体可能在农田自然环境的适应性进化过程中受到了平衡选择，从而产生更多的遗传多态性，以适应复杂的生存环境。

第三节　作物群体基因组特征与人工选择

作物群体基因组学研究主要包括作物驯化起源、群体结构、人工选择位点及遗传渐渗等。栽培作物的起源十分复杂，一直以来，考古是开展作物驯化起源研究的重要途径。基因组学的兴起，为作物驯化起源提供了一个全新的研究思路，帮助人们从分子遗传视角揭示作物起源过程。近 20 年来的植物基因组学研究，使大多数作物驯化起源都得到了更加准确的诠释。由于本书有关章节进行了作物起源的详细介绍，本节就不再累述。本节将集中介绍其他几方面内容。

一、人工选择对作物基因组的影响

（一）植物驯化过程

植物驯化是人类通过选择将野生植物转变为作物的过程。在人类有目标的选择过程中，受驯化的植物逐渐失去其野生祖先的生理、形态和遗传特性，而不断积累人类需求的目标性状（Meyer and Purugganan，2013）。作物驯化的基本特征性状包括种子或果实从落粒到不落粒，休眠性减弱，植株形态由匍匐转向直立，分枝减少，开花成熟期趋于一致等。这类性状的改变也称作“驯化综合征”。与此同时，驯化会在一定程度上导致植株对野生环境的适应度降低，须依靠人类的播种、管理、收获、留种才能有效繁衍后代。作物驯化的起源地广泛分布于全球各大洲，至少有 11 个地区是独立的起源中心，包括南美洲低地、南美洲安第斯、中美洲、北美洲东部、萨赫尔和埃塞俄比亚高地、新月沃土、印度北部、中国北方、中国南方、中亚及新几内亚等。

作物的驯化过程主要经历 4 个不同的阶段（Meyer and Purugganan，2013）（图 7-7）：阶段 1，从野生植物中选择满足人类需求并适合栽培的植株；阶段 2，进一步选择具有优良性状的植株，在这个阶段调控优良目标性状（尤其是产量相关）的等位基因不断增加；阶段 3，驯化作

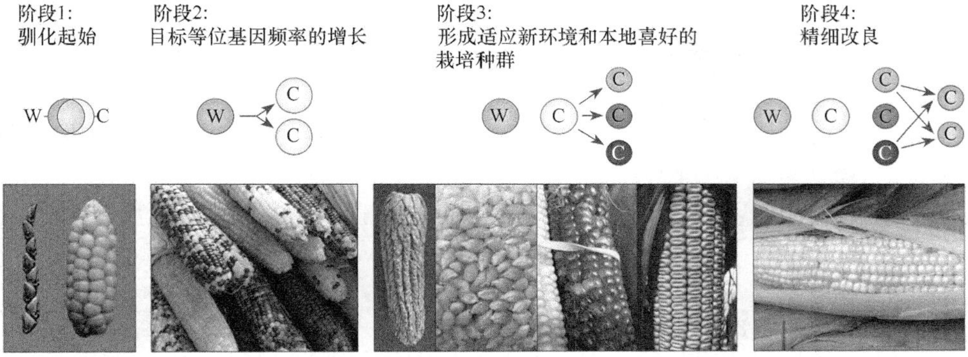

图 7-7　作物驯化的 4 个阶段（引自 Meyer and Purugganan，2013）

W 和 C 分别表示野生祖先种和栽培种（包括驯化作物、地方种和现代品种）

物的地理扩散，作物逐渐被人类从最初的起源区域扩散至其他地区或环境，并进行环境适应性改良，在这一过程中，更多与光周期、春化、激素调控相关的基因受到选择；阶段 4，精准、目的性明确的选择育种，该阶段的目标在于实现产量最大化，提高作物培育质量和一致性，作物的很多特征改良都发生在这个阶段，与现代育种历程息息相关。

（二）人工选择对作物群体及其基因组影响

1．遗传瓶颈效应　瓶颈效应是指由于环境骤变（如火灾、地震、洪水等）或人类活动（如人工驯化），某一生物种群的规模迅速减少，仅有少部分个体能够顺利保留下来的事件。由于能够顺利通过瓶颈效应的个体数目远少于原始群体，这些个体携带的有效等位基因个数较少，造成了后代遗传多样性的系统性降低。从野生植物到作物的驯化过程中，一个重要的特征是作物经历了由人类活动引起的瓶颈效应。早期农民在驯化初期仅选取了特定植物的少量个体，导致了现代作物遗传多态性的大幅降低。同时，人工定向选择育种使作物群体遗传多态性进一步下降。不同作物在驯化过程中经历了不同程度的瓶颈效应，在其全基因组水平上，不同作物遗传多样性降低的程度（表 7-2）。除了草本作物，这一趋势也存在于大多数的木本植物，如果树上。例如，华中农业大学邓秀新院士团队对 100 份原始野生和栽培柑橘材料进行了深度测序和群体分析（Wang et al.，2017a），研究结果表明，原始的柑橘遗传多样性最高，而栽培柑橘的遗传多样性较低。在栽培柑橘中，与生殖和能量代谢相关的基因受到了明显的人工选择。更为明显的是，柑橘在驯化过程中种子由多变少，由大变小，生殖模式发生了单胚到多胚的转换。

表 7-2　栽培作物在驯化前后基因组遗传多态性（π）的变化
（引自 Qi et al.，2013；Zhang et al.，2018c）

物种	群体	个体数量	$\pi/\times10^{-2}$	差异比（π_W/π_C）
水稻	W	446	0.30	1.25
	C	1 083	0.24	
玉米	W	17	0.59	1.20
	C	23	0.48	
大豆	W	17	0.30	1.58
	C	14	0.19	
黄瓜	W	30	0.45	1.96
	C	85	0.23	
西瓜	W	10	0.76	5.43
	C	10	0.14	
番茄	W	16	0.42	2.63
	C	23	0.16	
梅花	W	15	0.28	1.40
	C	333	0.20	

注：W 表示野生祖先群体；C 表示栽培群体

除了瓶颈效应导致的基因组整体多态性降低外，在人类驯化过程中，调控目标性状的等位基因会不断被选择和保留，导致该位点的遗传多态性进一步降低（图7-8）。同时，由于连锁不平衡

（LD）效应，这些受人工选择的靶基因附近区域的遗传多样性也会随之下降。遗传学上把这种对少数基因选择导致的侧翼区域遗传多样性降低的现象，称为搭车效应（hitchhiking effect）。

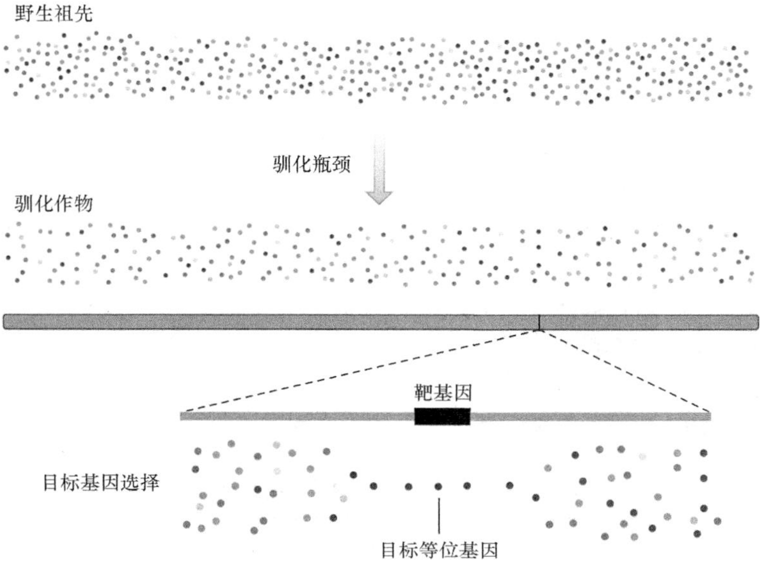

图 7-8　驯化选择对作物群体遗传多态性的影响（引自 Olsen et al.，2013）

驯化作物经历一个驯化遗传瓶颈效应和特定基因选择导致的优异等位基因的固定

连锁不平衡（LD）水平对群体复杂性状的关联分析具有重要的作用，是群体基因组学研究的重要领域。研究发现，驯化后的栽培种群体相对野生种群体，除了多态性下降之外，在基因组上普遍具有更强的连锁不平衡。以大豆为例，其野生种、地方种和现代栽培大豆群体的 LD 水平明显处于递增趋势。受到人工选择的基因及其周围重组率减低，具有较高的连锁程度，在育种上导致选择累赘问题。

2．作物驯化过程中有害性突变积累　有害突变（deleterious SNP，dSNP）是指导致生物个体的整体适合度（fitness）降低的突变。植物在被驯化的过程中，其基因组上有害突变的数量、频率或比例会不断地增加和积累，导致驯化后的作物在原本自然环境中适合度降低，这种现象称为作物“驯化成本”（Lu et al.，2006）。这种成本可能会限制人工选择效率，对育种进程产生一定的影响。在大多情况下，有害等位基因受到净化选择（purifying selection）的作用被不断清除，并在群体中处于非常低频的状态。然而在作物的驯化过程中，瓶颈效应、遗传漂变、人工选择等都会影响有害突变的频率。重组能够减少有害性突变的积累，然而在作物驯化过程中的自交或近交的育种方式却降低了基因组上重组交换的效率。此外，强烈的人工选择作用会导致有害突变随着搭车效应伴随驯化目标基因传递下去。群体中高频有害突变等位基因变多，有害突变较中性突变比率升高，以及个体基因组中有害等位基因的数目增加等，都是群体有害突变积累的信号。Liu 等（2017）利用群体基因组学方法，对栽培水稻的驯化成本进行了研究，发现水稻在驯化过程中有害突变呈现明显的积累趋势，具体表现在：①驯化稻个体比野生稻个体有害等位基因数量平均多 3%～4%；②有害突变在基因组的低重组区内富集；③dSNP 的频率在选择性清除区域内，即候选基因组驯化位点周围的比例较高。值得注意的是，在有害突变分析过程中，祖先等位基因（ancestor allele）的确定至关重要。只有在明确祖先等位基因的前提下，才能正确计算群体在进化过程中衍生出的有害等位基因（derived allele）的频率和个数。

3．驯化相关基因及功能变异位点特征 简而言之，驯化基因是指控制某种驯化性状的基因。Meyer 和 Purugganan（2013）认为驯化基因的确定需要满足几个条件：①已明确该基因的功能是控制某一驯化性状；②在该基因位点上存在正向选择信号；③驯化群体在该基因上存在相对祖先群体固定或趋于固定的变异。基于 Meyer 和 Purugganan（2013）收集的驯化基因，Pattnaik 等（2023）对驯化基因信息进行了更新，获得了 123 个功能已知的驯化基因，其中 64 个为转录因子，22 个为酶编码基因，24 个为多肽、转运蛋白、信号蛋白、色素蛋白和其他，7 个为转录调控元件，剩余 3 个未知分类。这些基因在作物生长、发育、结实和成熟过程中起着重要的调控作用，对其中的一些关键基因进行敲除，就可实现从野生植物到作物的“从头驯化”（表 7-3）。随着功能基因组学的进展，目前控制不同驯化性状的基因或代谢通路逐渐明确。产量基因大多与植物激素代谢、细胞分裂、淀粉和油脂的合成相关，而矮秆基因多与赤霉素代谢有关，适应性则与光、温感受基因等相关，抗病虫能力与 NBS 类基因密不可分，而耐逆性（盐、旱）多与膜（细胞膜、液泡膜）上的转运蛋白有关。从遗传学来看，作物对生态环境的适应性，特别是光温反应、抗病、抗虫所涉及的系统，较其他性状可能更为复杂多样，基因的等位变异更为丰富，位点之间组合可能更多，从而为适应不同的环境奠定了遗传基础。

表 7-3 作物重要驯化基因及变异类型

野生种	目标性状	基因	参考文献
醋栗番茄（*Solanum pimpinellifolium*）	紧凑的植株形态，果实的同步性成熟	*SP*	Li et al.，2018
	不论日照长短都开花	*SP5G*	
	增大果实大小	*SlCLV3*，*SlWUS*	
	提升维生素 C 的含量	*SlGGP1*	
醋栗番茄（*Solanum pimpinellifolium*）	生长习性	*SP*	Zsogon et al.，2018
	果实形状	*OVATE*	
	果实大小	*FAS*，*FW2.2*	
	果实数目	*MULT*	
	营养质量	*CycB*	
樱桃（*Physalis pruinose*）	初生和腋生枝开花	*SP5G*	Lemmon et al.，2018
	心室数目	*CLV1*	
非洲稻（*Oryza glaberrima*）	株高	*HTD1*	Lacchini et al.，2020
	种子大小/产量	*GS3*，*GW2*，*GN1A*	
狗尾草（*Setaria viridis*）	落粒	*SvLes1*	Mamidi et al.，2020
野生稻（*Oryza alta*）	落粒	*OaqSH1*	Yu et al.，2021
	芒长	*OaAn-1*	
	抽穗期	*OaGHD7*，*OaDTH7*	
	种子大小	*OaGS3*	
	株高	*OaSD1*	
野生番茄（*Solanum peruvianum*）	植物 RNA 沉默通路	*SpRDR6*，*SpSGS3*	Lin et al.，2022a
	病原体抗性肽前体	*SpPR01*，*SpProSys*	
大麦（*Hordeum marinum*）	白粉病抗性	*SpMlo1*	Kuang et al.，2022
	抗盐	*HmSOS1*	

在驯化和品种分化相关基因中，存在很多影响基因功能的变异，这些变异受到不同选择压

的影响，引起作物表型的改变和多样化（图 7-9）。在已知的驯化基因中，大部分的功能变异是无义突变（如移码和剪接缺陷）导致的；还有一种重要的功能变异为顺式调控突变；最后是错义突变或其他类型的改变蛋白质功能的变异。此外，已有报道发现，很多品种间表型多态性变化是功能丧失（loss of function）导致的。

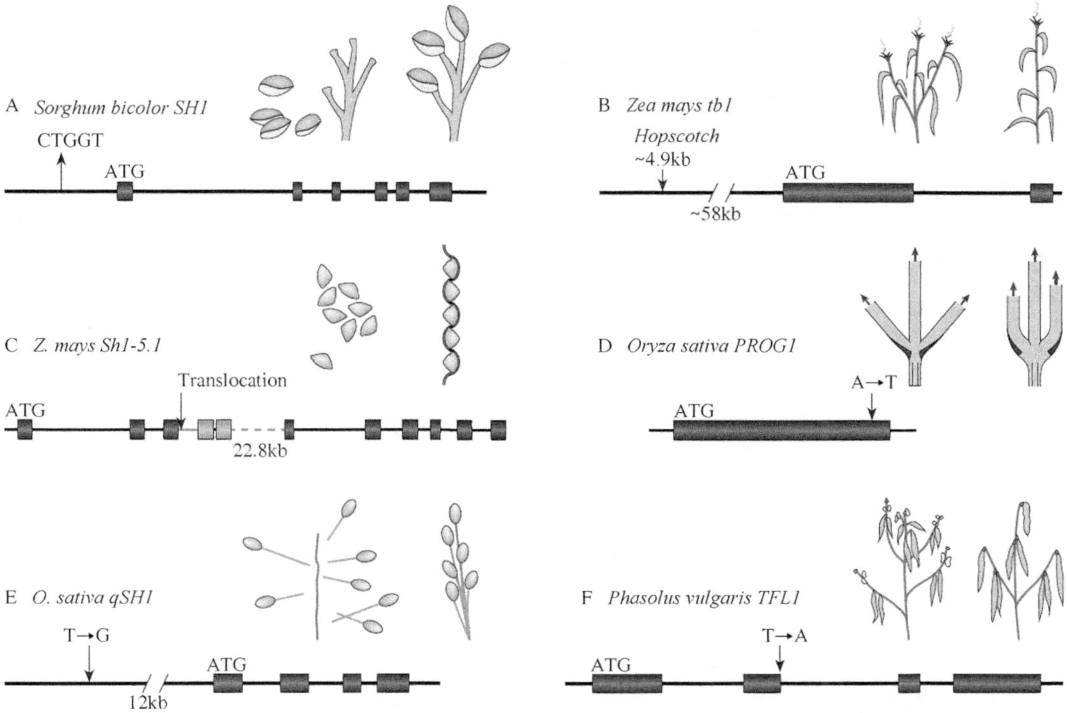

图 7-9　作物驯化过程中导致表型变化的遗传变异种类（引自 Meyer and Purugganan，2013）

A．在高粱（*Sorghum bicolor*）*SH1* 基因的启动子区域的一小段序列删除，导致种子落粒性降低；B．在玉米（*Zea mays*）*tb1* 基因上游约 58kb 存在一个转座子（*Hopscotch*）插入，引起玉米茎秆结构改变；C．来自未知基因的两个外显子转座或易位（translocation）到玉米 *Sh1-5.1* 基因中，导致 YABBY 结构域的丢失并引起落粒性降低；D．*PROG1* 基因上单碱基的错义突变引起亚洲栽培水稻（*Oryza sativa*）茎秆直立；E．水稻 *qSH1* 基因上游启动子区域的 SNP 引起落粒性下降；F．菜豆（*Phasolus vulgaris*）*TFL1* 基因上的一个剪接位点上的 SNP 导致无限花序向有限花序结构的改变

二、作物群体结构及其人工选择和遗传渐渗

（一）作物群体结构

作物的驯化历史漫长而复杂，同一种作物可能存在多次起源，且在扩散过程中人类为提高当地作物产量，常常会进行地域适应性育种。由于这些因素，同一作物不同群体的基因组之间会存在显著差异，导致作物出现群体结构。遗传差异越大，群体结构分化越明显。最早对特定作物群体结构的分析是利用分子标记进行有限的调查，目前主要是基于全基因组水平的遗传变异数据进行更全面准确的群体结构分析。以下列举栽培稻和黄瓜两个作物群体结构分析案例进行说明。

1．栽培稻群体结构　栽培稻群体结构的认识是一个不断深入的过程。最初国内外老一辈科学家基于表型可将亚洲栽培稻分为籼稻和粳稻，做出了出色的工作。进入分子生物学时代后，研究者基于基因组上少量的 DNA 序列差异构建了亚洲栽培稻群体的系统发生树，清晰地看出了籼稻、粳稻的分化。随着标记数目的逐渐增加，研究者对亚洲栽培稻群体进行了更加细致的分析，发现籼稻和粳稻其实还包括更加复杂的群体结构，如粳稻可以进一步分为热带和温带粳稻等。由此确定了亚洲栽培稻群体的 5 个亚群，即籼稻、秋稻、香稻、温带粳稻和热带粳稻（*O. sativa indica*、*O. sativa aus*、*O. sativa* aromatic、*O. sativa* temperate *japonica* 和 *O. sativa* tropical *japonica*）（Garris et al.，2005）。随着高通量测序技术的出现，基于基因组重测序和全基因组序列中的遗传变异来开展水稻系统发育分析成为可能。不断积累的栽培稻群体基因组数据，使我们对水稻栽培群体结构的认识更加清晰，进一步肯定了上述 5 个亚群的栽培稻群体结构（Huang et al.，2012；Chen et al.，2019a）。栽培稻 5 个亚群与野生稻 3 个亚群存在不同的系统发生关系，被不同野生稻亚群分割开来（图 7-10A），这与水稻的驯化起源有关。基于驯化位点 SNP 构建系统发生树（图 7-10B）与基于全基因组 SNP 树型（即图 7-10A）完全不同，栽培稻 5 个亚群聚在一起，这一结果支持栽培稻单次起源假说。

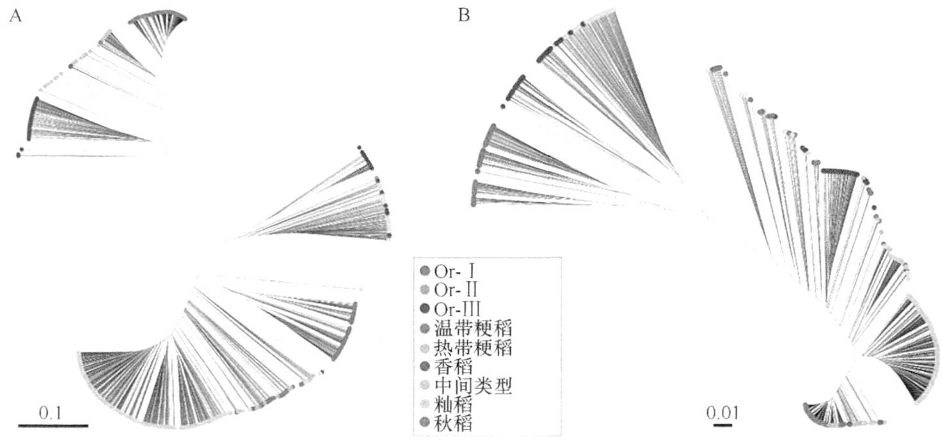

图 7-10　栽培和野生稻系统发生树及其分类（引自 Chen et al.，2019a）

系统发生树分别基于 1 529 个野生稻（*O. ruffpogon*）和栽培稻（*O. sativa*）的全基因组 SNP（A）和 55 个驯化位点 SNP（B）构建；图中包括野生稻 3 个亚群（Or-Ⅰ、Or-Ⅱ和 Or-Ⅲ）、栽培稻 5 个亚群和一个中间类型

2．玉米群体结构　玉米的野生近缘种，被统称为大刍草，主要分布在墨西哥西南部和中美洲。自约 9 000 年前首先驯化于墨西哥西南部巴尔萨斯河流域的小颖大刍草（*Zea mays* ssp. *parviglumis*）之后，半驯化的玉米就被引入北美洲各地，随后可能在约 6 000 年前与高原大刍草（*Zea mays* ssp. *mexicana*）发生了再次的杂交，进一步丰富了玉米的遗传多样性，促进了玉米向世界范围内的传播。与大刍草相比，栽培玉米在形态方面发生了巨大的变化。例如，大刍草具有多个分枝，而玉米只有一个主枝；大刍草的籽粒被坚硬的外壳包裹，但是玉米的籽粒则裸露在苞叶之下。通过对 744 份玉米和大刍草进行全基因组深度重测序，研究者构建了玉蜀黍属的遗传变异图谱，总计包括七千多万个单核苷酸变异和将近九百万个插入缺失变异（Chen et al.，2022a）。对遗传变异图谱进行群体结构和主成分分析发现，驯化玉米主要可以分为两个亚群，温带玉米和热带玉米。大刍草（玉米野生种）则可以分为 7 个群（图 7-11），具体包括抗涝大刍草（*Z. nicaraguensis*、*Z. luxurians*）、多年生大刍草（*Z. perennis*、*Z. diploperennis*）、小颖大刍草（*Z. mays* ssp. *huehuetenangensis*、*Z. mays* ssp. *parviglumis*）和高原大刍草（*Z. mays* ssp. *mexicana*）。

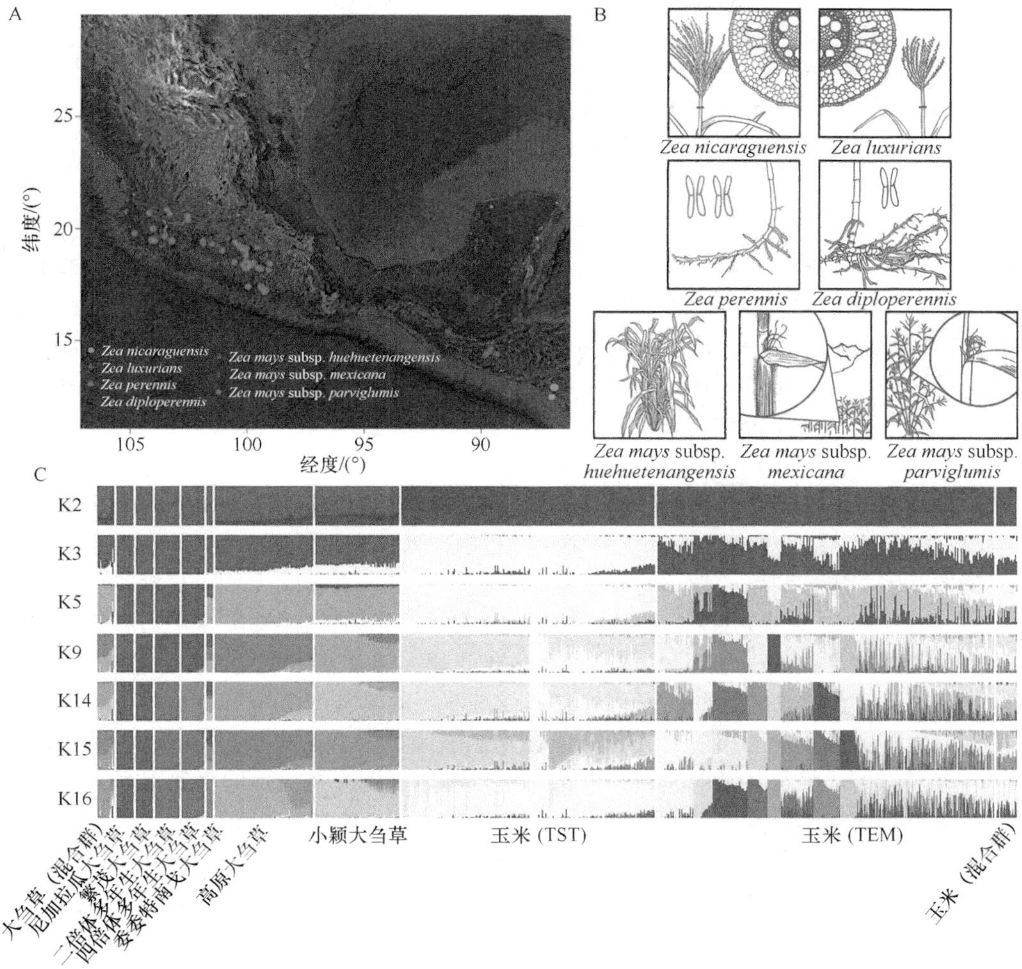

图 7-11　基于全基因组水平遗传变异的玉蜀黍属（玉米及野生近缘种）遗传结构分析

（引自 **Chen et al.，2022a**）

（二）作物基因组人工选择位点

植物在被驯化和后续的遗传改良过程中，基因组上会留下很多人工选择印记，这是作物群体基因组不同于自然群体基因组的明显特征。那么作物群体基因组上到底有多少人工选择的靶位点？受到选择的基因组区域范围或比例有多大？这些都是作物群体遗传学需要回答的问题。挖掘这些基因组选择印记，有助于找到重要的驯化和遗传改良相关功能基因，从而为育种改良提供分子理论基础。

如上所述，目前检测功能基因的方法可以分为两大策略：一种是从上而下的方法（如 QTL 定位和 GWAS）；另外一种是从下而上的方法（选择信号检测方法）。在基因组上找到候选位点后，再利用反向遗传学的实验手段验证基因和表型的关系（Ross-Ibarra et al.，2007）。利用这两大策略（单独或两类方法综合使用），目前在作物群体基因组上已发现了大量人工选择位点。同样以水稻和黄瓜为例：①为了鉴定水稻驯化基因位点，Huang 等（2012）利用驯化位点遗传多样性显著降低的特点，通过计算基因组上一定窗口内野生稻与栽培稻的遗传多样性比例（π_W/π_C），分别鉴定到了 60 个籼稻和 62 个粳稻基因组人工选择位点。这些位点包含重要驯化基因，如控制种壳颜色基因 *Bh4*、分蘖角基因 *PROG1*、种子落粒性基因 *sh4*、种子宽度基因 *qSW5*，以及叶鞘颜色基因 *OsC1* 等。此外，有 3 个明显的选择清除位点包含柱头外露率、种粒宽度、粒种相关 QTL 位点。这些驯化位点的鉴定为相关功能基因的克隆打下了很好的基础。②不同的栽培黄瓜虽在瓜形、风味、性型等方面存在较大差异，但和其祖先种印度黄瓜相比，栽培黄瓜果实苦味都基本消失，叶片变大，果实增长。因此不同的栽培黄瓜可能存在共同的人工驯化痕迹。Qi 等（2013）将不同栽培黄瓜群体分别与祖先类型印度黄瓜进行比较，结合遗传多样性比例（π_W/π_C）和 XP-CLR 分别对候选驯化选择区域进行了计算，并将两者结果一致的部分（80%）确定为最终的驯化选择区域。最终在基因组上共鉴定到 112 个候选驯化选择区域。该研究接着利用 Tajima's *D* 对这些区间进行中性检验，发现其中 100 个候选驯化选择区域 Tajima's *D* 值≤−2，确认了这些区域在栽培黄瓜驯化过程中经历了人工选择。其中，和苦味相关的 QTL 也定位于 5 号染色体的一个人工选择位点上。

不同植物驯化过程不尽相同，但有些人工选择位点却具有相同的特征，即具有一定保守性，这是驯化选择靶基因在不同科作物驯化中受到平行选择导致的。目前已发现不少这样的案例。①非编码 miRNA：miR156 在水稻和大豆驯化过程中作为选择靶基因，参与调控理想株型。②种子休眠调控基因：中国科学院遗传与发育生物学研究所田志喜和储成才团队发现，控制大豆种子皮色的 *G* 基因同时参与大豆种子休眠的调控。并且 *G* 基因的同源基因在水稻和拟南芥中都参与种子休眠的调控（Wang et al.，2018b）。③生长素响应相关基因：Xu 等（2012）在栽培水稻基因组中找到了大量潜在驯化相关基因。这些候选基因的功能富集与形态、生长和转录调控有关，其中包括了生长素响应相关的 SAUR 蛋白家族基因，该家族对开花、植物生长和植物结构调节起着重要作用。值得注意的是，该家族在玉米驯化基因分析中也同样发现了富集的情况，表明这些基因在作物驯化和改良中发挥重要和普遍的作用。④生殖隔离相关的基因：在一些物种的栽培群体中，与生殖隔离相关的基因区域会发生遗传多样性急剧降低的现象。例如，西瓜 3 号染色体上存在一个约为 2.2Mb 的区域，该区域在西瓜野生亲缘种具有非常高的遗传多样性，而现代栽培种中几乎没有多样性。水稻中也报道了类似的情况。这表明作物生殖隔离相关基因可能是驯化过程中的共同靶标位点，都受到强烈的人工选择作用。

人工选择靶向那些控制重要农艺性状基因位点，但选择的基因组区域的大小，对育种选择的分子机制认识很重要。由于搭车效应的存在，位于靶基因邻近基因组区域中的非育种目标性状基因也会被连带选择，在育种上导致选择累赘的发生。以韩斌院士课题组为例研究结果的，使用 $\pi_{野生}/\pi_{栽培}>3$ 为标准时，在籼稻和粳稻中分别检测到 60 个和 62 个受选择位点，但是选择区域的大小平均为 535kb 和 587kb，则累计有 32Mb 和 36Mb 的受选择区间（Huang et al.，2012）。另外，针对水稻已克隆的驯化和遗传改良相关基因位点所处的受选择区间进行统计发现，水稻选择位点的平均搭车区域大小为 383.6～441.1kb（表 7-4）。由此，在假设水稻基因组中有 100 个驯化和遗传改良相关基因受到强烈人工选择，每个受选择影响的基因组区域在 450kb 左右的情况下，累计会有 45Mb 的区域受到选择影响，涵盖 10%以上的水稻基因组区域（水稻基因组大小按 400Mb）。

表 7-4　栽培稻群体人工选择位点区域大小

选择位点	选择性状	选择区域/kb	文献
sh4	落粒性	60～400	He et al.，2011；Huang et al.，2012
Prog1	分蘖角	300～600	He et al.，2011；Huang et al.，2012
qSH1	落粒性（粳稻）	800	Lu et al.，2018
Rc	果色	20～300	He et al.，2011；Huang et al.，2012

续表

选择位点	选择性状	选择区域/kb	文献
An1	芒长	700	Lu et al.，2018
waxy	糯性	260	Purugganan and Fuller，2009
Bh4	稻壳颜色	500	Huang et al.，2012
qSW5	粒宽	600	Huang et al.，2012
badh2	香气	100	Wang et al.，2014b
OsAMT1	养分吸收（氨）	100	Ding et al.，2011
SD1	株高（赤霉素合成）	404	Paterson and Li，2011
Pib	稻瘟病抗性	500	Lu et al.，2018
GAD1	粒数、粒长	900	Jin et al.，2016
LABA	芒长	800	Hua et al.，2015
sdr4	种子休眠	68	Zhao et al.，2022b
G	种子休眠	25	Wang et al.，2018b
平均值*		441.1（383.6）	

*分别按照报道的各个基因选择搭车区域最大值（最小值）统计

（三）遗传渐渗与环境适应

在作物群体基因组中，有一个明显特征是存在大量来自野生祖先种的遗传渐渗，这是作物群体进化过程中时常发生的事件。来自野生群体的基因渗入可以有效增加栽培种的遗传多样性，提高其环境适应性。

一个典型例子来自玉米。Hufford 等（2013）研究发现，驯化玉米在向墨西哥中部的高海拔地区扩张时，发生了当地高原大刍草（*Zea mays* subsp. *mexicana*）的基因渗入，这些渗入区间与高海拔环境适应性状（花青素含量、叶粗毛）QTL 位点相互重叠。Wang 等（2017b）的研究也发现，高原玉米中也存在 *mexicana* 的基因组渗入，表明 *mexicana* 的基因渗入是玉米适应高海拔气候环境的主要来源。在发生渐渗的过程中，由于玉米与大刍草的单向杂交不亲和性，大部分的基因流方向为大刍草向玉米的渗入，使适应性渗入位点在栽培玉米中普遍存在。然而，在驯化位点或者杂交不亲和位点附近，不管哪个方向的基因渗入发生频率都很低。Yang 等（2023）在对来自世界范围的现代玉米（包括来自驯化中心的墨西哥玉米、美国西南部玉米、安第斯山脉玉米、中国本土玉米）进行研究发现，所有的玉米里都有 *mexicana* 基因组的渗入，平均发生比例约为 22%。进一步研究发现，对于现代玉米基因组中 *mexicana* 等位基因频率超过 80%的区间来说，其与抗性、开花期等重要农艺性状相关（图 7-12）。这些研究都表明了 *mexicana* 在现代玉米适应性演化中起着十分关键的作用。

三、作物泛基因组

目前主要作物均开展了群体基因组重测序工作，以单个品种基因组作为参考基因组，在 SNP、Indel 水平对群体的遗传变异进行了分析。而相较于动物基因组，植物基因组高度可变，不同的个体之间包含大量特有的片段。这些由转座子扩张、基因串联复制、基因组重排、全基因组重复事件等产生的 SNP、PAV、SV 等为自然选择、性状变异和适应性等提供了大量目标位点。在利用单个参考基因组进行分析群体遗传分析时，仅考虑了物种的部分遗传信息，忽略了参考基因组以外的大量遗传变异信息。而从泛基因组水平进行研究，则可以涵盖一个物种或种

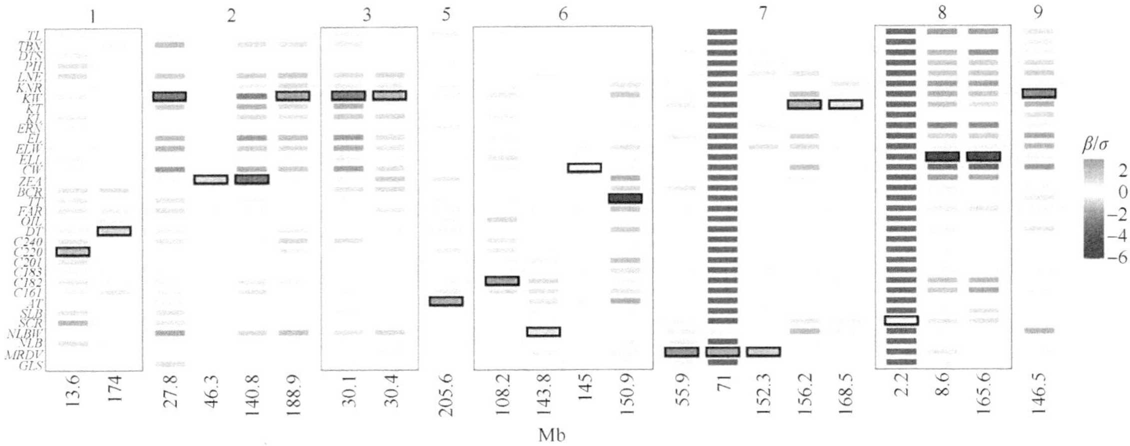

图 7-12　玉米大刍草渗入对玉米表型的影响（引自 Yang et al.，2023）

22 个显著渗入位点对不同表型的影响；灰色的边框代表数据缺失，黑色的边框代表 SNP 对该性状影响的绝对值最大；图上方的数字代表染色体，图下方的数字代表位置（Mb）

群的大部分遗传多样性，为物种的起源、演化、改良等提供更多的信息。截至 2022 年 12 月 31 日，在 PubMed 的标题/摘要中以关键词“pangenome”（或“pan genome”“pan-genome”）和“pangenomics”（或“pan genomics”“pan-genomics”）搜索，可见发表的泛基因组（包括作物泛基因组）相关论文数量在逐年增加。自 2010 年以来，泛基因组相关研究论文已达 2 271 篇，其中以“plant”或“crop”为主题的泛基因组相关研究论文已达 588 篇。

作物泛基因研究起始于 2014 年（Li et al.，2022a），目前针对部分作物（如水稻、小麦、玉米、大豆、棉花、油菜等）已开展了泛基因组研究（表 7-5）。作物泛基因组研究内容，目前主要集中在目标物种泛基因组大小、特征、核心基因数量、结构变异、转座子及农艺性状相关基因等方面。以水稻为例，Zhao 等（2018）利用二代短片段测序数据从头拼接了 66 份栽培稻和野生稻的泛基因组，系统地调查了水稻泛基因组中整套编码基因在不同种质之间的存在/缺失变异（PAV）情况，获得了水稻核心基因集，并发现非必需基因在生物和非生物响应基因上存在富集，特别是 NBS-LRR 和 NB-ARC 类基因。此外，中国农业科学院牵头开展的国际水稻 3K（3 000 份）基因组项目，使用迭代组装策略构建了亚洲栽培稻的泛基因组，获得了水稻参考基因组‘日本晴’之外的 268Mb 非冗余序列，预测了约 1.2 万个全长基因和数千个新基因（Wang et al.，2018c）。基因功能富集发现，不同水稻亚种的核心基因家族与生长、发育、繁殖相关，而非

表 7-5　作物泛基因组研究举例

作物	资源种质数量	泛基因组代表性指标	文献
水稻	31	66 366 泛基因	Qin et al.，2021
小麦	15	～13 000 PAV	Walkowiak et al.，2020
玉米	26	103 000 泛基因	Hufford et al.，2021
大豆	29	129 006 泛基因	Liu et al.，2020
高粱	16	44 079 泛基因	Tao et al.，2021
棉花	10	54 401 泛基因	Wang et al.，2022a
番茄	100	238 490 SV	Alonge et al.，2020
黄瓜	12	26 822 泛基因	Li et al.，2022b
油菜	8	152 185 泛基因	Song et al.，2020b

必需基因则富集在免疫、防御响应和乙烯代谢等通路。而随着三代测序技术的发展，Zhang 等（2022）利用 Nanopore 平台对 105 份驯化稻和 6 份野生稻进行了从头拼接，仅基于驯化稻就发现了 604Mb 的新序列，相较于 3K 驯化稻中的约 270Mb 的新序列，鉴定到了更多的重复序列。在加入 6 份野生稻后，最终相较于‘日本晴’，在所有 111 份材料中鉴定到了 879Mb 的新序列、19 000 个新基因。此外，Qin 等（2021）利用 PacBio 平台组装了 31 份高质量的水稻（包括野生稻和驯化稻）基因组，鉴定到了 171 072 个非冗余的、影响 1.23Gb 基因组序列的 SV（包括 164 009 个 PAV、6 109 个异位和 954 个倒位），与 3K 短片段中鉴定到的 SV 相比，其中有 92.8%的 SV 之前没有报道过。进一步分析发现，与 SV 相关基因的表达更易受环境胁迫的影响，并与种子休眠、稻瘟病等性状相关（图 7-13）。Shang 等（2022）也利用 Nanopore 平台对 251 份水稻（包括野生稻和驯化稻）进行了从头拼接，同样也鉴定到了大量的 SV 和 PAV，详细地对 *NLR* 基因进行了鉴定及特性分析，发现了与水稻粒重相关的 SV。Wu 等（2023a）加入杂草类型水稻，基于共线直系同源基因（syntelog）构建了包含 74 个高质量基因组的水稻泛基因，发现遗传渗入对于驯化和去驯化的重要影响。水稻泛基因组体现了水稻种质资源中的遗传多样性，对水稻的育种改良有着重要意义。

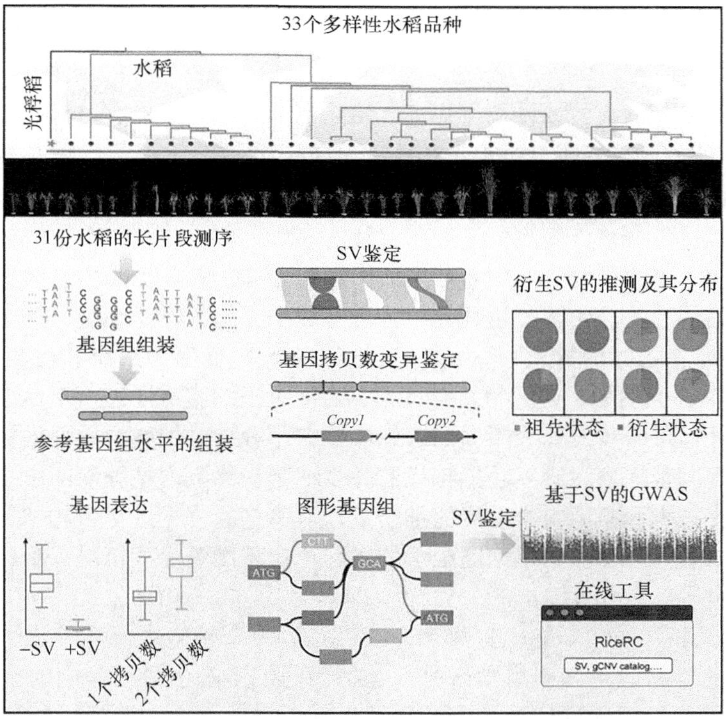

图 7-13　基于 33 个多样性品种的水稻泛基因组研究（引自 Qin et al.，2021）

作物泛基因组其实是一个动态概念。随着测定特定作物物种个体基因组数量的增加，其泛基因组及核心基因组（核心基因集）大小在不断变化，即泛基因组在不断扩大，核心基因组的基因数量在不断减少。目前开展泛基因组研究的作物，已经能够获得一个比参照基因组大得多的泛基因组（如水稻）。随着后续个体基因组研究不断深入，每个作物物种都会得到一个完整的泛基因组，用于遗传育种等研究。此外，图形泛基因组的应用使研究者们能够获得更多的信息，包括所有的多态性、大的 SV、每个个体的基因和 SNP 等。随着越来越多基因组的组装，物种的泛基因组将会越来越完整，将为自然变异多样性的研究、育种标记的识别、具有理想等位基因品系的组合、非编码序列及基因功能的研究等提供重要的信息。

第 8 章

植物单细胞基因组

扫码见
本章彩图

第一节 单细胞组学概述

一、单细胞及其组学研究

（一）单细胞及其组学概念

细胞是生命的基本单位，多细胞生物体是由不同形态、功能的各类细胞构成。人类有大约 3.72×10^{13} 个在不同组织中和谐共处的单细胞（Bianconi et al.，2013）。在传统生物学中，通常假设同一组织中的细胞是具有相同状态的功能单位。因此，传统的研究手段基于该假设对细胞行为、基因表达等进行分析，得到的是细胞群体的平均反应，或仅代表该群体中数量上占优势的细胞信息。其实，来源于同一组织看似同质的细胞之间，存在很大的基因表达差异。正如世界上没有两片相同的叶子，实际上生物界中也没有两个完全一样的细胞。每个细胞都有自己独特的个性，单个细胞之间的异质性（cell heterogeneity）是生物系统和生物组织的普遍特征（Kalisky et al.，2011）。例如，在胚胎发育过程中，每个干细胞都通过不断地分裂分化产生各种不同类型细胞，从而进一步发育成不同的组织和器官。肿瘤是细胞异质性的重要体现之一，同一肿瘤内部存在不同基因表达谱和功能特征的肿瘤细胞，导致同种肿瘤的患者预后有着天壤之别。在高通量测序技术和基因组学发展的推动下，从单细胞水平进行生物学分析并把握这些细胞异质性，迅速成为研究热点。单细胞组学的兴起，让精准医疗、精准育种、物种进化等研究与应用进入了一个崭新时代。

单细胞组学（single cell omics），顾名思义，是以单个细胞为研究单位，解析其基因组结构、功能与进化的学科。单细胞组学研究，包括不同细胞在生命过程中的个性化功能和独特的调控机制，将推动以细胞群体为基础的传统生物学向以单个细胞异质性为基础的单细胞组学发展。它研究的对象为主要在细胞水平的基因组、转录组和表观组层次，涉及单细胞组学测序技术及其数据分析方法（图 8-1）。目前已开发出了单细胞或单细胞核分离与分选技术；单细胞 DNA（scDNA-Seq）、RNA（scRNA-Seq）、染色质可及性（scATAC-Seq）、甲基化组、三维基因组、蛋白质组等测定技术；细胞组学高维数据分析方法（如细胞鉴定、拟时分析、拷贝数变异检测）。

（二）单细胞组学研究历史

回顾单细胞测序技术的发展历程，有许多里程碑事件（Wang et al.，2015c）。2009 年，Tang 等（2009）对小鼠四细胞胚胎阶段的单个卵裂球进行单细胞转录组测序，这是哺乳动物的

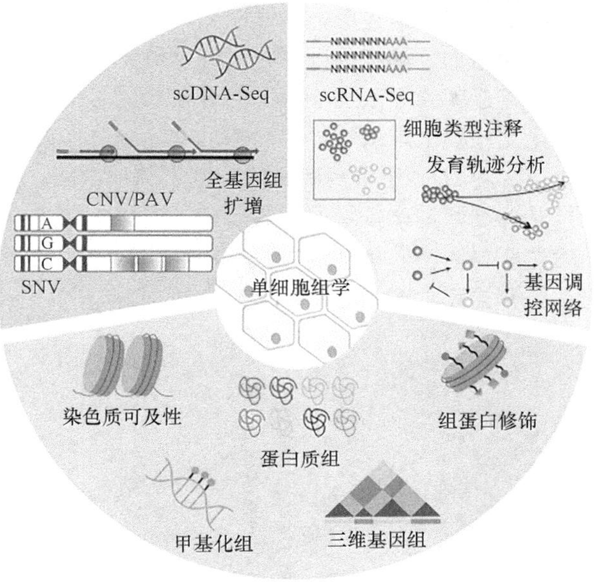

图 **8-1**　单细胞组学目前主要框架与构成（引自 **Mo and Jiao，2022**）

第一个单细胞测序工作。2011 年，Navin 等通过流式细胞分离，对 200 个癌细胞分别测序和进化研究。这是哺乳动物第一个单细胞基因组 DNA 测序工作。2012 年，单细胞测序技术的研究与应用进入了井喷式发展阶段：华大基因在同一期 *Cell* 上发表了两篇对上百个肿瘤单细胞外显子组（Xu et al.，2012b）和基因组（Hou et al.，2012）测序分析的研究；斯坦福大学 Stephen Quake 实验室在 *Cell* 上发表对单个精子的基因组测序（Wang et al.，2012a）；哈佛大学谢晓亮团队在 *Science* 上同期发表了两篇文章，介绍了一种基于 PCR 和多重置换扩增（multiple displacement amplification，MDA）技术的单细胞 DNA 扩增技术——多次退火环状循环扩增技术（multiple annealing and looping based amplification cycles，MALBAC）（Zong et al.，2012；Lu et al.，2012），该技术大幅度提升单细胞基因组实验室扩增的覆盖率和一致性，使单细胞基因组测序结果更加稳定；*Nature* 发表冷泉港 James Hicks 实验室有关乳腺癌的单细胞 CNV 研究结果（Garvin et al.，2015）。2015 年，华中农业大学严建兵团队首次实现植物单细胞全基因组测序。他们通过对 24 个玉米四分体单细胞测序，对玉米重组规律形成了新认识，丰富了遗传学理论，为作物育种提供了有价值的信息（Li et al.，2015）。2017 年，谢晓亮团队又在 Science 上发文，介绍了一种有高基因组覆盖度（98%）、高准确度、高扩增一致性的单细胞 DNA 扩增技术——基于转座插入的线性扩增（linear amplification via transposon insertion，LIANTI）（Chen et al.，2017a），为不同物种无偏检测 CNV 和 SNV 提供了强有力的工具。

2018 年，*Science* 杂志将单细胞发育（development cell by cell）研究评为年度十大突破之首，认为单细胞相关技术（单细胞分离技术、单细胞基因组测序及其生物信息学分析技术）将改变未来 10 年的生物学研究。

二、单细胞组学关键技术

单细胞组学研究涉及多个环节，包括通过实验手段获取单个细胞，建立测序文库，进而利用高通量测序技术获得组学数据，并借助生物信息学技术进行分析等（大致流程见图 8-2）。首先是单细胞分离技术。单细胞体积微小且形态多样，尤其是植物组织单细胞，由于细胞壁难以消化而使单细胞分离难度大大增加。单细胞分离是单细胞测序技术目前的主要难点。针对不同组学分析目标不同，测序文库建库的方法也不同（图 8-2）。就目前的单细胞测序技术而言，单个细胞的核酸量不足以满足测序要求。例如，单个哺乳动物细胞内的总 RNA 量约为 10pg，其中 mRNA 为 0.1～0.5pg，远远小于高通量测序文库构建所需的 RNA 量。因此，对单细胞进行数十万倍的扩增建库同样是单细胞测序技术的关键步骤。有关单细胞分离与获取、基因组扩增建库与测序、转录组扩增建库与测序、单细胞 DNA 甲基化测序等实验方面内容以及单细胞组学数据分析技术内容请参见樊龙江主编的《单细胞组学基础》一书。

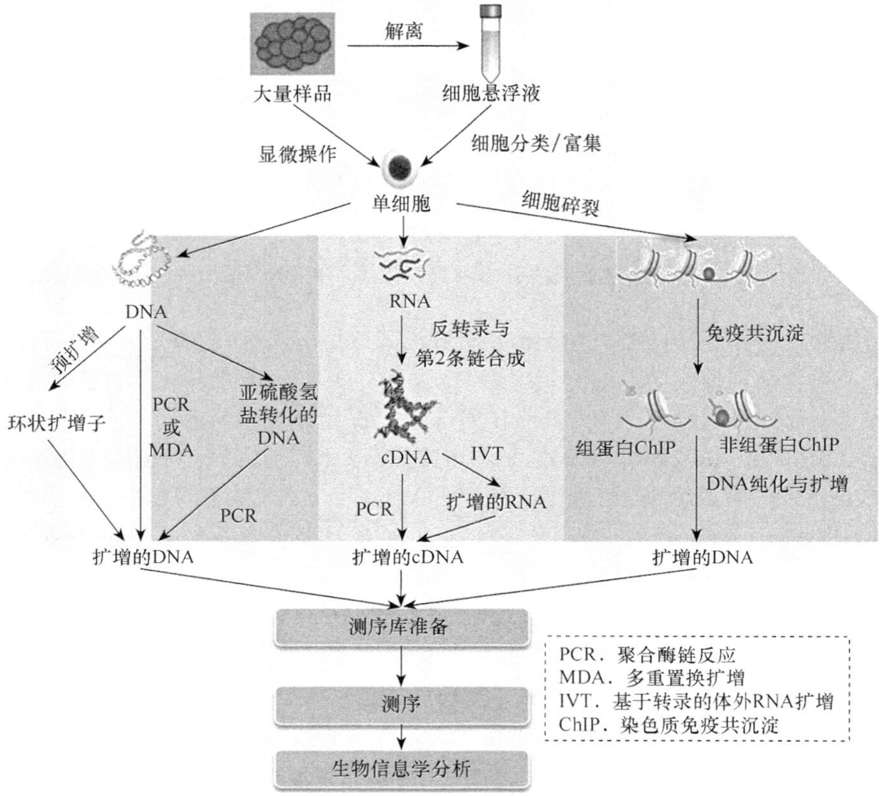

图 8-2　单细胞组测序与组学应用的技术流程（引自 Xu and Zhou，2018）

第二节　植物单细胞组学研究

一、植物单细胞组学研究状况

植物单细胞组学研究相对于医学领域起步较晚，一个主要原因是植物细胞壁的阻碍。对于高通量单细胞测序，植物需要去细胞壁制备原生质体。制备原生质体过程一方面引入了酶解细胞壁的实验误差（需要数据分析中去除），同时制备难度很大，难以获得符合要求的单细胞悬液样品。

目前植物单细胞组学研究主要还是集中在转录组方面，单细胞基因组研究还很少，仅限少数案例，尚未见高通量研究（详见下节）。目前约 20 个植物物种 400 余种细胞类型被转录组测序（表 8-1）。这些单细胞组学数据主要通过高通量测序平台（如 10x Genomics）测定，涉及根、茎、叶等主要组织，构建了植物细胞表达图谱，开展了生长发育和胁迫响应等生物学机制研究（图 8-3）。基于单细胞转录组学数据，目前已鉴定出大量植物细胞类型标记基因，并建立了其相应的数据库（表 8-1）。根据各个研究团队分析结果，目前已有 400 余种植物细胞类型及其相关 20 余万个标记基因。目前植物领域急需一个统一的细胞类型定义和标记基因认定标准。

表 8-1　植物细胞类型标记相关数据库

数据库名称	说明*	网址
Cell Ontology	细胞类型分类（细胞本体）	http://cellontology.org
Plant Ontology	植物及其细胞分类数据库	http://plantontology.org
Cell Taxonomy	细胞类型及其标记数据库。收录 2 个植物物种 14 种细胞类型	https://ngdc.cncb.ac.cn/ celltaxonomy
PlantscRNAdb	植物细胞类型标记及其可视化数据库。收录 15 个物种 451 种细胞类型的 11.5 万个标记基因	http://ibi.zju.edu.cn/plantscrnadb/
PCMDB	植物细胞类型标记数据库。收录 6 个物种 263 种细胞类型的 8.1 万个标记基因	https://www.tobaccodb.org/pcmdb/homePage
PsctH	植物细胞类型标记数据库。收录 5 个物种 52 种细胞类型的 104 个经实验验证的标记基因	http://jinlab.hzau.edu.cn/PsctH/
scPlantDB	植物细胞类型标记等综合数据库。收录 17 个物种 259 种细胞类型的 22.9 万个标记基因	https://biobigdata.nju.edu.cn/scplantdb
PlantPhoneDB	植物细胞通信分析数据库。收录 5 个物种 128 种细胞类型	https://jasonxu.shinyapps.io/PlantPhoneDB/

*数据统计截至 2024 年 12 月

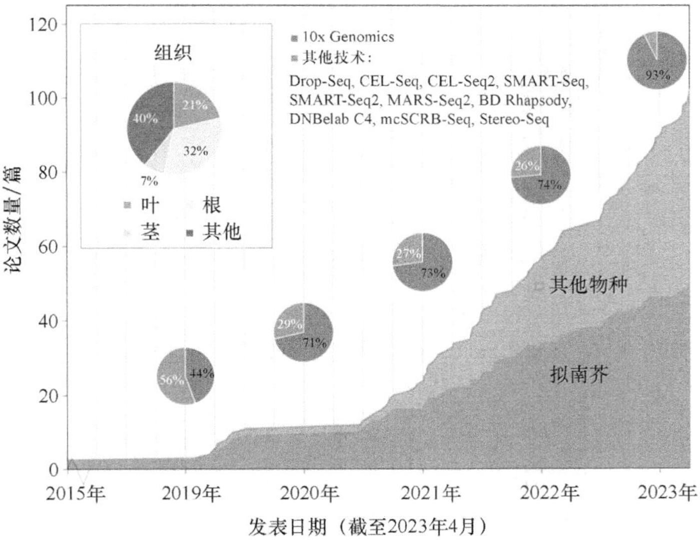

图 8-3　植物单细胞转录研究进展（引自 Zheng et al.，2023）

图中列出了植物领域发表的 104 篇单细胞转录组学研究论文情况，包括主要涉及的物种、器官组织和技术平台

（一）植物单细胞基因组研究案例

华中农业大学严建兵团队首次实现植物单细胞全基因组测序，其团队李响博士等克服植物细胞壁的障碍，于 2015 年和 2017 年连续报道玉米花粉单细胞研究成果。后续其他实验室也报

道了一些植物单细胞基因组研究结果。以下重点列举 2 个植物单细胞基因组分析案例。

1．玉米孢子单细胞测序及其遗传重组规律分析 利用显微技术手动分离花粉单个四分体孢子（图 8-4A），获得 96 个小孢子，进行遗传重组机制的研究。遗传重组是物种进化的重要

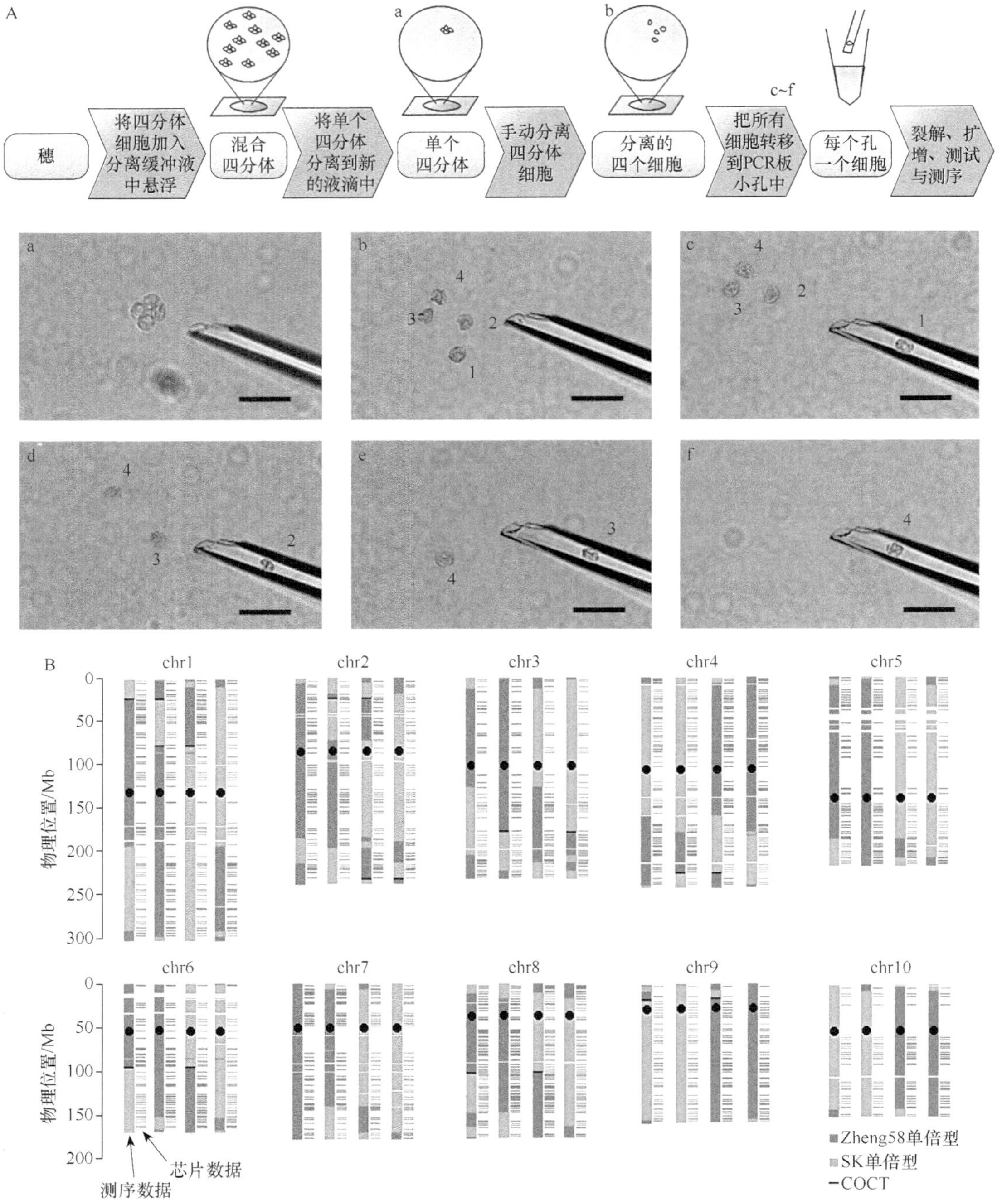

图 8-4 玉米单个四分体小孢子分离、单细胞测序及芯片分析结果（引自 **Li et al.，2015**）

A．玉米单个四分体小孢子的分离过程：a～f 为各时期实图照片，标注于上方的流程图中。a～f 中的比例尺为 100μm；1～4 表示 4 个小孢子的序号。B．一个四分体的单细胞测序及芯片分析结果。将四分体的 4 条同源染色单体结合起来分析。对于同一条染色单体，左侧密集的标记为测序的结果，右侧稀疏的标记为芯片鉴定的结果，两种方法得到的 bin 能高度吻合。

动力之一，也是作物遗传改良的理论与物质基础。四分体是一次细胞减数分裂后的直接产物，是遗传重组分析的理想材料。研究人员通过 MDA 对 96 个小孢子进行基因组扩增和富集，进行了全基因组重测序，平均深度达到 1.4×，平均基因组覆盖度为 41%，共获得近 60 万个高密度的 SNP 标记，构建了接近单碱基水平的重组图谱。比起 RIL 等分离群体，利用单小孢子群体可以通过在四分体 4 个同源染色单体中判定遗传背景的交换，直接评估一次减数分裂过程中的重组交换。为了验证遗传重组交换鉴定的可靠性，研究人员还对 12 个四分体的 48 个样品进行了 3 072 个 SNP 的芯片分析，有 42%～62%的 SNP 能被检测到。芯片鉴定出来的遗传背景和高通量测序鉴定的结果高度吻合，证明单细胞测序结果的可靠性（图 8-4B）。该研究通过比较单个小孢子之间基因组的遗传背景，得出玉米一次减数分裂平均发生 38.5 个同源重组交换，并定位了多个重组热点区域。

2．玉米单个花粉测序及其单倍体诱导机制　严建兵团队发展出分离成熟花粉单核的方法，应用于玉米单倍体诱导形成的机制研究。玉米中存在天然的单倍体诱导系，当诱导系与普通玉米材料杂交之后，后代有一定概率产生仅含有普通玉米材料染色体的单倍体个体。剖析单倍体诱导过程，对理解染色体行为及遗传稳定与物种进化的关系有重要价值。单倍体诱导也具有巨大的商业育种价值。最近几十年，单倍体育种已经广泛应用于玉米育种中，利用单倍体诱导产生单倍体，然后加倍产生纯合的二倍体，可以大大加快育种进程，解析单倍体诱导机制将有利于进一步提高诱导率，助力作物的遗传改良。尽管玉米单倍体育种取得了较大的进展，但其遗传机制一直没有明晰。中国农业大学金危危团队与严建兵团队合作，分离到来自 22 个玉米花粉的 66 个单核和来自 18 个玉米四分体的 72 个小孢子，进一步全基因组 PCR 扩增和高通量测序，并进行拷贝数变异等分析。研究发现诱导系成熟花粉的精核在减数分裂期之后会产生染色体的片段化现象，证明了花粉有丝分裂时期的精子染色体片段化，是造成受精后染色体消除及单倍体诱导的直接原因（图 8-5），为进一步研究单倍体诱导的分子机制提供理论支持。

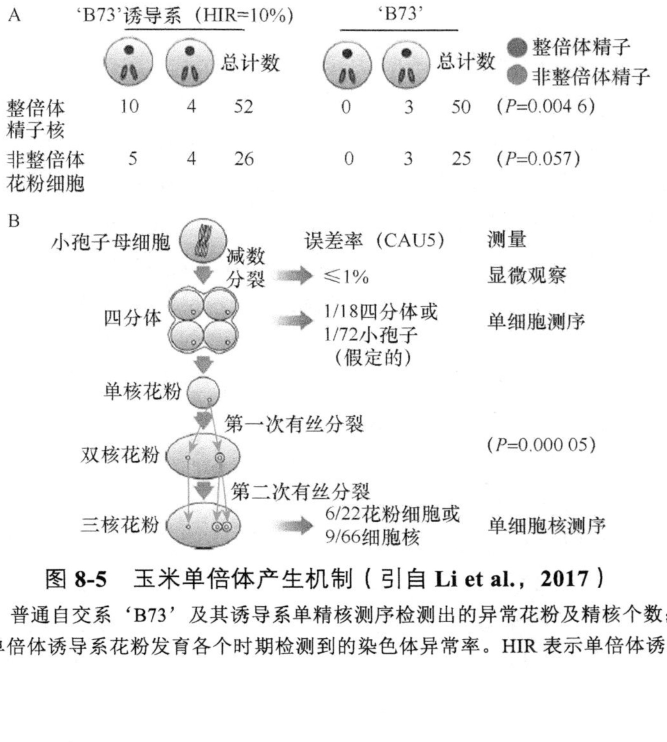

图 8-5　玉米单倍体产生机制（引自 Li et al.，2017）

A．普通自交系‘B73’及其诱导系单精核测序检测出的异常花粉及精核个数；

B．单倍体诱导系花粉发育各个时期检测到的染色体异常率。HIR 表示单倍体诱导率

（二）植物单细胞和空间转录组研究

1．表达图谱构建 植物表达图谱是对植物不同器官、组织或发育阶段中的细胞类型和基因表达模式的全面描述。单细胞转录组学可以帮助研究者们衡量单个植物细胞中各个基因的表达水平，从而绘制植物细胞表达图谱。通过对表达图谱的分析，研究者们可以更深入地理解植物细胞的功能和特性。目前已开展了拟南芥、水稻等主要植物组织器官的细胞图谱。例如，中国农业科学院生物技术研究所谷晓峰研究组分别以水稻粳稻和籼稻根尖为材料进行了单细胞转录组测序，并根据 10 968 和 12 564 个单细胞的数据构建了表达图谱（Liu et al.，2021b）。该研究团队进一步确定了水稻根尖细胞类型特异性的调控程序并揭示了水稻和拟南芥根尖相同细胞类型之间的基因表达差异。单细胞转录组学推进植物表达图谱的构建，为植物学研究提供新的微观视角。

随着空间转录组技术，特别是单细胞水平技术的出现，研究人员开展了植物细胞空间表达图谱构建。目前在拟南芥、水稻、玉米等植物上均开展了叶片、种子、穗等组织的细胞空间表达图谱构建（Xia et al.，2022；Yao et al.，2024；Wang et al.，2024）。细胞空间表达图谱为细胞类型精细鉴定、细胞通信分析等提供了更加直接和准确的数据和信息。

2. 生长发育机制 植物的生长发育是一个复杂过程，涉及到多种细胞类型的相互作用。普通转录组学方法一般只能获得细胞群体的平均信号，较难揭示细胞间的异质性和动态变化。单细胞转录组学可以对单个细胞的基因表达进行高通量的测量，从而为植物生长发育机制的研究提供了新另一条路径。例如，纽约大学 Birnbaum 教授团队利用谱系追踪、活体成像及单细胞 RNA 测序等手段，通过研究被切除分生组织后再生的拟南芥根尖不同类型细胞的表现，证实植株可以通过重演胚胎发育，用已经特化的许多不同类型的细胞自然重建它们的干细胞（Efroni et al.，2016）。这说明，并非只有干细胞直接生成植物组织，而是植物组织同样可以生成干细胞。该团队利用酶解法消化拟南芥根尖细胞细胞壁，之后利用 FACS 进行单细胞分离，共获取 238 个根尖分生组织单细胞，并利用 SMART-Seq2 进行单细胞测序。他们利用 579 个标记基因的表达情况，对根尖再生不同阶段的细胞进行鉴定和归类（图 8-6），发现根尖分生组织被切除 3h 之后，中柱细胞开始减少，而随之出现了少量的静止中心（quiescent center，QC）、干细胞、侧根冠细胞等；在切除 16h 之后（干细胞激活之前），作为根尖分生组织核心部分的干细胞和静止中心比例增加；在根恢复生长 46h 后，根尖分生组织也已经成功再生。研究结果表明，实现长期生长的要素未必是具有生成细胞特性的干细胞，而是一起构建出干细胞行为的周围组织。另外，采用 10x Genomics 系统，中国科学院上海植物生理生态研究所王佳伟研究组对拟南芥根尖 7 695 个单细胞进行转录组测序分析，在单细胞水平上揭示了拟南芥细胞的异质性，描绘了拟南芥发育全景图并重构了根尖分生组织细胞的生育轨迹（Zhang et al.，2019b）。单细胞转录组学可以捕获植物生长发育过程中细胞的状态和转变趋势，为植物生长发育机制的研究提供助力。最新的空间转录组技术也被应用于植物生长发育研究。例如，中国科学院分子植物科学卓越创新中心巫永睿团队等率先将空间转录组技术用于玉米籽粒发育过程研究（Fu et al.，2023）。他们详细划分了玉米籽粒灌浆期不同细胞功能亚群，揭示了光合同化产物从进入籽粒到合成淀粉、蛋白质和脂类等储藏物质过程的空间转录特征。

3．胁迫响应机制 胁迫可以包括各种生物性和非生物性因素，如缺水或病菌侵染等。植物的胁迫响应机制是指植物在面对上述不利条件时所展现的一系列适应性反应和生理调节机制。这种机制旨在最大程度地减少胁迫带来的损害，有利于植物的生存。例如，中国科学院遗传与发育生物学研究所钱文峰研究组对三种非生物胁迫（低氮、高盐和缺铁）下的水稻幼苗进行单细胞测序，共捕获了 237 431 个单细胞（Wang et al.，2021b）。该研究团队发现，非生物胁迫刺激很大程度上以细胞类型特异性的方式改变水稻基因表达，但对于同一细胞类型，不同的胁迫会触发相似的转录调节模式。单细胞转录组学能揭示逆境下植物细胞类型特异性的转录变化，从而帮助研究者们更全面地理解植物在胁迫条件下的响应机制。

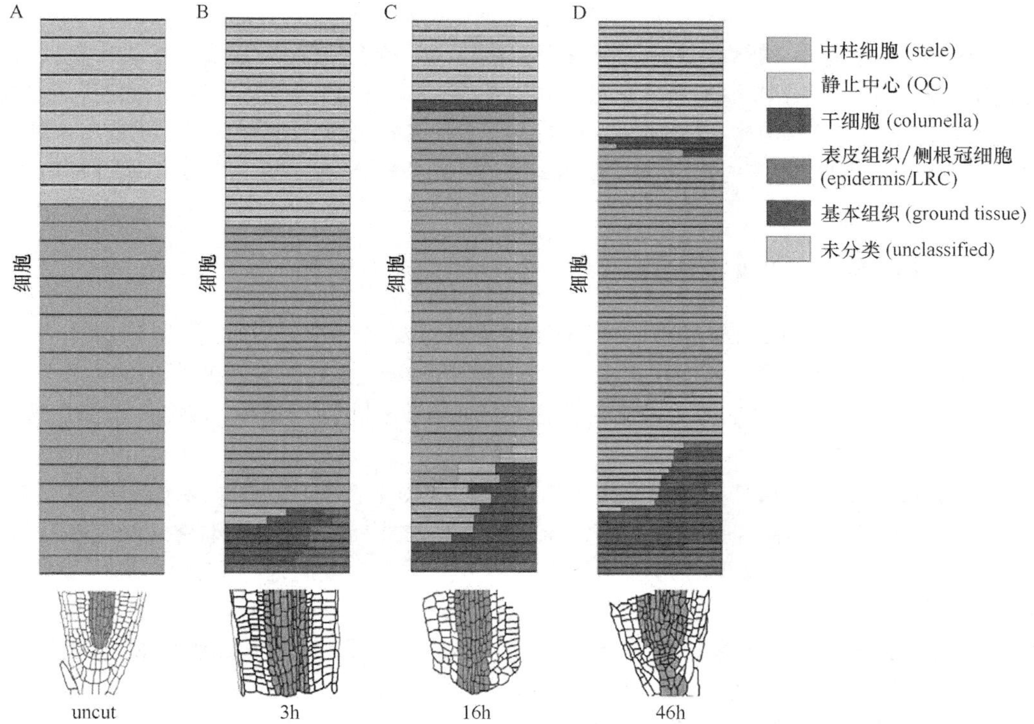

图 8-6　基于单细胞转录组的拟南芥再生根尖顶端生长组织单个细胞鉴定（引自 **Efroni et al.，2016**）

A．未切除根尖（uncut）分生组织的对照组；B～D．根尖再生的不同阶段（3h、16h 和 46h）

二、植物单细胞组学展望

（一）单细胞组学发展趋势

单细胞组学发展迅速。在可以预见的未来，单细胞组学无论在技术研发还是具体应用上都会迅猛发展。总的来说，单细胞组学处于一个单细胞测序技术及其分析方法不断涌现的发展时期。单细胞测序技术研发主要集中在单细胞多组学和空间组学技术。同时，一系列新技术在逐步攻克细胞壁、高通量细胞分离等问题，由此解决各种类型困难样品难题。同时，单细胞组学会进一步扩大应用领域。单细胞组学呈现如下几个发展趋势（樊龙江，2024）。

1．从单细胞组学向多组学技术快速发展　除单细胞基因组、转录组外，单细胞多组学分析同样发展迅速，如单细胞基因组、转录组与单细胞表观基因组学的结合。目前已有技术可以通过单细胞 ATAC-Seq 和 RNA-Seq 组合，从单细胞水平充分地展示表观基因组学和转录组学的信息，双组学联合可深入地挖掘基因表达的动态调控机制。在可预见的未来几年内，将会有更多的单细胞多组学测序技术及其对应的分析方法涌现，实现将同一个细胞内更多维度的信息进行精准检测与整合，比如同时在一个细胞内检测转录组、基因组变异、组蛋白修饰等三组学，甚至四至五个组学的高通量单细胞测序技术。

2．单细胞空间组学技术成为新增长点 空间转录组技术因其可以获得组织细胞空间位置信息的独特优势，同样成为单细胞研究领域的热点话题。目前的技术已可以检测单细胞水平空间转录组（如 Stereo-Seq）和其他组学数据。可以预期，单细胞水平空间组学技术将引领未来单细胞组学发展，大量空间分子测定技术和数据分析算法与工具将涌现。

3．新算法和新软件依然是单细胞组学研究焦点 单细胞组学领域新算法和新软件工具最近几年快速增长，由于单细胞组学新技术迅猛发展，其数据类型层出不穷，如三代测序技术将会更加全面地应用于单细胞组学领域。同时，要实现各类数据的整合分析，挖掘更多新信息，就需要更多新算法和新软件工具。可以预期未来 5～10 年，数据科学与方法依然会是单细胞组学研究焦点。

（二）植物单细胞组学研究趋势

可以预见植物领域未来在以下几个方面会出现迅猛发展。

1．植物细胞图谱构建及其应用研究 植物全组织全生育期的细胞图谱将出现，该图谱将作为植物单细胞组学研究的基础或参考图谱（类似参考基因组）。同时，该图谱将涵盖转录组、蛋白质组和代谢组数据。

2．植物细胞空间图谱构建及其应用研究 细胞水平空间转录组技术已被应用于植物，构建了部分组织空间图谱，随着更多植物细胞空间图谱的构建，甚至三维空间细胞多组学图谱的出现，将为植物细胞生物学研究建立全新的参考图谱，为细胞通信和互作等研究建立坚实基础。

3．植物细胞谱系构建及其应用研究 每个细胞（类型）均来自其他细胞（类型），建立完整的植物细胞（类型）谱系关系将为发育生物学建立重要基础。

4．植物微生物组研究 最近微生物单菌（即单细胞）基因组和转录组测序技术取得突破（Zheng et al.，2022；Shen et al.，2024a），这些技术很快会在植物微生物领域开展应用研究，如土壤微生物、植物病害等。

5．植物单细胞基因组学研究 单细胞基因组测序技术与单细胞转录组测序技术相比没有那么成熟，目前在植物领域仅少数研究案例。可以预计随着单细胞组学测序技术和高通量测序平台的发展，高通量进行细胞水平 DNA 测序将成为可能。

|第 9 章|

植物三维基因组

扫码见
本章彩图

第一节　三维（3D）基因组学概述

一、三维基因组及其检测技术

（一）三维基因组学简介

在细胞核内，染色质的三维构象对于基因的表达和调控起着决定性作用。三维基因组学，作为生物信息学和分子生物学的交叉领域，专注于解析染色质如何在细胞核内折叠形成三维构象，以及这些构象对基因的转录调控及其生物学效应的影响。这一领域的研究不仅为我们提供了理解基因如何在细胞核内空间上相互作用的新视角，而且对于揭示基因调控网络的构建和细胞功能的影响具有重要意义。在植物中，由于其基因组的复杂性和物种间的多样性，三维基因组学的研究尤为重要，它为我们提供了一个理解植物特有基因调控机制和适应性进化的新方法。

随着基因组学和表观基因组学的发展，细胞核内染色质的三维构象已经逐渐成为科研的焦点。2019 年 9 月，*Nature* 推出了《三维基因组》（*The 3D Genome*）专刊（https://www.nature.com/collections/rsxlmsyslk），其封面设计颇具创意：将地球比作一个细胞核（图 9-1），将各个大洲比作细胞核中的各条染色体。这些大洲由一团团看似混乱却有序的 DNA 结构（DNA 三维结构）组成，就如同毛线一般，揭示了细胞核内基因组的空间构型。这种富有想象力的比喻将地球和

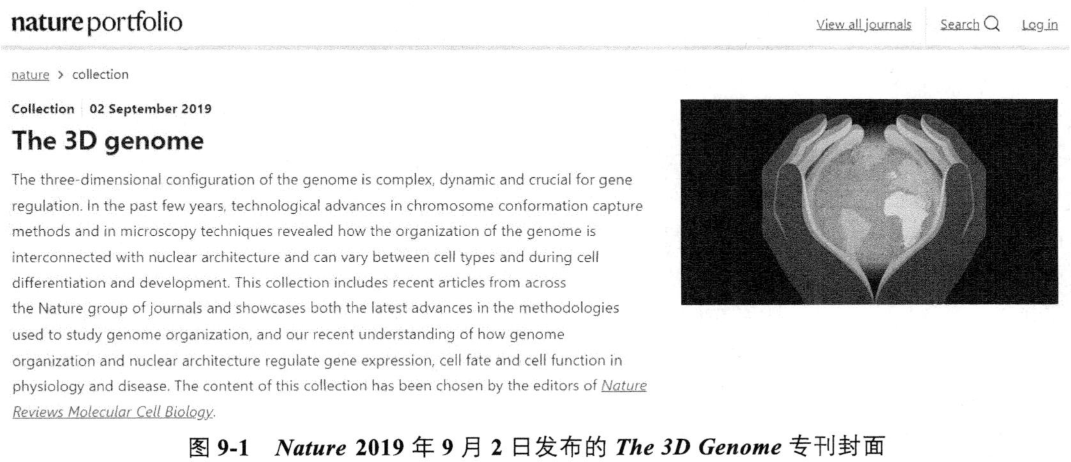
nature portfolio　View all journals　Search　Log in

nature > collection

Collection | 02 September 2019

The 3D genome

The three-dimensional configuration of the genome is complex, dynamic and crucial for gene regulation. In the past few years, technological advances in chromosome conformation capture methods and in microscopy techniques revealed how the organization of the genome is interconnected with nuclear architecture and can vary between cell types and during cell differentiation and development. This collection includes recent articles from across the Nature group of journals and showcases both the latest advances in the methodologies used to study genome organization, and our recent understanding of how genome organization and nuclear architecture regulate gene expression, cell fate and cell function in physiology and disease. The content of this collection has been chosen by the editors of *Nature Reviews Molecular Cell Biology*.

图 9-1　***Nature*** **2019 年 9 月 2 日发布的** ***The 3D Genome*** 专刊封面

各大洲与细胞核和染色体的结构相互联系，有助于我们更深入地理解细胞核内三维结构的复杂性和重要性。

三维基因组学的研究路径与传统的生物学方法有所不同，后者通常遵循从“简单模式生物到高等生物”的顺序。然而，三维基因组学在起步阶段便直接聚焦于在遗传学研究中具有重要地位的人类和小鼠。2002 年，*Science* 发表了一篇题为“Capturing chromosome conformation”的文章，提出了染色体构象捕获（3C）技术，为探索基因间远距离相互作用打开了新的大门（Dekker et al.，2002）。2009 年，染色质交互检测技术 ChIA-PET 和 Hi-C 技术相继问世（详见本节“三维基因组学检测技术”），使得在基因组范围内研究染色质的三维结构成为现实，标志着三维基因组学时代的正式到来。2012 年，随着“人类基因组 DNA 元件百科全书计划”（ENCODE）第二阶段的完成，研究人员深入解析了基因组中各种序列元件的特性与功能。在 ENCODE 项目执行过程中，一个重要的认识逐渐明朗化：基因组并非仅仅是线性的序列，而是一个具有复杂三维空间构型的系统。这种三维结构对 DNA 复制、基因转录调控、染色质浓缩，以及染色体分离等关键生物学过程具有重要的影响。基于基因组三维结构的重要性，2015 年美国国立卫生研究院启动了四维细胞核组学计划（三维空间加时间维度，4D Nucleome，4DN），随后的研究产出了很多重要成果。作为后基因组学时代的一个关键研究领域和新兴学科方向，三维基因组学的研究正不断地拓展我们的科学认知边界。

（二）三维基因组学检测技术

三维基因组结构的研究主要依赖于染色体构象捕获技术，通常称为 3C（chromosome conformation capture）技术。依据染色质互作检测技术的差异，3C 及其衍生技术根据捕获交互位点的数目通常被分为五种主要方法：“一对一”“一对多”“多对多”“全局”“靶向捕获”。这里的“一”“多”“全”指的是单次实验中涉及染色质交互的基因组位点数量，“一对多”指的是检测一个位点与基因组多个潜在互作位点的交互情况，“全局”则是指全基因组所有位点之间的互作情况。图 9-2 展示了 3C 及其衍生技术的示意图。除了上述几种常见的方法外，还有一些新兴技术正在不断涌现。在这些新兴技术中，单细胞三维基因组检测技术和多位点交互检测技术作为染色体构象捕获技术的重要衍生方法，正逐渐引起研究者的关注。它们的涌现不仅丰富了我们对基因组结构的认识，还为我们提供了更加精细的解析基因组空间结构的手段。接下来，我们将详细探讨这几种方法中的代表性技术。

1.“一对一”交互的检测方法 2002 年，研究人员首次提出了 3C 技术，为所有后续染色体构象捕获技术奠定了基础（图 9-2）。该技术首先利用特定的限制酶对 DNA 进行切割，产生特定的片段。随后，将空间上邻近的 DNA 片段通过连接反应结合在一起。解交联后，通过定量 PCR（quantitative polymerase chain reaction, qPCR）技术，可以检测并确认特定的一对互作位点。由于每次实验仅能针对单对位点进行检测，因此这种方法被称为“一对一”。

2.“一对多”交互的检测方法 4C 技术的全称是环状染色质构象捕获（circular chromosome conformation capture）或芯片染色质构象捕获（chromosome conformation capture-on-chip）。该技术是 3C 技术的进阶版，代表了“一对多”方法（Simonis et al.，2006；Zhao et al.，2006）。在图 9-2 中可以看出，4C 技术在解交联前的步骤与 3C 技术基本相同。不同之处在于，4C 技术是使交联的两个 DNA 分子连接成环，通过目的 DNA 片段的特异性引物进行反向 PCR，这样只需设计一对引物就可以研究一个特定位点与所有互作位点的互作频率。因此，也被称为“一对多”交互检测方法。

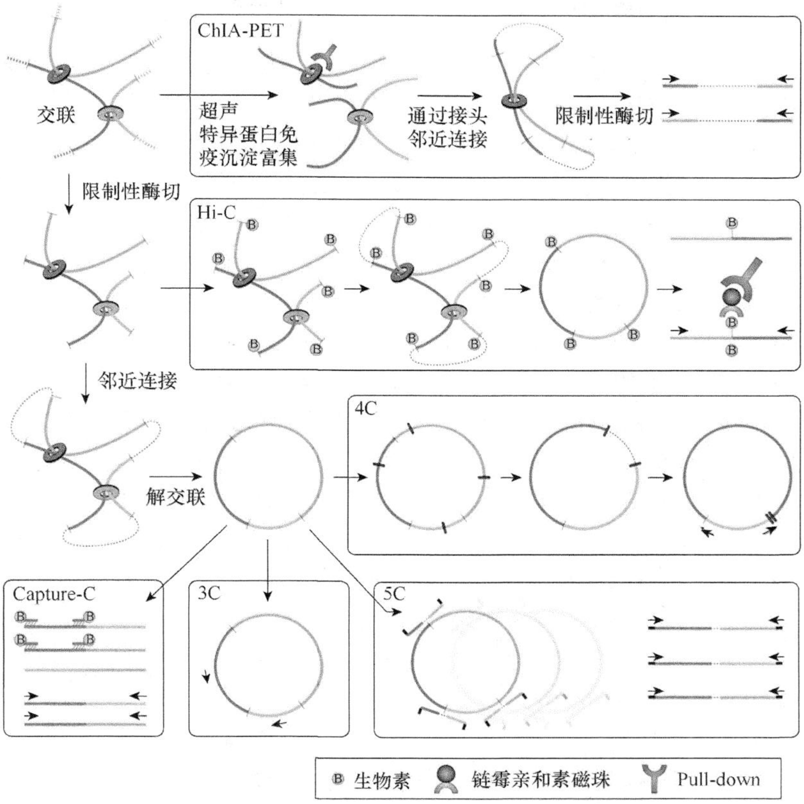

图 9-2　染色体构象捕获技术示意图（引自 **Bonev and Cavalli，2016**）

3．“多对多”交互的检测方法　5C（chromosome conformation capture carbon copy）技术同样是基于 3C 技术的升级版，于 2006 年发表。与 3C 和 4C 技术相比，5C 技术的通量更高。以 3C 酶切连接文库为模板，设计 5C 引物，5C 引物设计为分别与连接文库的两个相邻端结合。前向引物与连接文库的正义链 3′端结合，反向引物与连接文库的反义链 3′端结合。此外，引物的末端还包含用于扩增的通用序列（T7 序列和 T3 互补序列）。最后，使用 PCR 引物结合引物末端的通用序列，对连接的引物和序列进行扩增。在 5C 技术中，通过控制引物和限制酶位点，即在邻近的两个末端接口处进行扩增和测序，从而实现通量的提高（Dostie et al.，2006）。

4．“全局”交互的检测方法　Hi-C 技术，即全基因组染色体构象捕获技术，是一种近年来受到广泛关注的三维基因组测序方法。2009 年，Lieberman-Aiden 等发表了题为“Comprehensive mapping of long-range interactions reveals folding principles of the human genome”的文章，首次报道了全基因组染色体构象捕获技术（Lieberman-Aiden et al.，2009）。该技术是在 3C 的基础上，在酶切后将缺口进行补平（进行生物素标记），对 DNA 片段进行邻近连接，随后经过超声打断等过程，最后用生物素亲和层析将片段沉淀（富集带有生物素标记的片段）。基于 Hi-C 技术鉴定了人类基因组中的 A 和 B 两类区室，分别代表着基因组中的活跃和抑制区域。Hi-C 技术的出现对于三维基因组结构的研究具有里程碑意义，它不仅用于检测全基因组的染色体结构和染色质互作，还能进行基因组辅助组装等任务。此后，研究人员在 Hi-C 技术的基础上开发了一系列改进技术，如 *in situ* Hi-C、BL Hi-C、DLO Hi-C 等，这些技术在三维基因组结构研究中发挥了重要作用。

5．“靶向捕获”交互的检测方法　同样在 2009 年，Ruan 等发表了题为“An oestrogen

receptor α-bound human chromatin interactome”的文章，提出了 ChIA-PET（chromatin interaction analysis paired-end tag sequencing）技术，用于捕获特定蛋白质介导的染色质互作（Fullwood et al., 2009）。ChIA-PET 技术与 Hi-C 技术及其他基于 3C 的技术有所不同，其关键在于通过抗体富集特定蛋白质介导的染色质交互。ChIA-PET 技术不是通过限制酶消化，而是使用超声波打断 DNA，并在断裂处添加接头，完成邻近连接。接着，利用抗体对特定蛋白质参与的互作区段进行富集，并通过生物素标签富集提取含有接头的双端序列（paired end tag，PET）进行互作检测。ChIA-PET 技术的引入为研究蛋白质介导的基因组空间相互作用提供了一种新的、高效的工具，使我们能更深入地理解蛋白质在基因组中的作用及基因调控的复杂机制。2014 年发表了 Capture-C（chromosome conformation capture coupled with oligonucleotide capture technology）技术，该技术是基于 3C 技术的另一种升级。与 3C、4C 和 5C 技术相比，Capture-C 的最大区别在于其对互作片段对的捕获方法。该技术利用生物素标记的反向互补序列来靶向限制性酶切位点，从而实现对所有感兴趣的互作位点和全基因组位点之间互作对的捕获（Hughes et al., 2014）。此外，2016 年还相继发表了两项不依赖接头的特异性蛋白质介导的远程交互检测技术，分别是 HiChIP（Mumbach et al., 2016）和 PLAC-Seq（Fang et al., 2016）。这些新技术的出现为我们研究基因组的空间结构和蛋白质与基因调控之间的关系提供了新的视角和工具。

上述方法是根据捕获交互位点的数目进行的分类，接下来，我们将重点介绍基于 Hi-C、ChIA-PET 等方法基础上开发的单细胞三维基因组及单分子多交互技术，并探讨它们在解析基因组空间结构中的应用和意义。

首先是基于单细胞测序的染色质交互检测方法。随着单细胞测序技术的发展，我们能够在单个细胞层面上探索三维基因组结构，这一突破为生物学领域带来了新的研究思路，并成为近年来一个重要的研究方向。2013 年提出的单细胞 Hi-C 测序技术（scHi-C）结合了单细胞测序和染色体构象捕捉技术，能够在单个细胞水平上确定基因组中不同区域的三维空间结构（Nagano et al., 2013）。此外，近几年发表的文章提出了 single-cell-indexed DLO Hi-C（sciDLO Hi-C）技术（Lin et al., 2022b），该技术基于 DLO Hi-C（Lin et al., 2018），结合了两轮分子条形码标记，用于捕获单个细胞的染色质构象，可以获得较高通量的单细胞三维交互结果（图 9-3）。2023 年北京大学邢栋课题组开发了在单细胞中同时检测基因组三维结构和基因表达水平的技术 HiRES（Hi-C and RNA-seq employed simultaneously）（Liu et al., 2023），该技术首次基于测序方法实现了在单细胞水平对转录组和三维基因组的同时检测。最新发布的单细胞多核酸相互作用映射技术（multinucleic acid interaction mapping in single cell，MUSIC）（Wen et al., 2024），可以实现单细胞水平同时检测基因表达、DNA 三维结构、RNA-染色质相互作用的信息，能够同时对基因表达和参与交互的 DNA 序列进行分析，无论是否伴有参与交互的 RNA。此类技术

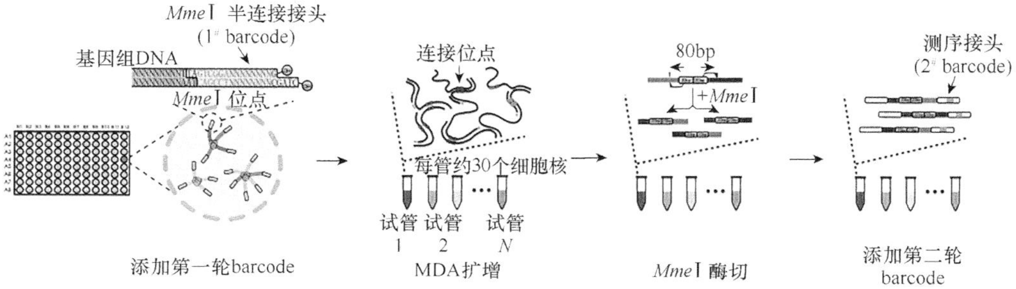

图 9-3 single-cell-indexed（sci）DLO Hi-C 技术流程示意图（引自 Lin et al., 2022b）

的出现为研究人员提供了更全面的单细胞分析工具，有助于深入理解基因组结构与功能之间的关系。总之，单细胞三维基因组技术的开发与发展为我们揭示单个细胞内部基因组的三维结构和表达调控机制提供了有力工具，有望在生物学、医学和疾病研究中产生深远影响。

除了单细胞检测技术外，多位点同时交互的检测方法同样是目前研究的重点。在染色质远程交互检测方面，传统技术主要关注成对（pairwise）位点的相互作用，即检测两个染色质区域之间的互作。然而，细胞内广泛存在单分子多位点交互。随着对多位点染色质交互研究需求的日益增长，近年来出现了一些新的多位点交互（multi-way）检测技术。这方面的技术包括利用不同分子标签技术而非邻近连接技术的 GAM（Beagrie et al.，2017）、SPRITE（Quinodoz et al.，2018）及 ChIA-Drop（Zheng et al.，2019）等。这些技术通过分子标签的应用，结合不同的实验设计和测序方法，实现了多位点染色质交互的检测，从而提供更全面和精确的染色质互作信息。其中 GAM 技术是将分子标签结合到组织或者细胞切片中，应用了早期用于线性基因组距离映射的概念，通过将超薄冷冻切片与激光显微切割和 DNA 测序相结合来测量 3D 距离（图 9-4A）。SPRITE 和 ChIA-Drop 是将分子标签结合到交联后的核内 DNA 片段中。SPRITE 是将交联后的 DNA 均分到带有不同分子标签的 96 孔板中，带上不同标签后重新混合，再进行分配，这样循环合并-均分多轮后，进行建库测序，每个 SPRITE 簇带有独特的分子标签（图 9-4B）。ChIA-Drop 技术是将直接交联后的染色质复合体或者染色质免疫沉淀（ChIP）富集的染色质复合体加入到微流控设备中产生油包水的微滴结构（gel bead-in-emulsion，GEM），每个液滴中带有唯一的分子标签，通过对 GEM 中的 DNA 模板进行 PCR 扩增并带上唯一的分子标签和测序接头后，最后混合进行测序（图 9-4C）。近期开发的 Pore-C 和 HiPore-C 测序技术结合了 3C 邻近连接和三代长读长测序技术（图 9-4D），能够直接检测细胞内单分子水平

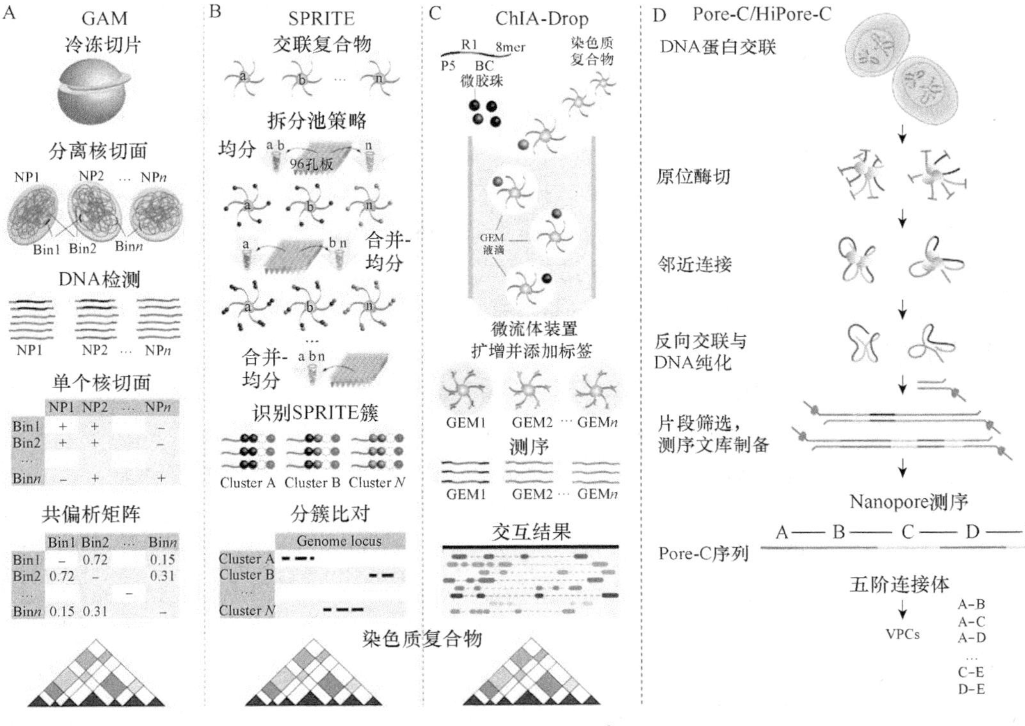

图 9-4　染色质多位点交互技术 GAM（A）、SPRITE（B）、ChIA-Drop（C）和 Pore-C 技术（D）的原理示意图（引自 Deshpande et al.，2022；Ouyang et al.，2020）

多个 DNA 片段同时相互作用的信息。Pore-C 技术由于无需 PCR 扩增，借助三代测序技术的优势，在检测多交互的同时可以获得 DNA 分子上包括 5mC、5hmC 等 DNA 甲基化修饰信息。染色质构象捕获新技术的不断发展，使我们能够同时检测多个染色质区域之间的互作关系。这些技术为我们揭示基因组中更复杂的空间相互作用网络提供了有力工具，并为我们更全面、深入地了解基因组的三维结构和基因调控机制提供了新的视角。

本章节的前文介绍了基于测序的染色质交互检测技术。另外一类技术，基于图像的染色质交互检测技术，在研究基因组结构和染色体相互作用方面同样发挥着不可替代的作用。其中，荧光原位杂交（fluorescence *in situ* hybridization，FISH）技术是关键手段之一。FISH 技术利用荧光标记的探针与目标 DNA 序列进行特异性配对，通过显微镜观察荧光信号的空间分布，可直接展示特定基因或染色质区域在细胞核中的位置和相互作用关系。因此，FISH 技术成为验证高通量测序技术检测到的交互结果准确性的一种有效手段。通过应用 FISH 技术，我们可以深入研究基因组的空间结构，揭示基因与调控元件之间的距离和空间关系，从而更加全面地理解基因的功能和表达调控的分子机制。这不仅有助于我们更好地认识生物体的遗传特性，也为相关领域的科学研究提供了重要的信息和线索。

二、三维基因组学分析技术

在过去数年中，染色体构象捕获（3C）技术及其衍生技术和显微观察技术的发展，揭示了不同组织类型、疾病状态及不同分化发育阶段的基因组三维结构及其差异，从而显著提升了我们对细胞核内三维结构的认识。此外，这些技术还广泛应用于基因组辅助组装、三维构象重建及调控元件研究等多个领域。

（一）三维基因组结构研究

随着三维基因组检测技术的发展和应用，我们对细胞核染色质三维结构的认识得到了显著的提升。研究结果显示，细胞核染色质三维结构主要分为染色质疆域（chromosome territory，CT）、活跃/非活跃区室（A/B compartment）、拓扑关联结构域（topologically associated domain，TAD）和染色质环（chromatin loop，CL）等（图 9-5）（Bonev and Cavalli，2016；Zhang and Li，2020）。接下来我们将逐一介绍这几种三维结构类型。

染色质疆域：染色体在细胞核内的分布并不是随机的，而是占据核内不同的空间位置，称为染色体疆域。

活跃/非活跃区室：染色质区室的概念最早报道于人类基因组上，根据染色体基因富集及表达情况可分为活跃（A compartment）和非活跃（B compartment）两类区域。活跃区室是基因富集且表达活跃的区域，非活跃区室正好相反，是缺乏基因或表达沉默的染色体区域。

拓扑关联结构域：拓扑关联结构域是染色质互作密集的区域，通常长度在百万碱基级别以上（图 9-5C，D）。这些结构域的形成和作用机制涉及多个关键的蛋白质因子，如 CTCF 和 cohesin 蛋白质复合体。CTCF 是一种绝缘因子（insulator factor），它能够建立和维持染色质环；而 cohesin 蛋白质复合体是由三个核心亚基形成的环形结构，与 CTCF 一起在染色体中通过影响染色质成环的方式改变基因组三维结构。

染色质环：染色质环是染色质远距离的相互作用，启动子与增强子间可以通过形成染色质环（enhancer-promoter loop）来调控基因的表达（图 9-5A）。基因环（gene loop）为染色质环的一种，是指基因 3′端和启动子连接在一起从而形成的动态环状结构（图 9-5A）。这些环结构通常与基因的表达调控密切相关，转录起始位点趋向与其下游区域交互，转录终止位点趋向与其上游位点交互，共同形成基因环结构（Liu et al.，2016b）。

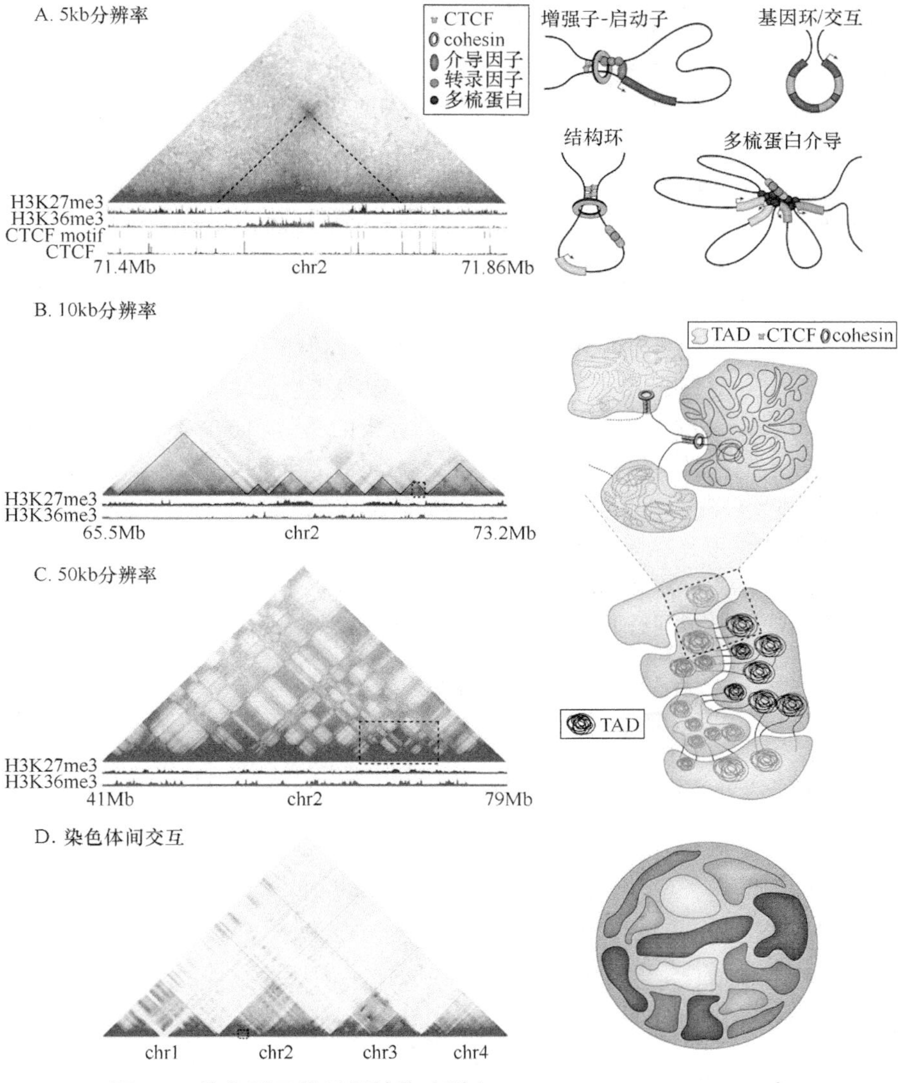

图 9-5　染色质三维层级结构（引自 Bonev and Cavalli，2016）

A．5kb 分辨率下观测到的染色质环，其中参与结构环形成的区域用虚线划分，而 CTCF 结合图谱及 CTCF 基序的方向（绿色代表正向，红色代表反向）提供的证据说明结构环只在特定的正向和反向 CTCF 位点之间形成。右侧代表的是不同类型的染色质环。B．10kb 分辨率下观测到的数个拓扑关联结构域（TAD）。右侧代表 3 种不同类型的 TAD。C．50kb 分辨率下观测到的不同拓扑域互作。在右侧可以观察到，具有相似表观遗传特征的不同拓扑域通过更强的域间相互作用结合在一起形成区室，其中蓝色和灰色代表活跃区室，而绿色、橙色和红色 TAD 之间的相互作用形成非活跃区室。D．染色体水平 3D 分析结果。此级别下，不同染色体间的反式相互作用很少见，同时单条染色体占据不同的区域。右图单个染色体由不规则形状表示

总之，细胞核染色质的三维结构是一个复杂而精密的系统，包括染色质疆域、区室、拓扑关联结构域和染色质环等。每种结构类型都扮演着重要的角色，直接影响基因的表达和调控。深入理解这些结构之间的相互作用和功能将有助于我们更好地理解基因组的组织和功能调控机制。

上述染色质三维结构类型的发现，主要依赖于本章前文（详见本节“三维基因组学检测技

术”）介绍的染色质交互检测方法，其中 Hi-C 技术是实现这些发现的关键。通过 Hi-C 技术，我们可以全面了解全基因组范围内染色质在空间位置上的关系，以及较大尺度（如百万碱基尺度，即低分辨率）下染色质之间的互作关系。图 9-5 展示了在不同分辨率下的染色质结构。根据不同的 Hi-C 测序深度所能达到的最高分辨率，可以将染色质结构分为几个层次分级，如 5kb、10kb、50kb、500kb 等。每个层次的分辨率可以帮助我们鉴定出不同类别的功能元件。例如，在最高的分辨率 5kb 甚至到更高的 1kb 下，可以观察到基因级别甚至 CTCF 等更小元件的互作。当分辨率在 10kb 级别时，一般可以鉴定出 TAD 这种比较精细的互作关系。更低一些的分辨率（如 50kb）则可以帮助我们观察到相对宏观的 TAD 之间的关系。在全基因组层次上，分辨率通常在 100kb 至 1Mb 之间，可以清晰地观察到染色体之间的互作关系。值得注意的是，不同分辨率所需的测序数据量也不同。一般来说，分辨率越高的三维基因组互作图谱需要更多的有效互作的 Hi-C 交互数据量。

基因组三维结构的鉴定对于理解 DNA 的空间结构如何影响基因组功能和转录具有至关重要的意义。三维基因组数据分析中，构建 Hi-C 互作图谱和鉴定 TAD 结构域是两个关键步骤。Hi-C 互作图谱的构建是进行大部分 Hi-C 交互数据分析的基础，而 TAD 结构域的鉴定对于深入研究基因组表观转录调控具有重要帮助。针对蛋白特异性富集的检测技术（ChIA-PET、HiChIP 等），通常需要使用专门的分析工具，如 ChIA-PET Tool V3 等。表 9-1 列出了目前主流的用于 Hi-C 互作图谱及拓扑关联结构域鉴定的生物信息学分析软件，其中 HPTAD 是专门针对 HiChIP 数据检测 TAD 的工具（Rosen et al.，2023）。这些工具的应用将有助于我们更深入地揭示基因组三维结构的奥秘，进一步理解其在基因表达和调控中的作用。

表 9-1 染色质互作及拓扑关联结构域鉴定生物信息学分析软件

类型	方法	访问链接	年份
Loop 检测	ChIA-PET Tool V3	https://github.com/GuoliangLi-HZAU/ChIA-PET_Tool_V3	2019
	Fit-Hi-C2	https://github.com/ay-lab/fithic	2020
	HiCExplorer	https://hicexplorer.readthedocs.io/en/latest/	2020
	HOMER	http://homer.ucsd.edu/homer/download.html	2020
	chromosight	https://chromosight.readthedocs.io	2021
	cLoops	https://github.com/YaqiangCao/cLoops	2021
	GOTHiC	http://bioconductor.org/packages/release/bioc/html/GOTHiC.html	2021
	Juicer	https://github.com/aidenlab/juicer	2021
	MUSTACHE	https://github.com/ay-lab/mustache/	2021
	PSYCHIC	https://github.com/dhkron/PSYCHIC	2021
	SIP	https://github.com/PouletAxel/SIP	2021
	DeepLoop	https://github.com/JinLabBioinfo/DeepLoop	2022
	LOOPbit	https://github.com/3DGenomes/loopbit	2022
TAD 分析	TopDom	http://zhoulab.usc.edu/TopDom/	2019
	HiCExplorer	https://hicexplorer.readthedocs.io/en/latest/	2020
	OnTAD	https://github.com/anlin00007/OnTAD	2020

续表

类型	方法	访问链接	年份
TAD 分析	Armatus	https://github.com/kingsfordgroup/armatus	2021
	Arrowhead	https://github.com/aidenlab/juicer/wiki/Arrowhead	2021
	DomainCaller	https://github.com/XiaoTaoWang/domaincaller	2021
	HiCDB	https://github.com/ChenFengling/HiCDB	2021
	HiCSeg	https://cran.r-project.org/web/packages/HiCseg/index.html	2021
	InsulationScore	https://github.com/dekkerlab/crane-nature-2015	2021
	TADbit	https://github.com/3DGenomes/TADbit	2021
	TADtree	https://github.com/raphael-group/TADtree	2021
	HPTAD	https://github.com/yunliUNC/HPTAD	2023

（二）基因组辅助组装

染色质三维交互技术，特别是 Hi-C 技术，不仅在解析染色质的三维结构方面发挥着关键作用，而且在基因组组装领域也得到了广泛应用。相关的算法或工具包括 Lachesis（Burton et al.，2013）、SALSA（Ghurye et al.，2017）、3D-DNA（Dudchenko et al.，2017）、ALLHiC（Zhang et al.，2019c）和 YaHS（Zhou et al.，2023）等。2013 年，Burton 等首次发表了 Hi-C 基因组辅助组装软件 Lachesis。Lachesis 软件的工作原理是通过分析染色质之间的互作关系构建 Hi-C 互作图谱。染色质远程交互可以作为基因组组装的基础之一，因为染色体内部的互作强度大于染色体之间的互作强度，且染色体内部的位点互作强度随着基因组线性距离增加而减少。Lachesis 的组装流程包括序列重叠群（Contig）聚集成染色体簇、簇内 Contig 顺序确定和 Contig 方向确定（图 9-6）。然而，Lachesis 对输入基因组草图的准确率要求非常

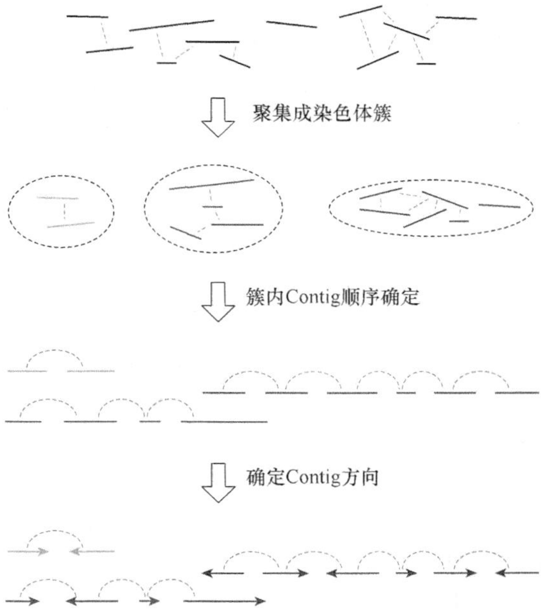

图 9-6　经典 Hi-C 组装软件 Lachesis 的流程（引自 Burton et al.，2013）

高。当存在大片段的基因组错误拼装时，由于 Lachesis 没有对基因组草图进行矫正，有可能将原本不相邻的基因组片段组装在一起。对于植物基因组，尤其是复杂植物基因组的 Hi-C 交互数据组装，这是一个挑战。因此，初步完成的基因组草图的完整性和准确性对后续进一步组装至关重要。目前，可以通过遗传图谱、光学图谱等其他数据对基因组草图进行反复矫正以解决这些问题。继 Lachesis 之后，2017 年发布了第二款 Hi-C 组装软件 SALSA。与 Lachesis 相比，SALSA 准确率有所提高，但主要聚焦于序列脚手架（scaffold）的延伸，而非达到染色体级别的组装。同年，*Science* 上发表了 3D-DNA，这是一个全新的 Hi-C 组装软件。3D-DNA 通过对组装片段进行反复矫正和组装最终获得高质量、高准确率的染色体水平组装结果（图 9-7）。2018 年 4 月，3D-DNA 的更新版本已经可以适用于大部分物种基因组的拼接组装。

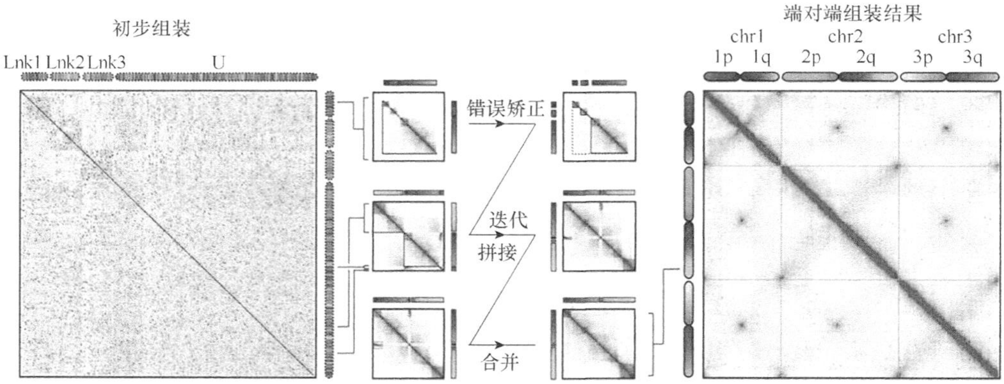

图 9-7　Hi-C 组装软件 3D-DNA 流程图（引自 Dudchenko et al.，2017）

左图为流程中 Hi-C 初始拼接结果；中图为利用 Hi-C 交互数据对初始拼接的错误矫正、迭代 scaffolding 及组装合并至染色体水平；右图为组装最终结果

Hi-C 交互数据在基因组组装方面还有另一个重要应用，即评估基因组拼装的准确率和一致性。通过将 Hi-C 交互数据与已组装的染色体进行比对，研究者能够检测染色质远程相互作用是否符合一定的规律，如染色质内部的高频交互以及交互强度随染色质线性距离的缩短而增强。这种结合 Hi-C 交互数据的方法，有助于识别可能存在的问题区域，包括染色体上的复杂着丝粒区域和拼接错误等。例如，2018 年发表的月季基因组就是通过比对 Hi-C 数据来确认其组装质量（Raymond et al.，2018）。因此，结合三维基因组数据对于确保基因组组装的可靠性和一致性至关重要。

（三）基因组三维构象重建

在细胞核内，染色体的排列并非杂乱无章，而是形成了一个特定的三维空间结构。解析染色体的三维结构对于理解基因间的相互作用和调控机制至关重要。然而，由于实验技术的限制，我们对基因组三维结构的认识尚未完全。随着 3C 技术及其衍生技术，尤其是 Hi-C 技术的出现，重建三维基因组构象成为可能。Duan 等在 2010 年发布了酵母基因组的三维模型（图 9-8）（Duan et al.，2010）。这一工作通过将位点之间的互作频率转换为欧几里得距离，并利用优化算法将欧几里得距离进一步转换为互作位点和三维基因组的空间坐标。随后，Rousseau 等于 2011 年利用马尔可夫链蒙特卡罗（Markov chain Monte Carlo，MCMC）采样技术，进一步优化了互作位点之间的转换距离，满足了尽可能多位点的距离约束（Rousseau et al.，2011）。这些研究为深入理解基因组的三维结构奠定了基础。

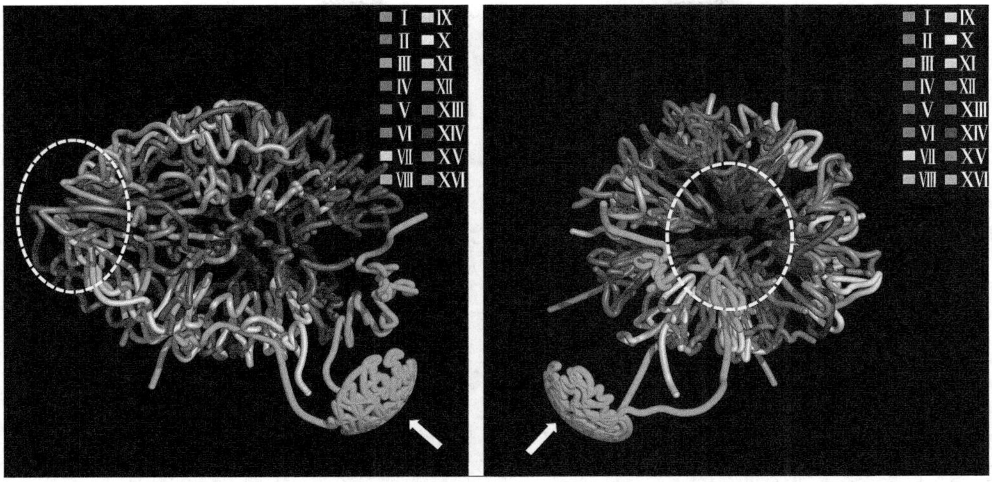

图 9-8　基于三维基因组学技术完成的首个基因组三维模型（酵母）（引自 Duan et al.，2010）

左右两张图分别代表基因组三维模型的不同观察角度，不同颜色代表不同的染色体，
所有染色体通过着丝粒聚集在细胞核的一极（虚线椭圆区域）

尽管基于距离转换的算法在三维基因组构象重建方面具有价值，但它们仍存在一些局限性，如转换准确率较低，以及构建的三维模型与通过细胞遗传学实验获得的数据不一致等问题。为解决这些问题，后续的研究者们提出了一系列基于 Hi-C 全基因组互作数据的建模优化算法，如 ChromSDE（Zhang et al.，2013）、Chrom3D（Paulsen et al.，2018）等。这些算法通过不同的数学模型和统计方法，提高了三维基因组构象重建的准确性和可靠性。其中，Zhang 等开发的 ChromSDE 算法，旨在通过使用黄金分割搜索来找到将互作频率转换为空间距离的正确参数，进一步来推断基因组中的染色体三维结构。并且 ChromSDE 能够在没有噪声的情况下提供最优解，为研究人员提供了一个可靠的工具，有助于深入了解染色体内部的结构及其相互作用。Paulsen 等（2018）发布的 Chrom3D 算法，通过整合染色体内部和染色体之间的互作图谱以及核纤层相关功能域（lamina associated domain，LAD）信息，对三维基因组构象重建进行了进一步优化（图 9-9）。这些算法的不断优化为深入研究染色体三维结构提供了有力支持。

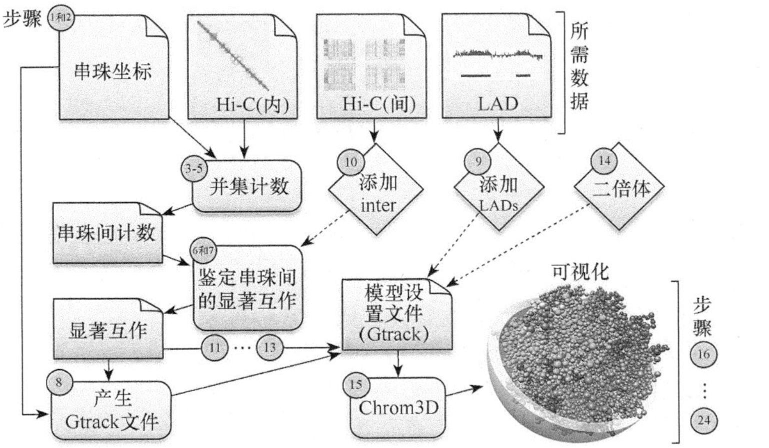

图 9-9　基因组三维构象软件工具 Chrom3D 的技术原理（引自 Paulsen et al.，2018）

LAD 表示核纤层相关功能域；串珠表示染色体内的基因组结构域，这里可以代表拓扑关联结构域

（四）三维基因组可视化

三维基因组可视化是将复杂的染色质空间结构转换为易于理解的可视化图形的过程，这对于深入理解基因的空间组织和相互作用至关重要。以下是几种常用的三维基因组可视化形式和工具的介绍。

1．基因组浏览器　基因组浏览器为用户提供了一个平台，可以在基因组上查看特定区域的交互情况、多个区域的三维结构，以及与特定基因相关的交互等。常见的基因组浏览器展示形式包括热图（heatmap）和弧线图（arc plot）交互两种。弧线图模式主要针对 ChIA-PET 等特异性蛋白介导的高分辨率数据的可视化，而热图模式则更多地应用于 Hi-C 等全基因组高覆盖度多交互数据的可视化。知名的基因组浏览器包括 UCSC Genome Browser（Raney et al.，2024）、WashU Epigenome Browser（Li et al.，2022c）和 Jbrowse 2（Diesh et al.，2023）等。

2．染色质交互强度热图　染色质交互强度热图采用彩色矩阵形式展示染色体上各个区域之间的交互强度，从而呈现出染色质的三维结构。这些热图允许我们在不同分辨率下清晰地观察到拓扑关联结构域（TAD）等结构。生成和查看染色质交互强度热图的工具包括 Juicebox（Durand et al.，2016）、HiGlass（Kerpedjiev et al.，2018）、HiBrowse（Paulsen et al.，2014）等。

3．三维结构模型　一些工具可以根据 Hi-C 交互数据生成三维染色体模型，以呈现染色体的折叠状态。这些模型通常用线条、球体等几何形状表示染色质的结构。常见的工具包括 WashU Epigenome Browser（Li et al.，2022c）、TADbit（Serra et al.，2017）等。

4．虚拟现实（VR）可视化　VR 可视化通过虚拟现实技术将三维基因组可视化带入更加沉浸式的环境中，是一种非常有潜力和受欢迎的可视化方法。使用 VR 头戴设备，用户可以在三维空间中自由导航并观察基因组结构。一些项目，如 Juicebox VR（Durand et al.，2016）、Delta.AR（Tang et al.，2021）已经开始尝试将这种技术应用于三维基因组可视化。

5．基因交互网络图　该方法以网络图方式呈现基因组中不同区域或基因之间的相互作用。使用网络图来表达基因或染色质区域间的交互作用，其中节点表示基因或区域，边表示存在染色质远程交互作用。Cytoscape（Franz et al.，2023）是一个常用的用于生成交互网络图的工具。

上述这些工具和可视化形式在不同的研究中具有独特的优势，有助于研究人员更好地理解基因组的三维结构和基因调控机制。根据研究的需求，选择适合的工具和可视化方式来探索和解析三维基因组结构。

第二节　植物三维基因组结构与分析

在植物三维基因组学的探索中，早期的研究者们主要依赖于细胞生物学技术来研究植物基因组的三维结构。例如，研究者利用荧光原位杂交（FISH）技术观察模式植物拟南芥核染色质中的 45S rDNA 和 5S rDNA 两种标记信号的变化，以此推测染色体的结构变化（图 9-10）。随着技术的不断发展，2009 年，Hi-C 技术首次发表，同年植物 3C 技术流程也得以公布（Louwers et al.，2009）。2012 年，Hi-C 技术开始在拟南芥中得到应用（Moissiard et al.，2012），并逐渐在植物三维基因组学领域得到推广，应用于三维基因组结构解析、三维构象重建、染色质远程调控元件及辅助基因组组装等方面。

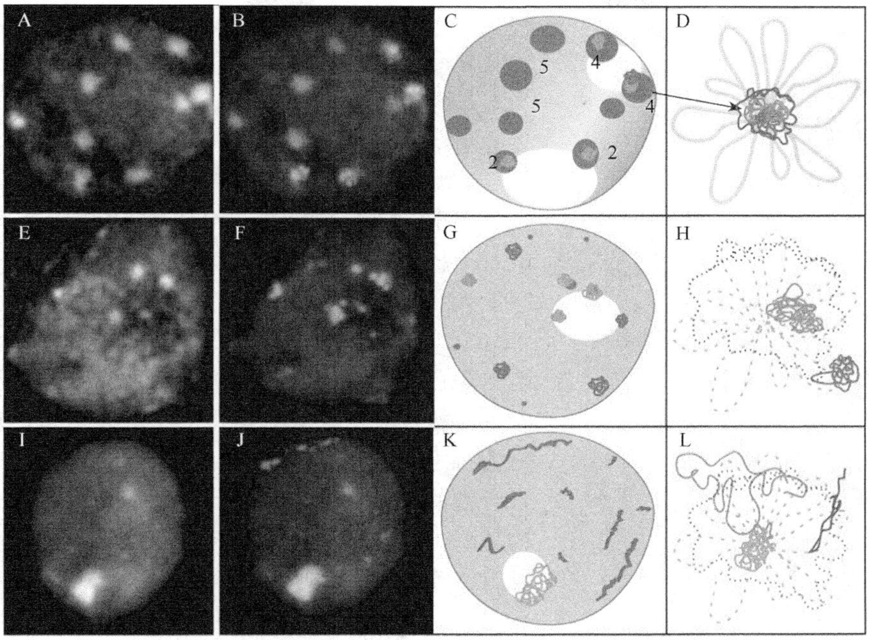

图 9-10　利用 FISH 技术分析拟南芥原生质体核染色质去浓缩过程中的染色体结构变化（引自 Fransz and de Jong，2011）

A～D．45S rDNA 和 5S rDNA 共定位于 4 号染色体中心的浓缩情况。染色体区域（D）展示了典型的染色体中心环重复排列（有色）和常染色质环（浅灰色）。E～H．去浓缩过程中染色体中心数量与大小都呈减少趋势。4 号染色体亚端粒 45S rDNA 和臂间 5S rDNA 基因座不再共定位。因此，45S rDNA 不再成环。I～L．完全去浓缩的染色中心（chromocenter）。只有 2 号与 4 号染色体的 45S rDNA 基因的长重复序列保持部分浓缩并共定位于一个结构域。蓝色表示着丝粒重复；绿色表示 45S rDNA；红色表示 5S rDNA；紫色表示转座子

一、植物三维基因组结构

（一）植物染色体结构

植物染色体的结构研究长期以来主要依赖于显微镜观察。总体而言，植物染色体的组织结构遵循了在动物细胞中观察到的原理（Rowley and Corces，2018）。然而，研究者们也注意到植物染色体组织具有一系列独有的特征，不同物种间存在显著的异质性，并且植物细胞核具有显著的结构可塑性，这些特点使得植物染色体的研究更具挑战性和复杂性。

在细胞分裂周期的间期，真核生物的单条染色体会分离到不同的染色体疆域，这种染色体疆域的分离被认为是细胞核功能分区的基础。在植物中，已在不同基因组大小的物种中发现了染色体疆域，在这些疆域内，植物染色体通常具有不同的构型，并且这些染色体构型在不同的植物组织中可能存在些许差异。

接下来，我们将介绍经典的三种细胞核结构（图 9-11）。首先是“Rabl”构型，通常在一些相对较大的植物基因组中观察到，如小麦、大麦和燕麦等。Rabl 构型染色体排列的特点是中心粒和端粒位于细胞核的两极，在具有 Rabl 构型的基因组中，可以检测到显著的同源染色体间富集接触（Nemeckova et al.，2020）（图 9-11A）。第二种构型是“Rosette-like”结构，其特点是端粒聚集在细胞核仁周围，而着丝粒位于细胞核外围，如拟南芥等基因组相对较小（约 135Mb）的物

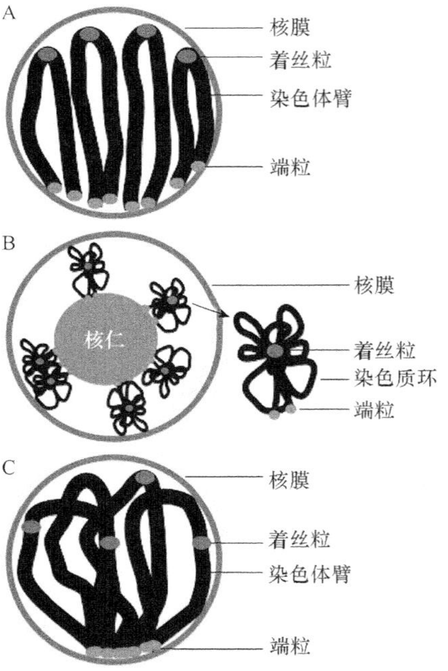

图 9-11　细胞核中染色体的排列模式（引自 Tiang et al.，2012）

A．在许多大基因组植物物种的间期细胞核（interphase nucleus）中发现的 Rabl 构型；B．拟南芥间期细胞核中染色体的花冠状组织（Rosette-like）；C．端粒花束（telomere bouquet）

种染色体就是排列成“Rosette-like”结构（Pecinka et al.，2004）（图 9-11B）。第三种主要的结构是“telomere bouquet”构型，这是黑麦中染色体的分布模式，这种结构与减数分裂前期有关，端粒簇的形成是花束结构的决定性特征，其特点是端粒聚集在核膜上（Tiang et al.，2012）（图 9-11C）。

当前的植物染色体结构模型已经取得了显著进展，但对于核染色体折叠的关键驱动因素，我们的理解还不够深入和全面。迄今为止，针对植物提出的建模方法相对有限。Pecinka 及其合作者开发了分辨率为 1Mb 的拟南芥染色体模型，并利用模拟染色体的随机关联来检验染色体疆域在间期细胞核中的关联是否可归因于染色体的随机配对（Pecinka et al.，2004）。这一研究通过基于聚合物的建模探索了拟南芥基因组中哪种染色体拓扑结构能够再现染色体中心和核仁分别位于细胞核外围和中心的位置。

（二）植物三维基因组结构域

真核生物的染色质通过一系列不同层次的折叠和包装，形成了染色质环、拓扑关联结构域、A/B 区室，以及染色体疆域等复杂的三维结构。这些结构不仅在动物细胞中得到了广泛研究，在植物中也受到了显著的关注，它们在调控植物基因表达和维持染色体稳定性方面同样发挥着关键作用。相对动物细胞来说，我们对植物中这些结构的了解还较为有限，但近年来已经取得了一系列重要的进展。

在哺乳动物的基因组中，活跃与不活跃的染色体区域以清晰的界限存在，这些区域被称为 A/B 区室。这些区室与常染色质和异染色质紧密相关，并受到遗传和表观遗传特征（如 DNA 甲基化、染色质开放程度、转录活性）的强烈影响。在更精细的尺度上，如小于百万碱基的级别，哺乳动物基因组的三维结构中还存在着拓扑关联结构域，这些结构域的边缘富含结构蛋白，如 cohesin 和 CTCF。然而，植物基因组的三维结构是否遵循与哺乳动物相同的规律，仍然是一个开放的问题。由于植物基因组经历了多次的多倍化事件，导致其在基因组大小、倍性、染色体数目和长度、基因数量，以及重复序列的比例等方面与动物存在显著差异。此外，不同植物物种间的基因组差异也相当大，如基因组长度和倍性等。这些差异使得植物基因组的三维构象显得更为复杂。尽管如此，植物基因组与动物基因组在三维结构上仍然存在一些共同的规律，且植物基因组的调控元件也与三维结构密切相关，对基因表达和染色体稳定性起着关键作用。

基于模式植物拟南芥的研究发现，拟南芥基因组的三维结构中存在类似于哺乳动物 A/B 区室的功能域，并与表观遗传标记相关联。然而，拟南芥基因组中并不存在哺乳动物中非常明显的 TAD 功能域结构（Grob et al.，2014；Liu and Weigel，2015）。通过三维基因组测序技术，研究者们发现水稻、玉米、高粱、番茄等多种作物，与哺乳动物一样也具有类似的 TAD 结构和 A/B 区室结构，并表现出明显的表观遗传特征（Dong et al.，2017）。基于 Hi-C 交互数据在水稻、高粱、玉米等物种中的研究，TAD 结构被分为了活性结构域（开放区域）、多梳抑制结构域（H3K27me3 标记）、沉默结构域（DNA 甲基化）和中间类型（无特定特征）（Dong et al.，2017）。

相似地，基于 ChIA-PET 数据，华中农业大学三维基因组团队在拟南芥、水稻、玉米等物种中定义了染色质相互作用结构域（chromosome interacting domain，CID），并将其分为四类：活性（激活）相互作用结构域（active interacting domain，AID）、RNA 聚合酶Ⅱ（RNAPⅡ）介导的转录相互作用结构域（transcriptional interacting domain，TID）、H3K9me2 相关异染色质相互作用结构域（heterochromatic interacting domain，HID）和混合相互作用结构域（mixed interacting domain，MID）（Deng et al.，2023；Dong et al.，2017；Zhao et al.，2019a）（图 9-12）。这些发现为进一步研究植物基因组的三维结构及其调控机制提供了重要线索。

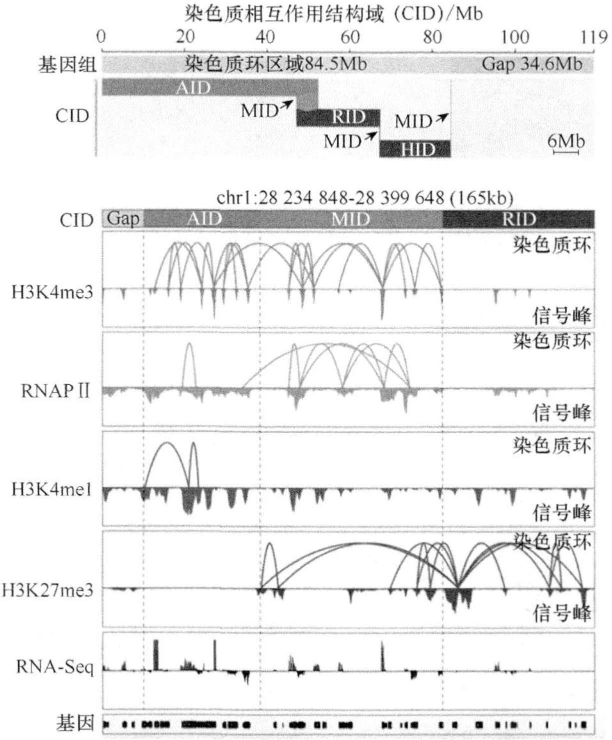

图 9-12　拟南芥中染色质相互作用结构域（CID）图（引自 Deng et al.，2023）

Gap 表示染色质交互未覆盖区域；AID 表示激活相关的结构域；RID 表示抑制相关的结构域；HID 表示异染色质相关的结构域；MID 表示混合相互作用结构域

众所周知，植物基因组不仅包含二倍体，还存在着复杂的多倍体基因组。Hi-C 技术在多倍体植物中同样已经取得了较好的研究结果，对于理解多倍体基因组结构具有重要意义。例如，Wang 等对多个不同倍性的棉花品种进行了 Hi-C 测序和分析（Wang et al.，2018d）。在多个不同倍性的棉花品种中，研究者同样鉴定出了 A/B 区室及 TAD 结构。进一步，通过比较二倍体和四倍体棉花的两个亚基因组，作者发现棉花在多倍化过程中出现了 A 区室和 B 区室之间的转变。具体来说，当对四倍体棉花 *G. hirsutumi* 和 *G. barbadense* 的 At 亚基因组与二倍体棉花 *G. arboretum* 进行比较时，发现分别有 50.6Mb 和 52.5Mb 的区域发生了 A 区室到 B 区室的转换（图 9-13A）。研究发现，四倍体与二倍体棉花在 D12 染色体 2～12Mb 区间发生 A/B 区室转换（图 9-13B）。此外，研究发现棉花多倍化过程中大部分（83.9%）TAD 是保守的（图 9-13C）。例如，在 D03 染色体的一段区域内，3 个棉花物种的 H3K4me3 标记信号和 Hi-C 鉴定出的 TAD 结构共同支持这段 TAD 区域的保守性（图 9-13D）。这些研究结果表明，Hi-C 技术在多倍体植物中同样可以有效地用于观察基因组结构，并且有助于更好地理解植物基因组的组织和功能。

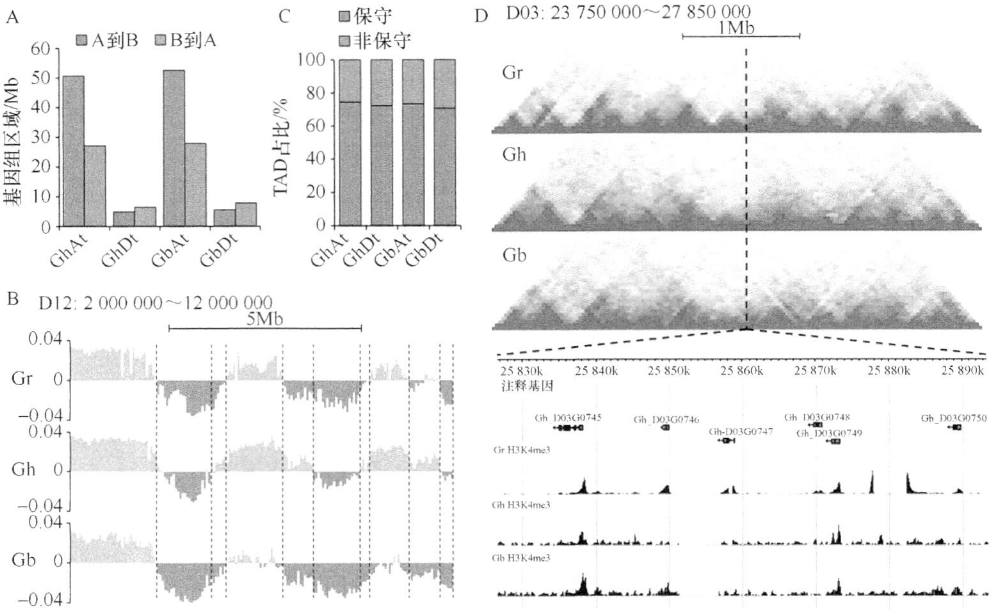

图 9-13　棉花多倍化过程中染色质结构（A/B 区室及 TAD）的变化（引自 Wang et al.，2018d）

A．两个四倍体棉花（*G. hirsutumi* 和 *G. barbadense*）A 区室和 B 区室之间转换的基因组区域；B．四倍体棉花 *G. hirsutumi* 和 *G. barbadense* 与二倍体棉花 *G. raimondii* 在 D12 号染色体 2～12Mb 区间涉及的 A/B 区室转换；C．两个四倍体棉花保守 TAD 区域比例；D．3 个棉种组蛋白甲基化信号（H3K4me3）和 Hi-C 鉴定的 TAD 结构比较和保守性

在拟南芥、水稻、玉米及棉花等多种植物物种中，相关研究者正在逐步揭示不同植物物种中 A/B 区室、TAD、CID 和染色质环等结构的存在及其在基因表达调控中的意义。这些发现为我们理解植物基因组的组织和调控提供了新的洞察力。随着技术的进步，我们有望更全面地探索植物染色质的三维结构，进一步揭示其中的奥秘。

二、植物三维基因学分析

（一）植物基因组辅助组装

如前文所述（详见本章第一节），Hi-C 技术在基因组组装领域得到了广泛应用，相关的算法或工具主要包括 Lachesis、SALSA、3D-DNA、ALLHiC 和 YaHS 等，这些方法均已成功应用于植物基因组的组装工作。然而，许多植物的基因组是复杂的多倍体，这使得基因组组装工作更为困难。尽管面临此类困难，植物基因组学领域的专家们通过改进技术和方法，结合 Hi-C 交互数据，成功地克服了多倍体基因组组装的难题，取得了一系列显著的成果。

2015 年，华中农业大学杨庆勇教授团队率先将 Hi-C 三维基因组技术应用于植物基因组组装，成功完成了拟南芥基因组的高质量组装，开启了该领域的新篇章（Xie et al.，2015）。2018 年，福建农林大学张兴坦教授带领的研究团队开发了 ALLHiC 算法，成功攻克了同源多倍体组装的难题，完成了甘蔗（其自然界现有材料的染色体最低倍数是六倍体）染色体水平上的同源多倍体单体型基因组组装（Zhang et al.，2018d）。这是全球首例达到染色体水平的同源多倍体基因组组装工作。目前，已有多个植物物种成功利用 Hi-C 交互数据完成了基因组组装，如拟南芥、甘蔗、草莓、大麦、油菜和月季等。图 9-14 展示了野生八倍体草莓基因组借助 Hi-C 技术实现染色体辅助组装的成功案例。

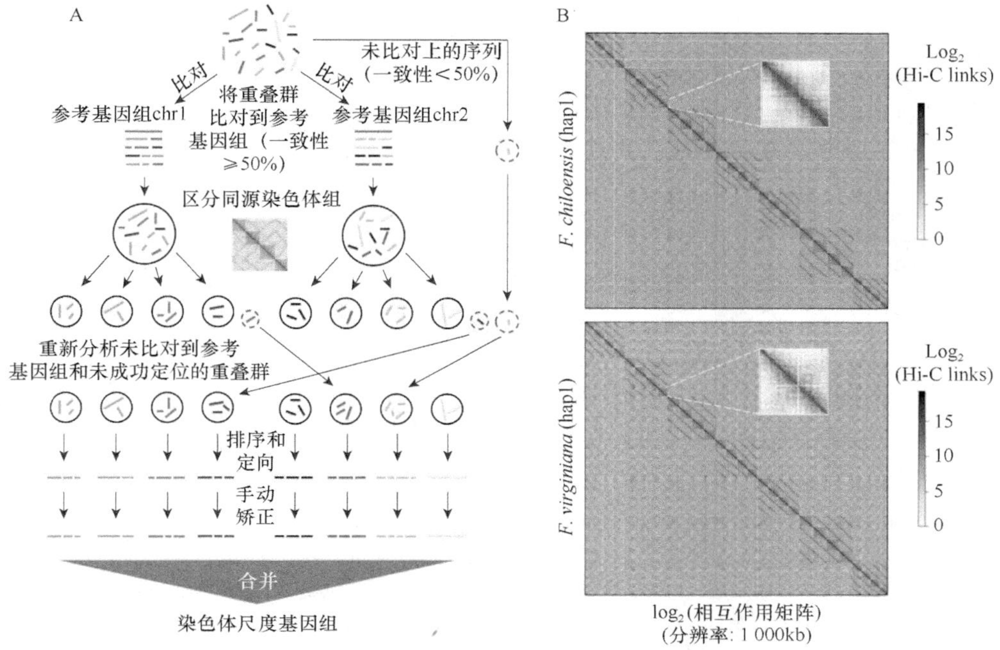

图 9-14　基于 Hi-C 的野生八倍体草莓基因组组装（引自 Jin et al.，2023）

A. 野生八倍体草莓基因组基于 Hi-C 的组装过程。根据 Hi-C 信号的密度，每个异源组进一步分为四个同源组。通过搜索最优 Hi-C 信号，将未固定和未映射的重叠群分配到划分的组。重叠群在每个分组中进行排序和定向，并手动调整。B. 染色质交互强度热图。1000kb 分辨率，高密度的相互作用用红色表示

基因组组装的复杂区域往往是高度重复的区域，完整基因组序列解析对于深入理解基因组进化和探索功能元件至关重要。近些年，随着测序技术和计算方法的发展，越来越多的植物端粒到端粒（telomere-to-telomere，T2T）基因组得到组装，包括拟南芥、水稻、猕猴桃、西瓜、玉米等。例如，早期发布的猕猴桃基因组版本都存在大量非锚定或缺失区域。2023 年，Yue 等发布了一个高度连续、完全无缺失的猕猴桃 T2T 参考基因组（Wang et al.，2022b），名为“Hongyang v4.0”，它首次完成了两个完整的单体型基因组，即 HY4P 和 HY4A。HY4P 和 HY4A 的单体型总长度分别为 606.1Mb 和 599.6Mb，且每个单体型中的端粒和中心粒几乎全部组装完成。这一新的基因组是基于 PacBio HiFi、ONT ultra-long 及三维 Hi-C 数据构建的，它填补了先前基因组所有的缺口，并纠正了一些组装错误的区域，产生了 38.6～39.5Mb 的新的序列（Yue et al.，2023）。同样地，在拟南芥中，通过结合 Nanopore、HiFi 及 Hi-C 等数据，Wang 等在 2022 年成功组装了拟南芥 T2T 基因组 Col-XJTU，并完全解析了 3 号染色体和 5 号染色体。与拟南芥经典参考基因组 TAIR10 相比，Col-XJTU 得到了 14.6Mb 的新序列（图 9-15 所示为拟南芥 T2T 组装过程）。总之，目前已有的多种植物 T2T 基因组的完成几乎都需要结合 Hi-C 三维基因组数据的辅助组装，以帮助得到更为完整的参考基因组（Wang et al.，2022b）。随着 Hi-C 技术以及组装算法的进一步发展及应用，植物基因组组装尤其是多倍体植物基因组组装必将更加容易且精确。这些成果将为深入探索植物基因组结构和功能提供有力支持。

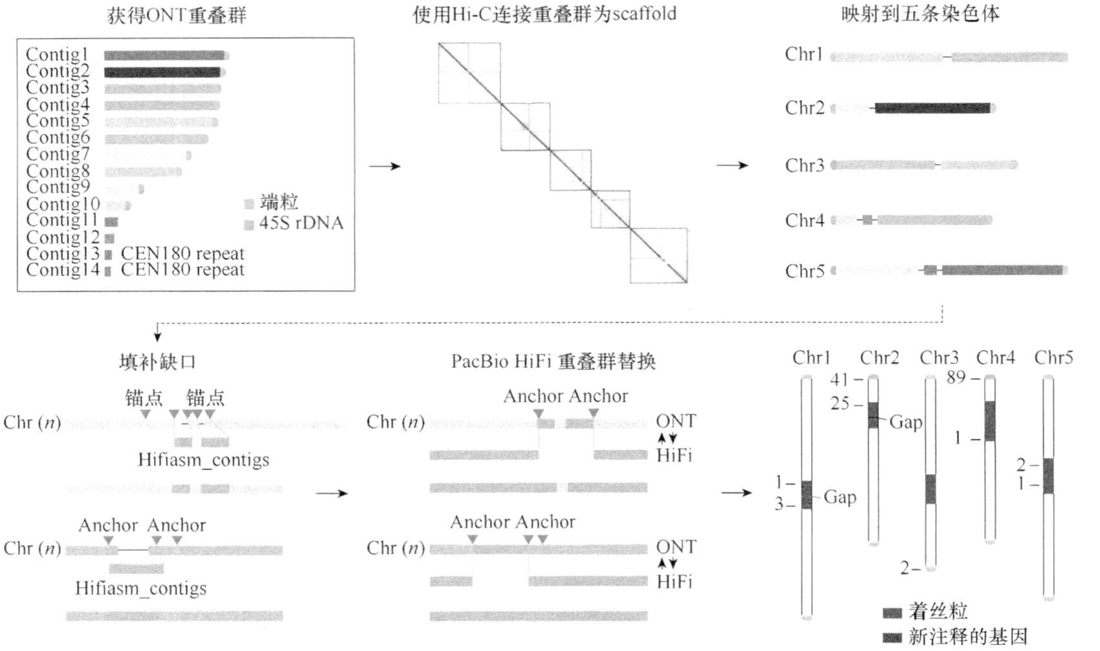

图 9-15 拟南芥高质量的 T2T 基因组组装过程（引自 Wang et al.，2022b）

组装 ONT 超长读序，第一步获得了 14 个 Contig 片段。进一步，利用 Hi-C 交互数据将其中 12 个 Contig 排序连接进一步得到 5 个脚手架（scaffold）。脚手架完成后，用五条假染色体（pseudomolecule）代表 TAIR10.1 组装的五条染色体。然后使用基于 BAC 锚点的 HiFi 数据填补 Gap 缺口，最终获得完整的 T2T 基因组。最终的结果中灰色条代表着丝粒区域，红线代表缺口位置，蓝色数字和相应线条分别代表新基因注释的数量和位置

（二）植物中调控元件参与三维调控

基因组的复杂三维构象并非仅仅是 DNA 的物理折叠，它还蕴含着基因表达的精细调控机制。这种结构的功能性体现在它如何通过调控元件来指导基因的激活和沉默。调控元件是基因组中的特定 DNA 序列，它们能够与转录因子和其他蛋白质相互作用，从而在时间和空间上精确地控制基因的表达。这些元件包括启动子、增强子等，它们在植物的生长、发育、对环境的适应，以及胁迫响应中起着至关重要的作用。在接下来的内容中，我们将介绍增强子等调控元件在植物中的研究，以及其如何在三维结构中发挥作用。

增强子是存在于真核生物中的一类关键调控元件，通过与目标基因的启动子区域相互作用，激活相关基因的转录，从而在基因表达调控过程中扮演着至关重要的角色（图 9-16）。增强子等调控元件远程调控靶标基因是其发挥作用的重要方式，通过使用 Hi-C 及 ChIA-PET 等三维检测技术，我们可以直接识别增强子与启动子之间的相互作用关系，从而更准确地研究增强子对基因转录的调控作用。

在植物界中，增强子的研究相较于人类更为复杂和多样。植物增强子的研究历史可以追溯到 1985 年，Simpson 等首次报道了豌豆中叶绿素 a/b 结合蛋白基因 *AB80* 的增强子（Simpson et al.，1985）。此后，随着研究的深入，在玉米、拟南芥等多种植物中陆续发现了许多其他增强子位点。目前，已在拟南芥、玉米、水稻等多个植物基因组中发现了增强子-启动子及启动子-启动子远程调控（Du et al.，2020；Wang et al.，2019a；Zhao et al.，2019a）。例如，2019 年研究发现了拟南芥中涉及开花抑制基因 *FLOWERING LOCUS T*（*FT*）的新的增强子区域，该增强子通过与 *FT* 基因启动子相互作用，在叶韧皮部中对光周期变化做出响应，从而控制 *FT* 基因的表达（Liu et al.，2019）。在黄瓜中，一个控制卷须发育的关键基因 *TEN* 的 C 端区域会与下游靶基因内的增强子结合，N 端结构域维持染色质开放，进而激活靶基因的表达。研究人员对玉米中的同源基因 *TB1* 进行了深入研究，发现 *TB1* 也通过相似的机制，与关键靶基因内的增强子结合并激活基因表达（Yang et al.，2020）。

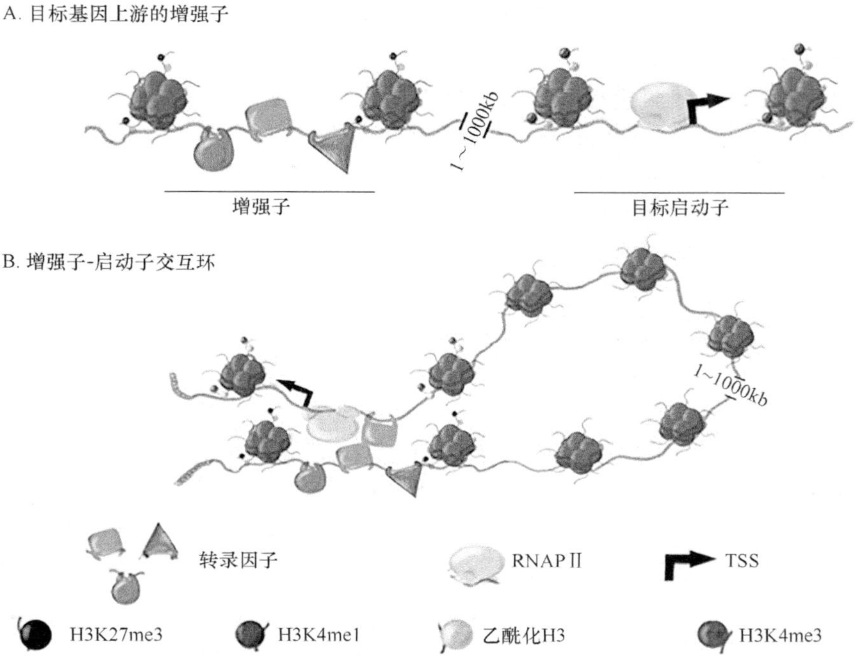

图 9-16 增强子区域和靶基因中观察到的染色质特征示意图（引自 Weber et al.，2016）

A．位于距其靶基因较远处的增强子。H3K4me1 的存在和 H3K4me3 的缺失区分了增强子和启动子。
B．活跃的增强子通过蛋白质复合物与其靶基因的启动子物理相互作用

超级增强子（super enhancer，SE）是由一系列连续排列的增强子串联形成的增强子簇，其跨度可达 8～20Kb。与常规增强子相比，超级增强子具有更高的转录激活相关组蛋白修饰，富集了大量的转录因子和辅助因子，具有更强的调控基因转录的能力。在哺乳动物的细胞分化、免疫应答等关键生物学过程中，超级增强子发挥着重要的调控功能。然而，植物中超级增强子的研究长期以来一直处于相对落后的状态。直到 2022 年，中国、美国、英国等多个团队通力合作，首次在植物中定位和鉴定了超级增强子，并将超级增强子的研究引入了植物科学领域（Zhao et al.，2022c）。实际上，早在 2019 年，就有研究发现拟南芥中具有超级增强子的主要特征，即增强子会形成增强子簇，且与多个转录因子相结合，然而作者对此并未进行深入探究（Yan et al.，2019）。超级增强子与增强子一样，通常通过染色质远程交互，与目标基因互作以调控目标基因的表达。

全基因组关联分析（genome-wide association study，GWAS）在植物研究中已经确定了许多位于基因间非编码区域的关键位点。这些非编码变异往往位于增强子等关键调控元件内，在调节植物性状方面发挥着重要作用。通过三维基因组检测技术，我们可以鉴定单核苷酸多态性（SNP）位点对远端靶标基因表达的调控影响。以水稻为例，研究人员结合 ChIA-PET 技术进行了 SNP 与远程基因调控的研究，发现远端调控元件的变异能够影响远端靶基因的表达，从而导致植物表型的变化（Zhao et al.，2019a）。此外，在拟南芥中，通过染色质远程交互分

析，研究者们识别出了一系列潜在的调控发育基因的远距离 GWAS 位点（Deng et al.，2023）。这一研究为理解非编码变异在植物发育和适应性中的作用提供了重要线索。

（三）植物 RNA 参与的三维空间构象

在过去的几十年里，我们逐渐认识到染色质结构对基因转录调控过程的复杂作用。从染色质可及性到染色质远程交互，细胞内使用多种机制来控制基因表达。近些年，研究人员关注非编码 RNA（ncRNA）在此类过程中的作用，开始探索 RNA 在三维结构中的作用和相互关系，并发现了一些具有直接或间接与染色质相互作用能力的 RNA，也被称为染色质相关 RNA（chromatin-associated RNA，caRNA）。目前已经发现的 RNA 的空间构象主要包括 DNA-RNA 交互和 RNA-RNA 交互。在细胞核内，RNA 与染色质的相互作用可以分为顺式相互作用和反式相互作用。顺式相互作用主要指新生 RNA 与转录位置附近的染色质结合，其中 R-loop 结构是目前研究的重点，即转录过程中新生 RNA 与单链 DNA 形成的杂交体结构，这种结构与转录活性密切相关（Chen et al.，2018）。反式相互作用则是指 RNA 合成后与远端染色质位置的相互作用，其中蛋白质介导的染色质与 RNA 的相互作用是最为常见的形式，RNA 在这里充当了结合 RNA 结合蛋白的支架，而这些 RNA 结合蛋白往往与染色质 DNA 结合因子存在直接接触（Tang et al.，2023）。

在植物中，染色质与 RNA 的相互作用的研究与人类相比相对滞后，但是相关研究同样证明了 RNA 在植物染色体三维结构中的关键作用。清华大学戚益军和加州大学圣迭哥分校付向东团队解析了拟南芥中 RNA-染色质相互作用，从全局视角揭示了拟南芥中 RNA 参与的三维结构，发现单个染色体内相互作用主要由编码蛋白的 RNA 介导，而单个染色体间相互作用主要由非编码 RNA 介导。并且研究发现一些 RNA-染色质相互作用倾向于与 DNA-DNA 相互作用呈正相关，表明它们之间存在相互影响和加强作用（Li et al.，2021b）。

华中农业大学的三维基因组团队开发了一种植物中检测 RNA-DNA 交互的技术 ChRD-PET。该技术能够直接、准确地检测植物细胞中的 DNA-RNA 和 RNA-RNA 相互作用（图 9-17）（Xiao et al.，2022a）。通过应用这一技术，研究者们深入解析了水稻等重要植物中的 RNA-DNA 交互模式和特征，深化了对植物基因组调控网络的理解，为探讨植物基因组的功能元件和表达调控提供了有力的分析工具。这些研究不仅为我们提供了深入理解植物基因组多层次调控网络的数据支持，也为未来通过基因编辑等技术改良植物性状、提高农作物产量等提供了坚实的基础。

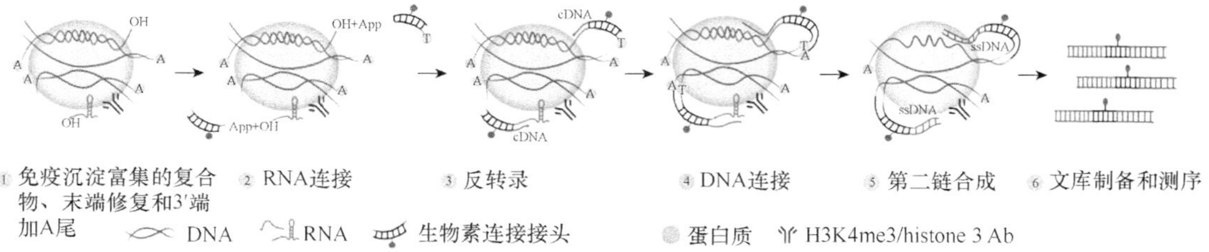

图 9-17　**ChRD-PET** 技术的方法示意图（引自 **Xiao et al.，2022a**）

|第 10 章|

植物合成基因组

扫码见
本章彩图

第一节　合成生物学概述

一、合成生物学概念及其技术

（一）合成生物学概念

合成生物学（synthetic biology）是研究如何设计和合成生物体的科学。合成生物学以工程化设计理念，对生物体进行有目标的设计、改造乃至重新合成。具体而言，合成生物学旨在设计和构建工程化的生物系统，使其能够处理信息、操作化合物、制造材料、生产能源、提供食物、保持和增强人类的健康及改善环境。也就是说，合成生物学就是通过人工设计和构建自然界中不存在的生物系统来解决能源、材料、健康和环保等问题。由此可见，合成生物学强调“设计”或“重设计”。合成生物学不仅是实验科学，它主要依据的方法是利用已有的生物学知识，根据实际的需要进行设计和重设计，建立数学模型对人工设计进行模拟，反过来指导实验的进行。

合成生物学是一门新兴交叉学科，与分子生物学、遗传工程学和生物信息学等密切相关。合成生物学涉及的关键技术包括标准化 DNA 模块、DNA 合成、DNA 测序和模型模拟等，这些技术涉及遗传工程、分子生物学、生物信息学、系统生物学等技术，离开这些相关学科技术，合成生物学将无从谈起。可以说它是继遗传工程后出现的新一代生物技术，代表着生物技术发展的一个制高点，在能源、健康等领域表现出巨大的应用潜力。同时，合成生物学的发展又推动了生物学的发展。

合成生物学研究内容主要涉及两个大的领域，一是基因线路、代谢网络和大分子模块等领域，具体研究内容包括：遗传/基因线路的设计与构建、合成代谢网络、生物大分子的合成与模块化（如蛋白质的工程改造和模块化；核酸分子的人工合成）、细胞群体系统及多细胞系统、数学模拟和功能预测等。二是合成基因组和合成生命，包括生物基因组的合成、简化和重构。从基因组学的角度来说，合成生物学是基因组学发展的必然阶段。基因组学除了解决基因组的解码（decoding）和解读（reading），另外一个目的是对基因组进行重编（recoding）和书写（writing）（杨焕明，2016）。因此合成基因组学是合成生物学的基础和重要组成部分。在该领域，科学家很早就提出最小细胞（minimal cell）或基因组假说，即一个生物体内可能含有必需基因（essential gene）和非必需基因，去掉非必需基因以后，该生物体应仍能存活和繁殖。最小细胞或基因组的研究，不仅有重要的科学意义，还可以以最小基因组为底盘（chassis），加入新的基因，让细胞制造人类所需要的物质，具有重要的实际意义（张先恩，2017）。

2010 年，文特尔团队以史上最小的生物——丝状支原体（*Mycloplasma genitalium*）为基础，成功构建出全球首个人工合成细胞——辛西娅（Synthia，JCVI-syn1.0）（Gibson et al.，2010）。2016 年，该团队发布改进后的第三版合成细胞 syn3.0（Hutchison et al.，2016）。受到文特尔的启发，纽约大学兰贡医学中心酵母遗传学家 Jef D. Boeke 开始尝试合成真核细胞染色体。他带领团队启动了一项旨在实现人工合成真核生物酿酒酵母的全部 16 条染色体（长约 14Mb）——合成酵母基因组计划（Sc2.0）（http://syntheticyeast.org）。Sc2.0 项目由中国、美国、英国、法国、澳大利亚、新加坡等国家的多个研究机构参与合作。Sc2.0 项目中一个让人瞩目的重点是团队设计的 BioStudio 软件，它使科研人员能够对碱基对和基因组规模序列进行修改，并且能在大尺度上对研究计划进行协调修改，追踪研究进展。2023 年 11 月，Sc2.0 项目组完成了酵母剩余 10 条染色体的从头设计与全合成（Schindler et al.，2023），这标志着世界首个真核生物全部染色体的从头设计与合成正式完成，合成生物学领域的科学里程碑项目取得重大进展，为未来合成基因组学的研究奠定了重要基础。

由于合成生物学展现出良好的应用前景，其研究受到世界各国的高度重视。美国从 2004 年就开始资助合成生物学领域。2004 年，比尔及梅琳达·盖茨基金会向 Amyris 公司投资 4250 万美元，用于青蒿素的研发。之后美国能源部（DOE）、国家科学基金会（NSF）、农业部（USDA）、国防部（DOD）等联邦政府部门都相继支持合成生物学的基础研究、技术研发和相关机构的建立。2010 年，美国能源部启动“电燃料”专项，用于“微生物电合成”研究；美国国家科学院 Keck 未来计划资助 13 项合成生物学研究项目；2011 年，美国国防部先进研究项目局（DARPA）启动“生命铸造厂”计划，发展细胞工厂，2014 年又启动第二阶段项目；美国半导体研究联盟启动“半导体合成生物学”（SemiSynBio）计划；2019～2021 年，美国工程生物学研究联盟（EBRC）连续发布《工程生物学：下一代生物经济的研究路线图》《微生物组工程：下一代生物经济研究路线图》，以及《工程生物学与材料科学：跨学科创新研究路线图》；2022 年 9 月，美国总统拜登宣布启动《国家生物技术和生物制造计划》，旨在未来五年内投入超过 20 亿美金，推动医药、农业、能源、环保、军工等领域的生物制造业发展；2023 年 3 月，美国白宫联合能源部、农业部、商务部、卫生与公众服务部和美国国家科学基金会发布了《生物技术与生物制造宏大目标》，详细概述了美国生物制造的明确研究和发展目标。欧盟很早就起草了合成生物学路线图，描绘了欧盟 2008～2016 年对合成生物学的设计和规划。欧盟第六框架、第七框架计划分别资助了 6 项、7 项合成生物学项目。2012 年，合成生物学研究区域网络（ERAynBio）启动建立，致力于协调国家的经费、研究团队建设、人才培养，以及解决伦理、法律、社会和基础设施需求等问题；2014 年，ERASynBio 发布了题为《欧洲合成生物学下一步行动——战略愿景》的报告，对欧洲合成生物学的发展提出了 5 点建议；2018 年，欧盟“地平线 2020 科研框架计划”设立了植物合成生物学专项——Newcotiana。2012 年，英国商务、创新与技能部（Department of Business Innovation and Skill，BIS）发布《英国合成生物学路线图》，制定了至 2030 年发展合成生物学的时间表，为英国合成生物学的未来发展提出了 5 个核心主题，包括基础科学与工程、持续开展负责任的研发与创新、用于商业的技术、应用与市场、国际合作。2016 年该路线图被进一步修订，以题为《英国 2016 年合成生物学战略计划》发布。英国政府先后颁布了《发展生物经济战略》（2018 年）和《英国创新战略》（2021 年），均着重强调了合成生物学研究成果转化与应用的重要性。2023 年 12 月英国政府又发布了《工程生物学国家愿景》，明确了未来十年英国在工程生物学领域的发展目标。德国也很重视合成生物学研究。德国马尔堡大学和马普学会微生物研究所等共同成立了合成微生物学中心，并于 2013 年建立了马普合成生物研究网络（MaxSynBio），开展合成生物学和人工细胞研究。我国非常重视合成生物学研究，973 计划和 863 计划很早就将合成生物学列为重点研究方向。2018 年我国启动了合成生物学重点专项，继续支持包括植物在内的合成生物学相关研究[详见本节“（二）我国植物合成生物学研究”]。2021 年我国发布《中华人民共和国国民经济和社会发展第十四个五年规划和 2035 年远景目标纲要》，明确把合成生物学列为科技前沿领域方向之一。2022 年国家发展改革委印发《“十四五”生物经济发展规划》，明确指出包括合成生物学在内的生物经济，是未来中国经济转型的新动力，要求推动合成生物学技术创新。

（二）合成生物学技术

1．基因线路设计和 DNA 合成组装　基因线路（gene circuit）又称遗传路线（genetic circuit），在合成生物学中是指由各种调节元件和被调节的基因组合成的遗传装置（genetic device），在给定条件下，可定时定量地表达基因产物。人工合成生物系统的层次化结构设计是合成生物学一个最基本思路。由 DNA 序列组成的具有一定功能的最基础元件——生物积块（BioBrick），又称为生物元件（Part），不同功能的生物元件按照一定的逻辑和物理连接组成更加复杂的生物装置（device），甚至生物系统（system）。基因线路设计是基于生物装置层次进行工程化设计，它是人工合成生物系统中最基础的功能单位。Part 按照其功能可以划分为启动子、核糖体结合位点、终止子、蛋白质结构域（定位信号结构域、纯化或降解标签结构域等）、蛋白质编码基因、报告基因、质粒及骨架、引物组件、蛋白质发生组件、转换器等类别。每一个 Part 都有一个标准的名字编码，我们可以很方便地从一块 DNA 元件的名字编码中，判断出它在具体生物过程中所发挥的功能。国际合成生物学组织 iGEM 要求每一个生物积块的结构都是标准化的。除了本身的功能序列以外，它们都具有相同的前缀和后缀，每一个 BioBrick 的前缀中都包括 *Eco*R Ⅰ和 *Xba* Ⅰ两个酶切位点，后缀中包括 *Spe* Ⅰ和 *Pst* Ⅰ两个酶切位点，并且经过特殊的遗传工程手段处理，确保真正的编码序列中不含有这 4 个酶切位点。整个生物积块被克隆在由 iGEM 组委会提供的质粒载体上，可按照设计的需要进行 DNA 剪切和拼接。

有了上述标准化的 Part 元件，就可以利用转录激活因子、转录阻遏蛋白、转录后机制（如 DNA 修饰酶）和核糖核酸调节子（riboregulator）等，利用逻辑拓扑结构，构建生物装置。生物装置通过调控信息流、代谢作用、生物合成功能，以及与其他装置和环境进行交流等方式，处理“输入”产生“输出”。可以说，生物装置包含了一系列转录、翻译、蛋白质磷酸化、变构调节、配体/受体结合、酶反应等生化反应。不同装置各自的生物化学属性具有各自的优势和限制。目前已经工程化的遗传装置还有很多，如控制基因表达的各种基因开关、切换基因表达状态的双稳态开关、3 种阻遏蛋白相继表达的抑制振荡子（repressilator）、模拟各种逻辑门功能的生物装置等。

目前基于模块进行设计和合成的合成生物技术已比较成熟，已开发出基于生物元件并进行大规模设计的工具，如 DeviceEditor、J5、GenomeCarver、BiopartsBuilder、SynBIS 等。具体可参阅李诗渊等（2017）在《生物工程学报》合成生物学专刊中的综述文章，他们就合成生物学有关 DNA 合成、组装技术进行了详细介绍。

针对植物，最近也开发了专门用于植物合成生物学的在线合成生物学装配工具 Golden Braid，目前已升级至 Pro 版（https://goldenbraidpro.com/）（图 10-1）。用户可以用在线工具提供的生物元件 BioBrick 进行设计基因线路，然后根据功能设计进行合成。同时，许多其他合成生物学工具同样也可以用于植物合成生物学研究（表 10-1）（Liu and Stewart，2015）。

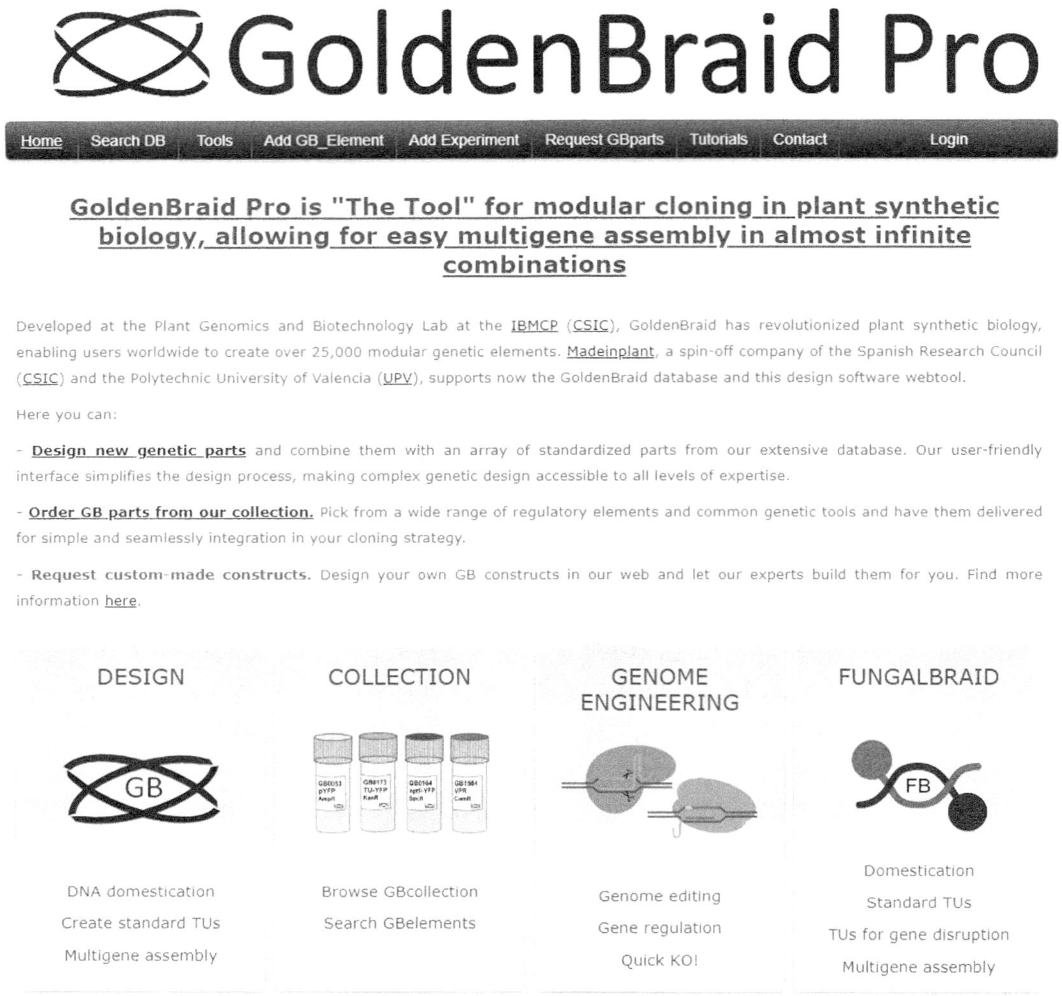

图 10-1　用于植物基因组设计和合成的在线工具 **GoldenBraid Pro** 主页

表 10-1　目前可用于植物合成生物学研究的软件工具（改自 Liu and Stewart，2015）

软件工具	说明	植物适用性
构件设计与合成		
GeneDesign	具有密码子优化和密码子偏差图形算法的 Web 服务器，支持插入限制位点和构建块的设计	适用
Gene Designer2.0	可用于基因、操纵子和载体设计、密码子优化、限制性位点修饰、可读框重新编码和引物设计	适用
拓扑结构和网络设计		
GenoCAD	包含形式语义模型的框架，该模型使用属性语法表示多个部分序列的动态。它将部分函数的条件依赖性形式化，并将部分序列转换为模型来预测其行为，并通过设计草案的交互式“语法检查”来传递给用户	主要用于 *E. coli*
OptCircuit	可自动识别列表中的组件与回路重新设计连接性的优化框架。它使用确定性常微分方程和随机模拟编译启动子-蛋白质互作的综合动力学描述	可改用
SynBioSS	该软件套件通过计算动态生物表型的概率分布来进行网络设计和模拟。它包含 3 个组件：Designer、WIKI 和 Simulator。Designer 可以将零件序列转换为 Simulator 中的模拟模型	可改用

续表

软件工具	说明	植物适用性
拓扑结构和网络设计		
CellDesigner	用于监管和生化网络的图形绘制的软件	可改用
e-Cell	通过基于基因调控、代谢和信号转导，以及计算机实验构建的细胞整合模型，来预测细胞行为的建模和模拟环境	可改用
Cello 2.0	用户输入逻辑运算目标，软件可自动生成包含基因线路的 DNA 序列	主要用于微生物
iBioSim	使用合成生物学开放语言（SBOL）实现基因线路的建模、分析和设计。主要针对遗传电路模型，代表代谢网络、细胞信号传导途径及其他生物和化学系统的建模分析	可改用
模拟和运行预测		
COPASI	独立的生化网络模拟器，可以在不同的模拟方法之间轻松切换	可改用
CompuCell3D	将基于特定子组件机制的特殊假设组合成统一的多尺度模型，来构建高度保守的脊椎动物机体形成的多细胞多尺度模型	可改用
CellModeller	该工具通过分析分层物理和生化形态发生机制，分析和建模多细胞植物形态发生过程	植物专用

2．基因组编辑技术　基因组编辑技术是在基因组水平上对 DNA 序列进行定点改造，实现对一个或多个基因的敲除、敲入或对表达进行调控，是近年来出现的最为重要分子生物学技术之一。目前其主要包括两大类技术，一类是以工程核酸酶如锌指核酸酶（ZFN）或 TALE 核酸酶（TALEN）为基础，这些酶能够在几乎任何特定基因组位置产生染色体双链断裂（DSB）来促进基因组编辑。ZFN 和 TALEN 为植物基因打靶和基因组编辑提供了严格的特异性保障，这两种酶都可以区分两个同源基因的结合位点之间 2 或 3 个核苷酸的差异。另一类就是 CRISPR 技术，其已在植物领域广泛应用。有关上述技术的详细介绍请见本书第 13 章第二节。

3．大型构建体转化技术　为了导入整个代谢途径，表达多聚体蛋白质复合物并设计遗传元件和调控等级，需要导入多基因。人造染色体是目前将长外源 DNA 片段整合入植物最有希望的转基因技术，尽管该技术的潜力尚未完全实现。

（1）细胞器基因组转化　优点：由于植物细胞中多质体拷贝数（转基因拷贝数）和基因沉默的缺乏，转基因植物能够稳定地高表达转入的基因。质体转化是目前生产合成重组蛋白和药物，以及代谢途径等的有效途径。

缺点：不能通过同源重组进行代谢途径的多基因工程；宿主特异性，仅适用于部分农作物，如烟草、大豆、马铃薯、番茄、莴苣、甜菜、茄子、胡萝卜、油菜和卷心菜。

（2）核基因组转化　核基因组转化主要是病毒介导的转移，可转化人工染色体（transformation-competent artificial chromosome，TAC）、二元细菌人工染色体（binary bacterial artificial chromosomes，BIBAC）、多轮体内位点特异性装配（multiple-round *in vivo* site-specific assembly，MISSA）辅助转化和植物人工染色体辅助转化。TAC、BIBAC 和 MISSA 尚未广泛用于植物生物技术。

缺点：农杆菌介导的转化系统插入位置效应，内源宿主基因组可能被破坏；可能导致转基因的变异甚至沉默，使得协调复杂性状的可能性不大。

（3）植物人造染色体　植物人造染色体有可能进行基因堆积，在植物中插入完整的代谢途径，进行复杂性状的协调转化，以及作物特性工程和育种的多重位点特异性重组和整合。

4．最小基因组技术　各种人工构建的生物模块，会被植入生命体中进行扩增和培养。生物体自身的各种代谢途径、信号转导途径及各种内源噪声，对于人工模块的执行无疑是一种干扰。同时，天然生物基因功能的多效性和冗余性也给各种模拟算法的有效应用带来了障碍。因此，作为一个重要技术手段，许多合成生物学家致力于生物基因组的简化和模块化，力图净化宿主细胞的代谢内环境，设计和构建特定生物基因组的底盘。基因组底盘往往通过所谓“最小基因组”（minimal genome）的技术路线来确定。该技术的目的是确定一个生物生存所需最小基因集，即所有“必需基因”（essential gene）。例如，基因集中包括与 DNA 复制、RNA 处理和修饰、解码遗传密码的 tRNA、翻译组分和伴侣蛋白等相关基因，它们是支持一个完整生物体存活所必需的基因。可以通过大规模敲除特定基因或基因组合来确定基因的必要性，该技术的一个很好范例是关于丝状支原体细菌最小基因组的研究，具体参见文特尔团队在 *Science* 发表的文章（Hutchison et al.，2016）。

5. 人工密码子技术　人工密码子技术就是利用更多碱基（除了 ATCG）合成新类型氨基酸。组成 DNA 的 ATCG 4 种碱基可以随机排列形成 64 种不同的包含 3 个碱基的组合，组成生命的遗传密码，每个密码子编码一种相应的氨基酸。地球上所有生命所需的蛋白质主要由 20 种氨基酸组成。来自美国的合成生物学领域著名科学家 Romesberg 教授，成功打破了 ATCG 的束缚。他们首次合成自然界中不存在的 X-Y 碱基对和相应的氨基酸，成功在实验室创造了包含 ATGCXY 6 种碱基的全新生命体（Zhang et al.，2017b）。天然存在的 4 种碱基编码了 20 种氨基酸，额外加入非天然的 X-Y 碱基对能够产生多达 172 种氨基酸。

二、植物合成基因组意义与展望

（一）植物合成基因组研究的意义和难点

合成生物学的最终目的是在人工合成完整、有活力基因组的基础上，依照人类需求对目标生物基因组进行改造或从头合成，获得所谓“人工生命”。植物是合成生物学研究的理想对象，合成植物基因组研究具有几方面重要意义。①重要植物次生代谢产物人工合成。植物具备一些特殊代谢途径，是人类所需次生代谢产物的重要来源。这些在胁迫条件下所产生的化合物不仅可以提高植物体的抗病性、抗逆性，在人类的医疗中也有相当重要的作用。例如，对疟疾有良好治疗特性的青蒿素，目前已开展了青蒿素等植物次生代谢产物人工合成研究（详见本章第二节“一、植物次生代谢途径人工合成”）。②作物育种利用，即合成育种技术。将合成生物学的技术运用至植物体上，一个明显的意义是可推进人工育种的进程。与传统育种技术不同，合成育种技术可以根据设计进行基因组合成，培育出符合人类需求的作物品种，大大缩短育种进程。目前作物育种中利用的转基因技术还仅是合成和利用单个或若干基因，改善作物品种某一特定性状。利用合成生物学技术，首先可以在特定代谢途径水平上进行人工改造或合成。例如，如何提高粮食产量一直是学者们所关心的问题。水稻作为世界四大粮食作物之一，与玉米等粮食作物的产量还存在一定的差异。这主要是因为玉米具有 C4 植物特有的光合途径，可更有效利用光照与光合作用底物。是否能在水稻（C3 植物）基因组加入一个 C4 途径，将其改造成具有更高光效的 C4 作物？目前科学家正在开展该研究（详见本章第二节“二、光合途径与高光效植物创制”）。当然，植物合成生物学在育种中利用的最终目标是按照人类需求人工设计和合成作物基因组。可以说，植物合成基因组为作物育种和生产提供了一个崭新的研究方向。

合成植物基因组目前还存在许多困难。与其他真核生物一样，植物基因组相对于微生物基因组更大更复杂。但合成生物学需满足的首要条件是目的基因序列的确定。例如，本身的底盘基因组到底是什么——建立在何种物种上（一般选择较小的基因组）？即使是目前相当简单的微生物基因组，其底盘基因组还有许多未知因子。例如，文特尔团队对丝状支原体的研究，最新全人工合成的基因组版本 syn3.0，相较于 syn1.0 减少了约一半的基因碱基数量。他们发现一些非必需基因情况较复杂，因此提出了“准必要基因”（quasi-essential）和“合成致死对”（synthetic lethal pair）这两个概念（Hutchison et al.，2016）。所谓的准必要基因来自最小基因组设计的基因分类。在最小基因组的设计中，将基因分为三大类：必需基因（e-genes）、非必需基因（n-genes）和准必要基因（quasi-essential）。准必要基因被破坏的细胞会经历连续的不同程度（从最小到最严重）的生长损伤。为了区分这种生长损伤连续性，进一步将缺失后生长损伤最小的准必要基因定义为“in-genes”，而将生长缺陷严重的那些准必要基因定义为“ie-genes”。相应地，合成致死对是指两个或多个基因组合致死情况。假定基因 A 和 B 均提供了某一必要功能 E1。当这两个基因被分别单独删除时，并不会引起 E1 功能的丧失，因此通过单敲除研究，这两个基因均会被定义为非必要基因。然而，如果它们被同时删除，细胞则会因为缺失 E1 功能而死亡。这种致死突变组合被称为合成致死对。植物基因组相对于微生物或人和动物基因组，具有更多基因，基因家族巨大，重复序列构成复杂，其底盘研究举步维艰（详见本章第二节“三、植物底盘基因组”）。即使是模式植物（如拟南芥和水稻），其基因组也有几万个基因，目前大部分基因功能还未知或尚未充分解析，特别是基因之间的互作调控关系。

（二）我国植物合成生物学研究

我国 2010 年以来陆续在 863 计划和 973 计划中设立合成生物学相关项目，资助植物合成生物学等相关研究。其中植物方面的一个重要课题是高光效细胞构建，其他还包括植物源化合物合成、固氮菌等。

2018 年我国启动“合成生物学”重点专项，2018～2021 年立项支持了 114 个研究项目。该专项总体目标是针对人工合成生物创建的重大科学问题，围绕物质转化、生态环境保护、医疗水平提高、农业增产等重大需求，突破合成生物学的基本科学问题，构建几个实用性的重大人工生物体系，创新合成生物前沿技术，为促进生物产业创新发展与经济绿色增长等提供重大科技支撑。目前该专项将围绕不同任务部署项目：基因组人工合成与高版本底盘细胞构建、人工元器件与基因回路、特定功能的合成生物系统、使能技术体系与生物安全评估。上述任务中涉及植物的课题包括“植物底盘的设计与构建”“微藻底盘细胞的理想设计与系统改造”“抗逆基因回路设计合成与抗逆育种”“植物天然产物合成的工程细胞构建”“植物人工染色体的设计与构建”“珍稀药用植物活性成分的合成生物药物”“C3 作物高效固碳模块的人工设计与创制”“新型来源的橡胶合成生物学设计与应用”等。2023 年围绕合成生物学设计理论研究、合成生物学使能技术研究及合成生物学应用研究等三大任务进行项目部署。

第二节　植物基因组设计与合成

植物是理想的合成生物学研究对象，因为植物为我们提供了重要的食物来源（如淀粉、糖、维生素等），同时植物具备一些特殊代谢途径，是人类大量次生代谢产物的重要来源。人工合成植物基因组一直是人类梦想，对它的探索其实很早就已开始。例如，作物杂交育种就是植物合成基因组早期实践活动之一。作物育种过程其实就是进行新基因组组合的过程，即利用有性繁殖系统完成基因组人工组合。通过随机获得大量新组合基因组，从中挑选出符合人类需求（如优质、高产和高抗性等）的新基因组组合。在作物传统育种——杂交育种阶段，利用有性繁殖系统，人为地产生基因组重组和新组合，目的是获得一个自然界中不存在的新基因组（品种）。

但该阶段无法进行基因组设计，即缺少设计环节，而只是进行大量的随机重组，同时不断试错，获得一个新合成的基因组。到了杂种优势利用育种阶段，目的同样是合成一个基因组，获得一个杂合型的新基因组，其产量等性状更高、更好，其育种过程同样是找到符合目标的新合成基因组。多倍体育种在作物育种中是一项重要技术，如育成的新类型作物小黑麦等。其遗传本质是通过基因组多倍体化（异源加倍或同源加倍两个途径）进行基因组的重新合成，增加新合成基因的环境适应性、品质等人类需求的性状。随着现代合成生物学的兴起，植物重要次生代谢产物成为首选目标，植物合成基因组学或合成生物学研究进入新阶段。随着植物基因组学发展，以植物为底盘的重要合成代谢途径（如 C4）甚至全基因组的设计与合成已成为可能，小立碗藓 18 号染色体短臂的设计与合成已于 2024 年实现（详见下节），不久的将来，第一个全人工合成的植物基因组就会出现在我们面前。

近年来，植物合成生物学研究已日渐活跃。不少文章对植物合成生物学研究进展、前景和方向进行了综述和展望（Liu and Stewart，2015；Nemhauser and Torii，2016）。例如，Nemhauser 和 Torii（2016）给出了合成生物学家眼中未来理想作物应该具备的功能（图 10-2）：细胞具有人工改造的灵敏的感受器（受体），可以感知病菌释放的信息而快速启动基因表达，产生功能分子，应对病菌侵染。

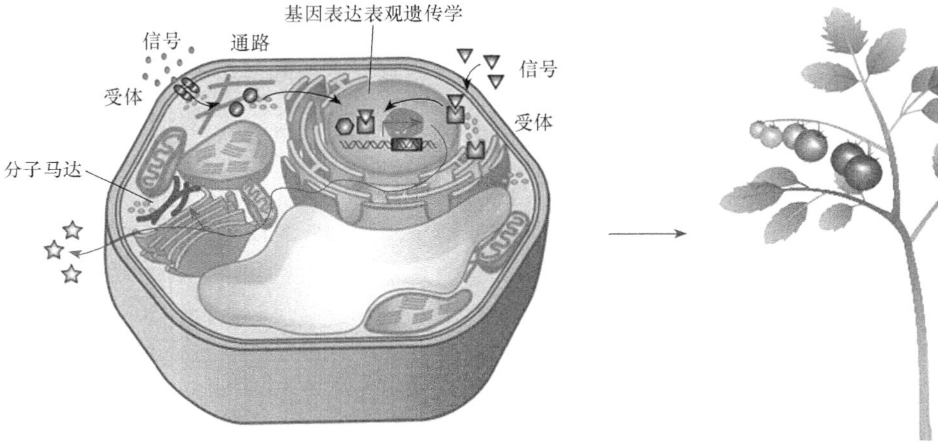

图 10-2 经过合成生物学遗传设计和改造的理想植物细胞可以行使特定功能并产生理想的农艺性状（引自 **Nemhauser and Torii，2016**）

每个合成的生物模块用红线标识，包括信号转导、基因表达、分子马达等系统

一、植物次生代谢途径人工合成

真正的合成基因组学研究始于基因组组分——特定代谢途径的设计和实现。植物组分相关基因及其设计、反应或实现系统最初都是选择了微生物系统作为底盘（因微生物系统繁殖快）。以下举例说明。

利用植物的代谢途径及其生化路径来合成目标的天然产物，或以微生物等作为底盘，来合成天然的植物次生代谢物，通常指将编码某一次生代谢产物相关的一串基因制成卡盒结构，整合到生物底盘中，如微生物中，得到较高水平的表达，从而获得大量的目标次生产物。这一思路早在“生物反应器”中就得到体现。

目前较为成熟的有青蒿素及吗啡的生物合成。青蒿素是 1971 年由中国药学家屠呦呦发现的，对疟原虫具有很高的抗性。现有的青蒿素全人工合成很困难且成本高，但是微生物来源的青蒿酸是一种非常高效、可靠且成本较低的来源。青蒿素的生物合成首先是选用微生物作为底盘。率先取得重大进展的是美国加州大学伯克利分校 Jay Keasling 教授的实验室。Keasling 等尝试在大肠杆菌中完成青蒿素的前体——青蒿酸的微生物合成。该课题组 2003 年就在 *Nature Biotechnology* 上发表文章，介绍在大肠杆菌中合成青蒿酸的另外一个前体物——青蒿二烯的工作（Martin et al.，2003）。2006 年，Keasling 课题组通过对酵母中的 MVA 途径代谢调控关系的调整、关键基因表达量优化、前体物 FPP 代谢支路的削弱，结合氧化酶 *CYP71AV1* 的表达，成功构建产青蒿酸的酵母菌株，产量达到 115mg/L，通过发酵优化，青蒿酸的产量可以进一步提高到 2.5g/L（Ro et al.，2006）。2009 年，Keasling 课题组将青蒿二烯的产量提高到 27g/L（Tsuruta et al.，2009）。2013 年，Keasling 课题组成功实现了抗疟药青蒿素的半合成，被称为青蒿素合成过程中里程碑式的突破（Paddon et al.，2013）。根据现有对青蒿素生物合成途径的研究，推断其主要包括四大步骤（图 10-3）：①通过甲羟戊酸途径和非甲羟戊酸途径合成法尼基焦磷酸（Farnesyl pyrophosphate，FPP）；②FPP 在紫穗槐-4,11-二烯合酶作用下，环化形成中间体紫穗槐-4,11-二烯；③紫穗槐-4,11-二烯在紫穗槐-4,11-二烯 C-12 氧化酶的催化下，进一步氧化形成青蒿醇、青蒿醛，进而合成青蒿酸和（或）二氢青蒿酸；④青蒿酸和（或）二氢青蒿酸经过一系列反应生成青蒿素。Keasling 团队构建了一个能制备紫穗槐-4,11-二烯的酵母工程菌，并在这个工程菌中导入了甲羟戊酸合成模块、FPP 合成模块和紫穗槐-4,11-二烯合成模块。

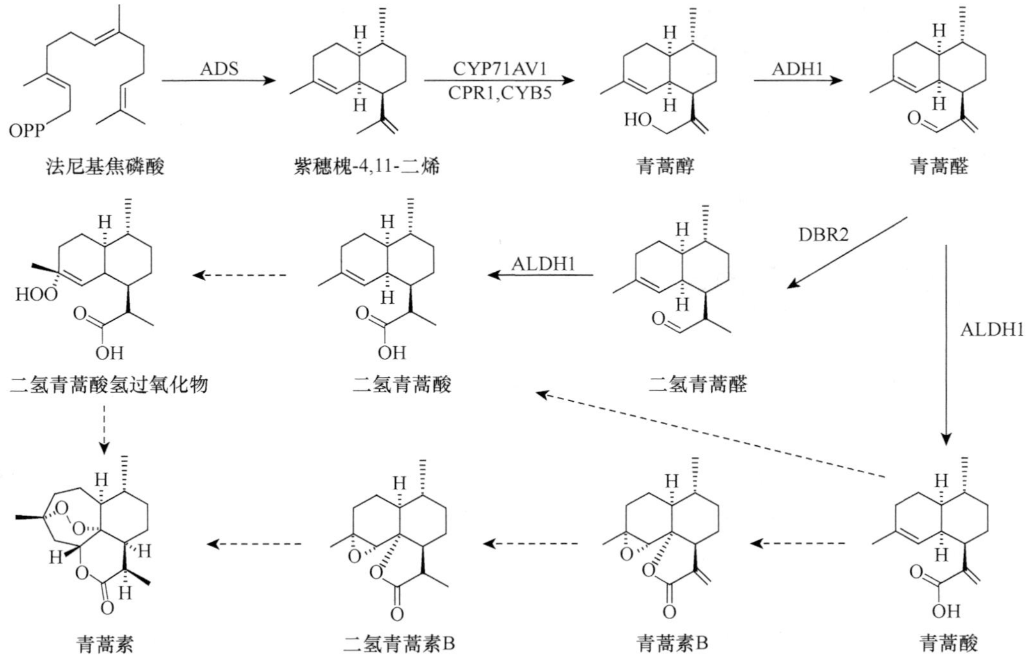

图 10-3　青蒿素合成途径（引自方欣等，2015）

图中实线箭头表示已证实代谢过程，虚线箭头表示推测代谢过程。ADS 表示紫穗槐-4,11-二烯合酶；CYP71AV1 表示紫穗槐-4,11-二烯 C-12 氧化酶；CPR1 表示 P450 还原酶；CYB5 表示细胞色素 b5；ADH1 表示醇脱氢酶；ALDH1 表示醛脱氢酶；DBR2 表示青蒿醛 11（13）双键还原酶

叶绿体是植物细胞光合作用的场所，存在大量代谢途径，被誉为养料制造工厂和能量转换站。2016 年，Fuentes 研究组将青蒿酸的完整合成途径成功整合到烟草叶绿体基因组中，并引入了一些稳定该途径的基因，实现了以植物为底盘的青蒿酸合成（Fuentes et al.，2016）。

2015 年，斯坦福大学 Christina Smolke 教授领导的团队实现了阿片类化合物的真菌内生物合成，是至今为止合成生物学最复杂的壮举之一（Galanie et al.，2015）。吗啡是从罂粟的浓缩液阿片中提取所得。人们对吗啡全合成途径的了解较青蒿素要清晰得多，Gates 和 Tschudi 在 1952 年首次完成了吗啡的人工全合成。吗啡的合成途径主要可以分为 3 个模块：①蔗糖→葡萄糖→L-酪氨酸；②L-酪氨酸→（S）-牛心果碱；③（S）-牛心果碱→（R）-牛心果碱→吗啡。早在 2007 年，科学家就通过改造代谢通路，获得了 L-酪氨酸高表达的大肠杆菌菌株，但是由于原核表达系统很难产生后续所需的细胞色素 P450 酶，需与酵母共培养才能解决此问题。因此，人们将完整的吗啡生物合成寄托于酵母上。直至 2015 年，Smolke 团队在酵母中构建出了阿片类生物碱合成的完整途径。但是现有的生物合成途径产率仍很低，无法取代传统的生产方式，仍需大量的优化工作。

紫杉醇作为人类迄今为止开发的最有效的抗癌天然产物药物，临床上可用于治疗多种癌症，是全球销量第一的植物抗癌药物，自从 1971 年其化学结构被鉴定以来，已成为同青蒿素齐名的、教科书级别的经典植物天然产物的代表。紫杉醇来源于珍稀濒危裸子植物红豆杉，而红豆杉是我国一级珍稀濒危保护植物，素有“植物大熊猫”之称。目前我国紫杉醇原料药主要依靠人工种植的红豆杉植物提取紫杉醇前体结合化学半合成获得，因此关键前体物质巴卡亭Ⅲ的稳定获取是决定紫杉醇生产成本的关键。2024 年 1 月，中国农业科学院基因组所闫建斌团队和北京大学雷晓光团队合作鉴定了紫杉醇生物合成途径的关键缺失酶，并通过 9 个酶在烟草植物底盘中实现了紫杉醇前体巴卡亭Ⅲ的生物合成，为紫杉醇的大规模生产奠定了基础，标志着我国在复杂天然产物合成通路解析方面的理论和技术站在了世界前沿位置（Jiang et al.，2024）。美国斯坦福大学 Elizabeth Sattely 团队和德国马普分子植物生理学研究所 Alisdair R. Fernie 团队也在紫杉醇生物合成方面取得了重要进展。

其他还有不少类似例子，如类胡萝卜素、石杉碱甲、人参皂苷、甜菊糖等，包括我国科学家开展的灯盏花素、芹糖甘草苷合成途径的人工构建（Liu et al.，2018；Wang et al.，2023a）。

二、光合途径与高光效植物创制

（一）利用合成生物学技术提高光合作用效率

除了在天然产物上的应用，一直以来，科学家们还致力于利用合成生物学提高植物的光合效率，以增加粮食单产，缓解日益严峻的粮食安全问题。张立新等（2017）在《生物工程学报》的《合成生物学》专刊发表了一篇综述文章《利用合成生物学原理提高光合作用效率的研究进展》，很好地总结了目前合成生物学在提高植物光合效率方面的研究状况。以下基于该文进行介绍。

经过长期的研究发现，科学家认为通过优化以下 3 个主要光合作用过程可能有效提高光合作用效率。①优化光能的吸收、传递和转化效率：主要包括优化捕光天线系统；提高电子在光合膜上的传递效率；增强电能转化为 ATP 和 NAD（P）H 的效率。②光能高效利用：主要包括降低非光化学猝灭等能量损耗；增强光保护、减轻光抑制等带来的光合效率下降。③提高光合碳同化效率：主要包括提高 Rubisco（核酮糖-1,5-二磷酸羧化酶/加氧酶）的羧化活性；引进 CO_2 浓缩机制；减少碳损耗、降低光呼吸。以上 3 个方面中，光能的吸收、利用和转化是光合作用的起始，是高光合效率的基础，而光能的高效利用不但可以为植物的碳同化提供还原力，还可以进一步促进光能的高效吸收。所以 3 个主要光合作用过程相互依赖、相互制约与调控，提高植物光合效率必须将三者综合起来。合成生物学在这 3 个方面都能有所贡献。

利用合成生物学对光合作用进行改造，除了可以提高农作物的光合效率外，还可以改造使其生产一些高附加值的化学产品。例如，通过对光合细菌蓝藻引入特定的生化反应系统，使其吸收大量的 CO_2 而生产乙醇、醇酸、脂肪、蔗糖和倍半香茅烯等。这不但可以降低大气中日益升高的 CO_2 浓度，还可以提供生物能源，减少对粮食的依赖。综上所述，虽然光合作用经过了数十亿年的进化，它还是可以根据人类的意愿被改进，增强光合固碳效率和增加生物量。可以预见，通过合成生物学对光合作用的改造，将为提高粮食产量和生物能源产生不可估量的推动作用。然而，光合作用是一个异常复杂的生物学过程，它的各个反应都相互调节、相互制约，对它某方面的改造将不可避免地影响其他反应。因此，对光合作用的调控机理和调控线路等基本科学问题进行详细研究，可为合成生物学的基因线路改造、光合功能优化提供理论上的支持。与此同时，还需要利用系统生物学的思想和理论，统筹建立光合作用系统模型，阐明决定光合效率的关键位点和调控网络。在此基础上，合成生物学就可以充分借鉴遗传学、化学等领域的新概念和新技术，设计出高效光合作用新体系。

（二）C4 水稻创制

创制高光效 C4 水稻一直是水稻育种者的梦想。由于 C4 植物的维管束薄壁细胞及叶肉细胞中均含有叶绿体，且含有更高的磷酸烯醇式丙酮酸羧化酶的活性及较弱的光呼吸，故光合效率远高于 C3 植物。因此，科学家们欲通过合成生物学的方法，将 C4 植物的光合途径整合到 C3 植物中，以提高光合碳同化效率。C4 水稻预计可以提高水稻 50%的产量（杂交水稻之后，水稻产量徘徊不前）。上述工作必须以植物为底盘进行研究和开发，不同于上述以微生物为底盘的植物某一代谢途径的人工合成。为此，比尔及梅琳达·盖茨基金会在 2008 年开始资助 C4 水稻项目“The C4 Rice Project”（http://c4rice.irri.org/）。项目由国际水稻研究所（IRRI）领导一个国际研发团队进行，30 年规划分为 5 个阶段：2008～2011 年，工具和方法建立（building the toolkit）；2011～2015 年，概念验证（proof of concept）；2015～2019 年，原理理解（understanding mechanism）；2019～2029 年，生物工程（engineering）；2029～2039 年，育种（breeding），目前处于第四个阶段。技术路线设计上，该研究将玉米作为 C4 植物模型进行研究。

目前主要的C4植物模型中除了玉米之外，还有其他几种C4植物受到关注。例如，中国农业科学院作物科学研究所刁现民课题组一直致力于将谷子作为C4植物模型。浙江大学樊龙江课题组提出以稻田稗草作为模型进行C4水稻创制。稻田稗草高光效是其环境适应的重要机制，因为其要与水稻和其他稻田杂草进行竞争，需快速生长取得竞争优势。稻田稗草属于C4植物。更为重要的是，稻田稗草与水稻同处水田环境，生境一致，在苗期株型极度相似，这为其作为水稻C4途径模型提供了绝佳遗传背景基础。该课题组发布了三个稗属物种染色体水平基因组，分析了全球700余份稗属材料基因组重测序数据，揭示了稗属植物系统发生及其环境适应基因组演化机制（Wu et al.，2022c）。稗草C4途径相关基因，包括特征核心酶基因和C4“花环”结构形成相关基因、维管束鞘细胞和叶肉细胞之间代谢物转运蛋白、细胞（维管束鞘和叶肉细胞）特异表达基因、C4相关转录因子等，与玉米C4途径相关基因存在不少差异。例如，稗草中核心酶基因具有更多拷贝（表10-2）。

表 10-2　玉米等 C4 途径核心酶基因拷贝数

（引自 Zhang et al.，2012a；Covshoff et al.，2016；Mao et al.，2019）

物种	PEPCK	MDH	ME	PEPC	CAH	PPDK
稗草（*E. crus-galli*）	43	12	11	6	8	3

续表

物种	PEPCK	MDH	ME	PEPC	CAH	PPDK
玉米（*Z. mays*）	27	6	8	6	4	2
水稻（*O. sativa*）	21	4	6	6	2	2
小米（*S. italica*）	22	6	6	6	4	2
短柄草（*B. sylvaticum*）	21	4	7	6	3	1
高粱（*S. bicolor*）	22	6	7	6	5	2

注：核心酶包括苹果酸脱氢酶（MDH）、苹果酸酶（ME）、碳酸酐酶（CAH）、磷酸烯醇式丙酮酸羧化酶（PEPC）、磷酸烯醇式丙酮酸羧激酶（PEPCK）和丙酮酸磷酸双激酶（PPDK）

C4 植物创制需要两个基本条件：一是合理的 C4 途径模型设计；二是要有合适的 C3 植物底盘（Schuler et al.，2016）。C4 途径模型设计第一步是 C4 关键基因挖掘（图 10-4）。目前对于 C4 途径关键基因比较清晰的是 6 个核心酶（表 10-2）。而除了这些核心酶以外，C4 植物独特的“花环”结构基因也很重要。C4 植物维管束鞘外侧一层呈环状排列的叶肉细胞称为“花环”结构（Kranz）。C4 植物在叶肉细胞中通过将磷酸烯醇式丙酮酸（PEP）羧化，把 CO_2 固定为草酰乙酸，后转变成 C4 酸，再转移至维管束鞘细胞经过脱羧反应产生 CO_2，CO_2 经过卡尔文循环被还原成糖类。因此，“花环”结构起了一个空间隔离作用，而 PEPC 相当于一个“CO_2 泵”，将外界 CO_2 压进维管束鞘薄壁细胞中，增加 CO_2/O_2 值，提高 Rubisco 羧化效率。而这一结构的关键基因目前仍然不明晰。另外还有一些其他关键基因，如转运蛋白等。更为关键的第二步是如何组配这些基因，并且将这些基因导入水稻中，能够让水稻发挥 C4 途径（图 10-4）。目标是尽量导入最少的必需 C4 途径基因，但能发挥最优的 C4 光合效率。至少以下几点功能需要满足（Schuler et al.，2016）：①限制 Rubisco 的加氧反应；②在叶肉细胞中进行 CO_2 到碳酸盐的转换；③叶肉细胞中进行 PEPC 对 CO_2 的固定，维管束鞘细胞中进行 C4 酸的脱羧反应；④在叶肉细胞中草酰乙酸转化为苹果酸或天冬氨酸；⑤在维管束鞘细胞中脱羧的 CO_2 需要返回叶肉细胞。这需要充分利用生物信息学做好模型设计。同时，C4 水稻创制除了上述 C4 途径模型设计及其合成外，还需要一个很好的 C3 水稻的底盘。合成生物学研究中，一个理想的结构清晰的基因组底盘很重要。目前植物底盘研究还在进行中（详见本章第二节“三、植物底盘基因组”），C4 水稻的研究也许会为其研究提供许多有益探索。C4 水稻是植物科学创新的新高度，还有许多路需要走，充满挑战和希望。

三、植物底盘基因组

发展和完善植物底盘基因组水平设计与重构的技术，构建通用植物底盘系统对于植物合成基因组研究至关重要。植物本身的底盘到底是什么？建立在何种物种上？研究中一般选择较小的基因组。由此可见，最小基因组的研究不仅有重要的科学意义，还可以以最小基因组为底盘，开展一系列研究，如加入一些新基因，研究新合成基因组的表型变化。微生物基因组人工合成与重构中，选择了基因组最小的丝状支原体细菌。选择最小基因组的另外一个考虑是目前 DNA 合成技术的局限性，超长 DNA 合成还是有不少困难。那么，植物基因组合成与重构选择哪个具有最小基因组的物种？目前来看，拟南芥也许是最佳选择。虽然它的基因组不是植物界基因组最小的（如狸藻类植物 *Utricularia gibba* 基因组只有 82Mb），但针对其基因组开展的大量功能基因研究和完善的分子生物学研究技术系统，为其确定必需基因提供了基础。

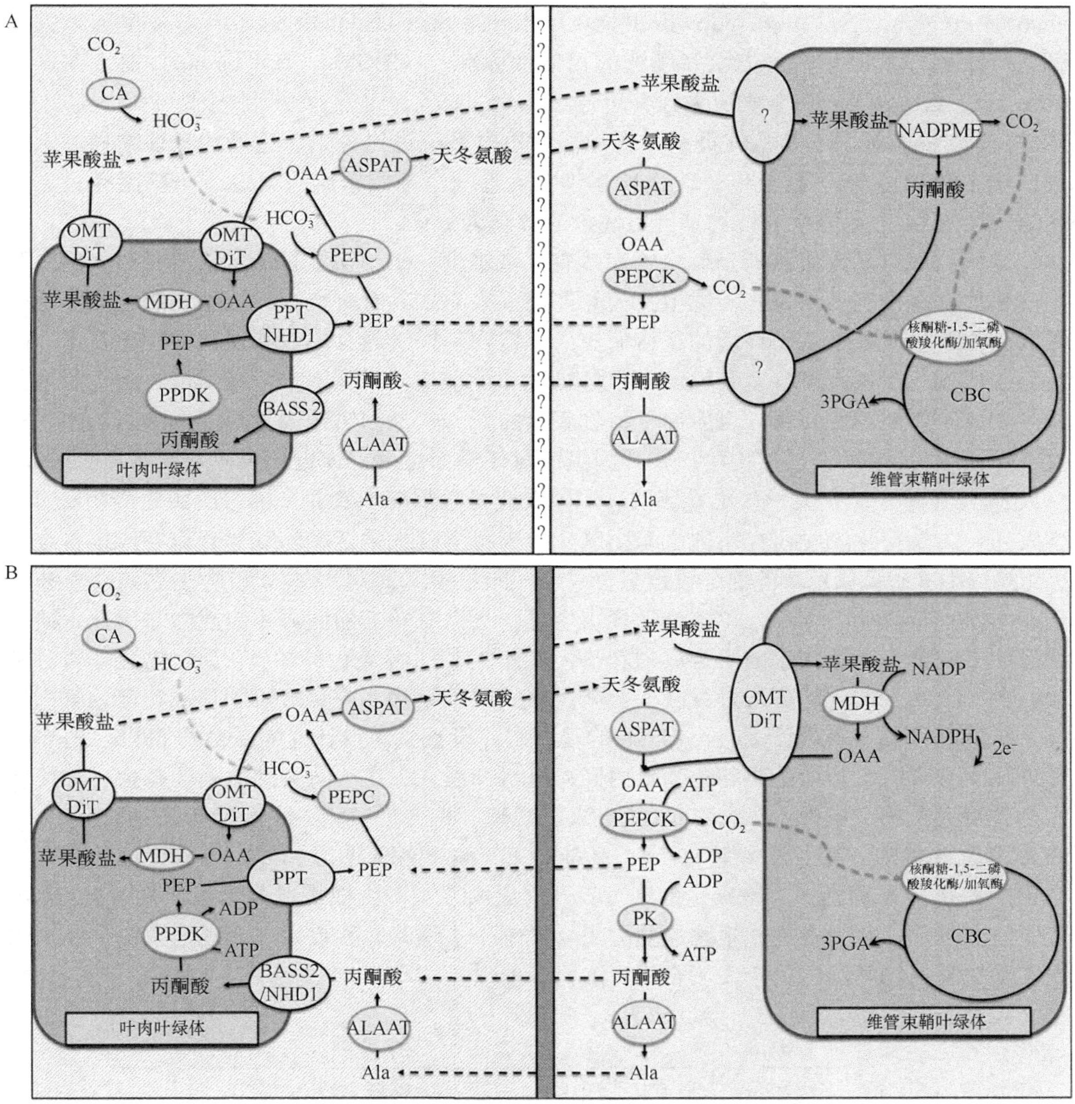

图 10-4　C4 光合途径（引自 Schuler et al.，2016）

A．NADP-ME 和 PEPCK 混合型 C4 途径；B．PEPCK 型 C4 途径。CA．碳酸酐酶；OMT/DiT．2-氧戊二酸苹果酸盐转运体，也称为二价阴离子/钠离子共转运体；MDH．苹果酸脱氢酶；PEPC．磷酸烯醇式丙酮酸羧化酶；ASPAT．天冬氨酸转氨酶；OAA．草酸乙酸．PPT．磷酸烯醇式丙酮酸磷酸转运蛋白；PPDK．丙酮酸磷酸双激酶；ALAAT．丙氨酸转氨酶；Ala．丙氨酸；PEPCK．磷酸烯醇式丙酮酸羧激酶；3PGA．3-磷酸甘油酸；NADPME．NADP-苹果酸酶；CBC．卡尔文本森循环；BASS2/NHD1．胆汁酸：钠共转运蛋白家族 2/质子钠抗转运蛋白 1；PK．丙酮酸激酶。？表示机制不确定

植物基因组学研究为植物最小基因组设计提供了不少重要信息。例如，植物必需基因的确定可以考虑多个途径，除了分子生物学功能研究结果外，还可以利用许多目前开展的植物核心或保守基因研究成果。我们在评价基因组测序拼接完整度时，常用到所谓生物界最保守的基因集 CEGMA（core eukaryotic genes mapping approach）。CEGMA 选取了几个跨度比较大的物种（人类 *H. sapiens*，果蝇 *D. melanogaster*，线虫 *C. elegans*，拟南芥 *A. thaliana*，酵母 *S. cerevisiae*，酵母 *S. pombe*），找到了在这几个物种中都保守的 458 个基因。理论上所有物种都有这 458 个基因，所以一个测序完成的基因组如果包含了这 458 个基因，则表明了其基因组序列的完整性。对于植物而言，这个基因集明显过于简约。目前研究者经常用到的保守基因集 BUSCO （benchmarking universal single-copy orthologs）（https://busco.ezlab.org/），其对各个物种大类分支都有一个保守基因集合（方法和筛选的相似性标准与 CEGMA 有不同）。目前该数据库中“Plants set”数据集对 50 个植物进行分析，鉴定到 1 614 个非常保守的基因（2021 年 7 月）。BUSCO 特定种类基因集是从该类型生物种群中根据系统进化关系，选择代表性物种，入选的基因需要在该种群 90%以上代表性物种都包含，且一个基因家族只入选一个基因拷贝。因此 BUSCO 的 1 614 个基因作为植物基因组底盘应该更为靠谱。

构建植物底盘基因组相对于微生物底盘有许多难度：①代谢途径的解析仍是最大的瓶颈，天然产物的合成机制大都未知；②植物天然产物积累方式具有时空特异性，表明合成基因的表达受到植物体内或外部生长环境的严格调控；③植物基因组庞大，表观遗传调控更复杂，代谢途径高度区域化，进行底盘复杂设计、定量描述和数学建模时更困难。基于植物底盘的遗传操作技术和方法仍然不够完善，可应用于植物底盘的新一代基因组合成及基因组编辑的技术有待开发（邵洁等，2017）。虽然构建植物基因组底盘任重而道远，但近期仍然取得了重大进展。

2024 年 1 月，北京大学焦雨铃团队、中国农业科学院深圳农业基因组所戴俊彪团队、中国科学院遗传与发育生物学研究所钱文峰团队、中国科学院大学汪颖团队等合作完成了首个植物基因组——小立碗藓染色体的部分设计与合成（Chen et al.，2024）。模式植物小立碗藓（*Physcomitrium patens*）再生效率高，单倍体世代占主导，且具有较高的同源重组能力。因此，研究团队选择小立碗藓作为植物基因组合成的底盘，并选取其 18 号染色体短臂（最短染色体臂且基因较少）上一段约 155kb 的序列进行合成。采用重复序列删除、终止密码子替换、部分基因位置移动、抗性基因插入等设计策略，155kb 的基因组片段被重新设计并缩减至约 68kb。进一步通过体外化学合成、大片段组装和植物体内同源重组开展人工序列对天然序列的替换，最终获得了完全替换成功的合成株系 semi-syn18L。表型观察、抗逆性检测、表观遗传图谱分析等表明，所获合成株系能够正常生长（图 10-5），高盐和干旱耐受性无明显差异，合成区域的表观遗传景观也能够正常重新建立。该研究为进一步开展更大范围的合成苔藓基因组计划（SynMoss）奠定了技术基础，并为多细胞生物的基因组合成铺平了道路。我们可以乐观地预测，在未来几年内实现完整植物基因组的全人工合成将成为可能。

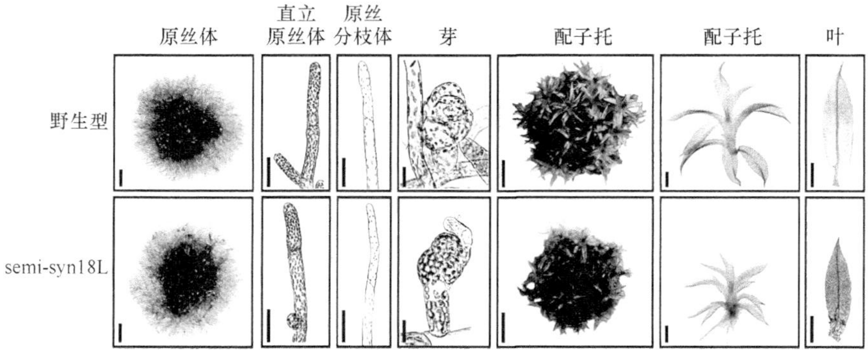

图 10-5　小立碗藓合成株系 semi-syn18L 与野生型在不同发育阶段的表型比较（引自 Chen et al.，2024）

比例尺从左到右依次为 500μm、50μm、50μm、20μm、2mm、1mm 和 500μm

第 11 章

植物细胞器基因组

扫码见
本章彩图

第一节　细胞器基因组概述

一、叶绿体基因组

（一）叶绿体基因组结构

植物细胞光合作用是在叶绿体中进行的。叶绿体是由内外两层光滑的单位膜包被，内部充满流动状的基质（stroma）。基质存在于内膜与类囊体之间的空间中，含有叶绿体 DNA、各种可溶性蛋白（酶）、核糖体、油体和淀粉粒等。叶绿体中存在 DNA 的直接证据，是 Ris 和 Plaut 于 1962 年在他们关于衣藻叶绿体的细胞学研究中得到的。1963 年，Sager 等从衣藻叶绿体中分离出了 DNA，同年，Gibor 和 Izawa 也得到了伞藻叶绿体 DNA，这些都直接说明了叶绿体 DNA 的存在（郝水等，1986）。叶绿体中有自己的 rRNA、tRNA 及一些蛋白质合成因子，有自己的蛋白质合成系统。叶绿体中的蛋白质一部分由叶绿体 DNA 编码，另一部分是由核 DNA 编码，在细胞质中合成后转入叶绿体，也有一部分是由两者共同编码的。核酮糖-1,5-二磷酸羧化酶是光合作用中的关键酶，其数量占叶绿体基质中可溶性蛋白 50%以上。该酶的大亚基是由叶绿体 DNA 编码的，而小亚基由核基因编码。

叶绿体中包含的所有遗传物质称为叶绿体基因组。绝大多数叶绿体基因组为双链环状 DNA 分子，但也存在极少数线性分子结构和多聚体形式的叶绿体基因组，这种形状多在藻类中存在。双链环状的叶绿体基因组在结构上一般分为 3 个部分（图 11-1）：一个大单拷贝区域（large single copy，LSC）、一个小单拷贝区域（small single copy，SSC）和两个反向重复区域（inverted repeats，IR）。叶绿体基因组的大小一般为 100～180kb（图 11-2），但藻类的叶绿体基因组大小差异较大，尤其是绿藻叶绿体基因组跨度极大。例如，一种寄生性绿藻 *Helicosporidium* sp.ex *Simulium jonesii* 的叶绿体基因组仅为 37kb，而伞藻（*Acetabularia acetabulum*）的叶绿体基因组预估达 2Mb（Smith，2017）。NCBI 细胞器基因组数据库中，目前收录的最小叶绿体基因组大小为 15.6kb（来自 *Asarum minus*），最大的则来自 *Haematococcus lacustris*，达 1.35Mb。多数叶绿体基因组大小为 140～160kb（图 11-2）。在长期进化过程中，叶绿体基因组大小的差异主要是由反向重复区的大小变化引起的。自然界中还存在一类缺失反向重复区域的叶绿体基因组，如豌豆（*Pisim sativum*）和剪叶苜蓿（*Medicago tmncatula*）等豆科植物。对于存在反向重复区域的叶绿体基因组，大小变异也较大，如天竺葵（*Pelargonium hortomm*）的反向重复区达 76kb，而裸子植物如日本黑松（*Pinus thunbergii*）的反向重复区只有 495bp（朱婷婷等，2017）。

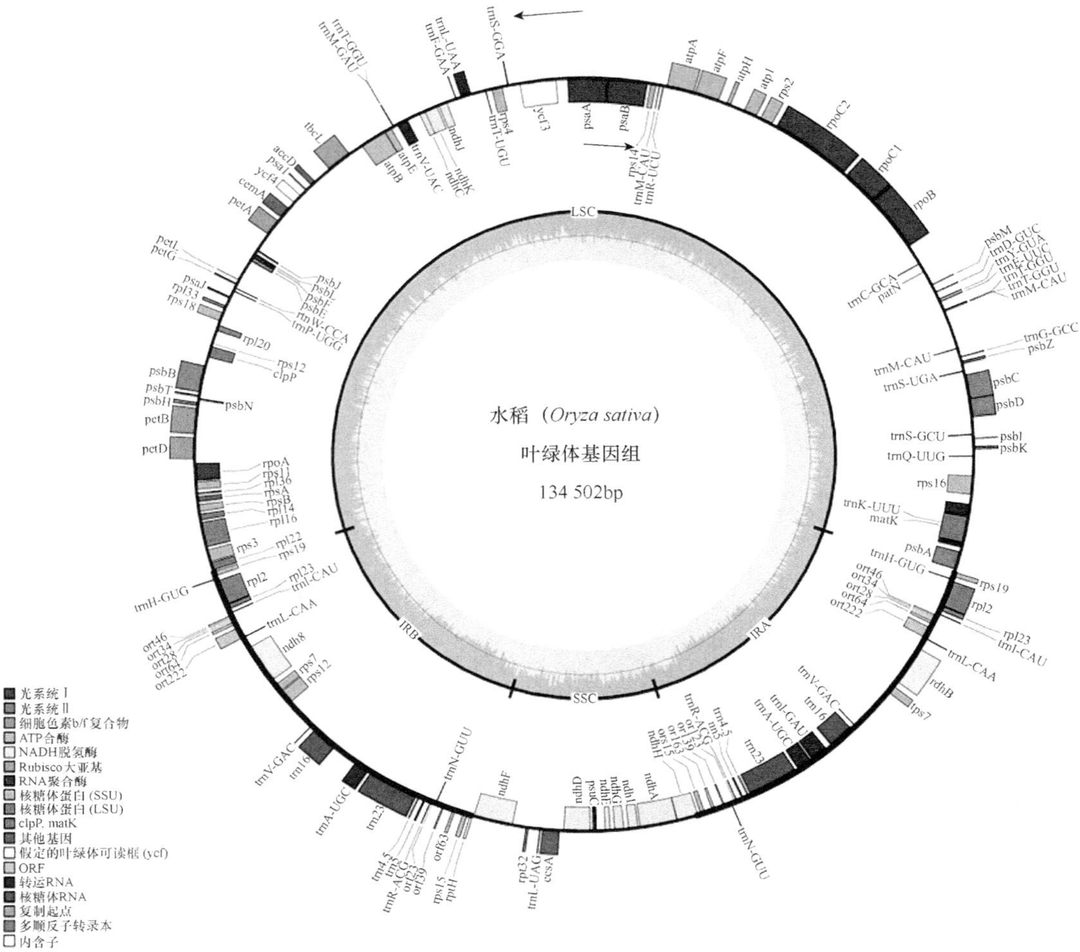

图 11-1　水稻叶绿体基因组（引自 Ahmad et al.，2022）

外圈表示注释基因及其类别，内圈表示叶绿体基因组 4 个特征区域

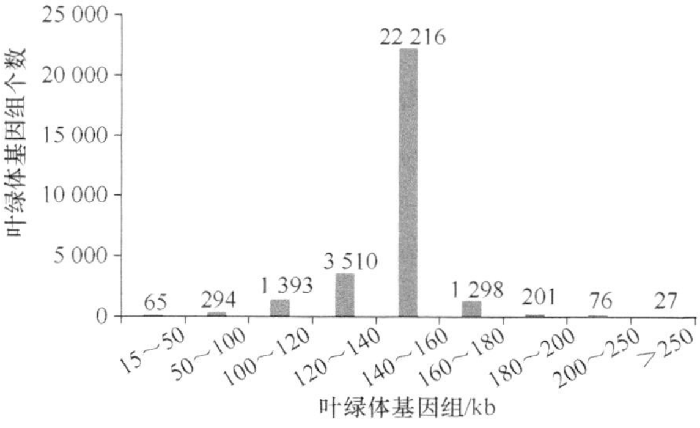

图 11-2　叶绿体基因组大小分布

叶绿体基因序列和结构高度保守，具有单独的转录和转运系统，编码的蛋白质主要与光合作用密切相关。叶绿体基因组富含 AT，其 GC 含量通常在 35%～40%。叶绿体基因组一般包含基因 110～130 个。在 LSC 和 SSC 区域的基因主要包括与光系统Ⅰ（*psa*）和光系统Ⅱ（*psb*）相关的基因、NADH 质体醌氧化还原酶基因（*ndh*）、ATP 合酶基因（*atp*）、编码 Rubisco 大亚基的基因（*rbcL*）、RNA 聚合酶基因（*rpo*）和转运 RNA 基因（*trn*）等。而所有的核糖体 RNA（*rrn*）都位于反向重复区域，包括 4.5S、5S、16S 和 23S。此外，反向重复区域还有一些 *trn* 基因、*rps* 基因和 *ycf* 基因等（图 11-1）。

根据功能分类，叶绿体上的基因可分为三类（Odintsova et al.，2006；Wakasugi et al.，2001）。

第一类是与光合作用相关的光合系统基因，如与光系统Ⅰ相关的 *psa*（*psaA*、*psaB* 等）基因、与光系统Ⅱ相关的 *psb*（*psbA*、*psbB* 等）基因、细胞色素 f/b6 *pet* 基因、ATP 合酶基因 *atp*、编码 Rubisco 的 *rbc* 基因、NADH 脱氢酶基因 *ndh*、碳吸收相关的 *cem* 基因。第二类是与转录、翻译相关的遗传系统基因、如核糖体 RNA 基因 *rrn*、转运 RNA 基因 *trn*、RNA 聚合酶基因 *rpo* 等。第三类是与脂肪酸等物质合成相关的生物合成基因，如 *accD* 基因，以及一部分功能未知的基因，如编码很长的蛋白质基因 *ycf1* 和 *ycf2* 等。在不同的植物叶绿体上，基因数量和种类也存在较大的差异。例如，列当科的一类寄生植物 *Epifagus virginiana* 的叶绿体基因组上，与 RNA 聚合酶基因和叶绿体呼吸作用、光合作用相关的基因完全丢失；松属的叶绿体基因组上，*ndh* 基因完全丢失等。实际上叶绿体基因组的部分基因在不同物种中都有丢失现象，如 *accD*、*ycf1*、*ycf2*、*ycf4*、*psa Ⅰ*、*rpoA*、*rpl20*、*rpl22*、*rpl23*、*rpl33* 和 *rps16*；也有部分基因在一个或少数物种中发现丢失，如 *psbJ*、*rps2*、*rps14* 和 *rps19*（Daniell et al.，2016）。叶绿体基因组重要基因列表如表 11-1 所示。

表 11-1　叶绿体基因组重要基因列表

分类	基因	涉及功能
植物合成相关基因	*psa*	光系统Ⅰ
	psb	光系统Ⅱ
	pet	细胞色素 f/b6
	atp	ATP 合酶
	rbc	RuBPCase
	cem	无机碳吸收
	ndh	NADH 脱氢酶
转录、翻译和蛋白质组装相关基因	*rrn*	核糖体 RNA
	trn	转运 RNA
	rpo	RNA 聚合酶
	rpl	核糖体蛋白 LS
	rps	核糖体蛋白 SS
	inf	翻译起始因子
	mat	成熟酶（剪切）
	clp	蛋白酶
	ycf3/4	光系统Ⅰ组装
	ccs	细胞色素 c 组装
	acc	乙酰辅酶 A 羧化酶
其他	可读框（ORF）	未知功能

（二）叶绿体基因组测序进展

1976 年，Bedbrook 和 Bogorad 在玉米上完成了第一个叶绿体物理遗传图谱。1986 年发表的烟草（*Nicotiana tabacum*）和地钱（*Marchantia polymorpha*）叶绿体基因组，是最先获得的完整叶绿体基因组（Ohyama et al.，1986；Shinozaki et al.，1986）。随后，不断有其他物种的叶绿体基因组公布出来，如水稻（Hiratsuka et al.，1989）、小麦（Ogihara et al.，2002）、番茄（Daniell et al.，2006）、墨西哥辣椒（Jo et al.，2011）、柑橘（Hua et al.，2022）等。新一代高通量测序

技术的出现，大力推动了植物叶绿体基因组的研究（Hu et al.，2023）。2005 年以前，每年释放的叶绿体基因组仅个位数，2006～2012 年，每年释放的数量基本在 20～40 条，2013 年跃升至 120 条，2017 年达 600 多条。近年来，释放的叶绿体基因组数呈现指数级增长。截至 2023 年 12 月 19 日，国家基因组科学数据中心（National Genomics Data Center，NGDC）的叶绿体基因组综合数据库（Chloroplast Genome Information Resource，CGIR）共收录了来自 16 435 个物种的 29 069 条植物叶绿体基因组。其中被子植物最多，达 14 825 条；其他如藻类、蕨类、裸子、苔藓等植物均有超过 300 条叶绿体基因组公布（表 11-2）。

表 11-2 不同类型植物已公布的叶绿体基因组数量

（数据来自 CGIR，截至 2023 年 12 月 19 日）

来源	叶绿体基因组数量	来源	叶绿体基因组数量
禾本科	2 119	百合科	24
兰科	1 174	木兰科	244
豆科	1 356	五加科	205
十字花科	804	桔梗科	203
金壳果科	52	山茶科	372
茄科	540	列当科	206
桃金娘科	314	杨柳科	251
棕榈科	307	伞形科	581
唇形科	698	柏科	165
菊科	1 349	小檗科	233
松科	404	毛茛科	609
锦葵科	345	壳斗科	229
蔷薇科	1 220	石竹科	166

早期叶绿体基因组的获得一般是分离出叶绿体 DNA，随机打断或酶切后构建质粒文库，然后采用桑格法进行测序，如利用 pHC79 克隆载体获得了烟草叶绿体基因组。此外，还可在分离纯化叶绿体基因组 DNA 后，获得滚环复制（rolling circle amplification，RCA）产物，利用限制性内切核酸酶进行酶切，再转移至克隆载体进行测序。陆地棉（*Gossypium hirsutum*）、脐橙（*Citrus sinensis*）、大麦（*Hordeum vulgare*）、高粱（*Sorghum bicolor*）等植物的叶绿体基因组序列即是利用该方法获得的（Bausher et al.，2006；Lee et al.，2006；Saski et al.，2007）。这些方法的缺点在于必须经过叶绿体 DNA 提取纯化这一复杂步骤。也可利用叶绿体基因组的相对保守性设计引物，采用长 PCR 方法进行测序。例如，美洲蜡梅（*Calycanthus fertilis*）、白菖蒲（*Acorus calamus*）、黄瓜（*Cucumis sativus*）的叶绿体基因组就是用这种方法获得的（Goremykin et al.，2003；Goremykin et al.，2005；Chung et al.，2007）。这种方法的优点是省去了纯化叶绿体 DNA 的步骤；缺点是工作量大，耗时长，此外，对于没有合适的同源物种来说引物设计比较困难。

随着测序技术的发展，下一代测序（next generation sequencing，NGS）技术使基因组的测序步入了一个低成本及高通量测序的时代，推动了植物叶绿体基因组的研究。例如，Moore 等（2006）第一次利用 454 测序平台，获得了一球悬铃木（*Platanus occidentalis*）和南天竹（*Nandina domestica*）的叶绿体基因组序列；Cronn 等（2008）首次利用 Solexa 测序平台获得了 8 个针叶树叶绿体基因组序列。随后，利用 NGS 技术，又陆续获得了苦荞麦（*Fagopyrum tataricum*）、黄薇（*Heimia myrtifolia*）、越南槐（*Sophora tonkinensis*）等物种的叶绿体基因组。与传统测序方法相比，下一代测序技术在获得植物叶绿体基因组数据方面更加高效快速，但大多数研究仍然要在分离纯化叶绿体 DNA 的基础上进行。同样由于叶绿体基因组 DNA 难以和核基因组 DNA 分离，因此难度较高并且耗时较长。

基于叶绿体 DNA 具有高度保守性及二代测序的高通量性，可以不通过分离纯化叶绿体 DNA，而直接从全基因组高通量数据中获取叶绿体基因组。该方法的主要流程：提取植物叶片 DNA（无须分离纯化叶绿体 DNA），进行高通量测序，通过比对近缘物种叶绿体基因组序列，获得可能的来自于叶绿体基因组的读序，然后将这些读序进行拼接组装，结合双端读序（paired-end read）等信息进行补洞（gap close），剩余的未连接片段通过 PCR 扩增连接，从而获得完整的叶绿体基因组（图 11-3）。例如，我们利用该方法获得了稻田稗草（*Echinochloa crus-galli* 和 *E. oryzicola*）的叶绿体全基因组（Ye et al.，2014）。在深度为 25× 的稗草叶片 DNA 高通量数据中，通过比对近缘物种柳枝稷（*Panicum virgatum*）的叶绿体基因组，收集可能来自于稗草叶绿体基因组的序列读序，对这些读序进行拼接，获得了 3 条长片段；利用双端测序获得的读序对（read pair）信息对这 3 条长片段内部的缺口（gap）进行补洞，同时片段间的缺口利用 PCR 进行连接，最终获得了完整的稗草叶绿体全基因组序列。该方法的优点在于不需要分离纯化叶绿体 DNA，直接利用全基因组高通量数据通过拼接组装即可获得叶绿体基因组；缺点在于要求必须有近缘物种叶绿体基因组为参照，从而根据保守性在目标物种全基因组高通量数据中获得来源于叶绿体基因组的读序，进一步拼接获得叶绿体基因组；另外这种方式的拼接很难一次性获得一条完整的叶绿体基因组，往往是获得多条片段，因此需要少量的 PCR 实验连接这些片段并补洞。但是随着越来越多叶绿体基因组的获得，以及测序成本的降低，可以预见这种方式将逐渐成为获取叶绿体基因组快速便捷的方式之一。

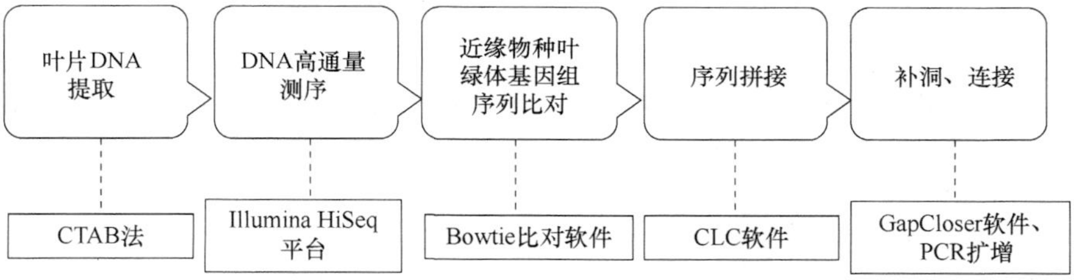

图 11-3　基于全基因组高通量测序的叶绿体基因组测序流程（上）与相应方法举例（下）

二、线粒体基因组

（一）植物线粒体基因组结构

线粒体是细胞的能量站，是细胞有氧呼吸的场所。线粒体由内外两层单位膜包裹，内膜之内是充满胶状物质的基质。基质中含有线粒体 DNA、可溶性蛋白（酶）、核糖体和脂质等。1904 年，Meves 首次在植物细胞中发现线粒体。但直到 1963 年，Nass 等利用电子显微镜才首次证实了线粒体 DNA 的存在。除含有 DNA 分子外，线粒体还有自己的 RNA 及转录、翻译所必需的重要分子。但是，线粒体中的蛋白质仅部分是由线粒体 DNA 所编码，而多数蛋白质是由核 DNA 编码后转入线粒体。

线粒体中包含的所有遗传物质称为线粒体基因组。大部分植物的线粒体基因组由不同比例的环状 DNA 分子和线性 DNA 分子组成，呈环形排列（图 11-4）。由于一个细胞内有许多线粒

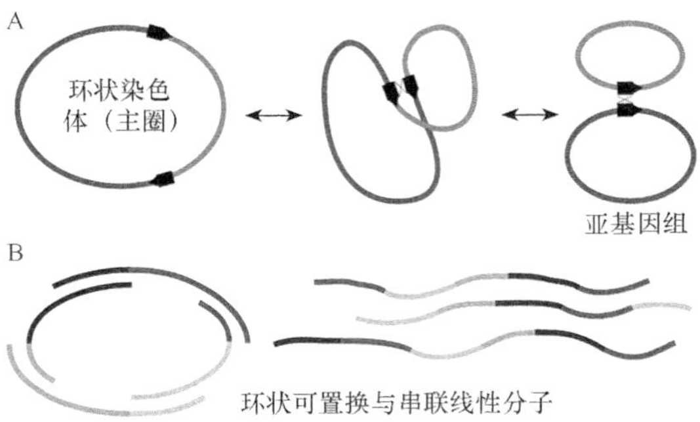

图 11-4 植物线粒体基因组结构的两种模型
（引自 Gualberto et al.，2017）

A. 主基因组（主环）与因同源重组产生的多个亚基因组共存；
B. 线粒体基因组呈线性 DNA 分子结构，且为环形排列，部分重叠

体，而且一个线粒体中也有几十到上百份基因组拷贝，所以一个细胞里就有多个线粒体基因组。植物线粒体基因组最明显的特征就是物种之间呈现高度的多样化，基因组的大小、结构等都存在很大差异。但植物线粒体仍然保留着十分保守的编码基因，从而保证线粒体功能。

植物与其他物种线粒体基因组存在明显不同。植物线粒体基因组大小跨度很大（200kb～2.9Mb），但蛋白质编码基因数量则在 30～70 个（Gualberto et al.，2017）。真菌线粒体基因组大小在 30～90kb，编码基因在 20～50 个（Cupp et al.，2014）。动物线粒体基因组通常很小（15～17kb），十分保守，通常只有 37 个编码基因，包括 22 个 tRNA 基因、2 个 rRNA 基因，以及 13 个呼吸链复合体蛋白Ⅰ、Ⅲ、Ⅳ、Ⅴ（NADH 脱氢酶、琥珀酸脱氢酶、细胞色素 c 还原酶、细胞色素 c 氧化酶和 ATP 合酶）编码基因。在动物线粒体编码基因的基础上，植物进化出呼吸链蛋白其他亚基编码基因（*atp1*、*atp4*、*atp9*、*nad7*、*nad9* 等）、复合体Ⅱ亚基的编码基因（*sdh2*、*sdh3*、*sdh4* 等），以及更多的 tRNA 和 rRNA 编码基因（表 11-3）。不同植物物种线粒体基因组编码基因数量有所差异（表 11-4 列出了被子植物情况）。进化过程中基因的丢失和向细胞核的横向转移，是编码基因数量在不同植物物种中差异的主要原因。例如，无油樟的线粒体含有超过 250 个编码基因，这可能与进化过程中大量基因横向转移有关。这些差异基因主要为复合体Ⅱ亚基、核糖体蛋白编码基因和 tRNA 相关基因。

表 11-3 植物线粒体基因组主要编码基因（引自李双双等，2011；雷彬彬等，2012）

复合体	基因
复合体Ⅰ	*nad1*、*nad2*、*nad3*、*nad4*、*nad4L*、*nad5*、*nad6*、*nad7*、*nad9*
复合体Ⅱ	*sdh2*、*sdh3*、*sdh4*
复合体Ⅲ	*cob*
复合体Ⅳ	*cox1*、*cox2*、*cox3*
复合体Ⅴ	*atp1*、*atp4*、*atp6*、*atp8*、*atp9*
细胞色素 c 合成	*ccmB*、*ccmC*、*ccmFN1*、*ccmFN2*、*ccmFC*、*ccmFC1*、*ccmFC2*
核糖体蛋白	*rps1*、*rps2A*、*rps2B*、*rps3*、*rps4*、*rps7*、*rps10*、*rps11*、*rps12*、*rps13*、*rps14*、*rps19*
rRNA	*rrn5*、*rrn18*、*rrn26*
tRNA	15～26 个
其他	*mat-R*、*mttB*

表 11-4 部分植物线粒体基因组基因数量情况

植物物种	基因组大小/kb	基因数量	
		蛋白质编码基因	tRNA
拟南芥（*Arabidopsis thaliana*）	367	31	17
甜菜（*Beta vulgaris*）	365～501	30	21
欧洲油菜（*Brassica napus*）	222	32	18

续表

植物物种	基因组大小/kb	基因数量	
		蛋白质编码基因	tRNA
花椰菜（*Brassica oleracea*）	220	34	17
番木瓜（*Carica papaya*）	477	39	20
红花（*Carthamus tinctorius*）	322	34	18
野黄瓜（*Cucumis hystrix*）	1 113	38	31
黄瓜（*Cucumis sativus*）	1 556	37	22
西葫芦（*Cucurbita pepo*）	983	38	26
苏铁（*Cycas taitungensis*）	415	41	22
油柿（*Diospyros oleifera*）	494	39	27
牛筋草（*Eleusine indica*）	521	33	24
老芒麦（*Elymus sibiricus*）	347	33	20
芝麻菜（*Eruca sativa*）	248	33	18
连翘（*Forsythia suspensa*）	536	36	21
陆地棉（*Gossypium hirsutum*）	622	35	29
北美鹅掌楸（*Liriodendron tulipifera*）	554	41	14
烟草（*Nicotiana tabacum*）	431	37	21
水稻（*Oryza sativa*）	435～559	35	19
萝卜（*Raphanus sativus*）	240	33	17
虎杖（*Reynoutria japonica*）	302	27	18
麦瓶草（*Silene conica*）	11	25	2
叉枝蝇子草（*Silene latifolia*）	253	25	9
夜花蝇子草（*Silene noctiflora*）	7	26	3
白玉草（*Silene vulgaris*）	427	25	6
高粱（*Sorghum bicolor*）	469	32	19
浮萍（*Spirodela polyrhiza*）	228	35	19
普通小麦（*Triticum aestivum*）	453	33	16
摩擦禾（*Tripsacum dactyloides*）	704	32	17
蔓越莓（*Vaccinium macrocarpon*）	460	34	17
葡萄（*Vitis vinifera*）	773	39	23
玉米（*Zea mays*）	536～740	32	18
大刍草（*Zea luxurians*）	539	32	18
欧洲玉米（*Zea perennis*）	570	32	18

大部分植物线粒体基因组都有编码核糖体大、小亚基的 rRNA 基因，而 5S rRNA 相关基因只在被子植物线粒体中存在。线粒体 rRNA 基因常呈片段化存在。这些片段化的基因转录出 rRNA 部分区段，然后再连接成完整的 rRNA，进一步形成有功能的核糖体（Yurina et al.，2016）。被子植物线粒体的 tRNA 编码基因有将近一半能在苔藓类植物中找到同源序列，这些基因被认为是在内共生进化过程中稳定遗传的，而另外一些 tRNA 则与叶绿体基因组有很高同源性或未知来源。tRNA 相关基因的数量和组成在被子植物之间并不保守（表 11-4），不同物种线粒体基因组拥有不同类型的 tRNA，所以很多植物拥有的 tRNA 基因并不完整，不足以阅读所有密码

子。这些缺少的 tRNA 由细胞核基因编码后转运至线粒体。除了 tRNA 相关编码基因，其他线粒体基因组不编码产生的酶类或蛋白质，例如，用于维持线粒体结构和功能的相关蛋白，也由细胞核基因编码，在细胞质中合成，输送至线粒体中（Kubo and Newton，2008）。

由于大量重复序列和非编码序列的存在，植物线粒体功能基因具有如下三个特点：①不同程度的物种特异性多拷贝；②与动物线粒体基因不同，一些植物线粒体基因含有内含子，且大部分为Ⅱ型内含子；③不同速度和类型的基因丢失、替代和功能转移。基因的丢失与物种进化不呈线性关系，物种间的基因丢失差异很大，即使同一科、属的物种间基因的丢失也不完全相同。线粒体呼吸链上的五类复合体编码基因最为保守，但保守性存在差异（Chen et al.，2017b）。Complex Ⅰ亚基的编码基因很少丢失，仅在小麦中丢失了 *nad1* 和 *nad4L*；Complex Ⅱ亚基的编码基因 *sdh2* 在所有已测序的植物中都缺失；Complex Ⅲ和 Complex Ⅳ亚基的编码基因没有发生丢失；Complex Ⅴ亚基的编码基因 *atp4* 和 *atp8* 在少数一些物种中丢失。细胞色素 c 合成酶编码基因，以及核糖体大、小亚基编码基因丢失严重。*ccm* 类基因在拟南芥和甜菜中全部丢失。*rps11* 在单子叶和双子叶植物中全部丢失；*rps2* 仅存于单子叶植物中。丢失的部分基因转入核基因组中，成为编码基因或假基因等。一般来说，植物线粒体基因组中丢失的功能基因由核基因组提供。例如，一些 tRNA 编码基因由细胞核提供，通过跨膜通道或电子通道进入线粒体内行使功能。

（二）线粒体基因组测序进展

1981 年完成测序的人类线粒体基因组是第一个被完整测序的非病毒基因组，随后拉开了人类核基因组测序的序幕。1992 年首个陆地植物地钱线粒体基因组（Oda et al.，1992）完成测序，其大小（186kb）约为人类线粒体基因组（16.6kb）的 11.2 倍。

2006 年对藓纲植物小立碗藓进行测序（Terasawa et al.，2006）。2009 年，第二个苔纲植物 *Pleurozia purpurea* 的线粒体基因组测序完成（Wang et al.，2009b）。角苔纲两个代表性植物 *Megaceros aenigmaticus*（Li et al.，2009）和 *Phaeoceros laevis*（Xue et al.，2010）的线粒体基因组测序工作分别在 2009 年和 2010 年完成。第一个裸子植物线粒体基因组测序工作于 2008 年在苏铁科苏铁属植物苏铁（*Cycas taitungensis*）中完成（Chaw et al.，2008）。

虽然第一个被测序的陆地植物是苔藓类植物地钱，但植物线粒体基因组测序目前主要集中在被子植物。1992 年地钱测序完成之后，到 1997 年完成第一个开花植物拟南芥线粒体基因组测序，作物的线粒体基因组测序工作也得到快速发展。目前水稻（图 11-5A）（Tian et al.，2006）、油菜（图 11-5B）（Handa，2003）、玉米（Clifton et al.，2004）、小麦（Cui et al.，2009）、陆地棉（Liu et al.，2013）、花椰菜（Tanaka et al.，2014）、牛筋草（Hall et al.，2020）、老芒麦（Xiong et al.，2022）、芒果（Niu et al.，2021）、野黄瓜（Xia et al.，2022）、油柿（Xu et al.，2022a）、虎杖（Chen et al.，2023c）、连翘（Song et al.，2023）、黄连（Zhong et al.，2023）、香椿（Li et al.，2023a）等均已完成线粒体基因组测序。截至 2023 年 12 月 19 日，NCBI 共收录了 19 072 条植物线粒体基因组测序数据（图 11-6）。

线粒体基因组测序技术历经传统的桑格法测序、以 DNA 合成为基础的下一代测序，以及单细胞单线粒体基因组测序等发展阶段。基于第一代测序技术的线粒体基因组测序主要包括线粒体分离和不分离两种方法。利用密度梯度法或差速离心法等方法获得高纯度线粒体 DNA，对其酶切后克隆到质粒中进行桑格法测序。这种方法的优点是能够获取高质量的线粒体 DNA，但缺点是操作繁琐，比较耗时。而基于 PCR 扩增产物直接测序的方法，不需要提取纯化植物线粒体 DNA，而是直接利用提取的总 DNA，根据线粒体 DNA 分段设计简并引物，然后运用引物步

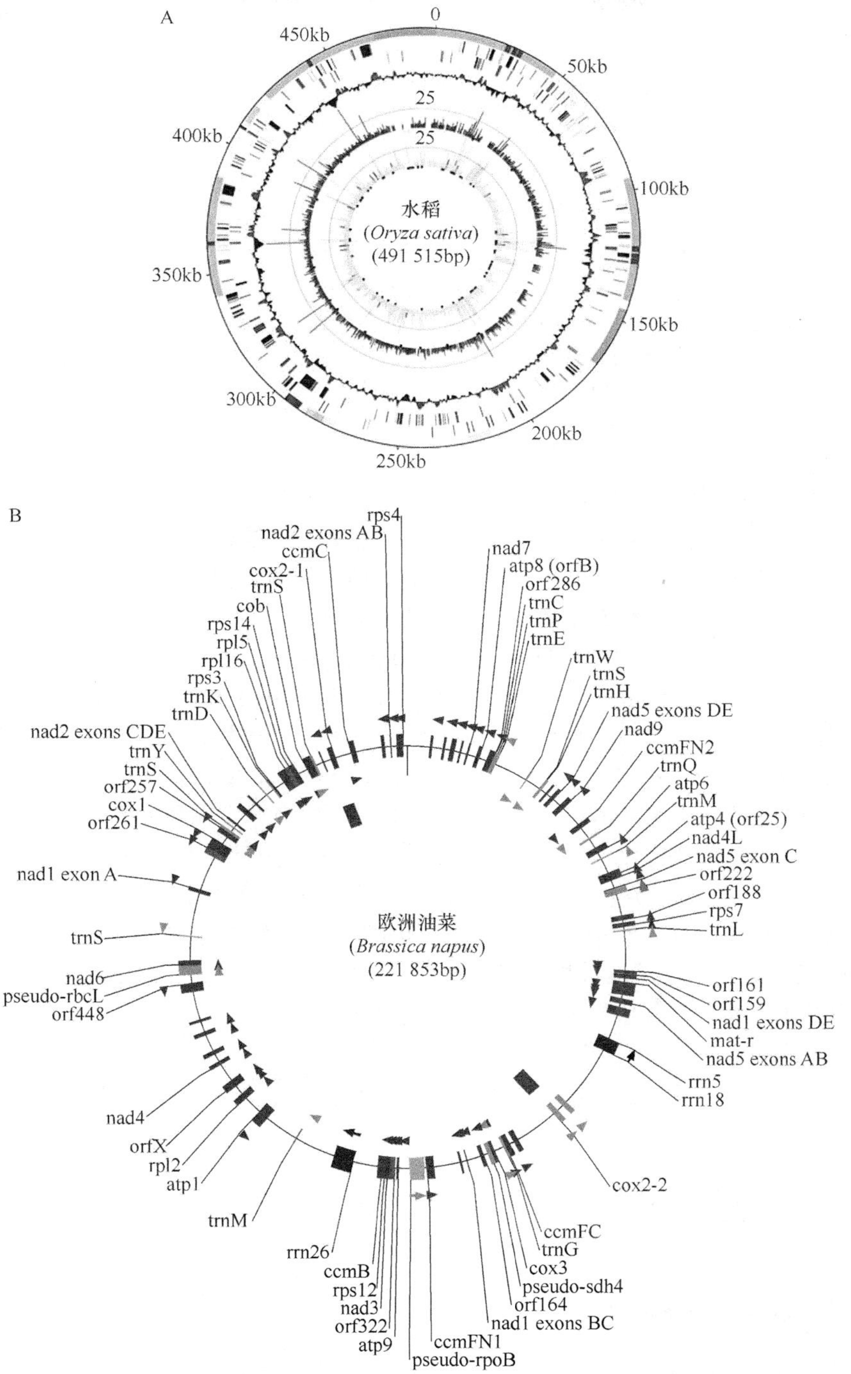

图 11-5　植物线粒体基因组举例

A. 水稻线粒体基因组（引自 Tian et al.，2006）。水稻线粒体主环大小为 491 515bp，基因组示意图从外到内分别为线粒体基因组物理图谱，来自叶绿体转移的序列片段（绿色标注）和重复序列（相同颜色标注），正向及反向编码序列，GC 含量，Indel 和 SNP 数量等。B. 油菜线粒体基因组（引自 Handa，2003）。油菜线粒体主环大小为 221 853bp，图上不同颜色表示不同的基因类型：红色表示编码基因，蓝色表示 rRNA 基因，黄色表示 tRNA 基因，粉色表示未注释功能的 ORF 等

移法（primer walking）对线粒体基因组进行分段扩增、测序及拼接组装。这种方法的优点是省时、方便，但缺点是引物的设计对同源物种有依赖性。

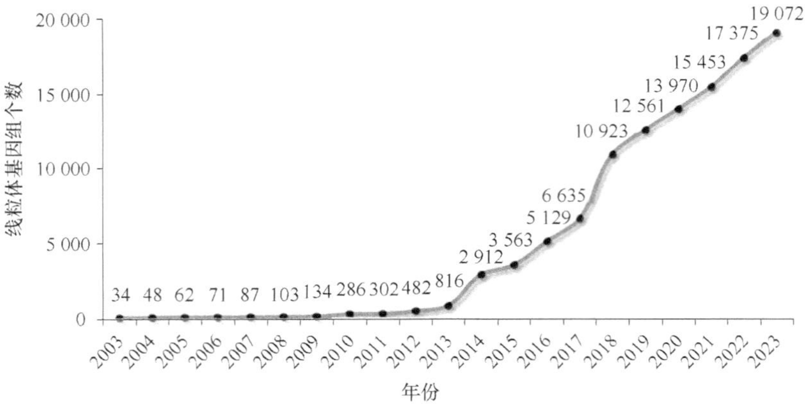

图 11-6　线粒体基因组公布数据

新一代测序技术的发展，有力推动了植物线粒体基因组的研究。Ma 等（2012）利用 Illumina 测序平台获得了裂箨铁竹（*Ferrocalamus rimosivaginus*）的线粒体基因组序列。与传统测序方法相比，二代测序技术具有高通量性。通过对不同物种的线粒体 DNA 添加 PTS 标记，可同时测定几百个线粒体基因组。在有参考线粒体基因组情况下，可对一个物种基因组中所有 DNA 序列进行测序（无需预分离线粒体 DNA），然后通过同源比对、拼接组装，获得目标物种的线粒体基因组。另外，将二代和三代测序技术相结合，能够快速获得完整的植物线粒体基因组序列（高海东等，2021）。老芒麦、连翘、黄连、红花的线粒体基因组均采用二代结合三代测序技术获得（Xiong et al.，2022；Song et al.，2023；Zhong et al.，2023；Wu et al.，2023b）。

单细胞测序技术可实现对单个细胞中所有 DNA 序列进行无偏高通量分析。2023 年，Bi 等利用单线粒体基因组测序技术（iMiGseq）对人类单个细胞中的单独的全长线粒体 DNA 进行了测序，揭示了线粒体罕见变异对疾病的影响。该技术针对线粒体基因组的特点，通过优化细胞裂解流程富集线粒体 DNA，利用特异分子标签 UMI 标记裂解细胞中的线粒体 DNA，然后利用高保真酶进行长 PCR 扩增，最后测序获得全长线粒体 DNA。基于 iMiGseq 技术的高通量性和特异性，可以预见该技术将促进植物线粒体基因组研究的快速发展。

第二节　细胞器基因组特征与利用

一、叶绿体基因组

（一）叶绿体基因组特征

1．叶绿体基因组进化缓慢　植物细胞中的 3 个基因组进化速率各有不同，其中核基因组进化速率最快，叶绿体基因组进化速率相对慢，线粒体基因组进化速率最慢。1987 年，Wolfe 等比较了单/双子叶植物的 3 个基因组中部分基因的进化速率，发现叶绿体 DNA 的同义替代率是线粒体 DNA 的 3 倍，而核 DNA 的同义替代率至少达到叶绿体 DNA 的 2 倍以上。Gaut 等（1998）用 3 个基因组中玉米和水稻共同存在的 94 个基因进行了同样的绝对进化速率分析，得出的 3 个基因组之间同义替代比值为 1∶3∶18（线粒体基因组∶叶绿体基因组∶核基因组）。Drouin 等（2008）用 27 个种子植物中同时存在的 12 个核、叶绿体、线粒体基因进行了替代速率比较研究，同样发现种子植物中线粒体基因组同义替代率最低，叶绿体基因组相对较低，核基因组最高，三者同义替代率之比为 1∶3∶10，其中在裸子植物中线粒体、叶绿体、核 DNA 同义替代率之比为 1∶2∶4，而在被子植物中为 1∶3∶16，在一些被子植物基部类群中为 1∶3∶20。

比较同一叶绿体基因组中的反向重复序列（IR）和单拷贝序列（SC）上的基因的同义替代率，发现 IR 区域较 SC 序列的核苷酸替代速率要低，即使是 IR 的基因间区也是如此（Wolfe et al.，1987；Perry and Wolfe，2002）。因此，叶绿体基因组反向重复序列区域相对于 LSC 和 SSC 区域进化速率要慢。有意思的是，当比较保留和丢失 IR 区域的豆科植物时发现，保留 IR 区域的豆科植物，IR 区域基因的核苷酸替代速率要低；而对于丢失 IR 区域的豆科植物（仅保留一个 IR 拷贝），其 IR 区域的基因与 SC 区域核苷酸替代速率相似（Perry and Wolfe，2002）。另外有研究发现，叶绿体基因组内含子进化速率要比编码区（CDS）快，但基因间区最快（Clegg et al.，1994；Huang et al.，2014）。

在叶绿体基因组中，*rbcL* 基因（编码核酮糖-1,5-二磷酸羧化酶/加氧酶大亚基）是植物系统发育关系研究中常用的基因，也较多地用于起源时间的估测。通过比较不同植物 *rbcL* 基因，发现物种之间同义替代率出现明显的差异。其中禾本科植物具有最快的同义替代率，然后依次是兰目、百合目、凤梨目、棕榈目，禾本科的同义替代率达到棕榈的 8 倍（唐萍和彭程，2010）。叶绿体基因具有高度的保守性，但部分基因仍受到正选择影响。Kapralov 和 Filatov（2007）研究发现，在绝大多数的陆生植物中 *rbcL* 基因广泛存在正选择作用。Hao 等（2010）发现，*matK* 基因在陆生植物中受到正向选择。此外，曼陀罗、重齿当归的叶绿体基因组中分别有 31 个和 4 个基因受到正向选择（Su et al.，2023；Wang et al.，2024）。

2. 叶绿体基因组横向转移　植物中细胞器 DNA 横向转移至核基因组是普遍存在而且正在发生的现象。Martin 等（2002）发现，拟南芥核基因组中约 18%的基因来源于质体的祖先蓝藻。Yuan 等（2002）在粳稻 10 号染色体上发现一段长的插入片段（约 33kb），其与叶绿体基因组上的两个片段相似度达 99.7%。叶绿体基因转移至核基因组这一现象也已被实验验证。例如，Huang 等（2003）将一个核基因（*neoSTLS2*）整合至烟草叶绿体基因组，通过筛选来自于野生型烟草（母本）和含有该基因的烟草（父本）的后代，证实了叶绿体基因转移至核基因的现象。另外有报道表明至少有来自 26 个属的 57 个叶绿体基因组中 *rpl22* 基因丢失而转移至核基因组（Daniell et al.，2016）。

水稻核基因组序列上存在大量叶绿体基因组序列插入。Ma 等（2020）利用 NGS 技术获得了高质量的亚洲稻和非洲稻基因组，从核基因组中鉴定到大于 10kb 的叶绿体 DNA 片段 52 个。我们通过叶绿体和核基因组序列的比对，同样在水稻核基因组中发现大量的叶绿体转移片段。在核基因组中一共发现大于 2kb 的插入片段 45 个，包括 10 号染色体上一个大约 131kb 的插入片段，该片段几乎与整个叶绿体基因组一致。另外这些片段有的表现出以簇的形式（间隔＜15kb）位于核基因组上的相邻位置（Guo et al.，2008）。

叶绿体基因组序列同样被发现能转移至线粒体基因组，并且至少发生在 3 亿年前（Wang et al.，2007）。最先发现叶绿体基因组序列转移至线粒体基因组的现象是在玉米中（Stern and Lonsdale，1982）。叶绿体基因组序列的转移被认为贡献了 0.56%～10.85%的线粒体基因组序列（Wang et al.，2012b；Filip and Skuza，2021）。紫柳（*Salix wilsonii*）线粒体基因组中有 3.28% 的序列来自叶绿体基因组（Han et al.，2022）。Wang 等（2018e）从基因簇（线粒体的一段序列包含连续的叶绿体基因，中间不穿插线粒体本身的基因）的角度分析了 41 个种子植物的叶绿体基因转移线粒体事件，结果在 39 个种子植物线粒体基因组中发现了来源于叶绿体基因组的基因簇，其中未检测到基因簇的两个物种有单独叶绿体基因的转移现象。最大的基因簇在丹参

（*Salvia miltiorrhiza*）中检测到，长度达 16kb；检测到最多叶绿体基因转移的是无油樟（*Amborella trichopoda*），发现 101 个来源于叶绿体的基因（图 11-7）。

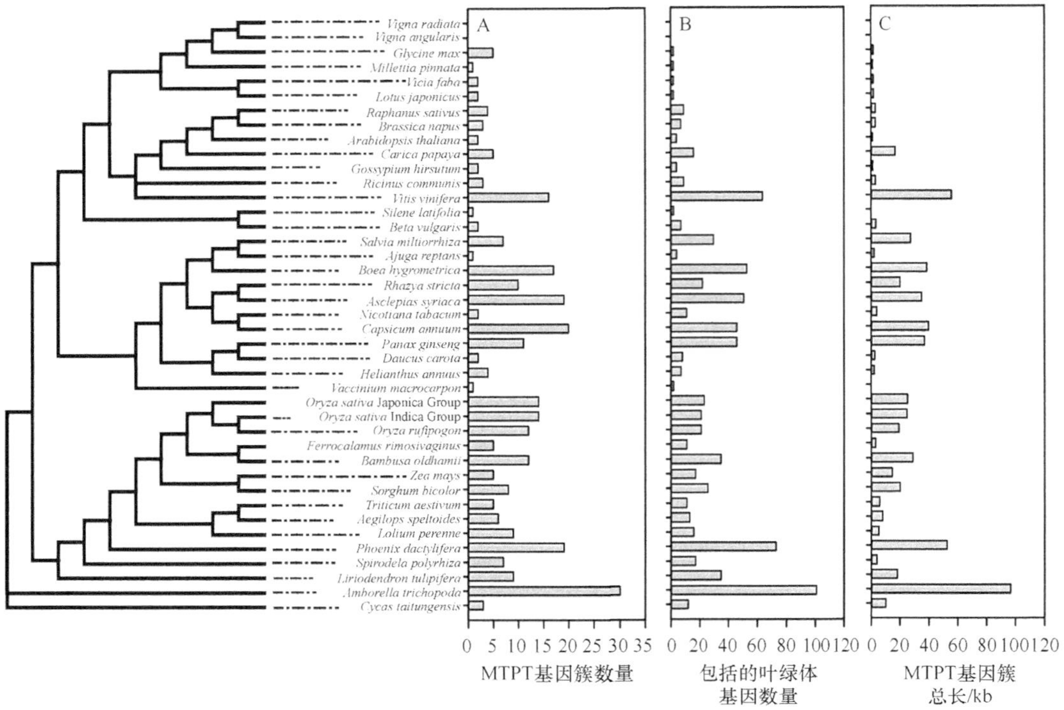

图 11-7 植物叶绿体 DNA 转移至线粒体基因组情况（引自 Wang et al.，2018e）

A～C 依次为各种植物物种线粒体基因组中基因簇（指线粒体中一段 DNA 包含连续的叶绿体基因）数量（A）、这些基因簇中涉及的叶绿体基因数量（B）和基因簇的最大长度（C）。MTPT（mitochondrial plastid DNA）表示线粒体基因组中的叶绿体 DNA

叶绿体基因组中的所有基因都可能转移到线粒体，因此，叶绿体基因的转移与基因功能无关（Wang et al.，2018e）。但是，几乎所有的转移至线粒体基因组的叶绿体基因都会降解，成为无功能的序列（Wang et al.，2007），不过仍然能发现一些叶绿体序列在线粒体基因组中有功能，包括替代 tRNA 基因、产生新的启动子区域等（Wang et al.，2012b；Zhao et al.，2019b）。

叶绿体基因组被认为几乎对核及线粒体 DNA 免疫，即基本不存在线粒体和核基因组序列转移至叶绿体（Wang et al.，2018e）的情况。但仍然有线粒体基因转移至叶绿体基因组的极少数例子，例如，在胡萝卜（*Daucus carota*）、马利筋（*Asclepias syriaca*）和竹子中就发现线粒体基因转移至叶绿体的现象（Iorizzo et al.，2012；Straub et al.，2013；Ma et al.，2015c）。

（二）叶绿体基因组的利用

1．叶绿体基因组在植物系统进化中的利用 尽管植物中细胞核、叶绿体和线粒体都携带遗传物质 DNA，但在植物系统发生（发育）的研究方面，叶绿体基因组具有相对较大的优势（张韵洁和李德铢，2011）。叶绿体基因组包含大量的遗传信息，同时叶绿体基因组结构保守，且除了反向重复区外所有基因均为单拷贝，几乎不存在（或很少受）旁系同源基因的干扰，同时几乎没有来自线粒体和核的外源 DNA。而核基因组虽然包含的遗传信息远远多于叶绿体，但复杂性高；线粒体基因组大小在各植物类群中变异很大，且基因组之间的横向转移使线粒体基因组中存在大量外源基因插入现象。此外，叶绿体 DNA 的核苷酸替换率适中，叶绿体基因组编码区和非编码区分子进化速率差异较大（前者慢后者快），而且不同植物间具有很好的共线性，具有很大的应用价值，因此可分别为不同层级的系统学研究提供依据。

系统发生基因组学中所涉及的研究方法主要包括基于序列和基于非序列的分析方法。后者主要包括全基因组特征分析，即对基因组成成分、基因排列顺序、稀有基因组变异等事件的分析。藻类植物的叶绿体基因组常发生基因组重排、基因含量和结构等变化，因此非序列分析方法多用于藻类植物的叶绿体系统发生基因组学研究，如利用基因组结构、基因含量及基因排列顺序推断原始绿藻 *Mesostigma viride* 和轮藻类 *Chlorokybus atmophyticus* 的系统位置（Lemieux et al.，2007）。而陆生植物叶绿体基因组结构、基因含量和基因排列顺序相对保守，基于非序列的方法仅适用于发生大规模重排的类群中，如桔梗科植物（Cosner et al.，2004），其他陆生植物采用更多的是基于序列的分析方法。例如，针对被子植物最基部类群问题，Jansen 等（2007）根据 64 个叶绿体基因组的 81 个基因进行了分析，研究结果强烈支持 *Amborella* 为被子植物的最基部类群的观点，随后依次是 *Nymphaeales* 和 *Austrobaileyales*。Zhang 等（2011）对 6 种木本竹类的叶绿体全基因组进行了测序，并结合已测序的 18 个禾本科叶绿体全基因组进行系统发育分析，在叶绿体基因组水平上证实了禾本科 BEP 分支中竹亚科和早熟禾亚科为姐妹关系。与传统的分子系统学研究结果相比，利用叶绿体全基因组序列所构建的系统发育树在竹亚科内部具有更高的分辨率和支持率。Wambugu 等（2015）利用叶绿体全基因组序列对稻属 AA 基因组进行了进化分析，结果支持 AA 基因组可能来自 *Oryza glumaepatula* 和 *Oryza longistaminata*，粳稻的母体基因组可能来自 *Oryza rufipogon*，籼稻的母体基因组可能来自 *Oryza nivara*。

虽然基于叶绿体基因组能最大限度地减少由随机误差带来的影响，但与传统的系统发育研究一样，它同样无法避免系统误差带来的影响。而这种系统误差不会因为数据量的增加而减少，在某些情况下还会因为数据量的增加而被不断放大。因此，系统发育基因组学带来的一个新的问题是，所构建的基因组树具有很高的支持率，却不一定反映真实的系统发育关系。因而相较于用较少基因片段所构建的系统发育树来说，用系统发育基因组树来判断物种之间的真实进化关系需更为谨慎（张韵洁和李德铢，2011）。对于一些在进化过程中经历了快速分化的类群，全叶绿体基因组数据仍然不足以完全解决这些类群的系统发育关系。对于这样一些类群，结合大量核基因组数据进行分析仍然是必要的。另外，叶绿体在大多数植物类群中是单亲遗传，来自叶绿体基因组的信息一般情况下仅能反映母系或父系进化历程，并不能完全揭示植物生命进化的全部过程，也需结合来自核基因组的数据。

2．叶绿体基因组遗传转化　叶绿体基因组遗传转化是转基因技术中一个颇有前途的领域（Kumar and Ling，2021）。叶绿体基因组有很多特点使它十分适宜作为插入基因的载体。例如，在被子植物中叶绿体是母系遗传的，这就使目的基因通过传粉扩散到环境中的可能性大大降低。叶绿体基因组在一个细胞里有多达数百个拷贝，这种高拷贝一般会导致目的基因的高水平表达。另外叶绿体基因组结构不像核基因组那么复杂，目的基因可以十分精确地定位在叶绿体基因组上，从而避免了由位置效应带来的基因表达的不确定性，使植物转基因工作的可控制性增强（Adem et al.，2017）。首次叶绿体转化成功的是一种单细胞的绿藻（*Chlamydomonas reinhardtii*；Boynton et al.，1988），烟草是高等植物中第一个建立起叶绿体转化体系的植物，并成为迄今为止应用最广泛的模式植物（Svab et al.，1990）。

目前，叶绿体基因组遗传转化在以下物种中获得成功：烟草、生菜、拟南芥、番茄、胡萝卜、油菜、马铃薯、卷心菜、棉花、矮牵牛、大豆、甘蔗、甜菜、水稻、茄、花椰菜和毛果杨（Adem et al.，2017）。利用叶绿体转化技术已经取得了重大进展，在农艺性状（抗病虫、抗盐耐旱、抗除草剂等）、生物制剂（生长素、干扰素、血清蛋白、胰岛素等）、疫苗生产等方面都有了成功的经验（Daniell et al.，2016；Adem et al.，2017）。例如，在农艺性状方面，将来源于细菌的羟基苯丙酮酸双加氧酶（hydroxyphenylpyruvate dioxygenase，HPPD）转化至烟草和大豆叶绿体基因组中，与转化至核基因组相比，转化至叶绿体基因组的两种植物均获得了更强的除草剂耐性（Dufourmantel et al.，2007）；将甜菜碱醛脱氢酶（betaine aldehyde dehydrogenase，BADH）通过叶绿体遗传转化技术转移至胡萝卜中，发现转基因胡萝卜耐盐，可在 400mmol/L NaCl 溶液中存活（Kumar et al.，2004）。利用烟草叶绿体转化载体，获得的转基因茄子和胡萝卜的耐逆性显著增强（Bansal et al.，2012）。扫左侧二维码见叶绿体遗传转化改变农艺性状的基因列表。

除了叶绿体转化技术本身的一些限制，如在某些物种中转化效率低下等，叶绿体基因组序列也是限制叶绿体基因组遗传转化的因素之一，越来越多的叶绿体基因组序列的获得，必将进一步促进叶绿体基因组转化研究。

二、线粒体基因组

（一）线粒体基因组特征

1．线粒体基因组大小跨度大　动物线粒体基因组大小和结构都十分保守，大小在 15～18kb，基因排列紧凑，基本不含内含子。与动物线粒体基因组相比，植物线粒体基因组要复杂得多（图 11-8）（Morley and Nielsen.，2017）。从大小来说，植物线粒体基因组跨度很大。藻类线粒体基因组大小在 13～96kb。而被子植物线粒体基因组则跨度能达到 200～700kb，有的甚至能达到 11Mb 左右。例如，甘蓝型油菜线粒体基因组大小在 220kb 左右，而葫芦科（Cucurbitaceae）

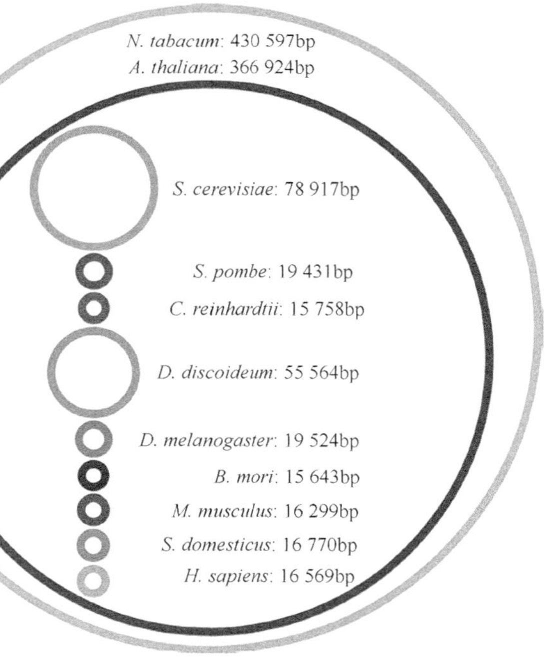

图 11-8　植物和其他物种线粒体基因组大小比较（引自 Morley and Nielsen，2017）

外圈两个物种为烟草（*N. tabacum*）和拟南芥（*A. thaliana*），内圈包括酵母（*S. cerevisiae*，*S. pombe*）、衣藻（*C. reinhardtii*）、果蝇（*D. melanogaster*）、小鼠（*M. musculus*）及人类（*H. sapiens*）等。植物的线粒体基因组远远大于其他物种

植物线粒体基因组小的为 379kb，大的能达 2.9Mb。这种大小跨度在属内种间同样存在。夜花蝇子草（*Silene noctiflora*）的线粒体基因组大小为 6.728kb，有 59 条环状染色体，而同为蝇子草属（*Silene*）的叉枝条蝇子草（*S. latifolia*）的线粒体基因组则有 253kb，有 128 条环状染色体（Wu et al.，2015）。大部分染色体不含有重要基因，且很容易获得或丢失。线粒体基因组大小与核基因组大小同样不存在线性关系，是独立进化的。拟南芥核基因组是陆地植物中最小的，但是其线粒体基因组是中等大小（367kb），比同是十字花科的油菜（220kb）大了将近一倍。

植物线粒体基因组大小差异很大，但编码基因数量相对稳定。植物线粒体大部分“冗余”的基因组序列由内含子、非编码区域、重复序列等组成，重复序列是植物线粒体基因组大小变化的主要原因。动物线粒体基因组基因密度高，没有或只有极少的内含子、非编码区域等。

在水稻和小麦叶绿体基因组中，编码序列分别占整个基因组序列的 58.8%和 60.4%（Schultze et al.，1998），而在线粒体基因组中这个比例只有 18.0%和 15.9%。也就是说，植物线粒体基因组中，大部分都是非编码序列，如在拟南芥中这些序列占到了整个拟南芥线粒体基因组的 60%以上。被子植物线粒体基因组是基因密度最小的线粒体基因组，基因编码区只占整个线粒体基因组的 10%左右。黄瓜（*Cucumis sativus*）线粒体基因组有 1.56Mb（Alverson et al.，2011），有 36%为重复序列，比拟南芥多了 4 个编码基因。十字花科植物芝麻菜（*Eruca sativa*）线粒体基因组（Wang et al.，2014c）中有 85.14%为非编码序列。西葫芦（*Cucurbita pepo*）的线粒体基因组密度最低，只有 3.9%是基因编码序列（Sloan et al.，2012）。多细胞绿藻团藻（*Volvox carteri*）线粒体基因组 61%为非编码序列，而这些非编码序列大部分由穿插在基因间区或内含子区域的回文重复序列组成（Smith et al.，2009）。这些回文序列的长度在 11～77bp。大部分情况下，短的回文序列会插入到另外一个回文序列当中，经过多次嵌套形成复杂的长重复片段，长度达到 633bp。这种回文结构的重复序列在细胞器基因组中是广泛存在的。线粒体基因组的非编码序列主要是由大量重复片段、内含子、基因间区、叶绿体基因组和核基因组转移而来的序列，甚至通过基因水平转移获得的其他物种的序列所构成（Knoop et al.，2002）。最古老的被子植物无油樟的线粒体基因组（Bergthorsson et al.，2004）中，就有大量来自苔藓、绿藻和其他被子植物的非编码序列片段。

植物线粒体基因组中的重复序列，大小从几十 bp 到几十 kb 不等。这些重复序列既是组成非编码序列的主要部分，也涉及功能基因区域。这些重复序列在进化过程中的频繁加倍，在基因组上的转移、插入等，使植物线粒体基因组表现出极大的异质性，包括基因组大小、结构、基因组排序等。同样，重复序列在植物线粒体基因组重组中表现非常活跃，使植物线粒体基因组的重排率比叶绿体基因组和动物线粒体基因组要高很多。分子内或分子间的频繁重组发生还会造成基因异常嵌合突变，形成特异性可读框，导致细胞质雄性不育（cytoplasmic male sterility，CMS）（Dufay et al.，2007）。根据长度，线粒体基因组上的重复片段通常可分为三类。①大重复序列（＞500bp）：该类型重复序列通常参与调节高频的 DNA 重组，从而使基因组产生较小的线粒体亚基因组环状 DNA 或线状结构，与完整的线粒体“主”基因组环状 DNA 共存于细胞内（Gualberto et al.，2017）。拟南芥线粒体基因组中的两个大重复序列（6.5kb 和 4.2kb）参与重组，形成 233kb 和 134kb 的亚环。黄瓜除了有 1.56Mb 的线粒体基因组外，还有 84kb 和 45kb 的小线粒体基因组。大重复序列在大部分植物中都存在，且这种形成亚环或线性线粒体基因组的机制相似。在部分植物中，大重复序列还决定了该植物线粒体基因组结构的复杂性。玉米线粒体基因组中检测到 22 条重复序列，长度范围在 540bp～120kb，其中 17 条大于 1kb。由于这些大重复序列的存在，玉米中检测到至少 5 种不同的线粒体细胞型，包含不同类型和数量的线粒体基因组 DNA 分子。②中重复序列（50～500bp）：中重复序列在植物线粒体基因组中的数量要比大重复序列多。在拟南芥中观察到36个中重复序列的非对称重组，甜菜中发现72个（Kubo et al.，2000）。玉米中100～830bp的重复序列有32条，烟草中发现26条中重复序列（100～405bp）。该类型重复序列通常参与低频的非对称DNA交换，是DNA突变进行修复的主要方式（Kuehn et al.，2012）。中重复序列参与的重组活动通常与新的DNA形态出现、种内线粒体基因组变异和亚化学计量的移位序列变异（substoichiometric shifting，SSS）有关。这些基因组变异通常会伴随植物表型的变化，如产生卷曲叶片或者花叶、生长迟缓、产生细胞质雄性不育等，而且这些表型会随着线粒体遗传到下一代。上述表型在拟南芥的 *msh1* 突变体中均能观察到。③小重复序列（＜50bp）：线粒体中大部分重复序列是小重复序列。该类型重复序列由于序列太短，不能同中重复序列一样有效参与同源重组，因此主要以非同源末端连接（nonhomologous end joining，NHEJ）的形式对突变位点进行纠正和修复（Sloan et al.，2013）。在细胞核中，NHEJ是DNA修复的主要手段之一；然而在细胞器中，中重复序列参与的同源重组占主导地位。

虽然植物线粒体基因组大部分为重复序列，但重复序列之间基本上没有同源性，这说明它们在植物进化过程中是独立获得的。基因位置和基因间序列的巨大差异，是进化过程中植物线粒体基因组结构发生频繁重构的结果。拟南芥和甜菜线粒体基因组只有21%同源。这种情况甚至在同种植物之间也是如此。在白玉草（*Syringa vulgaris*）中，任何不同种群两两之间只有约一半的线粒体基因组序列是相同的（Sloan et al.，2012）。同源重组是线粒体基因组进化、基因结构变异等的主要因素。线粒体基因组重排的效应可以是中性的，如发生在非编码区域。但发生在一些关键基因上的重排则会影响发育，甚至致死。也有一些重排会产生新的ORF，对线粒体功能产生影响。

2．动植物线粒体基因组存在明显差异

（1）植物线粒体基因组含有Ⅰ型和Ⅱ型内含子　与大部分动物线粒体基因没有内含子不同，植物线粒体基因组含有大量内含子。植物线粒体内含子由于其特殊的结构被分为Ⅰ型和Ⅱ型内含子（Ngu et al.，2017），以区别于细胞核编码基因的内含子。Ⅰ型内含子能够自我剪接，不需要剪接体和snRNA的参与；Ⅱ型内含子也能够完成自我剪接，但剪接方式与Ⅰ型不同。而对于细胞核中的编码基因来说，Ⅰ型内含子只在单细胞真核生物细胞核核糖体RNA基因中普遍存在，而Ⅱ型内含子在真核生物细胞核中未发现。内含子占线粒体基因组4%～13%，不同植物之间线粒体基因组内含子数量十分相近，为23～30个，且大部分为Ⅱ型内含子。虽然在所有植物中没有一个内含子是在基因上的同一个位置出现，但内含子的分布在植物进化过程中是相对保守的。例如，拟南芥和水稻均含有23个Ⅱ型内含子，其中22个是分布在基因的相同位置（图11-9）。

在植物进化过程中，经常有新的Ⅱ型内含子出现，而Ⅰ型内含子常在进化过程中丢失，这也是目前发现Ⅱ型内含子占主要比例的原因之一。因此，可利用Ⅱ型内含子在线粒体基因组上的分布进行进化研究（Zumkeller and Knoop，2023）。植物之间不同的内含子数量一方面是由mRNA剪切和编辑造成的，另一方面是部分植物线粒体基因组上内含子所在的基因转移进入细胞核的结果。而内含子分布的多样性是由植物线粒体基因组进化过程中内含子拷贝发生多次入侵、扩散及丢失造成的。

植物线粒体内含子在线粒体内具有特殊的功能：①被折叠入高度保守的结构以便于剪切；②除了与核内含子剪接机理相似之外，Ⅱ型内含子还具有自我剪接的功能，不需要剪接体和snRNA的参与，也不需要ATP供能；③部分内含子同遗传元件一样可在基因组上进行移动和插入等；④这些内含子编码它们自己的蛋白装置用于剪接和移动。

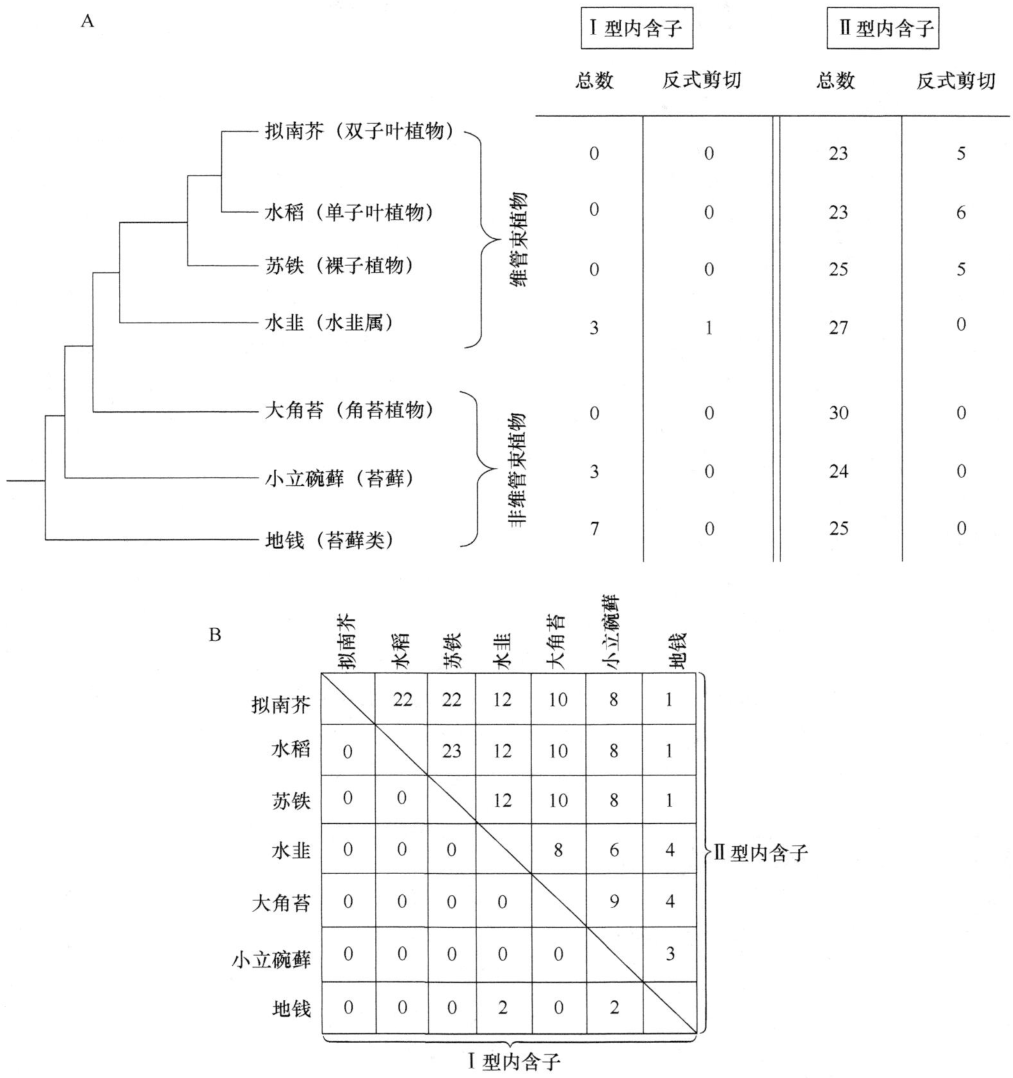

图 11-9　线粒体Ⅰ型和Ⅱ型内含子在植物中的分布（引自 Bonen，2011）

A. Ⅰ型和Ⅱ型内含子在不同植物上的分布情况，植物类别从苔藓类植物地钱到被子植物拟南芥和水稻，内含子数量保持稳定，且Ⅱ型内含子占多数；B. 不同类植物之间出现在共同基因位点上的内含子数量

（2）植物线粒体基因组编码基因高度保守　大量非编码序列使植物线粒体基因组大小呈现丰富的多样性，而植物线粒体基因组中的编码序列则受到很强的净化选择，极度保守，是植物三套基因组中最保守、演化速率最慢的，基因序列碱基替代率很低（Wolfe et al.，1987；Burger et al.，2003；Song et al.，2023）。这可能是因为植物线粒体能通过同源重组进行高效突变纠正，从而自我修复。不同植物物种间线粒体基因序列同源性在 95%以上。例如，籼稻和粳稻的线粒体基因组之间存在 96 个 SNP，出现的概率为 0.02%；存在 25 个 Indel，出现的概率为 0.006%，这两种变异概率分别是叶绿体中出现概率的 2/5 和 1/3，核基因组的 1/21 和 1/38，是动物线粒体基因组的 1/100 和 1/40。由于植物线粒体基因非常保守，所以一般不选作系统学研究的分子标记。高重组率为基因组修复提供有效的工具，但反之，高重组率使得线粒体基因组容易发生重排，从而使基因组的结构快速进化。在相近物种的线粒体基因组中基因的相对位置毫不保守。白玉草不同群体之间线粒体基因组结构发生大量重排，基本没有共线性可言。

（3）植物线粒体基因组基因横向转移　基因横向转移（HGT）在植物界中普遍存在。高等植物线粒体基因组含有与叶绿体和细胞核 DNA 同源的序列，并且占有较高的比例。HGT 对植物线粒体基因组之间大小的巨大差异具有很大的贡献。1982 年，Stern 和 Lonsdale 首次在玉米线粒体基因组中发现一个 12kb 的叶绿体基因组片段（Knoop et al.，2002）。连翘线粒体基因组中有 25 个叶绿体来源的 DNA 片段，占整个线粒体基因组的 3.93%（Song et al.，2023），而水稻中叶绿体来源的 DNA 片段占到 6.3%。在葡萄中，这一比例则达到 42.4%（Sloan et al.，2012）。同样，在植物线粒体基因组中发现有来自核基因组的 DNA 片段。来源于细胞核的序列主要是与反转录转座子序列同源。1996 年，Knoop 等在拟南芥线粒体基因组中找到多个来自核基因组的反转录转座子（retrotransposon）（Knoop et al.，1996）。棉花线粒体基因组中整合有 3 个核基因组反转录转座子和 8 个叶绿体 tRNA 基因（Zhao et al.，2019c）。拟南芥线粒体基因组中有 5%来源于核基因组，1.2%来源于叶绿体基因组。黄瓜线粒体基因组中找到 71kb 的叶绿体 DNA 和 21kb 的核基因。DNA 的高频重组率是使线粒体比叶绿体更容易成为基因横向转移受体的主要原因之一。叶绿体和线粒体都具有遗传上的半自主性，能相对独立地决定某些性状。但叶绿体和线粒体的形态发生与生物合成，在很大程度上依赖于两者之间及与核基因组的相互作用。植物线粒体的遗传信息可以自由地在线粒体和细胞核之间进行相互流通。Fields 等（2022）在拟南芥 2 号染色体上鉴定到一个 641kb 的线粒体 DNA 片段。另外，地钱线粒体基因组编码 16 种核糖体蛋白，而烟草、拟南芥、甜菜、葡萄和水稻的线粒体基因组分别只编码 10 种、7 种、8 种、6 种和 11 种核糖体蛋白，而其他的核糖体蛋白均由细胞核基因进行编码。这充分说明在植物线粒体进化过程中，线粒体基因转移进入细胞核。与水稻、玉米等其他禾谷类作物相比，麦类作物的线粒体基因转入核基因组的频率更高（Chen et al.，2023d）。

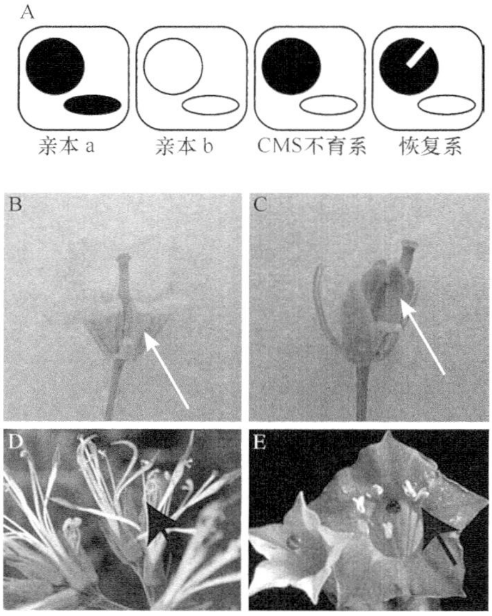

图 11-10　植物细胞质雄性不育系模型及其举例（引自 Carlsson et al.，2010）

A．CMS 系统模型。圆形为核基因组，椭圆形为线粒体基因组。亲本 a 为保持系，亲本 b 为不育系。B～E 为 CMS-花异常表型：B．油菜雄蕊萎缩；C．油菜没有雄蕊；D．烟草雄蕊呈丝状不能产生正常花药；E．烟草 CMS-花没有雄蕊（左）和正常花（右）

（二）植物线粒体基因组的利用

线粒体是植物的重要细胞器，参与植物重要生长发育过程，与籽粒发育、育性和种子老化等许多重要农艺性状有关。下文仅对育性利用进行介绍，其他方面应用可参考其他文献。

线粒体基因组在农业上的重要应用之一是细胞质雄性不育系（CMS）的培育与利用。细胞质雄性不育是广泛存在于高等植物中的一种自然现象，在超过 150 种开花植物中都有报道。CMS 是线粒体与细胞核基因组共同作用的结果，表现为母体遗传、花粉败育和雌蕊正常。CMS 在育种中是重要的性状，可以通过结合不同的核基因组和线粒体基因组背景获得；反之，雄性不育可以通过引入细胞核的 *Restorer-of-fertility*（*Rf*）基因恢复（图 11-10）。利用 CMS 培育不育系进行杂交育种在育种行业得到广泛使用。

CMS 相关基因存在于线粒体 DNA 上。目前已在多种植物中确定并克隆了与 CMS 相关的基因，包括粮食作物和园艺作物。以水稻为例，目前已经鉴定到多种 CMS 不育类型相关基因，如野败型不育基因 *Wild Abortive 352*（CMS-WA），包台型 *Boro* Ⅱ（CMS-BT），

红莲型 *HongLian*（CMS-HL）等（Tang et al.，2017）。这些基因都已经被开发用来进行杂交水稻育种。

CMS 育种一般是三系法：CMS 不育系、保持系和恢复系。①CMS 不育系为细胞质雄性不育系，携带细胞质不育 CMS 基因和无功能（隐性）的、可修复这种不育性的核基因。雌性器官发育正常，能接受正常花粉受精，但雄性器官发育不正常，花粉不育。②保持系能够保持不育系的细胞质雄性不育性。保持系细胞质基因为正常可育，具有可育花粉，可自交结实；而保持系的细胞核基因型与不育系相同，不能够修复由细胞质基因所控制的不育性，因此保持系作为父本和不育系的杂种也为不育，用于繁育不育系。③恢复系则能够修复细胞质雄性不育，与不育系杂交产生的杂种正常可育且具有杂种优势。以 CMS-WA 为例，CMS-WA 是通过 CMS 不育系品种 *Oryza rufipogon* 与普通栽培水稻多次回交得到的，在 CMS-WA 中得到控制细胞质雄性不育基因 *WA352*，*WA352* 与线粒体蛋白 COX11 互作，引起花药绒毡层细胞程序性死亡，从而导致花粉败育。而携带有 *WA352* 的杂种的育性则可以通过引入的 *Rf4* 和 *Rf3* 显性恢复基因在转录和蛋白质水平抑制 *WA352* 的功能而恢复。*WA352* 的序列在不同野生稻线粒体基因组上都存在同源区段，显示进化过程中线粒体 DNA 的高度重组和重排。

细胞质雄性不育与线粒体基因组许多结构特点相关，可分为以下三类。

1）大量重复序列的存在容易造成基因组重组或重排，引起线粒体基因组结构变化，进而导致 CMS。造成 CMS 的突变通常是由异常的低频率重组或非同源的末端连接形成新的 ORF 造成。Tang 等（2017）调查了 808 份野生稻和栽培稻品种，共在线粒体基因组上鉴定到 11 种形成嵌合 ORF 的重组结构。异常 ORF 的出现是 CMS 形成的主要原因。芥菜 CMS 不育系线粒体基因组中大于 100bp 的重复序列数量是保持系的两倍，并且发现 3 个大重复片段位于 CMS 相关基因 *orf288* 的下游。造成 CMS 的突变是在物种分化之前就存在着低拷贝的重组序列，而不是在雄性不育发生时线粒体基因组突变产生新的 ORF。这些低拷贝的重复序列在一个植物的世代可能上调或下调相对的拷贝数，即序列迁移直接导致雄性不育。

2）RNA 编辑形成新的起始/终止密码子或其他突变，使基因的转录本发生变异，造成基因不能正常行使功能，进而引起败育。RNA 编辑在不同的物种中程度不同，而仅有一些编辑造成 CMS，所以引起 CMS 的 RNA 编辑可能以某种方式特定发生，与普遍存在的 RNA 编辑模式有差别。

3）植物细胞质雄性不育现象十分复杂，不单受到线粒体基因组结构、蛋白质编码基因的影响，还受到细胞核基因的调控。多细胞真核生物的进化往往伴随着细胞核基因组的改变。拟南芥核基因 *MSH1* 和 *RECA3* 能有效参与线粒体分子重组；油菜 pol 型胞质和 nap 型胞质在植物体内共存，但两者的亚化学剂量水平存在差异。所以，雄性不育性是核基因和线粒体基因互作，或核基因调控线粒体基因的表达而导致生殖器官不能正常发育所引起的败育现象。

CMS 育性的恢复，一种如上文所述，是通过引入细胞核编码的 *Rf* 基因来抑制 CMS 基因的表达；另一种则是通过改变线粒体基因组的结构，主要是含有 CMS 基因的亚基因组的亚化学计量变化。例如，在玉米不育系 CMS-S 中，线粒体基因组重排导致 CMS 相关基因 *orf355/orf77* 丢失，从而恢复育性（Matera et al.，2011）；而 *nad1* 基因拷贝数的减少，可使不育性更稳定（Xiao et al.，2022b）。大豆 CMS 不育基因 *pvs-orf239* 的消失会引起育性恢复（Janska et al.，1998）。

CMS 相关基因通常与两侧的基因共转录，并具有相同的表达特性。尽管 CMS 相关基因造成的表型相似，但基因之间在结构上却毫无关联。另外，已报道的细胞质雄性不育大多存在转录本的差异，只局限于植物线粒体基因组一级结构的研究是远远不够的，应该从转录和翻译水平对相关基因的表达调控进行研究。对 CMS 的研究和应用告诉我们，每一个新的线粒体基因组的损伤和重组，都能形成一个独特的、表达的嵌合序列，并引起表型变化。

线粒体基因组让我们认识到线粒体的起源、异质性和复杂性，从不同角度认识真核生物，对遗传学和进化有了更为深入和全面的了解。随着 DNA 测序技术的发展，将会有越来越多的植物线粒体基因组被测定，这将有助于更好地了解植物线粒体基因组及其功能，并有助于研究高等植物核-质互作，而 CMS 等与线粒体基因组突变有关性状的机理也将被揭示。

|第 12 章|

植物功能基因挖掘技术

扫码见
本章彩图

第一节　基于群体的基因挖掘技术

基于群体的植物基因挖掘技术通过分析植物群体的基因型与表型数据，可揭示植物性状与基因之间的紧密关系。得益于现代生物技术和数据分析技术的发展，植物功能基因挖掘已实现利用高通量测序和生物信息学分析研究遗传元件对植物性状的影响，深化了研究人员对植物群体遗传多样性和适应性的认识。通过该技术可以挖掘出与农作物产量、抗病性、耐逆性等农艺性状有关的基因，为提升农业生产效率和保障粮食安全提供有力支持。同时，通过研究植物种群中基因型与表型的联系，能够探索自然选择、适应性演化等生态和进化过程。在实践中，该技术包括基于双亲衍生群体的 QTL 定位、BSA 混池分离分析，以及基于自然群体的全基因组关联分析（genome-wide association study，GWAS）等方法，这些方法为植物基因挖掘提供了强有力的工具。植物功能基因挖掘技术的发展始终以更准确地检测和验证与特定性状相关的关键基因为目标，为植物育种和遗传改良提供可靠的指导和策略。

一、基于双亲群体的基因挖掘技术

1. QTL 定位技术　具有连续表型测量值的性状被称为数量性状。在动植物育种工作中，许多重要的农艺和经济性状都属于数量性状。因此，研究数量性状的遗传机制并将其应用于生产中具有重要意义。数量性状位点（quantitative trait loci，QTL）最早由 Gelderman 于 1975 年提出（Gelderman et al.，1975）。它指的是基因组上影响数量性状表型变异的一个或多个基因所在的染色体片段。在广义上，QTL 涵盖了所有影响性状表型变异的基因，但在实际研究中，只有那些具有显著效应且可以检测出来的基因或染色体片段被称为 QTL。寻找 QTL 在染色体上的位置并估计其遗传效应的过程称为 QTL 作图或定位。QTL 作图常用的群体，简称为 QTL 作图群体，包括 F_2 群体、回交（backcross，BC）群体、加倍单倍体（doubled haploid，DH）群体和重组自交系（recombinant inbred line，RIL）群体等。

QTL 定位是基于遗传标记与基因的连锁关系，利用双亲群体中遗传标记信息和观测到的性状表型值进行分析，构建标记的遗传连锁图谱，定位与目标性状相关的位点，即 QTL，其核心是连锁分析。QTL 作图一般包括以下步骤：第一步是根据研究目的人工构建遗传作图群体，如临时性和永久性作图群体。临时性作图群体包括 F_2、F_3、BC 等，永久性作图群体包括 RIL、DH、永久 F_2 群体（immortalized F_2 population，IF_2）、近等基因系（near-isogenic lines，NIL）等。第二步是确定和筛选遗传标记，具有一定密度的、多态性丰富的分子遗传标记是 QTL 定位的基础。目前有多种分子标记可以用于作物的 QTL 定位，如单核苷酸多态性（single nucleotide polymorphism，SNP）、限制性片段长度多态性（restriction fragment length polymorphism，RFLP）、简单序列重复（simple sequence repeat，SSR）等，其中数量最丰富的是 SNP 标记，也是近年来使用最广泛的一种分子标记。第三步是构建标记的遗传图谱，遗传图距以重组率 r 度量，常用的作图函数有 Haldane 作图函数（假设染色体各位置的交换随机独立发生，彼此无干扰）和 Kosambi 作图函数（假设邻近交换间存在相互干扰）。第四步是利用表型值，进行连锁分析、QTL 定位及效应估计。在过去的几十年中，已经提出了许多统计方法来定位 QTL，包括单标记分析、区间作图、复合区间作图和多 QTL 定位方法等。①单标记分析（single marker analysis，SMA），通过比较不同标记基因型之间的性状均值差异显著性来推断 QTL 的存在与否。②区间作图（interval mapping，IM）（Lander and Botstein，1989），通过逐一检测每个标记区间内各位点存在 QTL 的概率大小，来确定 QTL 的位置和效应。③复合区间作图（composite interval mapping，CIM）（Zeng，1994），通过引入其他标记作为协变量来消除背景遗传效应对被检标记区间的影响。完备区间作图（inclusive composite interval mapping，ICIM）（Li et al.，2008b）和基于混合线性模型的复合区间作图法（mixed linear model based composite interval mapping，MCIM）（Wang et al.，1999）也属于复合区间作图的范畴。前者利用所有标记的信息，通过逐步回归选择重要的标记变量并估计其效应，然后利用逐步回归得到的线性模型校正表型数据，通过一维扫描定位加（显）性效应 QTL，通过二维扫描定位上位性 QTL；后者把群体均值、QTL 的各项遗传主效应（包括加性效应、显性效应和上位性效应）作为固定效应，而把环境效应、QTL 与环境互作效应、控制背景遗传效应的分子标记效应，以及残差作为随机效应，可进行多环境的联合 QTL 定位分析。这三种方法的应用最为广泛。④多 QTL 定位方法，主要有极大似然法和贝叶斯方法两大类：极大似然法主要包括多区间作图法和全基因组复合区间作图（genome-wide composite interval mapping，GCIM）法；贝叶斯方法主要包括马尔可夫链蒙特卡罗（Markov chain Monte Carlo，MCMC）（Smith and Roberts，1993）方法和压缩估计方法。目前应用较多的几种作图软件有 WinQTLCart（Wang et al.，2001）、QTL IciMapping（Li et al.，2007）、QTLNetwork（Yang et al.，2007；Yang et al.，2008）、MapQTL、R\qtl 等。其中 R\qtl 更新相对缓慢，近年来应用比较少。表 12-1 给出了这几款工具在适用群体、标记数限制、定位方法和效应检测上的差异。

表 12-1 不同 QTL 作图工具的比较

软件	WinQTLCart	MapQTL	QTL IciMapping	QTLNetwork
适用群体	BC、DH、RIL、F_2 等	F_1、F_2、RIL、BC、DH 等	BC、DH、RIL、F_2 等	F_2、RIL、BC、DH 等
标记数限制	每条染色体不多于 1 000	总数不多于 7 000	10 000 以内	无限制
定位方法	IM、CIM、MIM	IM、MQM	IM、ICIM	MCIM
效应检测	LOD、贡献率、加性效应、显性效应	LOD、贡献率、加性效应显性效应	LOD、贡献率、加性效应、显性效应、上位性效应	LOD、贡献率、加性效应、显性效应、上位性效应

2．混池分离分析 混池分离分析（bulked segregant analysis，BSA）又称集群分离分析或分离群体分组分析法。是一种利用样本混池的建库方式对极端性状的样本进行 QTL 定位的方法，因其具有“快速、准确、经济、实用”的特点，已成为当下应用较为广泛的基因定位方法。随着高通量测序技术的兴起，基于全基因组重测序的 BSA 方法更为广泛地应用在植物中，并且成功定位出许多与农艺性状相关的基因。图 12-1 为常见的 BSA 流程及影响因素。

BSA 主要分为以下 5 个步骤：①亲本材料选择：选择的亲本在目标性状上应具有显著差异，

但其他性状尽量保持一致，以降低后期定位分析的干扰；亲本要选用尽量纯合的个体，可通过自交进行纯化。②群体构建：用于 BSA 分析的遗传分离群体主要包括 F_2、$F_{2:3}$、BC 群体（回交群体）、RIL 群体（重组自交系）、DH 系（双单倍体）、CSSL 系（染色体片段代换系）、NIL 群体（近等基因系）等。每个群体在 BSA 定位过程中有着各自的优点，如 F_2 群体构建更加容易，但 BC 群体定位能力优于 F_2 群体。③混池样本选择：通过对子代的表型鉴定，选择极端性状的个体构建两个混池，混池规模建议在 30 个样本以上。④基因分型：BSA 分析最开始基因分型使用的都是传统的分子标记，如 AFLP、RAPD、SCAR、SSR 等。随着高通量测序技术的兴起，高密度分子标记芯片和基于测序的分子标记系统等被广泛用于 BSA 基因分型，而且 BSA 可以在不同的分子水平上进行，包括 DNA、RNA 和蛋白质，DNA 水平的检测主要是指分子标记检测、基因芯片、GBS（genotyping by sequencing）或全基因组/外显子组测序等；RNA 水平主要是指 RNA-Seq 测序；蛋白质水平的分析主要是指蛋白芯片检测。⑤关联分析：随着 BSA 分析的发展，关联分析的算法也逐渐演变和分化，针对不同的遗传分离群体有着不同的算法。

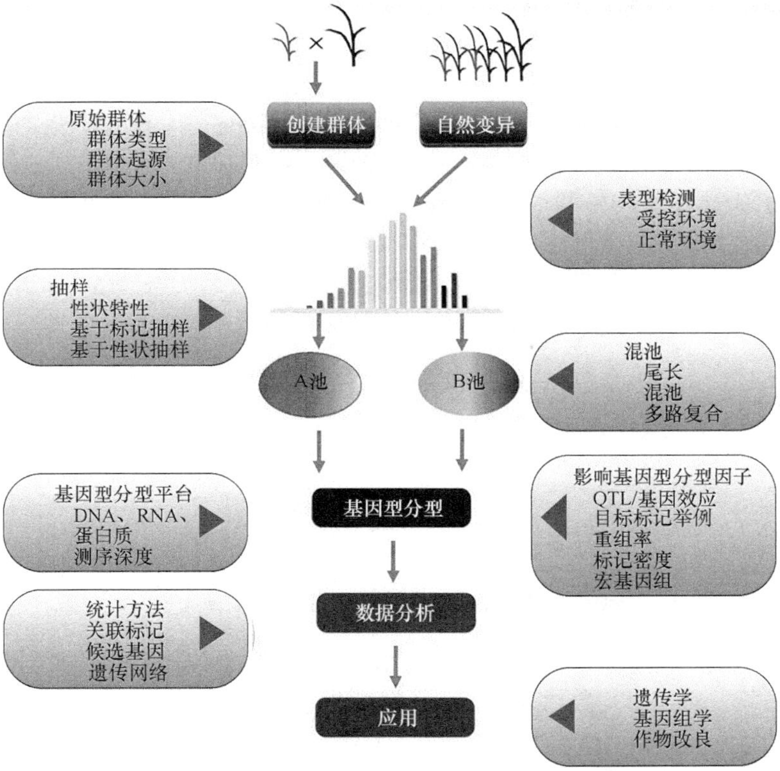

图 12-1　**BSA 主要流程及影响因素**

目前有两种主流的算法，欧氏距离（ED）算法和 SNP-Index 算法。SNP-Index 可以理解成突变位点遗传物质来源于某一个亲本的频率，对于混池的某一个位点来说，SNP-Index 即为该位点与某亲本序列相同的读序（read）占总 read 的比例。而 Δ SNP-Index 即为 2 个混池之间 SNP-Index 的差值。经由滑窗方式计算染色体各区域的 Δ SNP-Index，通过置信区间的设置可以判断区域是否与目标性状存在关联。欧式距离算法将混池中每一个位点的突变信息抽象成坐标上的一个点，并计算混池间每个相同位点之间的欧氏距离：$ED^2=(A_1-A_2)^2+(T_1-T_2)^2+(C_1-C_2)^2+(G_1-G_2)^2$，其中 A_n、T_n、C_n、G_n（$n=1,2$）分别指 ATCG 四种碱基在混池 n 中的频率，取所有位点 ED 值的中位数+3 标准差作为判别关联显著性的阈值，根据阈值判定候选区间。另外，根据不同的遗传群体材料和遗传设计，涌现出多种针对性的分析方法。例如，针对 EMS 诱变材料的 MutMap 法；无亲本只有两个极端混池的欧氏距离法；基于三个亲本（一个共同亲本）构建两个分离群体，每个群体筛选两个极端混池后整合分析的 Multiple QTL-Seq 法；基于大的 F_2 群体并根据表型分组的 GradedPool-Seq 法；以及更复杂的遗传设计 QTG-Seq 法等方法。当前基于 BSA 技术已开发出一系列定位工具，如 X-QTL-Seq（Ehrenreich et al.，2010）、G 检验（Magwene et al.，2011）、MutMap（Abe et al.，2012）、QTL-Seq（Takagi et al.，2013）、QTG-Seq（Zhang et al.，2019d）、GradedPool-Seq（Wang et al.，2019b）、BRM（Huang et al.，2020）等。

二、基于自然群体的基因挖掘技术

基于自然群体的基因挖掘主要依靠全基因组关联分析（genome-wide association study，GWAS）技术。该技术于 1996 年提出，是一种在全基因组范围内挖掘影响复杂性状基因的统计学方法，核心是基于历史重组的基因座位间的连锁不平衡（linkage disequilibrium，LD）研究分子变异和目标性状之间的关联（Risch and Merikangas，1996），从而寻找可能引起数量性状遗传变异的基因座。GWAS 的原理来自于单标记分析（single marker analysis，SMA），即研究标记位点上对应性状平均值之间的差异（Yi et al.，2015）。如果标记本身为基因或者标记附近存在基因，则标记与基因存在完全连锁或部分连锁。此时，不同标记基因型个体的性状均值出现差异。如果标记型 *MM* 的平均值和标记型 *mm* 的平均值差异较大，则表明标记和性状之间存在连锁（图 12-2A）；相反，如果两者之间的平均值相近，则表明标记和性状之间不存在连锁（图 12-2B）。

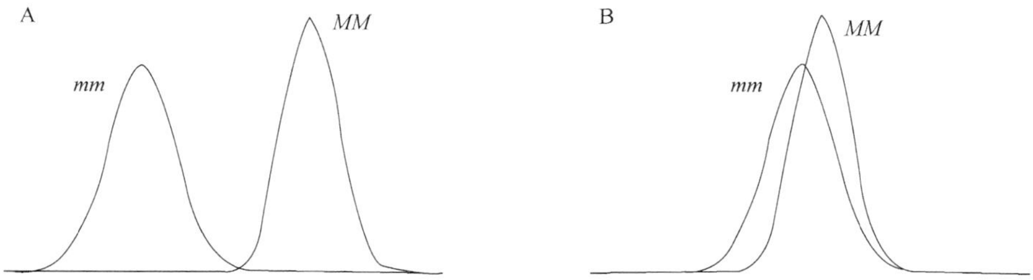

图 12-2　标记位点（*M*/*m*）两种基因型 *MM* 和 *mm* 的平均表现

单标记分析包含三种等效的方法，分别为成组平均数比较的 t 测验、多个平均数比较的方差分析和回归分析。成组平均数比较的 t 测验的公式为

$$t=\frac{\mu_1-\mu_0}{\sqrt{s^2\left(\frac{1}{n_1}+\frac{1}{n_0}\right)}}$$

式中，μ_1 和 μ_0 分别表示 *MM* 和 *mm* 标记基因型的性状均值；n_1 和 n_0 分别表示 *MM* 和 *mm* 标记型的样本量；$s^2=\frac{(n_1-1)s_1^2+(n_0-1)s_0^2}{n_1+n_0-2}$，$s_1$ 和 s_0 分别为 *MM* 和 *mm* 标记型的标准差。若 t 统计量检验结果表明 *MM* 和 *mm* 标记基因型均值存在显著性差异，说明该标记座位和性状之间存在关联。

多个平均数比较的方差分析是将因素分为标记组内和标记组间，进行单向分组的方差分析，通过分析不同来源的变异（组内和组间）对总变异的贡献大小，从而确定基因型对性状表型的影响。若 F 检验表明组间方差显著，则说明标记和控制性状的 QTL 间存在关联。

将性状值和标记基因型进行回归分析，其回归模型为

$$y=a+bx+e$$

式中，y 表示性状观测值；a 表示性状均值；b 表示回归系数；x 表示基因型指示变量；e 表示服从正态分布 $N(0,\sigma^2)$ 的随机误差。若性状值对标记基因型值的回归系数显著，说明该标记位点与控制性状的基因连锁。

在 GWAS 中，研究人员使用各种统计方法来识别基因与特定表型之间的关联。以下是几个关键的方法，包括卡方分布、相关分析、GLM、MLM、CMLM、SUPER、FarmCPU 和 Blink。①卡方分布（chi-squared distribution）：卡方分布在一些 GWAS 分析中用于分析表型数据和基因型数据之间的关联。通常用来检验一个特定的基因型频率是否与某个表型之间存在关联。②相关分析（correlation analysis）：相关分析用于检测基因型和表型之间的线性关联。Pearson 或 Spearman 相关性检验等方法可用于检测基因型和表型之间的关系强弱。③广义线性模型（generalized linear model，GLM）：GLM 在 GWAS 中用于考虑协变量对基因型和表型关联的影响，如年龄、性别等。GLM 可以更准确地分析基因型和表型之间的关联，同时控制其他因素的影响。④混合线性模型（mixed linear model，MLM）：MLM 在 GWAS 中考虑了群体结构和亲缘关系对分析的影响，可以消除群体内个体间亲缘关系造成的假阳性过高的情况。它将固定效应和随机效应结合起来，以更准确地探测基因型与表型之间的关联。⑤压缩 MLM（compressed MLM，CMLM）：CMLM 是一种改进的混合线性模型，通过对多个 MLM 结果进行压缩，可以减少计算复杂性，同时保留关联信号。⑥SUPER（set-based unified p-value and effect-size regression）：SUPER 方法将一个基因组的所有 SNP 分为不同的集合，然后通过综合考虑集合中的情况来提高关联信号的检测能力。⑦FarmCPU 是一种基于混合线性模型的方法，在 GWAS 中专门用于控制群体结构和亲缘关系对关联分析的影响，可以更精确地识别基因型与表型之间的关联。⑧Blink 是一种基于神经网络的 GWAS 方法，它利用神经网络来构建基因型和表型之间的复杂非线性关系。这种方法可以捕捉到传统方法可能遗漏的潜在关联信号。这些方法在 GWAS 中有不同的应用场景和优劣。研究人员在进行 GWAS 分析时通常会根据研究的具体目标、样本特点，以及试验设计选择适合的方法。同时，不同的方法也可以结合使用，以获得更全面、准确的分析结果。

植物遗传育种研究中的 GWAS 应用已有大量成功案例。Yu 等（2018）利用水稻 137 份核心种质和 158 份育成品种进行重测序并分析得到 SNP 标记，对萌发期耐盐相关表型进行遗传分析，鉴定到 17 个可能与种子萌发阶段耐盐相关的基因。Wang 等（2020b）利用 350 份优良玉米自交系进行重测序得到 SNP 标记并进行了 GWAS 分析和选择位点定位，解析了现代玉米育种过程中全基因组水平的选择和遗传改良的规律。除经典应用外，GWAS 结合不同类型数据产生了诸多变体。环境全基因组关联分析（EnvGWAS）可结合遗传信息和环境变量，研究基因型与环境互作的遗传机制。EigenGWAS 是一种不依赖群体划分即可有效分析基因组中受选择位点的方法，其利用基因型高维矩阵的特征向量替代 GWAS 线性回归所用的表型进行分析，通过单标记回归方法获得选择位点。Li 等（2021c）利用 EigenGWAS 和 EnvGWAS 研究了 7 个气象环境因子对玉米表型的影响并检测到 13 个受选择的基因组区间，发现其中 2 个区间与环境变化相关。研究还提出了玉米的多基因适应模型，利用该模型能更好地鉴定适应性位点和预测表型变异，丰富了环境变化对玉米适应性影响的理解。Hap-GWAS 则利用单体型区块来进行关联分析，可以更精确定位关联位点，提高定位的准确性。Wang 等对 259 份不同水稻品种进行测序，显著关联 SNP 的 LD 区域内定位到一个 *NLR* 基因簇，通过 Hap-GWAS 进一步定位发现 *OsRSR1*

基因与该性状显著相关（Wang et al.，2021c）。SV-GWAS 针对结构变异展开分析，有助于发现 SNP-GWAS 未发现的相关区域。PAV-GWAS 通过分析插入和缺失变异与性状之间的关联，能够挖掘与结构变异相关功能基因。在 15 个甘蓝型油菜 RIL 家系样本和 16 个甘蓝型油菜新建家系材料中利用 PAV-GWAS 鉴定了与角果长度、种子重量和开花时间相关的结构变异，而 SNP-GWAS 未检测到这些结构变异，SNP-GWAS 的显著关联结果并未落到靶基因 *BnaA9.CYP78A9* 的调控区域或编码序列中，而 PAV-GWAS 直接检测到插入在 *BnaA9.CYP78A9* 启动子区上游的 3.9kb 的转座子元件，该变异影响角果长度和种子重量（Zmienko et al.，2014）。GWAS 方法的多样性和广泛应用为我们提供了深入研究基因与性状关系的工具，有助于揭示个体变异的遗传基础，并为复杂植物功能基因的研究提供了重要方法支持。

第二节 基于遗传网络的基因挖掘技术

基于群体的传统功能基因定位和挖掘方法往往关注特定基因的单一效应，容易忽视基因间的相互作用和协同调控，缺乏对生物学过程中基因网络的全局分析视角。此外，传统方法使用的生物学信息相对有限，主要因为遗传群体构建，群体表型测定过程费时费力，结果验证往往也需要大量资源投入。随着高通量组学测序技术的逐渐成熟，植物不同层面生命过程中的数据获取变得越来越经济高效。因此，更为系统、全面的分析方法，如生物遗传网络分析，已成为功能基因挖掘技术发展的新方向。这类分析方法以基因间的复杂相互作用和调控关系为基础，以网络形式揭示复杂的植物生物学过程，覆盖的遗传元素远超传统方法。生物遗传网络能更全面、更系统地揭示基因之间的相互作用和功能关联，有助于深入理解复杂的植物生物学过程。结合当前研究进展，我们将在本节中简要介绍四种主要的遗传网络类型。

一、基因调控与共表达网络

（一）基因调控网络

植物基因组中含有数以万计的基因，这些基因负责调控生长、发育、分化、代谢等重要生命过程。然而，这些基因并不是独立发挥作用的，而是通过复杂的基因调控关系来发挥特定的生物功能。简而言之，如果一个基因 A 可以控制基因 B 的转录、翻译等过程，则称基因 A 与基因 B 之间具有调控关系。在这个调控过程中，起调控作用的基因被称为调控基因，而受调控的基因则被称为靶基因。多个调控基因和靶基因之间的相互作用关系可以形成一个类似网络的结构，因而称为基因调控网络（gene regulatory network）。网络中的节点代表基因，边代表基因之间的调控关系。

基因调控网络是一种层级网络，是对生物过程中不同层级基因之间调控关系的映射，它描述了调控基因和其靶基因之间的复杂关系。构建高质量的基因调控网络是系统生物学领域一直以来都关注的热点问题。在作物育种领域，基因调控网络可以帮助我们识别某个性状关键的调控基因和靶基因，了解它们在生物过程中的相互作用方式，进而为改良农作物、提高产量和适应性等问题提供指导。同时，研究基因调控网络将促进我们对植物生物学的理解，并为分子设计育种、基因编辑和合成生物学等领域提供重要的靶标基因。

传统方法通过酵母单杂交、酵母双杂交，以及蛋白质磷酸化实验来建立基因与基因之间的相互作用关系，不仅工作量大、效率低下，而且难以充分挖掘基因之间的调控关系，其揭示的调控关系只是整个基因调控网络中的冰山一角。计算科学和人工智能的迅猛发展，极大地促进了基因调控网络构建方法的研究。在当下的生物大数据时代，基因组学、转录组学、蛋白质组学和代谢组学等大量的组学数据不断累积，为基因调控网络的构建提供了坚实的数据基础。目前已经有多种模型被提出，可用于构建基因的调控网络，包括布尔网络模型、贝叶斯网络模型、常微分方程模型、信息论模型和神经网络模型等（表 12-2）。

表 12-2　基因调控网络构建的理论模型

模型	优点	缺点	参考文献
布尔网络	可分析大规模的调控网络；由于其简单性而更容易解释结果；生物的复杂现象可以通过简化的布尔形式表示	无法处理不完整的调控网络数据；仅涉及基因表达或不表达两种状态；需要较长的计算时间；大多数布尔网络只能在基因数较少的情况下使用	Steggles et al.，2007
贝叶斯网络	具有处理噪声的能力；整合先验知识，强化因果关系；统计推断网络结构	难以区分交互作用的因果关系；无法捕捉时间序列微阵列数据信息；仅支持小规模基因调控网络	Friedman et al.，2000
常微分方程	生成有向图；适用于静态和时间序列表达数据	只适用于较小的网络；很难找到符合数据的适当参数值	Reddy，2005
信息论	适用于大规模基因调控网络构建；计算需求不高；允许较少的样本数量	不考虑多个基因之间的复杂调控；只适用于静态数据	Zhang et al.，2012b
神经网络	能够模拟任何功能关系和数据结构；可以捕捉非线性和动态相互作用关系；可以处理噪声较大的数据；符合生物学原理	由于需要为不同的数据情况定义学习率，获得有效的训练变得困难；计算复杂度高，因此只能在小系统中发挥优势	Noman et al.，2013

基于这些模型，已经有多种用于构建基因调控网络的工具被开发出来，包括 GENIE3、GRNBoost2、CellOracle、SCODE、SINCERITIES、ppcor 和 DeepSEM 等。不同的工具都有其适用的最佳场景，都有各自的优势和局限性。具体选择使用哪个软件工具取决于问题特点、数据类型和分析需求。由于篇幅所限，以上工具的具体应用场景无法详细列出，建议读者结合自己的数据类型和分析需求，阅读相关工具的研究论文及操作指南，正确合理应用相关工具开展基因调控网络分析工作。

作为一种重要的基因挖掘工具，近些年来，基因调控网络构建工作在农作物领域已经取得了一些重要进展。Robertson 和 Wilkins（2023）构建了亚洲稻叶片的空间基因调控网络，鉴定了 6 个在叶片不同部位活跃的基因调控模块，并发现网络中超过 86.9%的基因仅由五个转录因子家族的成员调控（图 12-3）。Zhou 等（2020）通过整合超过 6 000 个玉米转录组样本数据，构建了 45 个基于共表达关系的基因调控网络，揭示了不同样本群体（不同组织、不同基因型）中转录因子与其他基因之间潜在的调控关系，并且使用 eQTL 结果验证了 68 个转录因子对下游基因的调控作用。Chen 等（2023e）综合运用多种公共数据资源，构建了小麦的整合基因调控网络，识别到 720 万个全基因组相互作用，涵盖了 5 947 个转录因子和 127 439 个潜在的靶基因，并基于该网络将全基因组的基因分配到 3 891 个特定的生物学途径中。以上工作通过基因调控网络分析挖掘了影响作物生长发育过程中重要调节模块的调控基因及其靶标基因，为指导作物改良奠定了坚实的基础。

（二）基因共表达网络

基因共表达网络（gene co-expression network）是基于基因表达数据构建的一种网络模型，

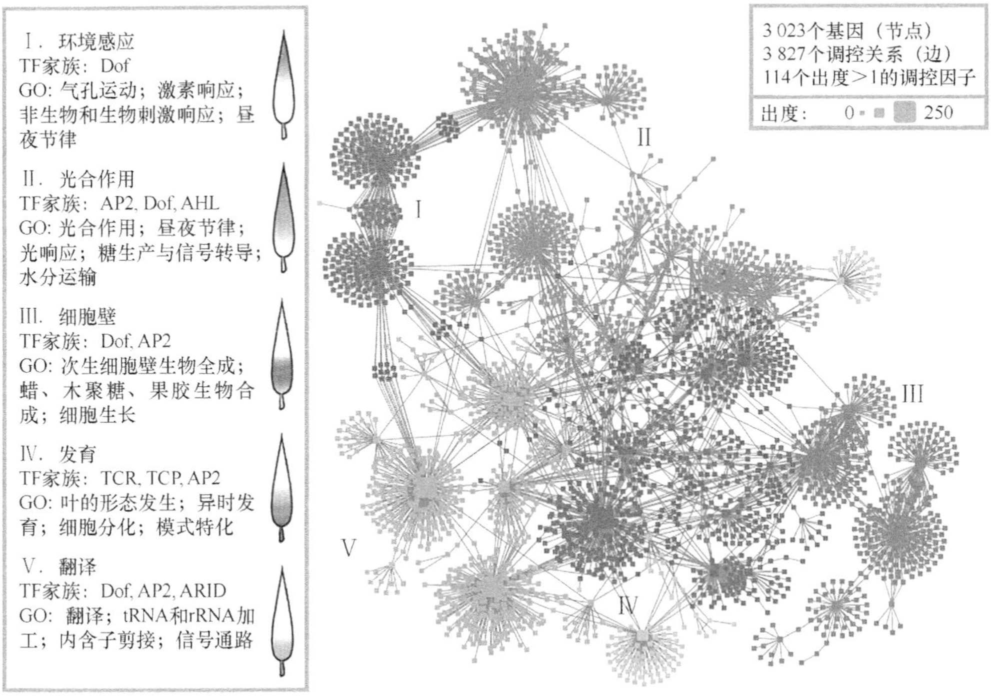

图 12-3 基因调控网络列举——亚洲稻叶片的基因调控网络（引自 Robertson and Wilkins，2023）

用于描述基因之间的共表达关系。该网络通过计算基因表达模式之间的相似性或相关性，将具有相似表达模式的基因连接在一起，形成复杂的网络结构。与基因调控网络类似的是，共表达网络中的节点也表示基因，边表示基因之间的共表达关系。与基因调控网络不同的是，基因共表达网络反映基因表达信息间的协同程度关系，而非基因间的调控因果关系。

基因共表达网络的基本假设是如果生物体中某些基因总是具有类似的表达变化趋势，则认为这些基因可能参与相同生物过程的调控，因此基于这个假设，基因共表达网络可以被用来识别重要的基因共表达模块和挖掘关键枢纽基因。基因共表达模块是整个基因共表达网络中的局部网络，模块内部的基因之间表达趋势高度相关，模块中与其他基因具有最多共表达关系的基因被定义为枢纽基因。

构建基因共表达网络可以使用植物不同组织和发育时期的基因表达芯片数据、转录组测序数据及蛋白质组测序数据，并要求有足够的样本量来真实反映基因之间的共表达关系。构建基因共表达网络的最朴素方法是：首先依次计算两两基因之间的皮尔逊相关系数 R 及其显著性程度（P 值），然后使用表达量显著相关的基因来进行网络绘制，区分基因共表达模块并识别模块中的关键枢纽基因。目前应用最广泛的基因共表达网络构建方法是“加权基因共表达网络分析”（weighted gene co-expression network analysis，WGCNA），该方法由 Langfelder 和 Horvath（2008）首次提出，并开发了开源的 R 语言程序。不同于简单使用基因之间表达相关性来构建网络的是，WGCNA 使用加权的表达相关性进行层次聚类分析来划分不同的基因共表达模块，这种数据处理方式强化了强相关、弱化了弱相关，使得相关性更具有生物学意义。此外，WGCNA 可分析基因模块与性状之间的相关性，以此来挖掘影响生物性状的关键基因模块和候选基因。尽管 WGCNA 被广泛用来分析与性状相关的共表达模块和枢纽基因，但使用该方法构建的共表达网络仍存在局限性，其无法在单个网络中共存不同级别的聚类，从而无法体现复杂网络的多尺度层次性。为了克服这一局限性，一种称作“多尺度嵌入式基因共表达网络分析”（multiscale embedded gene co-expression network analysis，MEGENA）的新方法被提出来用于基因共表达网络的构建（Song and Zhang，2015）。MEGENA 通过将基因的表达模式相似性转化为网络连接来研究基因间的相互作用。该方法引入了质量控制步骤，用于筛选和剔除低质量的共表达。另外，为了提高计算效率，嵌入并行化处理网络构建的过程，利用多个处理单元同时构建网络。最后，为了识别平面滤波网络中的多尺度聚类结构，开发了一种新的聚类技术。这些创新的方法和技术使得 MEGENA 能够更准确地分析基因共表达网络，并发现其中的多尺度聚类结构。这对于发现功能模块和研究基因功能具有重要意义。与 WGCNA 相同的是，MEGENA 也可用于进行基因模块与性状之间的相关性分析，其分析过程可由开源的 R 语言程序包来实现。

目前，基因共表达网络已经作为一种常用工具被大量应用于作物重要生物学过程及农艺性状的基因挖掘，在 Web of Science 数据库中以 WGCNA 作为关键词进行检索，分别可以检索到 133 条、71 条和 42 条关于水稻、玉米和小麦的反馈结果（截至 2023 年 8 月 23 日）。在水稻中，Ueda 等（2020）构建了水稻氮胁迫响应的基因共表达网络，鉴定到 16 个在不同生物学过程中响应氮胁迫的共表达模块和 24 个编码转录因子的枢纽基因，并通过基因编辑技术验证了部分基因的功能（图 12-4）。在玉米中，Le 等（2022）构建了玉米茎秆发育的基因共表达网络，并揭

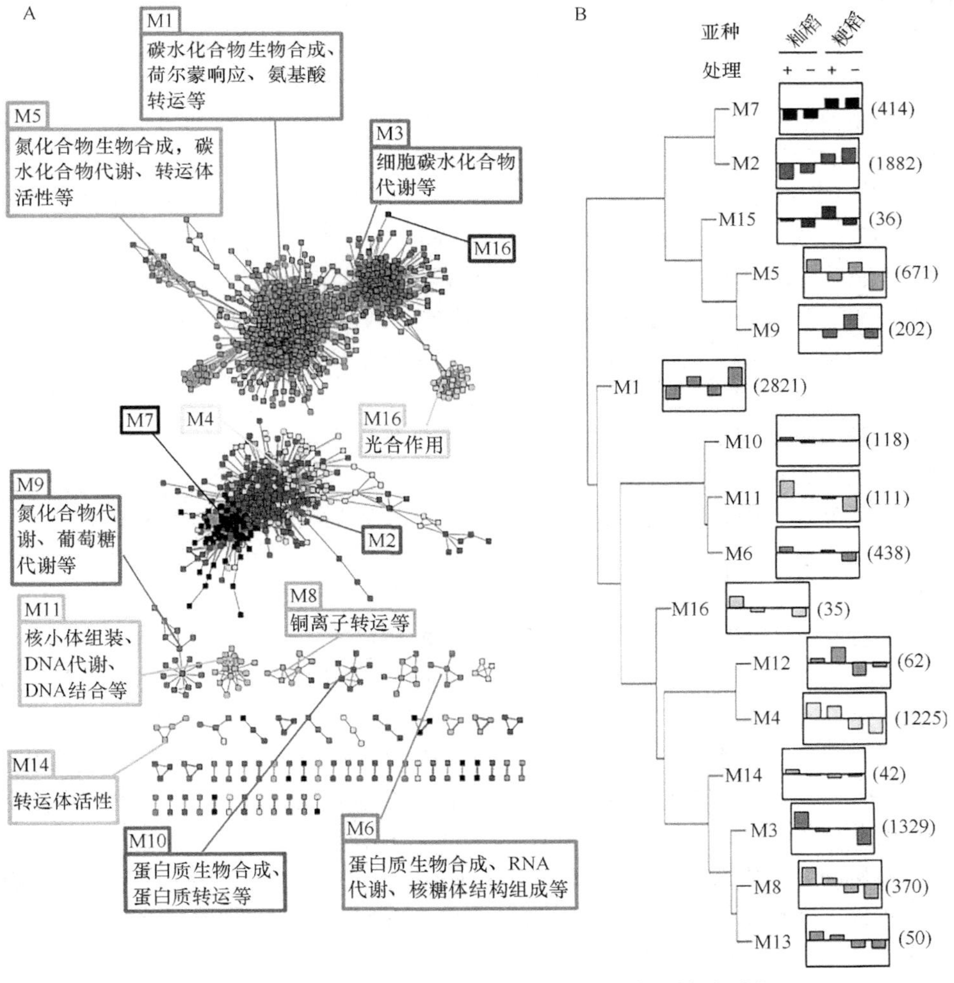

图 12-4 基因共表达网络例举——水稻氮胁迫响应的基因共表达网络（引自 **Ueda et al.，2020**）

示了玉米节间维持、伸长和分裂的关键模块和候选基因，这些模块和基因决定了玉米茎的长度和厚度。进一步的基因敲除实验验证了细胞色素 P450 基因 *ZmD1* 在茎长和茎厚度调节中的功能。在小麦中，Barratt 等（2023）使用基因共表达网络分析挖掘了 13 个与热胁迫相关的基因共表达模块，鉴定到 13 个枢纽基因，并对其中 3 个编码热激蛋白的枢纽基因进行了验证。以上研究可以看出，基因共表达网络分析在关键的基因模块识别、枢纽基因挖掘方面具有重要的应用价值。此外，WGCNA 也被广泛应用于辅助 GWAS 和 QTL 的候选基因鉴定，是一种重要的基因推断工具。

二、蛋白质互作网络

细胞生命活动的重要组成部分是蛋白质之间的相互作用（protein-protein interaction，PPI）。通过可变剪切或可变启动子等不同的方式，一个基因可能产生多个蛋白质，而这些蛋白质又可能与其他蛋白质相互作用，从而参与各种生物学过程，如抗原和抗体的相互作用（免疫反应）、酶和底物的相互作用（代谢反应）、信号分子、激素、神经递质和受体的相互作用（信号转导），以及核糖体、蛋白酶体等分子机器的组装。高通量检测蛋白质相互作用技术的进步使得蛋白质相互作用的研究从分子水平扩展到更高水平的细胞和个体等方面，使得构建包含基因组表达并翻译产生的所有蛋白质之间发生的相互作用的集合成为可能。蛋白质相互作用网络（protein-protein interaction network）正是这一集合的最佳展示形式。利用网络表示蛋白质相互作用组有利于将蛋白质之间的关系抽象成便于可视化的节点和边。同时也为从整体角度分析蛋白质相互作用组提供了一个框架。蛋白质相互作用网络是研究蛋白质功能、调控、演化的重要工具。

蛋白质相互作用网络的研究始于 20 世纪 90 年代，随着分子生物学技术的发展，人们开始大规模地检测和鉴定不同物种中的蛋白质相互作用。同时，随着计算机科学和生物信息学的发展，如序列比对、基因本体（gene ontology）、文献挖掘等，人们开始从多个角度和层面来预测和推断潜在的蛋白质相互作用。因此，蛋白质间相互作用的检测方法可分为实验和预测两个方面。

实验方法主要分为两大类：一类是基于酵母双杂交系统（yeast two-hybrid system）的方法，另一类是基于亲和纯化-质谱（affinity purification-mass spectroscopy）的方法。①酵母双杂交系统是一种利用酵母转录因子 GAL4 的特性来检测两个蛋白质是否互作的方法。简单地说，就是将两个待测蛋白分别与 GAL4 的 DNA 结合结构域（BD）和转录激活结构域（AD）融合表达，如果两个蛋白质互作，BD 和 AD 会重新聚合，激活报道基因的表达。酵母双杂交系统具有高灵敏度，可以检测到微弱或瞬态的相互作用，也可以在活细胞中进行，更接近真实情况。许多模式生物的第一个蛋白质相互作用组都是基于酵母双杂交系统鉴定的。然而，酵母双杂交系统也有局限性，如会产生假阳性和假阴性、不能检测非核内的相互作用、重复率很低等。为了解决这些问题，研究人员对酵母双杂交系统进行了改进，开发出许多衍生系统，如分裂-泛素系统、双诱饵酵母双杂交系统、哺乳动物双杂交系统、SOS 募集系统、分裂 TEV 蛋白酶系统等。最近，还有人将酵母双杂交系统和二代测序相结合，开发出一种新型的高通量蛋白质相互作用检测技术 CrY2H-seq。②亲和纯化-质谱是一种利用特异抗体纯化目标蛋白，并用质谱鉴定其与之形成复合体的其他蛋白质的方法。亲和纯化-质谱可以检测多个蛋白质之间的相互作用，同时也可以注释蛋白质翻译后修饰位点。但是，亲和纯化-质谱不适用于检测瞬态相互作用，也不能区分直接和非直接相互作用。质谱的原理是使待测样品在离子化器中发生电离产生荷质比不同的离子，并通过电场和磁场的作用得到与质量和浓度相关的图谱，从而精确测量蛋白质的分子量和结构信息。随着质谱技术的不断发展和完善，已经有越来越多的蛋白质相互作用鉴定方法和质谱相整合，如化学交联结合质谱等。

蛋白质相互作用的预测方法主要分为三类：基于序列或结构域相似性的方法、基于进化或相关性的方法、基于机器学习的方法。①基于序列或结构域相似性的方法是根据不同物种之间蛋白质相互作用的保守性来推断蛋白质之间的相互作用。最常用的方法是同源映射（interlog）方法和基于结构域（domain-based）方法。同源映射方法是指如果物种 1 中的蛋白质 pa 和 pb 互作，而物种 2 中的蛋白质 pa’和 pb’分别是 pa 和 pb 的直系同源蛋白，那么就可以推断 pa’和 pb’可能互作。基于结构域方法是指如果结构域 da 和 db 互作，而蛋白质 pa 和 pb 分别含有 da 和 db，那么就可以推断 pa 和 pb 可能互作，且是通过结构域 da 和 db 之间的相互作用介导的。这两种方法都有很广泛的应用范围，但也有很高的假阳性率。②基于进化或相关性的方法是根据蛋白质之间的共进化或共表达来推断蛋白质之间的相互作用。常见的方法有系统发育谱（phylogenetic profile）方法、系统发育树相似性（mirror tree）方法、基因簇（gene cluster）方法、基因融合（gene fusion）方法、基因共表达（gene co-expression）方法、功能相似性（functional similarity）方法等。这些方法更适用于预测遗传相互作用，而非物理相互作用。其中，基因融合方法是指如果物种 1 中的某个蛋白质在物种 2 中被分成两个蛋白质，那么这两个蛋白质可能会互作。这种方法具有较高的准确率，但适用范围很窄。③基于机器学习的方法是利用已知的正负样本集来训练分类器，并用分类器来预测未知的蛋白质对是否互作。这种方法对同源性的要求最低，但操作也最复杂。首先要从正负样本集中提取特征向量，如双氨基酸组成、双核苷酸组成、自协方差等。然后要选择合适的分类器，如随机森林、支持向量机等。最后要用训练好的模型来推断未知蛋白质对互作的概率。

蛋白质互作网络在植物功能基因挖掘中发挥了关键作用。一项研究通过建立拟南芥（*Arabidopsis thaliana*）植物的蛋白质互作网络图，揭示了约 6 200 个高度可靠的蛋白质间相互作用，覆盖大约 2 700 个蛋白质（图 12-5）。对该网络进行分析首次揭示了植物生物过程的组织结构，同时揭示了许多蛋白质与生物途径之间的功能联系。研究还观察到基因复制事件后相互作用的动态重构，为互作网络演化模型提供了证据。作为该工作背靠背发表的文章，Mukhtar 等构建了植物-病原菌免疫网络 PPIN-1，该网络由丁香假单胞菌（Psy）和活体营养型卵菌（Hpa）

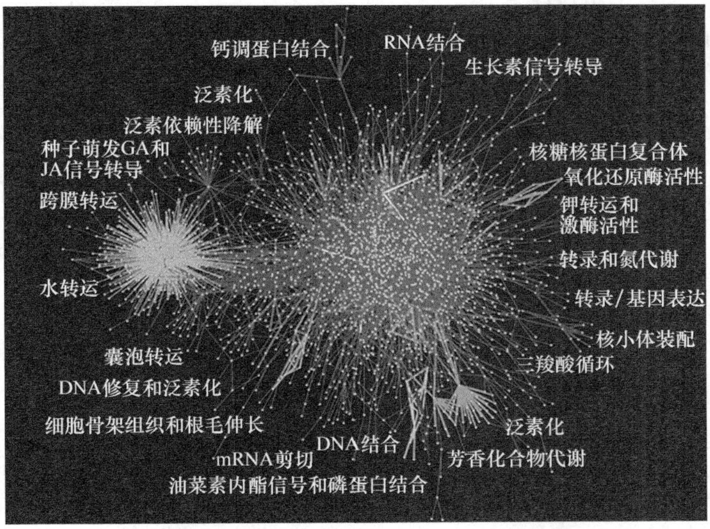

图 12-5 蛋白质互作网络示意图——拟南芥蛋白质互作网络
（引自 ***Arabidopsis*** **Interactome Mapping Consortium，2011**）

的效应蛋白以及拟南芥的免疫相关蛋白相互作用组成。该网络包含 926 个蛋白质之间的相互作用，其中 83 个是效应蛋白，170 个是免疫相关蛋白，另外包括已知的信号组分及其他 673 个蛋白质。对 PPIN-1 的研究表明不同病原菌倾向于攻击宿主细胞内具有重要功能的相同蛋白质。2020 年，McWhite 等通过共分馏质谱法（CF-MS）系统性地研究了 13 种植物中的蛋白质复合体，扩展了植物蛋白质复合体的数据库。这项研究涵盖了跨越 11 亿年进化历程的绿色植物，通过分析蛋白质的生物物理特性，如分子量和电荷，成功鉴定了大量独特蛋白质和复合体。类似的大量蛋白质组数据正不断涌现，继续拓展蛋白质互作网络的构建和分析方法将进一步推动我们对植物生物学的更深入理解和应用。

三、多组学整合网络

多组学大数据随着各类高通量测序技术的发展不断产生。这些多组学大数据集中蕴藏具有重要生物学意义的元件（如基因、蛋白质和代谢物）与知识（生命现象背后的机理），但同样充斥着冗杂的背景噪声信号。生物性状的形成与调节是通过各种生物元件之间的相互作用来实现的，包括物理相互作用和上下游调控关系，任何元件都无法单独发挥作用。经由多组学数据构建的整合网络合理地展示了这种复杂的生物过程。近年来，生物学界已经越来越认识到多组学整合网络在遗传学中的重要性。随着全基因组数据的获取效率越来越高，整合海量数据来描绘植物复杂性状与生物学过程全景图的计算方法也变得至关重要。通过对每种数据类型中的样本构建网络，然后将这些网络融合成一个包含全谱数据的整合网络可以很好地吸收各个组学所产生的数据海啸，进而将复杂的多维数据转化为精炼的生物学知识和规律。因此，多组学整合网络（multi-omics integration network）有望成为解析植物复杂性状遗传机制的一种新方法。

多组学整合网络中，除了多组学数据本身的信息外，还包含各层生物信息间的映射与关联。例如，基因组中 DNA 的空间相互作用（3D 基因组）、转录组中的基因协同表达关系、蛋白质相互作用，以及每对生物层之间的相互作用。不同生物层内部和之间的所有相互作用均存在交互联系，在不同的生命过程中作为一个整体发挥作用。随着多组学数据的快速积累，目前已有许多资源提供不同类型的组学相互作用数据（表 12-3）。虽然这些数据库仍在整合程度、物种和数据集成方法上存在不同程度的局限性，但随着技术的发展，尤其是多组学数据整合技术的进一步成熟，这些数据库资源的功能将得到很大改善，使其在遗传分析中发挥更为重要的作用。

表 12-3　不同组学层面的相互作用数据库（引自 Wu et al.，2021b）

网络	描述	网络数据库资源
3D 基因组相互作用网络	DNA-DNA 相互作用、DNA-RNA 相互作用	3DSNP、3D Genome Browser、3Disease Browser、Maize Interactome、GenomeFlow、DeepC、GEO、SRA、ENA、DDBJ
遗传相互作用网络	基因-基因相互作用	GeneNet、AraNet、SoyFN、Araport、BioGRID、GenePath、IMP、PoplarGene
基因共表达网络	RNA 和蛋白质水平上的基因-基因共表达	GEO、SRA、EBI、WheatExp、RNA-Seq Atlas、ZEAMAP、RiceData
TF-DNA 相互作用网络	转录因子（TF）结合位点和基因调控网络	PlantPAN、JASPAR、RegulonDB、TRANSFAC、AGRIS、ATRM、Expresso、PlnTFDB
蛋白质相互作用网络	蛋白质复合物、信号转导网络	STRING、BioGRID、BIND、IntAct、PPIM、AHD2.0、PRIN、plant.MAP
代谢物相互作用网络	代谢物生物合成途径、酶反应动力学	AraCyc、KEGG、MetaCyc、MaizeCyc、AHD2.0、ENZYME、PlantCyc、RiceCyc

在功能基因挖掘与预测中，多组学整合网络已经显现了其应用价值。mRNA 表达丰度、蛋白质翻译丰度和蛋白质磷酸化多维数据集的整合极大地提高了解释多种生物过程中基因相互作用的预测能力。Walley 等（2016）建立了一个玉米大规模基因表达图谱，通过整合各个发育阶段的 62 547 个 mRNA、17 862 个未修饰蛋白质和 6 227 个磷酸化蛋白质，以及 31 595 个磷酸化位点，显著提高了预测基因调控关系的能力。McLoughli 等（2018）通过整合玉米叶片的转录组和蛋白质组数据，揭示了自噬机制对玉米蛋白质组和细胞膜的重塑。Han 等（2023）构建了一个玉米多组学整合网络图谱，涵盖了基因组、转录组、翻译组和蛋白质组等多组学网络，共包含超过 1 400 个功能子网络的 280 多万个关系边，揭示了基因不同拷贝所处子网络的广泛差异（图 12-6）。基于该网络，作者识别出 2 651 个富集于 8 个子网络的开花期基因，并验证了其中 20 个基因确实参与调控开花期。此外，该研究还揭示了一个涉及组蛋白修饰的开花途径。这些研究均表明多组学整合网络能够有效地帮助研究生物学问题、定位功能基因、建立基因组变异与表型的联系以及识别分子生物学途径中的重要元件。

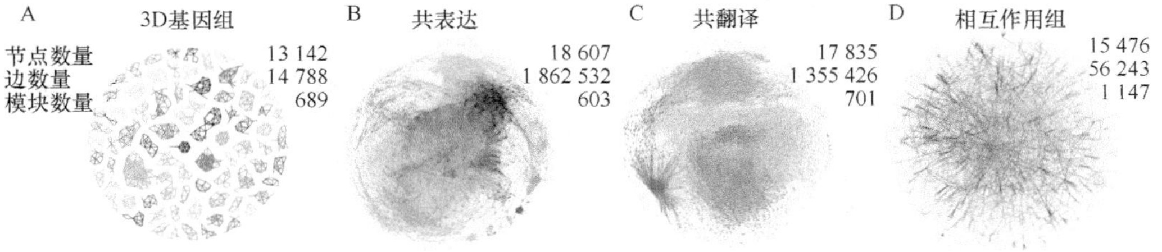

图 12-6　多组学整合网络例举——玉米第一代多组学整合网络（引自 **Han et al.，2023**）

多组学整合网络的应用为功能基因挖掘提供了新的机会，针对它的具体分析技术仍然在发展中，具体可分为四个方面：表征网络拓扑、依据关联预测、网络协同性和比较互作组学。分析网络拓扑参数，如度、聚类系数和介数等，有助于理解网络结构和发掘功能关联的元件。关联预测方法通过将未知基因与已知基因通过相互作用联系起来，预测其功能。基于多组学数据构建的网络增强了功能协同性的挖掘能力，为不同组学层面对表型差异的影响提供了纵向的比较空间和更为全面的画像。比较互作组学使得跨物种基因调控网络和蛋白互作网络分析成为可能，将基于同源性的功能分析由以基因为主的点推向了以网络为主的面。将这些多组学整合网络分析技术与人工智能和高通量基因编辑等新兴技术相结合，可以用于在系统层面探索和验证基因功能。

不同于以往遗传分析中产生的数据，生物网络数据的复杂程度较高，合理的可视化可以提高数据的可读性，有助于解析出有价值的生物学信息。Cytoscape（http://www.cytoscape.org/）是广泛应用于生物遗传网络数据整合、可视化和分析的工具。它能够在多平台上运行并有较高的版本迭代和优化速度，目前最新版本为 3.10.0。Cytoscape 的核心功能提供了基本的网络展示和查询功能，用户可以根据节点的生物属性或拓扑特征自定义节点的大小、颜色、形状和透明度，同时还可以对边进行多种展示方式的调整。此外，Cytoscape 内置了多个插件，用户无需了解图论知识，就能计算节点的度、介数中心性、聚类系数、网络直径和最短路径长度，还能够执行两个网络的差集、交集和并集等操作。

|第 13 章|

植物功能基因组学技术

扫码见
本章彩图

第一节　基因的突变与表达操控

一、突变体库的构建与分析

发生突变的个体称为突变体。突变体相较野生型个体往往具有不同的表型，这为研究突变组分的功能提供了有用的信息。

突变体是遗传学研究的基础。由于自发突变的存在，在自然环境条件下，也会出现不同表型的突变体。早期的遗传学研究通常是采用正向遗传学研究方法，即通过对所获得的突变体的特定性状及控制特定性状基因的挖掘，来研究相关基因的功能。随着高通量测序技术的发展，大量基因组及核酸序列信息的获得，仅依靠自发突变获得的突变体来进行基因功能的挖掘已不能满足当今遗传学研究的需要。要明确基因序列所代表的生物学信息，就需要通过大规模突变体库的构建，获得足够数量的突变体材料，才能直接高效地研究控制突变性状的基因功能。利用已完成测序的植物全基因组序列信息，借助反向遗传学的研究方法，通过对突变体库进行大规模的高通量筛选，以期诠释基因组中所有基因的功能。

依据突变体库构建的方法，突变体库分为理化诱变突变体库和生物诱变突变体库两类。

（一）理化诱变

利用有诱变作用的物理或化学因素对植物进行处理，可以构建植物理化诱变突变体库。物理诱变中，常采用的诱变因素有 γ 射线、快中子等；化学诱变中，常用的化学诱变剂有甲基磺酸乙酯（ethylmethane sulfonate，EMS）等。理化诱变操作方便，往往只引起个别或者少量位点的 DNA 突变、缺失或重排等，且诱变效率高，理化突变体库在总体上遗传背景还是基本一致的。正是由于这一特征，在遗传学研究中，特别是基因克隆和功能分析上，理化诱变得到了极大关注。理化诱变在植物突变体库创建和功能基因组学研究上得到广泛应用。

1. EMS 技术　EMS 是植物诱变中最常用的高效化学诱变剂之一，它主要使鸟嘌呤烷基化，从而与胸腺嘧啶错配（C/G→A/T），诱发高密度的点突变，从而导致植株在株型（如矮化）、叶型（如叶片大小、叶色等）、花器官（花瓣颜色、苞叶颜色、花器官大小等）、育性及抗逆性等各性状上产生变异，EMS 诱变已广泛应用在突变体库的创制和农作物的诱变育种上。

早在 1978 年，Neufer 等就利用 EMS 获得了玉米的突变体。Abe 等（2012）利用 EMS 诱变构建了水稻突变体库，通过对突变体与野生型杂交 F_2 群体测序并进行 SNP 多态性分析，绘制了其基因突变图谱，并定位挖掘了一个调控水稻叶色及株高性状的关键基因 *OsCAO1*。Parry 等（2009）利用 EMS 诱导构建了普通小麦的突变体库，筛选出 106 个突变体，并定位到淀粉

品质基因 *Wx-A1* 和株高基因 *GA20ox1A*。Mateo-Bonmatí 等（2014）对 4 个拟南芥 *anu* 缺失突变体进行全基因组重测序，挖掘到 *SECA2*、*TOC33*、*NAP14* 和 *CLPR1* 4 个调控叶片形状与叶色的关键基因。Kong 等（2017）建立了亚洲棉种子 EMS 诱变体系，包含亚洲棉‘石系亚 1 号’M2 突变群体及 36 份可稳定遗传的突变体株系，为棉花功能基因组研究奠定了材料基础。

2．定向诱导基因组局部突变技术　定向诱导基因组局部突变（targeting induced local lesions in genomes，TILLING）技术是 20 世纪 90 年代末由 Fred Hutchinson 癌症研究中心基础科学研究所发展起来的，它将诱发高频点突变的化学诱变法与 PCR 筛选技术及高通量检测方法有效结合，以发现分析目标区域的点突变，是一种全新的高通量、低成本的反向遗传学研究方法。其基本原理是通过化学诱变产生一系列的点突变，经 PCR 扩增放大，经过变性复性过程产生异源双链 DNA 分子，再利用能够特异性识别异源双链中错配碱基的核酸酶，从错配处切开 DNA，然后进行双色电泳分析从而筛选突变体（图 13-1）。目前，TILLING 技术已经应用于拟南芥、百脉根、玉米、水稻、油菜、小鼠、斑马鱼、果蝇、线虫等多种生物中，在功能基因组学的研究中起到了重要作用。

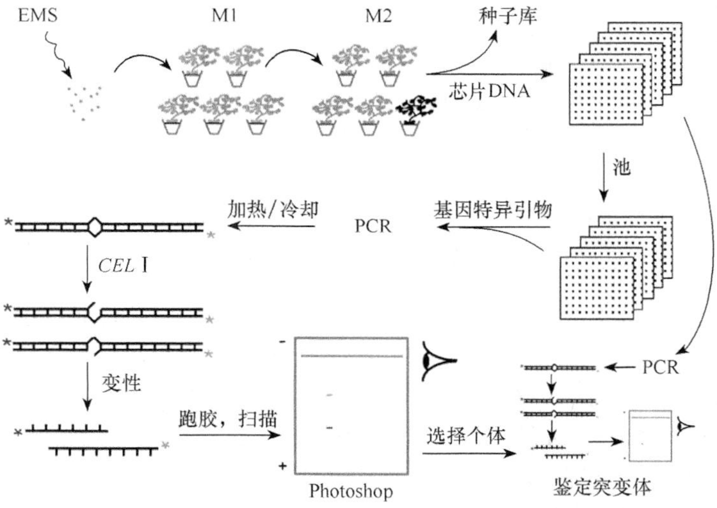

图 13-1　TILLING 技术在植物中的应用（引自 Colbert et al.，2001）

TILLING 技术的基本步骤是：①EMS 处理种子；②获得第一代突变个体；③M1 自花授粉产生第二代植物 M2；④将 M2 植株提取 DNA 存放于 96 孔微量滴定板；⑤将多个 96 孔板 DNA 样本合并得到 DNA 池；⑥根据目标基因序列设计一对特异性引物进行 PCR 扩增；⑦PCR 扩增片段经变性退火，从而得到野生型和突变型形成的异源双链核酸分子；⑧*CEL* Ⅰ 酶切；⑨聚丙烯酰胺凝胶电泳；⑩利用相同方法从突变池中筛选突变个体；⑪突变个体 PCR 片段测序验证；⑫突变表型鉴定

TILLING 技术在植物中应用最成熟的是拟南芥，已经实现流水线操作。这一切要归功于美国国家科学基金植物基因组计划（NSF Plant Genome Research Program）对 TILLING 技术的大力应用，该计划直接推动以美国为首的北美实验室联合启动拟南芥 TILLING 项目（*Arabidopsis* TILLING Project，ATP）。该项目组使用 LI-COR DNA 分析系统分析鉴定实验结果，在成立的第一年就为拟南芥研究者们提供了超过 100 个基因上的 1 000 多个突变位点。

TILLING 技术在主要的农作物中也迅速被应用。特别是随着测序技术的快速发展，采用三维混池和靶向测序技术相结合的技术可以快速挖掘和鉴定到突变体序列。如图 13-2 所示，假设从 8×96 个突变体样本中筛选目标基因突变的单株，首先将提取的突变体单株 DNA 分至 96 孔板中，将 8 个 96 孔板叠起来，成为一个立方体，立方体的三个面即为“三维”。定义每个 96 孔板为 A 面，8 个 96 孔板的长边组合为 B 面，8 个 96 孔板的短边组合为 C 面，A 面共 8 层，

B 面也为 8 层，C 面有 12 层。将每一层的 DNA 进行混池并进行目的基因扩增，每一层目的基因引物的 5′端加上不同标签，合计共 28 个池即 28 个标签。可以看出，A1 面、B1 面和 C1 面仅有一个点的重叠（图 13-2 中红点），因此有且仅有红色孔样品同时有 A1、B1 和 C1 三种标签的扩增产物。同理，可以根据 8×8×12 种接头的组合，一次测序就可以区分 8×96 个样品。该法不需要昂贵的 LI-COR DNA 分析系统，大大提高了突变体筛选的门槛。然而该混池系统较为复杂，随着群体的增大，标签系统复杂性越高。为了克服以上试验的复杂度，也可以不加任何标签，直接将 384 或 768 个样品混合扩增目的基因，根据深度测序获得突变位点序列，并设计竞争性等位基因特异性 PCR（KASP）标记，随后对 384 或 768 个样品单一进行检测。

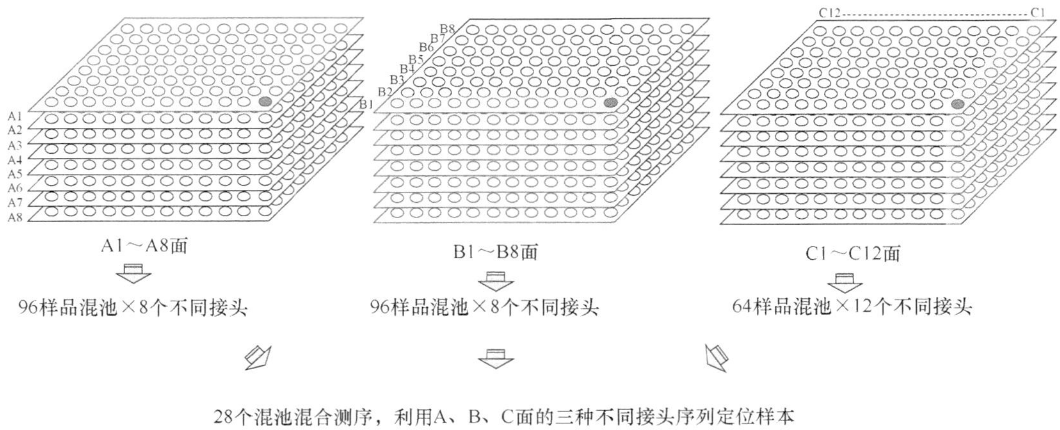

图 13-2　三维混池测序原理

虽然理化诱变技术较为简单，构建突变群体也相对容易，但其诱变过程却难以控制，往往一个突变体中包含较多的点突变，可能由多个位点的突变共同作用导致突变表型。而且，理化诱变处理还可能发生基因组 DNA 大片段的重排或缺失，使对功能基因进行鉴定更加困难。TILLING 技术的局限性在于只能针对功能已知的基因，或者是基于数据库中 EST 和 cDNA 信息进行突变体库的筛选和鉴定，这使得理化诱变突变体库的应用在很大程度上受到限制。在理化诱变中，一般以种子为诱变材料，因此，所产生的突变体不可避免地会出现大量嵌合体，给研究带来困难。

（二）生物诱变

1. 转座子插入　转座子是一段可移动的 DNA 片段，可以被一些未知的信号激活，在染色体上从一个基因座跳到另一个基因座（详见本书第 3 章）。当它插入到一个功能基因时，可以起到一种开关作用从而影响基因的表达，引起暂时性的突变，也有一些转座子由于丧失从染色体上割离出来的能力而变成永久性突变。与 T-DNA 插入技术（下文将介绍）相比，使用转座子进行插入突变更具有优势。首先，转座子产生的插入通常是完整的单一因子，很容易进行分子生物学分析。其次，许多转座子在转移酶存在的情况下，可从插入基因上剪切下来，使表型回复到野生型或产生具有弱表型的等位基因，因此可确定该突变是否由插入突变引起。同时转座子系统也存在一定局限性，如转座子往往具有一定的热点区域，导致其在染色体上的插入分布不均，有些区域容易饱和，而在距离起跳位置较远的区域则相对较少。

由转座子构建的转座子突变体库中，可以利用转座子标签进行插入位点基因的分离和克隆。玉米和金鱼草中对转座子的研究最多，也最清楚。目前已利用玉米和金鱼草的转座子标签，克隆出一些基因，并用于揭示相应基因的功能。在玉米中，主要有 Activator/Dissociation（Ac/Ds）、Mutator（Mu）、Enhancer/Suppressor-mutator（En/Spm）转座子系统，金鱼草中研究比较多的是 Tam3 转座子。

2．T-DNA 插入　由 T-DNA 插入构建的突变体库称为 T-DNA 插入突变体库。T-DNA 插入突变是利用根癌农杆菌侵染时可以释放 Ti 质粒，而其上的 T-DNA 片段会在受体细胞的基因组上随机整合的特性来获得突变体，且整合到受体基因组中的 T-DNA 能够较为稳定地遗传下去。T-DNA 插入到基因组的位置不同，即可造成基因编码信息的改变，产生不同表型的突变体。在植物中，T-DNA 一般是以低拷贝插入，多为单拷贝。单拷贝的 T-DNA 一旦整合到植物基因组中，表现孟德尔遗传特性，在后代中长期稳定表达，且不再移动，便于突变材料保存。目前研究认为，T-DNA 在基因中的整合是随机过程，没有明显的偏好性。因 T-DNA 的序列是已知的，相当于给插入基因标示了一个序列标签，从而可以通过这个标签利用反向 PCR、TAIL-PCR 等方法分离克隆插入突变的基因，因此 T-DNA 插入突变也叫 T-DNA 标签。

T-DNA 插入突变已在植物突变体库构建和功能基因组研究中得到大量应用。T-DNA 插入随机位点可以贯穿整个基因组，甚至达到饱和，像拟南芥这种基因组较小的植物几乎可以标签到所有的基因，且每一转基因单株的发生都是一个独立事件，因而 T-DNA 标签是高效产生基因突变的方法，也是功能基因组学研究的重要手段。当 T-DNA 插入基因的编码区或者启动子区，就可能引起插入位点基因的失活，产生相应基因功能丧失的突变体；当 T-DNA 插入增强子或启动子附近时，就有可能使这一部位的基因发生异常表达，从而产生相关功能异常突变体。据统计，在拟南芥中，有 40%的突变基因是利用 T-DNA 标签法克隆的，美国 SALK 基因组分析实验中心的 SALK T-DNA 库包含有大量拟南芥 T-DNA 突变体。中国在 2000 年启动了水稻大型 T-DNA 突变体库创制计划，华中农业大学、中国科学院遗传与发育生物学研究所、中国科学院上海植物生理生态研究所等单位创建了 T-DNA 插入突变体约 27 万株系（张启发等，2019）。

虽然利用插入突变有以上诸多优势，但仍存在一定局限性。例如，T-DNA 插入的转化体系虽在拟南芥和水稻等模式植物中较为成熟，但在难以转化及基因组比较大的物种，如玉米等，农杆菌介导的 T-DNA 转化过程耗时长、效率低、花费大，增加了利用 T-DNA 在其他物种构建突变体库的难度。此外，T-DNA 插入突变难以鉴定到存在多拷贝的功能冗余基因。研究发现，执行重要功能的基因往往有多个拷贝，破坏其中一个并不能导致表型异常。到目前为止，拟南芥有 50 万个突变体，几乎覆盖了 90%左右的基因。拟南芥基因组序列分析表明，17%的拟南芥基因具有多拷贝，而玉米等植物基因组中重复性更高。为了增加 T-DNA 标签效率，Ma 等（2009）建立了多功能 T-DNA 插入标签技术体系，该体系除了常规的 T-DNA 插入可以导致基因功能丧失外，在 T-DNA 的左边界增加了一个强的启动子，这样如果 T-DNA 插入到基因组一个基因的上游，该启动子即可激活该基因表达，产生过表达该基因的表型（activation tagging，激活标签）；而在 T-DNA 右边界增加了一个没有启动子的报告基因（promoter trapping，启动子诱捕），这样如果 T-DNA 插入到基因组中启动子下游，就可以通过检测报告基因表达获得被插入基因表达定位信息，帮助研究者鉴定基因功能。多功能 T-DNA 插入标签技术体系对于基因组比较大的植物来说，可以大幅度提高突变体库的利用效率，利用这一系统可以快速鉴定功能基因（Gao et al.，2014；Liang et al.，2014）。

对于要通过愈伤组织培养转化和再生的水稻、小麦和玉米等植物，组织培养过程中也会有突变发生，常常会出现多拷贝插入，这些因素增加了鉴定突变基因功能的难度。

二、基因表达的操纵技术

（一）功能基因过表达与互补

利用突变体材料，通过正向遗传学克隆鉴定基因，及对基因功能进行探究，一般需要对候选突变基因进行基因互补实验进一步验证。基因互补实验主要是通过自身基因在突变体中过表达技术实现。过表达是指对包含候选基因的全长编码序列及5′启动子和3′非翻译区序列，通过遗传转化技术，获得该基因产物大量积累的生物个体，从而增加此基因在生理生化过程中的效应，这部分扩大的效应带来的与正常植株在各种表型上的差异有助于帮助理解基因的功能。

基因过表达主要分为两个步骤，即过表达载体的构建和目的基因在转化植株中的过表达。目前常用的过表达载体可分为组成型和诱导型。基因诱导表达可以实现基因表达的时、空、量的调控，从而避免了组成型过表达带来的多重效应。在非诱导条件下，诱导表达载体所转化的基因不表达或表达产物没有活性，不会干扰植物的正常发育，也不会导致多重效应。

（二）RNA 干扰

RNA 干扰（RNA interference，RNAi）是一种由双链 RNA 引发的序列特异性的转录后基因沉默（post-transcriptional gene silencing）。RNAi 最初在植物中发现，1990 年，Napoli 等尝试在紫色矮牵牛花中引入查耳酮合成酶基因以加深花瓣颜色时发现，花瓣颜色不但没有加深，还出现了紫白相间、灰白和全白的花瓣，这种现象在当时被称为“共抑制”。后续的研究中不断发现该现象的广泛性，逐步揭示了该现象的机制，并因此开发了 RNAi 技术，即通过双链 RNA 分子引起目标生物中具有相同序列的 mRNA 发生降解从而下调基因的表达活性，造成功能缺失。RNAi 技术具有特异的靶向性，能够确定在不同发育阶段或不同部位表达的基因的功能，甚至可以对突变后引起胚胎死亡的基因进行功能调控，在植物功能验证、基因改良和生物防治中，RNAi 技术是重要的研究工具。Chuang 和 Meyerowitz（2000）通过重组的包含 dsRNA 结构的质粒，利用农杆菌介导转化拟南芥，首先将 RNAi 技术应用于植物中，通过 RNAi 产生了基因抑制突变体。由欧盟资助的 AGRIKOLA（www.agrikola.org）项目中提供了 25 000 个 RNAi 靶向的拟南芥基因资源；由美国国家科学基金会（National Science Foundation，NSF）资助的 ChromDB（www.ChromDB.org）项目的数据库中有上百个拟南芥和玉米 RNAi 系。

RNAi 的分子过程可以分为 3 个步骤（图 13-3）：第一步是细胞内产生或外源进入的 dsRNA 被内切核酸酶 Dicer 切割成 21～25bp 片段的小 RNA，该小 RNA 又称小干扰 RNA（small interference RNA，siRNA）；第二步是 siRNA 被装载至以 Argonaute 蛋白为主体的 RNA 沉默复合体（RNA-induced silencing complex，RISC），此后 dsRNA 的其中一条链被降解，而另一条链变成单链留在 RISC 中，成为向导链（guide strand），执行沉默抑制的功能；第三步则是 RNAi 的效应阶段，向导链 siRNA 通过序列互补配对的方式找到靶标 mRNA 并与其结合，导致靶标 mRNA 的翻译抑制，或者通过某些内切核酸酶的作用将其切割成短片段，从而引起靶标基因的沉默效应。

（三）病毒诱导的基因沉默

病毒诱导的基因沉默（virus induced gene silencing，VIGS）是指携带目的基因片段的病毒侵染植物后，随着病毒的复制和转录而特异性地诱导序列同源基因 mRNA 降解或被甲基化等修饰，导致植物内源基因沉默的一种技术。与传统的通过转基因植物进行基因功能分析方法相比，VIGS 可以在侵染植物当代对目标基因进行沉默和功能分析，无需通过稳定的转基因材料，且具有沉默单个或多个基因家族成员的潜力。

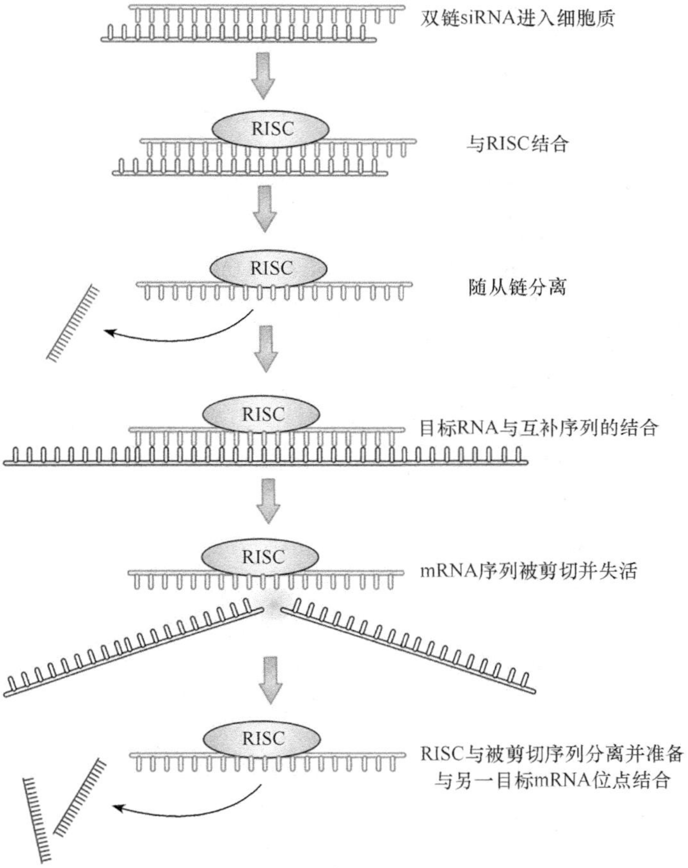

图 13-3　**RNAi** 的分子机理模式图（引自 **Ratnayake et al.，2018**）

RISC 表示 RNA 沉默复合体

VIGS 一经建立，即被视为研究植物基因功能的强有力工具，已广泛应用于单子叶和双子叶植物的功能基因研究。应用于 VIGS 的植物病毒有很多种，包括烟草花叶病毒（TMV）、马铃薯病毒 X（PVX）和烟草病毒（TRV）等，其中 RNA 病毒占 90%以上。一般而言，利用 RNAi 进行基因沉默有两种途径：一种是瞬时表达干扰基因片段；另一种是将干扰基因片段以反向重复的方式构建到双元表达载体，通过转化整合到植物基因组中，干扰序列可在植物中稳定表达，即产生稳定的转基因植株。VIGS 可应用于这两种途径。当研究中只需要瞬时表达干扰基因片段时，可在植物叶片上接种含有整合有目的片段的 VIGS 载体的农杆菌菌株，或采用包被了 VIGS 载体 DNA 的微弹轰击植物组织，进入植物细胞的重组病毒会复制并扩散至整个植株，产生沉默效果。当研究需要产生被沉默的转基因植株时，可采用扩增子（amplicon）介导的 VIGS，即利用稳定整合的病毒 cDNA 携带有目的基因的一部分，可产生 dsRNA 并引起基因沉默。在已经报道的扩增子中，有的使用 RNA 病毒载体，如 PVX、BMV，有的使用 DNA 病毒载体，如 TYDV，然而相对于瞬时表达的病毒载体，目前还比较少。

总的来说，植物中利用 VIGS 进行功能验证简便有效，它具有以下几个优势：①表达量高，因病毒增殖水平高，可使克隆的基因序列得到高水平表达；②表达速度快，因病毒增殖速度快，克隆基因片段在很短时间（通常在接种后1～2周）内可达到最大量的积累；③易于进行遗传操作，因病毒基因组小，大多数植物病毒可以通过机械接种感染植物，易于进行克隆操作和接种；④适用对象广泛，病毒侵染的宿主范围广，一些病毒载体能侵染农杆菌，不能或很难转化的单子叶、豆科和多年生木本植物，扩大了基因工程的宿主范围。

第二节　基因编辑技术

基因编辑或基因组编辑（genome editing）是一种在基因组水平上对DNA序列进行定点突变的技术，可以实现对基因的敲除、敲入或碱基修改，也可以对目标基因表达进行调控。利用人工核酸酶技术的基因组编辑是目前研究基因功能最有效的手段，尤其是2010年出现"类转录激活因子效应物核酸酶"（transcription activator-like effector nuclease，TALEN）技术和2013年出现"成簇间隔的短回文重复序列及其相关系统"（clustered regularly interspaced short palindromic repeats/CRISPR-associated proteins，CRISPR/Cas system）技术之后，因它们相对高效、简单，很快在医学、农业等领域得到应用（Go and Stottmann，2016；Weeks et al.，2016）。TALEN和CRISPR分别在2012年和2013年被*Science*评为当年十大科学突破之一。基因组编辑技术除了TALEN技术和CRISPR/Cas技术之外，还包括锌指核酸酶（zinc finger nucleases，ZFN）技术等。这三类技术均能对植物基因组进行精准的敲除、插入和替换。相比于传统常规育种和转基因育种，基因组编辑技术能大幅提高目标性状的筛选效率，缩短育种进程，同时能通过自交或杂交剔除外源基因，消除转基因的安全顾虑。因此，基因组编辑技术不仅在科学研究上有良好的应用前景，在农业育种上也具有重要应用价值。下文主要介绍ZFN、TALEN和CRISPR/Cas介导的基因组编辑技术及其在植物基因功能研究与作物育种中的应用。

一、ZFN和TALEN技术

ZFN技术是第一代基因组编辑技术。ZFN由人工合成的锌指结构域与内切核酸酶的切割结构域组成（Durai et al.，2005）。锌指结构域（zinc finger domain，ZFD）是真核生物中常见的DNA结合结构域之一，结构保守，每个ZFD可以特异识别DNA链上的碱基三联体，多个ZFD串联后便能特异识别较长的核苷酸序列。切割域主要是指非特异性核酸内切酶*Fok* Ⅰ，该酶在二聚体状态时才有内切酶活性。因此实际应用时，需要在目标编辑序列两侧根据正负链序列各设计1个ZFN，待2个ZFN结合到结合位点后，2个*Fok* Ⅰ相互作用形成二聚体进行切割（图13-4A）。

ZFN的构建方法一般包含3种：模块直接组装法、基于库的筛选法和CoDA法（context-dependent assembly）。模块直接组装法是根据锌指蛋白和碱基间的识别对应关系，直接按照靶标序列选择锌指按顺序进行组装。这个方法简单易行，是最早被应用的，但由于忽视了不同锌指蛋白之间的相互作用，会造成严重的脱靶效应，识别效率较低（Gupta et al.，2012）。基于库的筛选法则可以排除锌指蛋白之间相互作用的影响。首先构建待筛选的锌指库，然后筛选出与靶标序列特异性及亲和力最强的锌指进行下一步组装（Townsend et al.，2009）。由于该方法需要构建锌指库，工作量大，限制了此方法的推广。CoDA法结合模块直接组装法和基于库的筛选法的优点，筛选出功能较强的两个组合，使相邻两个锌指蛋白互作效应达到最小，然后进行商业合成表达。该方法极大地缩短了组装时间，在植物中得到广泛应用（Sander et al.，2011）。

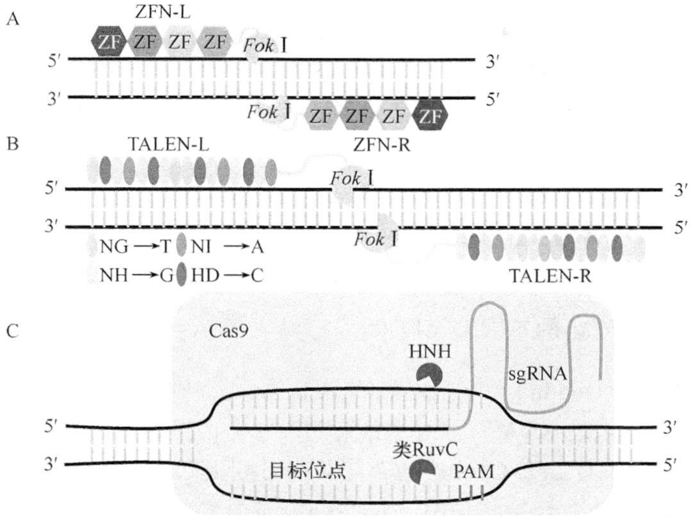

图 13-4　3 种基因组编辑技术所用的三类工程核酸酶作用原理示意图（引自周想春和邢永忠，2016）

A．ZFN 以二聚体的形式结合 DNA，*Fok* Ⅰ 发挥切割作用；B．TALEN 以二聚体的形式结合 DNA，*Fok* Ⅰ 发挥切割作用；C．CRISPR/Cas9 通过 gRNA（sgRNA）介导识别 PAM 结构结合 DNA，Cas9 发挥切割作用

2003 年，ZFN 技术首次成功应用于果蝇内源基因的定向突变（Bibikova et al.，2003）。Shukla 等（2009）利用 ZFN 技术靶向玉米 *IPK1*，获得抗除草剂和低肌醇磷酸含量的玉米突变体。Townsend 等在烟草中报道 ZFN 技术的应用。由于 ZFN 的构建难度较大，普通分子实验室难以操作，且成本高，所以很难广泛应用于植物基因组编辑。

TALEN 结构与 ZFN 类似，也是由 DNA 结合域与 *Fok* Ⅰ 的切割结构域人工融合而成。TALEN 技术使用人工改造的 TAL 效应子（TAL effector，TALE）蛋白结构域取代锌指蛋白结构域。TALE 最初来源于植物病原菌——假黄单胞菌分泌的效应因子，其通过识别特异的 DNA 序列，激活靶基因的转录从而引起植物病害（Kay et al.，2007）。天然的 TALE 具有高度保守的带有转运信号的 N 端和带有核定位信号及转录激活结构域的 C 端，以及具有 DNA 特异识别与结合能力的中间部分（Boch et al.，2009）。中间部分是高度保守的重复单元，但其第 12 和第 13 位氨基酸高度可变，称为重复可变双氨基酸残基（repeat variable diresidues，RVD）。不同 TALE 对靶标序列的特异性识别由 RVD 决定。在 Boch 等（2009）和 Moscou 等（2009）相继破译 RVD 与核苷酸之间的识别密码之后，人工构建靶向序列的大门便被打开。许多在线 TALEN 靶点预测与设计工具被开发供研究者使用。例如，Bogdanove 和 Voytas 实验室合作共建的 TALE-NT 网站（https://tale-net.cac.cornell.edu），可以对拟南芥、水稻、玉米、番茄和短柄草进行靶点预测和设计（Doyle et al.，2012）。

TALEN 技术的工作原理与 ZFN 技术相似（图 13-4B），需要在靶点两侧设计一对 TALEN。而对于其组装目前已经开发出多种方便快捷的方法，目前使用最广泛的是 Golden-Gate 组装方法（Sanjana et al.，2012）。与 ZFN 技术相比，TALEN 技术基于与核苷酸碱基一对一识别，特异性更强，靶向效率更高，构建也更为简单，迅速取代 ZFN 在植物领域得到广泛应用。

TALEN 技术在作物遗传改良中已有不少成功应用。2012 年，Li 等首次利用 TALEN 技术对作物（水稻）基因组进行定点编辑，敲除水稻白叶枯病感病基因 *SWEET14*（也称为 *Os11N3*）启动子中的效应蛋白结合元件，使水稻白叶枯菌分泌的效应蛋白无法与 *SWEET14* 启动子结合，提高了水稻的白叶枯病抗性。利用 TALEN 技术，不仅能提高作物抗性，还对作物品质有很好的提升作用。Shan 等（2015）利用该技术敲除水稻的 *OsBADH2*，使无香味的稻米产生了香味；Ma 等（2015b）利用该技术敲除水稻脂肪氧化酶基因 *Lox3*，改良了水稻种子的耐贮藏性。TALEN 技术在多倍体作物定向遗传改良中也得到很好的应用。2014 年，利用 TALEN 技术同时靶向突变小麦白粉病菌侵染必需基因 *MLO* 的 3 个拷贝，该突变体小麦对白粉病菌表现极为显著的抗性（Wang et al.，2014d）。

二、基于 CRISPR/Cas 的基因编辑技术

（一）基于 CRISPR/Cas 的基因敲除技术

2012 年 6 月，Jennifer Doudna 和 Emmanuelle Charpentier 发现了酿脓链球菌的 CRISPR/Cas9 的工作原理并发现 Cas9 通过 RNA 引导可体外切割 DNA，并因此而获得了 2020 年诺贝尔化学奖。2013 年 1 月，张锋和 George Church 两个团队同时利用 CRISPR/Cas9 系统成功实现人类细胞的基因组定向编辑（Cong et al.，2013；Mali et al.，2013），随后该技术被迅速应用于人类、动物和植物等基因组的编辑，并超越 TALEN 技术成为第三代基因组编辑技术。2014 年，利用 CRISPR/Cas 技术完成了首例灵长类动物——食蟹猴的基因组修饰，这对人类遗传性疾病的基因治疗具有里程碑式的意义（Niu et al.，2014）。

CRISPR/Cas 是细菌和古细菌在长期演化过程中形成的抵御病毒及外源 DNA 入侵的适应性免疫系统。该系统由成簇间隔的短回文重复序列（clustered regularly interspaced short palindromic repeats，CRISPR）和 *Cas* 基因（CRISPR-associated genes）组成。CRISPR/Cas 系统可分为两类。第Ⅰ类较为复杂，由多个 Cas 蛋白组成的复合体行使生物学功能，第Ⅱ类由单个 Cas 蛋白（如 Cas9、Cas12a/Cpf1、Cas12b/C2c1 和 Cas13a/C2c2）行使生物学功能。CRISPR/Cas9 属于第Ⅱ类，仅需要成熟的 crRNA（CRISPR-derived RNA）、tracrRNA（trans-activating RNA）和 Cas9 蛋白就能实现对外源 DNA 的切割（图 13-4C，图 13-5A）。细菌 CRISPR/Cas 系统将入侵噬菌体或质粒 DNA 片段整合到细菌 CRISPR 位点间区，间区被转录形成含有和外源 DNA 片段互补序列的成熟 crRNA，与 tracrRNA 形成 RNA 二聚体（RNA duplex），随后引导 Cas 内切酶对再次入侵的外源 DNA 进行双链切割。Cas9 蛋白包含类 HNH 核酸酶结构域和类 RuvC 核酸酶结构域，分别负责切割靶 DNA 互补链和非互补链 DNA（Jinek et al.，2012）。Cas9 识别目标 DNA 时，紧挨着靶序列的几个碱基高度保守，称为 PAM（protospacer adjacent motif）结构，PAM 与 crRNA-tracrRNA 共同决定了 CRISPR/Cas9 对靶序列结合的特异性。经人工改造的 CRISPR/Cas9 系统主要由引导 RNA（guide RNA，gRNA）和 Cas9 蛋白组成。其中，gRNA 是人工设计的一个小 RNA 分子，模拟了 crRNA 和 tracrRNA 组成的二聚体，起精确定位作用，其 5′端前 20 个核苷酸碱基和目标 DNA 链互补配对，起精确定位作用，和 PAM 共同决定 Cas9 蛋白特异性切割基因组 DNA 的部位。Cas9 切割产生 DSB，最后通过 HDR 或 NHEJ 修复途径产生基因突变（图 13-5A）。

2015 年，张锋团队报道了一种新型 CRISPR 效应蛋白 Cas12a/Cpf1。相比 Cas9 的，Cas12 系有以下不同：①Cas12a/Cpf1 只需要 crRNA、不需要 tracrRNA 即可切割目标 DNA，其 crRNA 只有 sgRNA 的一半（图 13-5B）；②Cas12 还具有加工多个 crRNA 串联的 pre-crRNA 的能力，更容易实现多位点编辑；③其识别 PAM 序列富含 T-A 碱基对，互补了常规 Cas9 识别 PAM 序列富含 GC 碱基对的特点，进一步拓宽了 CRISPR 系统的靶点范围；④Cas12 切割位置远离 PAM，

且形成黏性末端。Cas12a/Cpf1 的 Nuc 结构域通常靶向 DNA 链 PAM 序列下游第 23 位核苷酸，RuvC 结构域则通常靶向非靶标链的第 18 位核苷酸，切割出一个 5nt 的黏性末端。与 Cas9 相似，Cas12 在细胞内切割 DNA 后通过 NHEJ 和 HDR 两种途径进行修复。相比于 Cas9 的平末端，Cas12a/Cpf1 更容易创造大的变异，且 Cas12a/Cpf1 的切口距离 PAM 较远，编辑后并不会影响 PAM 序列，因此可以进行多次识别和切割，从而提高编辑的效率。Cas12a/Cpf1 由于其分子量小、靶点范围广、编辑效率高、脱靶率低等优点越来越多地应用于植物和动物的许多物种中。

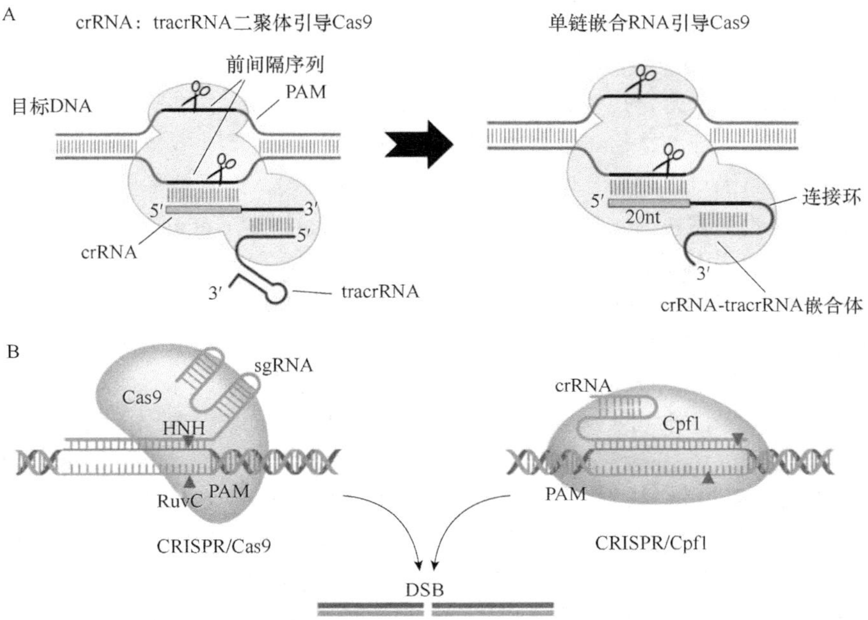

图 13-5　**CRISPR/Cas** 系统的两大类型（引自 **Jinek et al.，2012；Chen et al.，2019b**）

Cas9 和 Cas12a/Cpf1 是目前最常见的第Ⅱ类系统，除此之外还有 Cas12b/C2c1、Cas12d/CasY、Cas12e/CasX、Cas12f/Cas14 等，分子量更小。2017 年，张锋团队发现靶向 RNA 切割的Ⅵ型 CRISPR/Cas13 系统；Cas13 和 Cas12a/Cpf1 一样，只需要 crRNA 就可以实现对目标序列的剪切，但其识别的底物为 RNA。Cas13 识别位点称为前间隔序列侧翼位点（protospacer franking sequence，RFS），相当于 Cas9 的 PAM 序列，位于间隔区序列 3′端的 A、C 或 U 碱基。Cas9、Cas12a/Cpf1、Cas12b/C2c1 和 Cas13a/C2c2 的比较见表 13-1。

表 13-1　Cas9、Cas12a/Cpf1、Cas12b/C2c1 和 Cas13a/C2c2 的特性比较

特征	Cas9	Cas12a/Cpf1	Cas12b/C2c1	Cas13a/C2c2
结构域	RuvC+HNH	RuvC+Nuc	RuvC	REC+Nuc
sgRNA	crRNA+tracrRNA	crRNA	crRNA+tracrRNA	crRNA
PAM 序列	富含 GC 碱基对	富含 TA 碱基对	富含 TA 碱基对	A、C 或 U
剪切位点	通常为 PAM 上游 3nt	通常为 PAM 下游 23nt 和非靶标链 18nt	PAM 下游 14～17nt 和非靶标链 23nt	U 或 A
剪切末端	通常为平末端	黏性末端	黏性末端	切割 RNA

CRISPR/Cas 载体的构建具有高通量、高效率的特点。英国洛桑研究所构建了小鼠基因组 gRNA 文库，可靶向基因组中的绝大多数基因（Koike-Yusa et al.，2014）。Wang 等（2014e）和

Shalem 等（2014）在同年同时构建了针对人类基因组的 gRNA 文库，gRNA 数量分别为 73 000 和 64 751，实现了基因组编辑技术在人全基因水平上的应用。目前在植物领域已经报道了大量的 CRISPR/Cas9 介导的基因编辑应用。涉及产量、品质和各种抗性表型，例如，编辑玉米中的 *KRN2* 或水稻中的 *OsKRN2* 分别使产量提高了约 10%和 8%，而其他农艺性状没有明显的影响（Chen et al.，2022b）。通过对玉米的 *waxy* 基因进行编辑，创制了糯玉米，相比渗入系大约增产 5.5 蒲式耳/英亩①，说明基因编辑可以减少连锁累赘对品种选育的影响（Gao et al.，2020）。编辑水稻、高粱、玉米、谷子和小麦中的 *AT1/GS3* 基因可以显著提高作物的耐碱性，在盐碱地促进粮食增产（Zhang et al.，2023b；Sun et al.，2023）。编辑水稻中的 *SD6* 基因，可以使水稻抗穗发芽能力提升（Xu et al.，2022b）。对小麦 *TaMLO* 基因进行编辑，在 *TaMLO-B1* 附近创造一段 704kb 大片段的删除，可实现广谱抗白粉病又高产（Li et al.，2022c）。因此通过基因编辑可以对作物的许多性状进行改良，相比于常规的性状转育策略，基因编辑具有速度快，以及避免带来遗传连锁累赘的优点。随着作物功能基因组的不断深入，编辑的基因数量不断增加，已经成为作物定向改良的重要技术，甚至用于作物的定向驯化中（Yu et al.，2021）。

除了对作物的农艺性状进行定向改变，基因编辑技术有望从根本上改变农作物的选育策略。例如，通过同时对水稻中的 *MTL* 及 *PAIR1*、*REC8* 和 *OSD1* 进行编辑，获得了可以进行无融合生殖的系统，使杂合优势固定成为可能（Wang et al.，2019c）。IMGE（haploid inducer-mediated genome editing）育种策略将单倍体诱导与 CRISPR/Cas9 技术结合起来，成功地在两代内创制出经基因编辑改良的双单倍体（DH）纯系，且为不含转基因（CRISPR 载体）的纯系（Wang et al.，2019d）。HI-Edit 技术（Kelliher et al.，2019）同样将单倍体诱导育种与基因编辑技术结合起来，突破了基因型的限制。该技术先构建相应基因的 CRISPR/Cas9 载体并导入到非单倍体诱导自交系以获得稳定转化植株，然后选择携带有 Cas9 的株系与自然的单倍体诱导系进行杂交，从 F_2 中选择携带有 Cas9 和纯合单倍体诱导突变的个体与自交系再次杂交。通过特有标记筛选出单倍体并通过胚拯救的方法获得植株（图 13-6）。整个过程可在短时间内完成对已推广的品种的直

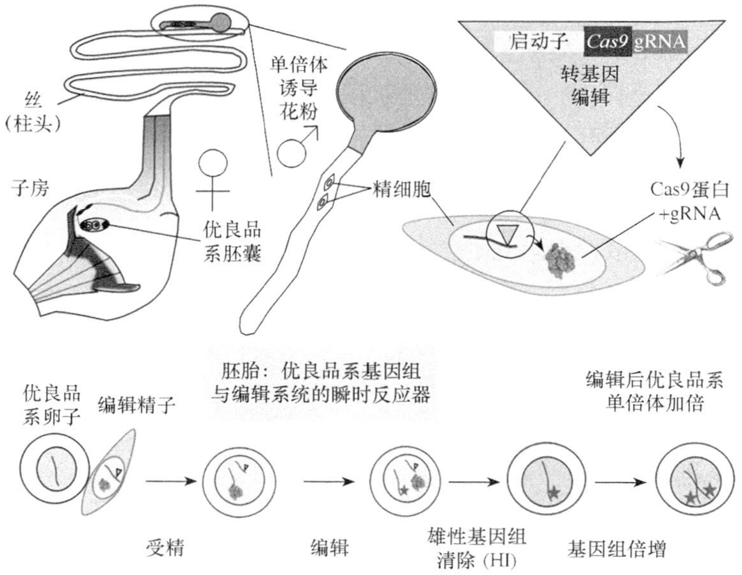

图 13-6　利用 HI-Edit 策略获得理想双单倍体（double haploid，DH）系的流程图
（引自 Kelliher et al.，2019）

① 1 蒲式耳=35.239L；1 英亩=4 046.86m²

接改良，已经在单子叶、双子叶植物的基因编辑中均获得成功，并与人工诱导单倍体技术结合进一步拓展了其适用范围，还可通过远缘杂交改良目标作物，可以说，CRISPR/Cas9 系统具有构建简单、编辑效率高、容易实现多基因编辑等优势，现已成为应用最广泛的基因组编辑技术，在作物遗传改良和品种培育上具有巨大应用潜力（Scheben et al.，2017）。

CRISPR/Cas 技术和 ZFN 技术及 TALEN 技术同样存在一定的脱靶现象。gRNA 与 DNA 互补配对时，在某些位置上允许一个或两个碱基不配对，甚至会存在 5 个碱基不配对的情况（Fu et al.，2013）。

在农业生物上，CRISPR/Cas9 脱靶编辑频率低，即使发生也可以通过回交、使用高特异性的 gRNA、使用改进的 Cas 系统等消除，因此对该技术在农业上的影响几乎可以忽略。但在医学应用中，由于对基因编辑特异性的要求高，CRISPR/Cas9 脱靶会极大地影响该技术在疾病治疗中的应用。目前科学家对 CRISPR 脱靶的规律有了深入的研究，在计算机的辅助下可以设计高特异性的 gRNA 来避免脱靶编辑。同时，科学家们也开发了降低或消除 Cas9 基因编辑脱靶的策略。例如，张锋团队利用一对 gRNA 及缺口酶形式的 nCas9 来提高编辑特异性（Ran et al.，2013）。通过定向进化获得了高保真的 Cas9-HF 变体，只有 gRNA 和 DNA 完全配对才能切割 DNA（Kleinstiver et al.，2016）。

（二）基于 CRISPR/Cas 的碱基编辑技术

碱基编辑（base editing）是指能在基因组上对单个碱基或者同一类碱基在靶标位点进行定向碱基转换的基因编辑技术。碱基编辑可以实现从一种碱基对到另一种碱基对的转变，无需产生 DSB 或者 HDR。广泛应用的碱基编辑器有两种：胞嘧啶碱基编辑器（cytosine base editor，CBE）和腺嘌呤碱基编辑器（adenine base editor，ABE），分别催化胞嘧啶脱氨经修复转化为胸腺嘧啶（GC＞TA），腺嘌呤脱氨经修复转化为鸟嘌呤（AT＞GC）。

1．胞嘧啶碱基编辑器（CBE）　2017～2018 年多个团队开发了不同胞苷脱氨酶融合 Cas9 的 CBE 系统（表 13-2），其原理是通过对 Cas9 的第 10 位氨基酸进行 D10A 突变，产生一个只有单链切割功能的 nCas9（nickase Cas9），并和胞嘧啶脱氨酶和尿嘧啶糖基化酶抑制剂（UGI）形成融合蛋白。在 sgRNA 的引导下，CBE 被引导至目标基因组区段，胞嘧啶脱氨酶将 C 转变为 U，接着 U 在 DNA 复制过程中再转变为 T，尿嘧啶糖基化酶抑制剂保护 U 在中间过程中不被切除。来源不同的胞嘧啶脱氨酶具有不同编辑窗口。

表 13-2　主要 CBE 和 ABE 编辑器特征

编辑器	效应蛋白	Cas 蛋白	UGI	编辑类型	编辑窗口
CBE	大鼠 APOBEC1	nCas9（D10A）	是	C:G＞T:A	3～9
	海七鳃鳗 CDA1	nCas9（D10A）			1～9
	人 AID*Δ	nCas9（D10A）			3～12
	人 APOBEC3A	nCas9（D10A）			1～17
	人 APOBEC3Bctd-VHM	nCas9（D10A）			4～8
	人 APOBEC3Bctd-KKR	nCas9（D10A）			4～7
ABE	ecTadA-ecTadA*或 ecTadA*	nCas9（D10A）	否	A:T＞G:C	4～8

2．腺嘌呤碱基编辑器（ABE）　2017 年 David Liu 团队用 CBE 类似的原理，构建了腺苷脱氨酶和 nCas9 融合的腺嘌呤碱基编辑器，利用腺嘌呤脱氨酶将腺苷 A 脱氨基产生肌苷 I，在 DNA 修复和复制的过程中将肌苷 I 识别为 G，从而实现了 AT 到 GC 的转换。由于自然界已

知的腺苷脱氨酶都是以 RNA 为底物，无法直接用于 DNA 的碱基编辑。因此，该团队使用分子进化对细菌 tRNA 的腺苷脱氨酶（TadA）进行改造，最终赋予了其 DNA 上的腺嘌呤的脱氨活性。

碱基编辑在作物精准编辑中有很多成功案例，例如，2017 年 Shimatani 等利用 CBE 系统获得了 *ALS* 基因的 A96V 突变，成功创制了抗咪唑啉酮类除草剂水稻。2020 年利用 CBE 系统创制出一系列的软米水稻品系。2018 年利用 ABE7.10 系统编辑 OsACC 蛋白的 C2186R 位点，创制了抗精氟吡甲禾灵水稻。证明碱基编辑在农作物精准育种中可以发挥巨大的作用。

（三）基于 CRISPR/Cas 的引导编辑技术

引导编辑（prime editor，PE）系统是 David Liu 团队继 CBE 和 ABE 后开发的另一种基因编辑方法，相比于 CBE 和 ABE 只能实现四种突变，引导编辑可以实现碱基之间任意变换以及小片段的精确插入及删除（图 13-7C）。

PE 是一种基于“搜索和替换”（search-and-replace）的基因组编辑方式。如图 13-7A 所示，PE 系统对 Cas9 和 gRNA 均进行了改造：①Cas9 改造为切割单链的 nCas9 并融合了反转录酶（M-MLV reverse transcriptase）（图 13-7A）；②引导编辑的向导 RNA（prime editor guide RNA，pegRNA）在原来 single guide RNA（sgRNA）的 3′端进行延长，加入了和靶标 DNA 结合的引物结合序列（primer binding site，PBS）和反转录模板序列（RT template）。

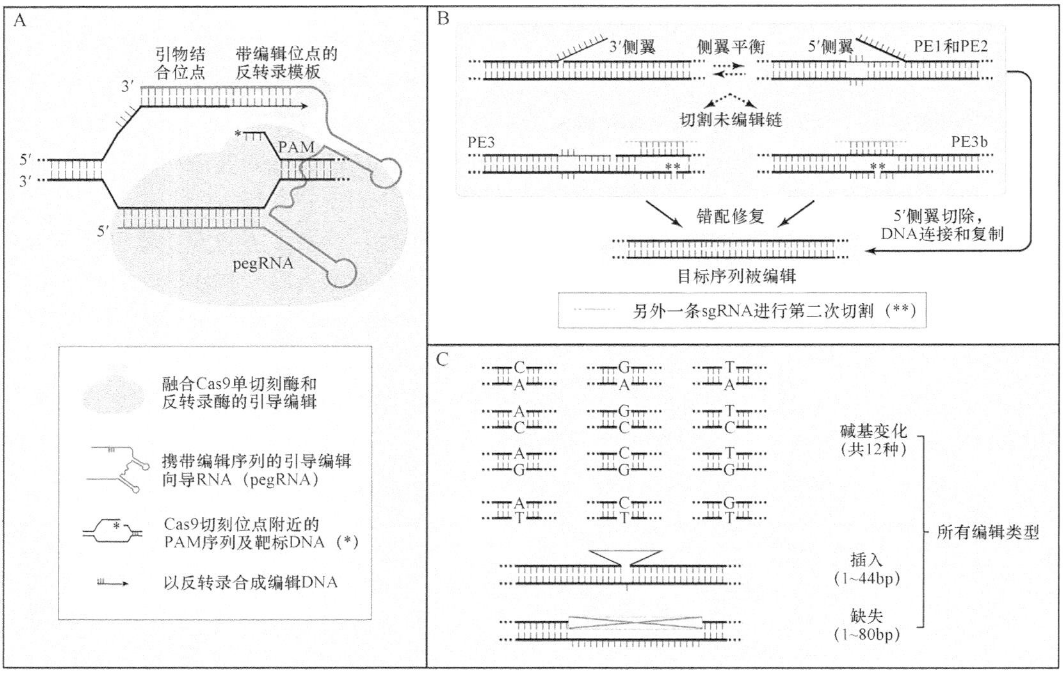

图 13-7　引导编辑技术（引自 Yang et al.，2019）

nCas9 和反转录酶的融合蛋白在 pegRNA 序列指引下，在不引入双链断裂（DSB）的情况下，将双链中的一条切割成 DNA 单链，pegRNA 3′端的 PBS 序列可以与切割断点前的序列识别配对。随后，融合的反转录酶以 PBS 序列后的人工设计转录序列为模板进行反转录，于是可以将目标序列合成到切口后的 DNA 链上。在此基础上，David Liu 团队开发了 PE2 系统，通过提高 M-MLV 的反转录活性进一步使编辑效率较 PE1 提高 1.6～5.1 倍。然而由于编辑后的序列为杂合双链，细胞对于错配修复是随机的，于是 David Liu 团队又开发了 PE3 系统，通过引入另外一个 sgRNA，使 Cas9 切口酶特异靶向非编辑链形成一个缺口，可以有效提高该链的修复效率，最终获得新的 PE3 和 PE3b 系统（图 13-7B）。PE3 的编辑效率较 PE2 提升了近 3 倍，然而由于使用了两条 sgRNA，PE3 的随机插入缺失（Indel）风险也随之提高（Anzalone et al.，2019）。

植物中也对 PE2、PE3 和 PE3b 系统进行了改造，创制了植物引导编辑系统（plant prime editor system，PPE），包括 PPE2、PPE3 和 PPE3b；PPE 在水稻和小麦中的编辑效率最高分别为 8.2% 和 1.2%，编辑效率依然较低（Lin et al.，2020）。2022 年发现删除 M-MLV RT 的 RNase H 结构域，或在 M-MLV RT 的 N 端融合病毒核衣壳蛋白（nucleocapsid，NC），可以分别将 PPE 的编辑效率提高 2.0 倍和 3.2 倍，称为 ePPE（engineered PPE）系统，并成功利用该系统创制了抗甲咪唑烟酸和烟嘧磺隆水稻新材料（Zong et al.，2022）。

以上介绍的基因组编辑技术都是采用内切酶在 DNA 打开缺口，然后利用细胞内自有的修复机制来实现基因编辑，但每种基因编辑工具都各有特点。ZFN 由于特异性不高、脱靶问题严重、构建烦琐等问题，严重阻碍其应用，目前已基本被 TALEN 和 CRISPR/Cas9 所取代。而 TALEN 编辑效率较低且无法进行多个基因同时编辑，在植物基因组编辑中也已逐渐失去优势。CRISPR/Cas9 虽然仍然存在脱靶率高、受 PAM 识别位点限制等问题，但其系统构建简单、效率相对高、能同时进行多个位点编辑，且技术更新十分迅速，目前已有一系列策略手段成功降低其脱靶效应和靶向范围限制等问题，是目前最为广泛使用的植物基因组编辑工具。

第 14 章

组学数据育种利用

扫码见
本章彩图

第一节　组学数据与作物育种

一、作物育种过程及其遗传本质

目前已发展出多种作物育种技术，从最初的系统选育，到杂交育种、杂种优势利用、诱变育种、细胞工程育种，再到转基因和基因编辑育种等，即均经历了从传统育种到分子育种的过程；所有的育种材料涉及各种作物品种资源（包括地方种）、野生祖先资源、近源物种、远源物种，甚至植物以外的遗传资源。这些遗传资源材料，通过各种育种技术实现遗传重组，聚合有益等位基因，剔除有害等位基因，最后获得一个符合人类需求的新品种（系）。育种技术的进步对作物产量提升非常明显。以美国玉米育种发展为例，一系列育种技术的利用使玉米单产迅速提高。自 21 世纪起，各种作物组学和新一代测序技术的发展，为作物育种产生了多种类型的海量数据，整合和最大化利用这些数据，无疑对于现代育种研究具有重要意义。

仔细考虑育种全过程，究其本质，其实是育种家聚合目标性状等位基因，剔除非目标等位基因，达到遗传信息的重组过程。实际生产中，我们可能需要一个新品种长期适应当地环境并达到我们对其产量和品质的要求，但这样的品种目前生产上并不存在。在基因水平上，例如，我们需求的品种可能需要包含至少 3 个关键基因（基因 1、基因 5 和基因 8），即一个包含“基因 1＋基因 5＋基因 8”组合的品种，而这 3 个基因分散在资源材料中。通过杂交重组过程，就可以获得“基因 1＋基因 5＋基因 8”组合的新品种（樊龙江等，2016）。当然，随着生产水平的提高，对品种的要求也越来越高（如生育期、产量、抗性、营养和安全等），我们就需要更多的目标基因组合。然而仅根据这些目标基因或组合本身的功能进行育种是不现实的，也需要与遗传材料的基因组背景产生正向的协同作用。如图 14-1 所示，为了获得具有理想生育期、产量、抗性和蛋白质含量的品种 X，我们就需要 4 个基因位点的“H3＋H2＋H2＋H1”等位基因组合，形成一个最佳单体型。作物基因组及其育种资源和育种材料基因组的解析，为高效准确地获得目标基因组合品种提供了可能，由此建立的基于基因组等组学大数据和大数据技术的育种技术（即智能设计育种）将使作物育种更高效、更精准。

二、作物组学数据育种利用途径

（一）组学数据育种利用途径及其难点

随着高通量测序技术的出现，目前产生了大量作物组学数据（包括基因组序列、泛/图基因

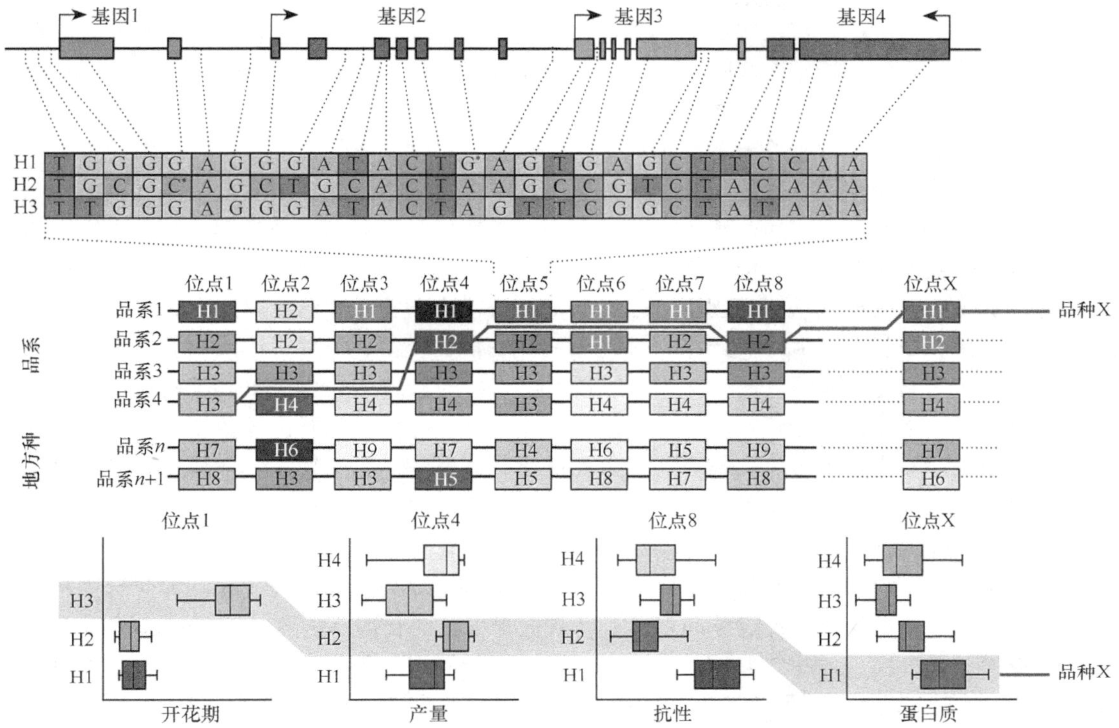

图 14-1　农作物育种过程及其遗传本质（引自 Bevan et al.，2017）

一个新品种（品种 X）就是一个基因组 DNA 序列新的组合体，

这些 DNA 序列包括许多重要基因，控制作物的生育期、产量、抗性等

组、进化基因组、群体遗传变异、转录组、调控组、代谢组、表型组等组学数据），这些数据在作物遗传育种方面的应用可分为三类：一是对作物育种选择分子基础的遗传解析，在全基因组水平上解析作物育种选择的分子机制和遗传信号，这是以前作物遗传研究无法企及的（详见本章第二节）。作物基因组，特别是作物群体基因组数据的产生，可以在群体遗传学水平解析作物驯化和遗传改良过程中人工选择的区域、具体效应、选择强度、重组率等，在育种分子基础方面提供许多新知识。可以说，植物基因组学研究极大促进了作物育种的分子基础研究，极大加深了我们对作物育种分子机制的认识，将传统育种的经验进行系统化表达，完善了育种理论。二是基因资源的高通量高效挖掘——组学手段。在作物育种历史上，有不少成功的案例是利用近缘物种甚至远缘物种的遗传资源改进作物抗性、环境适应性等，这样的利用往往效率很低，且遗传累赘导致品种增加不良性状。高通量测序技术和低成本高密度分子标记检测技术的应用，可以低成本地获得作物野生祖先或相关植物基因组及其转录组信息，更加高效和彻底地挖掘作物育种亟需的野生抗性等基因资源，更加清楚地了解候选基因及其连锁基因，这将极大提高育种预期。我们有时需要选择远缘物种，往往是由于该物种具有作物所不具备的特征或性质。例如，C3 作物不具有 C4 植物的光合途径及其遗传资源。各类组学技术的出现为作物遗传资源挖掘提供了强有力工具，利用该技术挖掘育种重要遗传资源，已成为植物组学数据育种利用的重要途径之一（所谓作物资源组学）。三是基于组学及其数据的育种新方法——智能设计育种（详见本章第三节）。早期分子生物学技术在作物育种中的一个成功应用就是分子标记辅助育种，目前已在作物育种领域广泛应用。全基因组序列及其遗传变异的获得，为全基因组水平的辅助选择育种（即基因组选择）提供了可能。尤其近年来全基因组测序、组装技术、全基因组比对方法的发展，使得分析整个科物种的基因组成为可能。利用进化基因组学从百万、千万年进化过

程中，挖掘受选择区域、进化快速区域等，进一步解析功能基因及特异器官形成及发育的遗传调控位点。同时基因组编辑技术和大数据技术的出现，使基于组学的育种技术得到进一步发展，应用前景光明。

既然组学数据可以对作物育种有如此多的利用途径，那么我们需要什么样的组学数据？是否研究的作物有一个参照基因组，几个品种的基因组重测序数据就够了呢？这远远不够。这就像当年人类基因组测序完成后，很多人以多疾病分子遗传基础会马上被破解，其实不然。如果群体没有一个数量规模，如何能发现规律和利用变异？时至今日，即使超百万的不同类型人群基因组已被测序，人群高质量基因组测序工作，以及哺乳动物基因组测序仍在继续中。

在作物组学数据育种利用过程中，针对不同作物群体类型、群体大小或重要程度，有人给出了一个测序策略选择建议（图 14-2）。针对特定一种作物，Bevan 等（2017）建议针对不同规模育种材料，利用不同测序策略和技术，获得不同序列拼接程度的基因组数据及其遗传变异数据。大规模测序毕竟投入较大，需要在投入和产出之间达到一个平衡。具体而言，应针对该作物育种材料（也许包括几万份甚至几十万份）进行归类，根据重要程度和代表性等分为不同类型。例如，将它们归为 4 个不同材料类型，从百份材料集（核心材料或泛基因组材料），分别到千份、万份和十万份育种材料集。明确这些材料的基因组序列及其遗传变异。针对这些材料进行的基因组测序策略不同：针对核心材料，需要进行精心的长读序测序（如 PacBio 测序）和拼接，获得高质量、完整的拼接基因组序列；对于千份育种材料集，需要进行全基因组测序和同样 *de novo* 拼接，这样可以明确它们之间的结构变异（不仅仅是序列变异）；对于万份材料集则可以进行普通基因组覆盖深度（5×～10×）的高通量基因组重测序，基于重测序数据，可以获得每个材料的 SNP 数据，获得它们的单体型类型等；针对十万份材料集，则可以进行特定位点（如外显子组）测序或利用简化基因组测序等，获得重要位点遗传变异及其等位基因型数据即可。

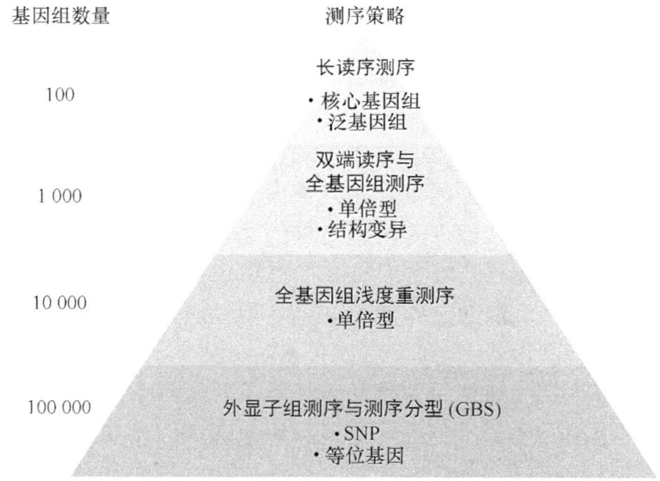

图 14-2 在作物组学数据育种利用过程中针对作物不同群体类型（如核心种质）和群体大小选用不同的测序策略和方法（引自 **Bevan et al.，2017**）

目前尚没有一种作物达到十万份基因组数据规模（也许不远的将来，水稻、玉米等作物可以达到这样的规模），但利用已有基因组数据，我们已经对作物育种分子机制有了许多新的认识（详见本章第二节），对基因组数据的育种技术已有了不少探索，提出了一些有效技术。同时，我们还需要思考一个问题：这样的基因组数据构成和规模标准是否就能很好地解决我们目前的育种问题？编者认为，未必尽然。我们的育种材料基因组数据当然是越多越好，随着测序技术的逐步进步及其成本的逐步降低，育种数据必然会越来越多。但育种数据的量级仍然取决于技术及成本的限制。同时，大数据分析技术及整合技术是否能相匹配？具有育种意义的基因组数据分析和挖掘技术是否会成为新的瓶颈（有一种错误观点是认为机器学习可以解决一切问题）？计算机硬件和生物信息学技术（软件）都是有其极限的。这些都是未来组学大数据育种利用中需要解决的问题。

（二）组学数据育种利用——以水稻为例

组学大数据育种利用技术大致可以归为两条技术路线：一条是以基因功能及其调控网络为先导或前提，组学数据利用是围绕已知功能基因的有效利用问题，这是所谓从上而下的利用途径；另一条是以一个基因组变异数据与表型性状变异关系数据集作为训练数据集，建立预测模型，利用模型对已知基因组信息的育种材料个体或组合性状进行预测，用于育种材料选择、组配等育种环节，这是所谓从下而上的利用途径。下文以水稻为例，介绍从上而下的组学数据育种利用技术途径。

目前水稻品种对农药、化肥和水资源等过度依赖。绿色超级水稻（green super rice，GSR）作为一种满足未来需要的手段，其关键特点在于减少水稻对肥料、杀虫剂和水分的需求，同时提升产量和品质。为了实现这一目的，必须更好地理解、管理和利用目前的驯化水稻及其相关野生遗传变异，利用基因组、转录组、蛋白组、表型组等组学数据实现对基因和调控元件的挖掘，然后通过功能基因组学的分析挖掘农艺性状的调控网络，这些基因及其基因组信息在基因组育种中扮演关键角色。张启发院士与美国科学家合作，给出了培育绿色超级水稻的基因组选择育种路线图（Wing et al.，2018）。基于该路线图（图 14-3），首先需要明确有哪些基因参与了绿色超级水稻性状形成。这些性状与育种目标息息相关，如产量和品质（消费者和生产者的需求）、养分高效利用少施肥、生物抗性强少喷农药等（环境友好、资源消耗少）。其次是明确如何利用大量遗传资源和组学数据资源，破解水稻基因功能及其调控网络，建立基因与农艺性状之间关系，获得水稻功能基因组学知识。具备了这些关键知识和遗传资源，就可以利用组学知识开展基因组选择育种。

具体如何利用基因组学数据进行精准育种？下面以水稻单基因精准导入某一目标品种为例进行说明（即利用全基因组分子标记和连续回交来完成育种）。该育种选择系统有两个组成部分：一个是用于基因分型的平台；另一个是特定基因组选择系统。基因分型平台主要采用水稻育种 DNA 芯片，目前已经通过大规模重测序项目及单基因功能研究的数据开发了一些育种芯片。而特定基因组选择系统应当包括一个或一些与目标基因紧密相连的功能标记，检测回交过程中的重组并实现精确的选择。这个系统由用于选择目标基因的功能标记（正向选择）和位于目标基因（*M1* 和 *M2*）两侧的 DNA 标记构成，DNA 标记用于识别目标基因之间的重组和遗传背景（反向选择）。每个 DNA 标记与目标基因之间距离需要小于 100kb。每一代的个体数目可以通过水稻基因组的平均物理距离和遗传距离的比值（250kb/cM）来确定。目前的文献已经包括了大量水稻基因的功能信息，这些信息可以用来开发这种特定基因组选择系统。该选择系统为针对性改良水稻特定性状提供了一个有效的方法。例如，为培育一个抗稻瘟病品种，4 种稻瘟病抗性基因（*Pi1*、*Pi2*、*Pi9* 和 *Pigm*）分别被导入黑龙江省广泛种植的水稻品种——‘空育 131’基因组中，整个育种过程包括了一次杂交和 4 次回交，以及一次自交的过程（Wing et al.，2018）。在这个过程中，6K 育种芯片和特定基因选择系统促进了目标基因、重组事件的选择。通过选择从其供体中共获得了 4 个近等位基因系，每一个都包含一个非常短的具有稻瘟病抗性基因的 DNA 片段（＜200kb）。大规模的田间试验表明，这些品系都具备很高的稻瘟病抗性。

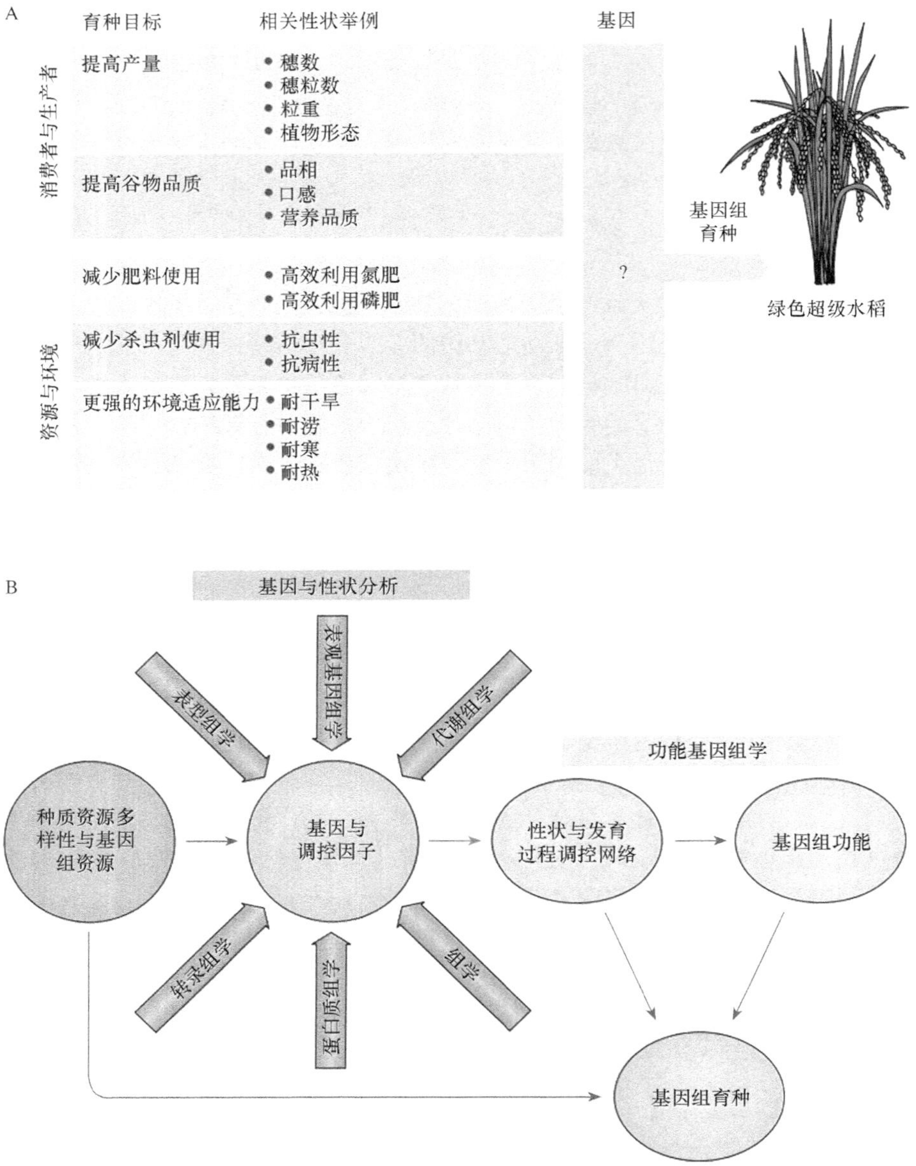

图 14-3　基于基因组等组学数据的水稻育种策略（引自 Wing et al.，2018）

A. 水稻育种涉及育种目标（根据消费者、环境资源限制等因素）及其相应农艺性状。理解有哪些基因参与调控所谓的“绿色”性状，有助于通过基因组育种获得新型绿色超级水稻。B. 基因组育种与水稻遗传资源、基因组和基因的关系。箭头表示工作流和信息流。最终目标是鉴定和理解水稻基因组全部基因的功能及其调控网络，这个流程中任一阶段取得的进展都可以应用于基因组育种。？表示目前尚不明确

另外，正如前文所述，目标基因的精准导入需要在遗传材料的基因组背景上开展。虽然当前的基因组研究还在努力解析基因与基因之间互作关系，但是这已经并不妨碍育种家从更大或更准确的遗传背景层面将其应用于育种中。研究人员通过文献整理和生物信息分析，黄学辉教授团队获得了一张包含 348 个数量性状基因关键变异位点（QTN）和 562 个等位基因的水稻分子图谱（QTN map），并利用群体大规模的原始测序数据和丰富的表型数据，对 QTN 的效应强弱进行了统一的量化评估。该图谱为每个 QTN 提供了精准的效应方向、强弱的数字化注解（Wei et al.，2021）。育种家已经开始利用这一成果，解析育种材料的 QTN 信息，并与基因组学科学

家一起将育种经验形成指导育种的方法。例如，‘荃 9311A’作为当前我国乃至全球正在推广的面积最大的水稻三系不育系（A），不仅综合的农艺性状优异，其选育的过程也非常特别且艰难复杂：利用两系恢复系（R）选育保持系（B），再回交选育成 A。通过基因组解析，育种家不仅从基因组层面清楚地了解‘荃 9311A’选育过程是如何从亲本材料中获得目标性状基因，也让‘荃 9311A’从 R 到 B 的选育过程在基因组层面的路径变得清晰，形成了可容易实践的育种方法（Li et al.，2023b）。

当我们完成对某一作物物种的基因组测序后，往往会把目光转向其野生祖先种、近缘物种甚至远缘物种，通过对它们基因组的有效解析，可以明确作物起源和发现重要遗传资源，为作物育种提供支撑。以水稻为例，2002 年水稻基因组测序完成后，大量稻属野生稻（包括杂草稻）基因组被陆续测序（Huang et al.，2012；Zhao et al.，2018；Wang et al.，2018d），同时一些近缘种和相关物种也被测序完成（如李氏禾、菰、稻田稗草等）。基于基因组序列，这些近缘或相关物种特有的大量环境和生物胁迫相关基因、高光效基因、化感相关基因等被鉴定，为水稻育种提供了丰富遗传资源。

第二节　作物育种选择的基因组学解析

随着对作物基因组特别是作物群体基因组的测序和分析，作物育种选择在基因组水平上的影响逐步被揭示，人们对育种理论和育种选择分子机制有了许多新认识。本节仅重点介绍 3 个方面的基因组解析结果（遗传重组、遗传传递和杂种优势），而其他方面，如作物基因组人工选择位点和作物驯化起源及其祖先种的认识等，由于有关章节均有所涉及，就不在此累述。

一、遗传重组率图谱

遗传重组是遗传多态性的主要来源。提高遗传重组率可以极大增加育种群体的遗传多样性，产生符合育种目标的重组材料。重组率和重组热点一直是育种者最为关注的遗传特征。基因组序列为该特征提供了更为准确和具体的信息。作物基因组的出现才使我们第一次在全基因组水平上观察到不同区域重组率情况。

染色体两端序列的重组率明显高于中间，而大片中部着丝粒附近区域几乎不发生重组。几乎无一例外的，各条染色体都是这样的趋势。如果将遗传距离（重组率）与物理距离（染色体序列）进行比较，则呈现出“S”形曲线（图 14-4A）；如果观察重组率大小在染色体序列上分布，则呈现出“U”形曲线（图 14-4B）。有些染色体短臂（中心粒的一端）很短，则其重组区域也很短。了解染色体不同区域的重组率（即重组率图谱），可以估计特定区域发生重组事件所需交配群体大小，为打断特定目标区域的连锁提供科学准确的估计；为估计遗传连锁的累赘效应提供准确判断，为提高育种效率提供指导等。

同源重组或同源交换（homologous exchange，HE）是作物基因组经常发生的遗传重组事件，是作物进化的重要推动力、作物遗传多态性的重要来源。高质量的基因组序列的出现，为基因组水平上大规模鉴定和发现 HE 提供了可能。同时，通过群体基因组重测序，可以在不同群体水平上评估 HE 发生的规模（范围）、分布、频率等，如家系群体、泛基因组群体、核心种质和资源种质材料等。遗传重组事件不仅发生在普通二倍体作物中，对于多倍体作物，来自不同亚基因组的同源染色体之间的 HE 事件增加了这类作物发生遗传变异的来源。目前许多作物基因组已测序完成，可以进行 HE 分析和鉴定。下文以油菜为例进行说明。

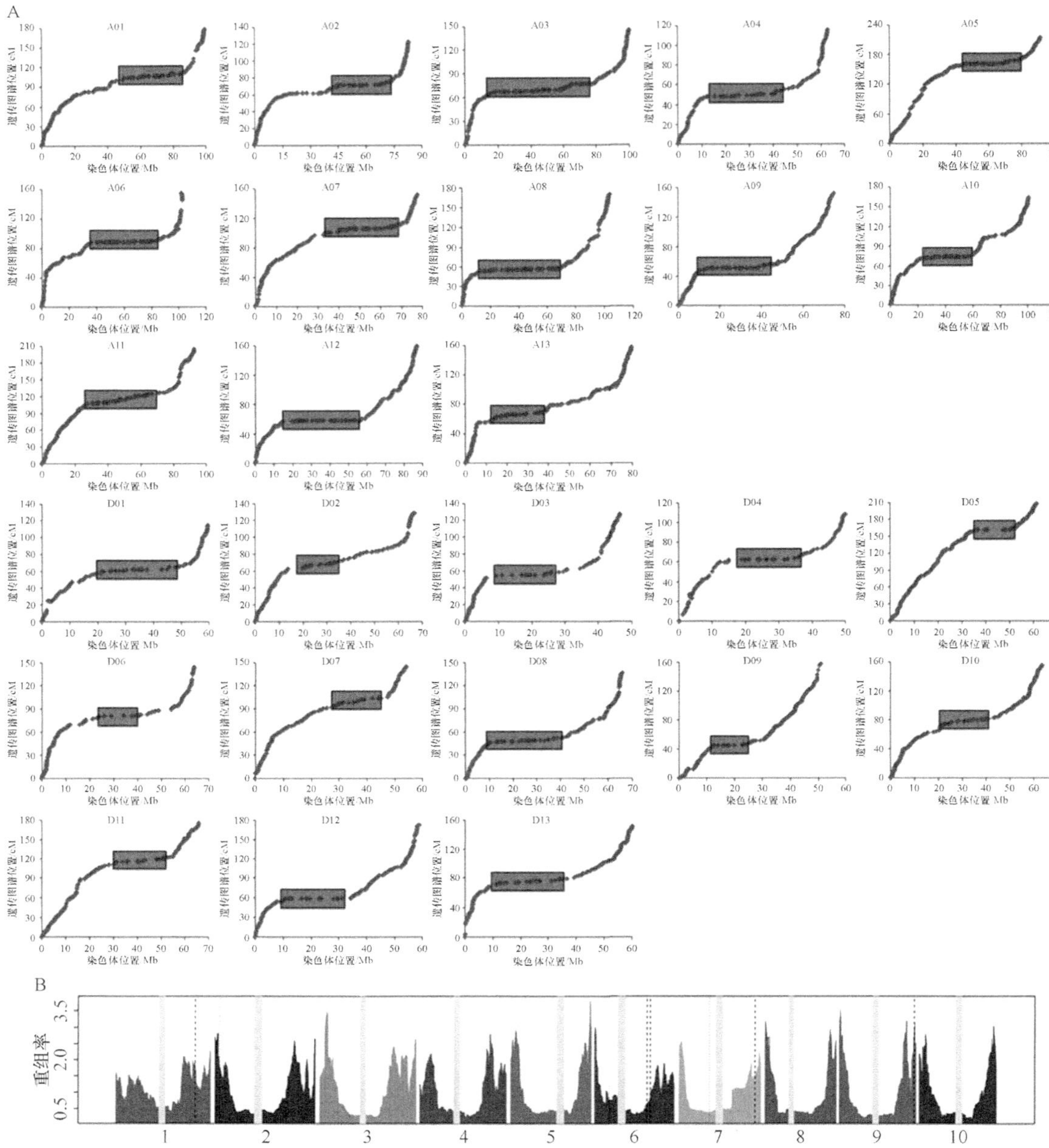

图 14-4　作物基因组上不同位置重组率分布

A. 棉花基因组上不同位置重组率分布，红色方框为低重组率区域（引自 Wang et al.，2015d）；B. 高粱基因组重组率分布（引自 Morris et al.，2013），其 10 条染色体上重组率分布呈现“U”形，中间灰色区域为着丝粒区

油菜是由二倍体甘蓝和白菜种间杂交自发形成的年轻异源四倍体物种。由于白菜和甘蓝同属十字花科芸薹属，是非常近缘的两个物种，因此两个物种基因组之间存在相当高的序列相似度。在油菜减数分裂时期，部分同源染色体之间由于序列高相似度而出现配对，从而发生部分同源交换和基因转换事件，尤其是在人工合成油菜中发生频率更高（He et al.，2018）。部分 HE 在大部分多倍体中均有发生，但由于油菜两个亚基因组之间的高序列相似度，HE 的发生频率相对很高。早在油菜基因组还未测序发表之前，研究者们通过细胞遗传学的核型方法来鉴定部分同源染色体对，即在细胞遗传学核型上证明了 HE 的真实存在。例如，Xiong 等（2011）开发了 FISH 的一系列标记，

包括 5S rDNA、45S rDNA 等进行的油菜基因组中部分同源染色体对的鉴定。随着第一个油菜基因组 Darmor-*bzh* 测序完成，Chalhoub 等（2014）通过将各个油菜的重测序序列比对到两个祖先种白菜和甘蓝基因上，在两个部分同源的染色体上，发现两个祖先种的部分共线性对应位置的覆盖深度呈现了完全相反的状况（图 14-5）。这是由同源染色体之间发生的 HE 造成的，即同源共线性区段交换到其他位点，导致来自相应材料测序数据覆盖深度的变化。在这些 HE 区间中，发现了很多油菜农艺性状相关基因，如种子硫苷含量、抗病性、开花时间等重要性状。后续发表的其他基因组，如‘中双 11 号’和‘宁油七号’油菜基因组，也同样发现了许多 HE。说明 HE 是一种重要的油菜基因组结构变异，而且和油菜中很多重要性状相关，对于油菜育种有非常重要的意义。

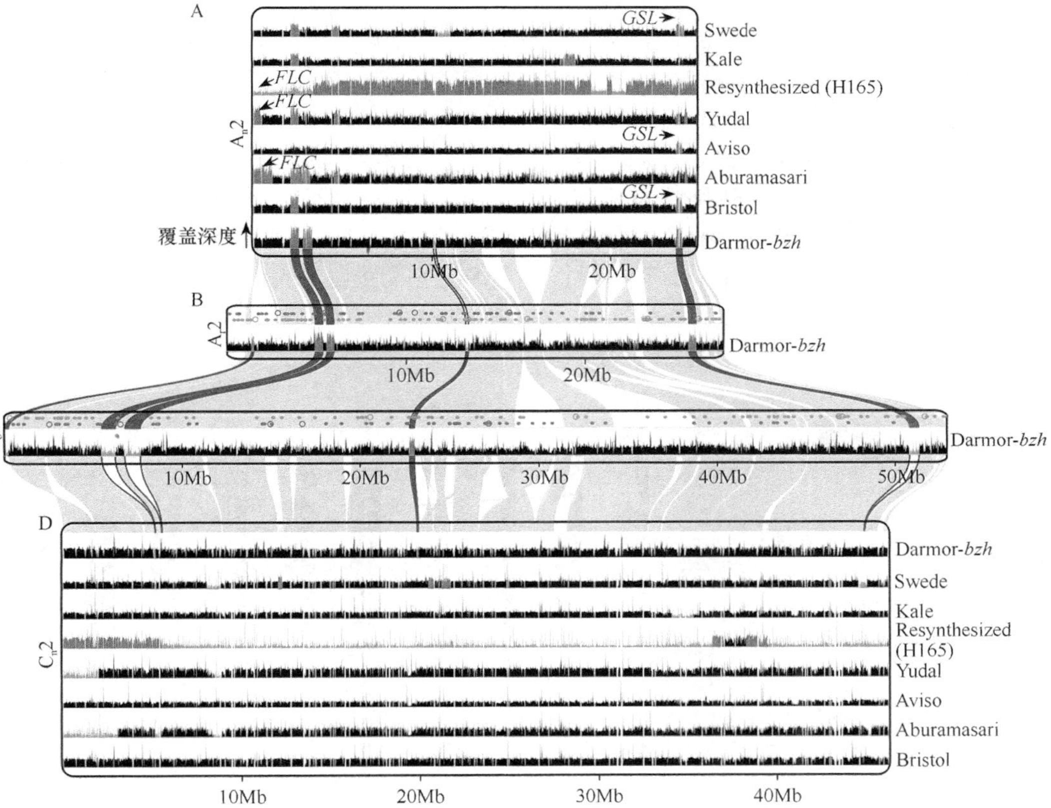

图 14-5　油菜基因组序列中同源重组事件举例（引自 Chalhoub et al.，2014）

图中为油菜同源染色体 A_n2 和 C_n2 之间发生的 HE 事件。A, D．来自 8 个油菜相关材料（包括一个人工合成材料 H165、芜菁甘蓝和羽衣甘蓝等）的高通量测序数据定位到参考基因组（Darmor-*bzh*）第二条染色体 A_n2 和 C_n2 上的覆盖深度（coverage）。图中红蓝色圆点或圆圈表示油菜两条同源染色体直接的基因交换；B, C.两个祖先种（*B. rapa*/*B. oleracea*）第二号染色体（A_r2/C_o2）上来自 Darmor-*bzh* 读序的覆盖深度。红色柱状图代表高覆盖区域（序列倍增），蓝色柱状图代表低覆盖区域（序列删除），灰色连线表示染色体之间的共线性，而深灰色连线表示两条同源染色体直接发生的片段 HE 事件。A 图中箭头标出与硫代葡萄糖苷 *GSL* 和 *FLC* 基因相关的 HE 事件

二、作物遗传传递及其变异

（一）基于系谱的遗传传递分析

作物育成品种都经历相应的杂交育种过程（系谱）。通过对系谱中各个成员基因组进行分

析，可以获得对优异品种的杂交育种过程、遗传重组和传递等的清晰认识，对培育优异骨干品种提供重要信息。利用基因组学进行作物谱系解析已成为作物遗传学研究的一个常规手段，在主要作物中均有所研究。以下基于玉米和水稻两个系谱为例说明基因组分析结果。

Lai 等（2010）对玉米优良自交系‘郑 58’及其系谱（‘8112’‘5003’‘478’等）进行了基因组深度测序（图 14-6A）。其中，优良自交系‘478’（‘掖 478’）为‘郑 58’亲本之一，而‘8112’和‘5003’则是‘478’的亲本。这种包含系谱关系的重测序项目，可以让我们能够评价在系谱选择（pedigree breeding）过程中的基因组改变。利用‘B73’作为参考基因组获得高密度 SNP，基于已知的系谱关系使我们能够重建整个重组事件。观察两个亲本遗传背景向优良自交系‘478’的传递，可见遗传重组并不多，从自交系‘8812’和‘5003’到自交系‘478’，仅有 27 个重组断点，同时，有些染色体几乎没有重组，全部来自一个亲本（如染色体 9）；自交系‘478’从两个亲本中继承了相近比例的基因组背景（43%的‘5003’和 57%的‘8112’）。从自交系‘478’到自交系‘郑 58’的育成过程，可以发现 46 个重组断点，‘郑 58’继承了 43%的‘478’基因组（其中 12%来源于‘5003’，31%来源于‘8112’）。总体来看，玉米杂交育种过程中，重组没有我们想象的那么多。樊龙江团队利用 20 世纪 80 年代水稻矮化主栽品种‘南京 11’系谱及其与长江下游地区杂草稻基因组重测序数据进行了系统发育树构建，发现江苏和浙江地区的部分杂草稻起源自‘南京 11’的去驯化或野化（图 14-6B）。这是迄今为止发现的最近代水稻去驯化事件。

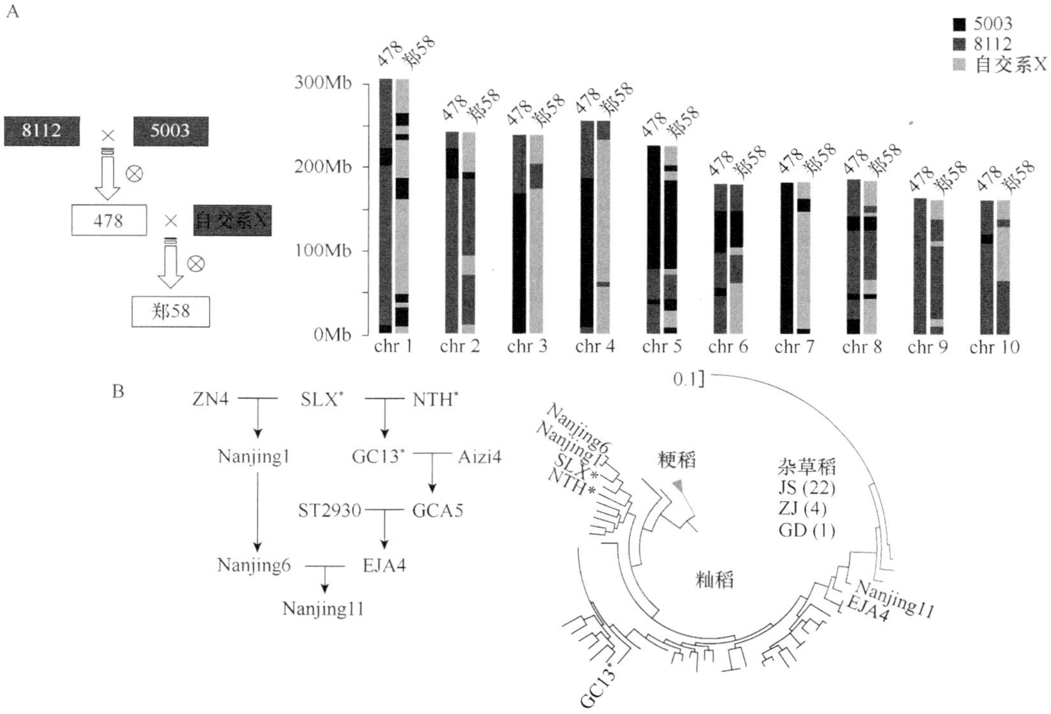

图 **14-6** 基于系谱的作物遗传传递分析

A．玉米优良自交系‘郑 58’系谱分析（引自 Lai et al.，2010）；

B．水稻‘南京 11’（Nanjing 11）谱系及其去驯化分析（引自 Qiu et al.，2020）

（二）基于泛基因组的遗传变异解析

作物由野生植物驯化而来，然后由地方种逐步改良成现代作物品种。这个育种过程会发生遗传变异，一个显著的变化是遗传多态性的下降。在基因组序列出现前，上述知识是通过单个或数个基因序列获得的，而基因组为更全面地解析作物遗传变异提供了可能。通过对基因组范围的单个基因的多样性研究，我们已经建立了一些揭示有利遗传变异的方法。而为了揭示作物群体中完整的遗传变异，就需要通过更广泛、深度更高的测序来获得覆盖全基因组的信息。对于大部分作物，其测序主要基于单一品种作为参考基因组。这种策略产生很多遗传信息缺失，给遗传变异的检测造成很大的影响。首先，是由于测序技术的限制，单一基因组测序通常只能够覆盖基因组的 80%～90%，而且通常只有代表驯化的优良品种的单一基因型能够被准确检测到。其次，不同生态型重测序数据通常只有 50%～80%能够比对到参考基因组上。例如，通过玉米‘B73’与‘Mo17’的全基因组比较（Springer et al.，2009），以及对大刍草（teosinte，玉米祖先种）的比较证明了多达 50%的基因组是不共享的。因此，构建基于多个基因组的参考基因组，即泛基因组，是揭示隐藏在不同种质资源中遗传变异的重要途径。

为了绘制和利用作物物种的遗传多样性，研究人员已经对作物大量优良品种、地方品种和野生祖先种进行了大规模重测序。在物种水平上基因组是动态的，一些核心基因在每个个体中存在，而其他基因则可能只在一部分个体中存在，两者的集合构成泛基因组。随着泛基因组技术的发展，水稻、玉米、小麦、高粱、番茄等作物中均利用图基因组方法将泛基因组整合成新的图参考基因组，可以显著提高 SNP、SV 鉴定的准确度，极大增加可解释的遗传变异，重拾丢失的遗传力。以最新发表的小麦泛基因组分析为例（Jiao et al.，2025），泛基因组分析全面展示了 20 世纪 50 年代以来中国小麦 70 年育种历史，揭示了不同层次的结构变异对小麦适应性和育种的影响，为全球种质资源的整合和利用、未来小麦智能设计育种提供了重要基因组支撑以及新的视角和策略（图 14-7）。例如，在 70 年育种过程，普通小麦中出现“冬性”突变和春化基因 *VRN-A1* 拷贝数和序列变异，继而呈现“冬性”——即抗寒性强弱的变化。与地方品种相比，现代品种中该基因拷贝数降低，推测这可能与最近 100 年气候变暖密切相关。这一发现揭示了小麦品种适应性的遗传基础，为未来小麦广适性育种提供理论指导。同时，在我国近 70 年人工选择和自然选择双重作用下，西北、华北小麦品种含小麦籽粒硬度基因 *Ha* 突变的频率显著高于东南、西南地区小麦品种，这与我国居民“北硬”“南软”的饮食习惯密切相关，这一发现说明小麦品种既是生产要素，也是饮食文化的重要载体。

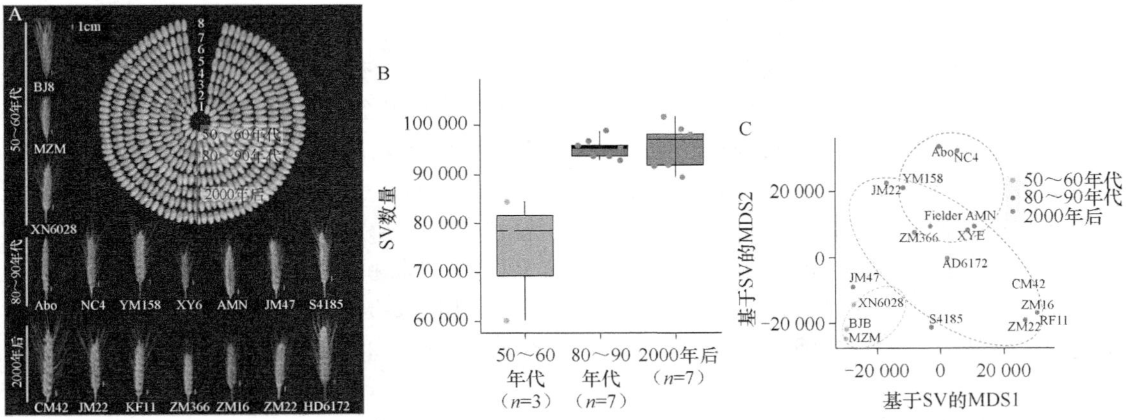

图 14-7　通过泛基因组分析解析小麦育种过程中的遗传变异（引自 Jiao et al.，2025）

A．我国小麦三个育种阶段育成品种的麦穗和种子表型；B．基于从头拼接基因组的结构变异（SV）数量；C．基于结构变异和多维尺度变换法（MDS）构建的品种遗传关系图

（三）基于群体基因组的数量性状遗传解析

作物产量、品质、株型、生长发育等大多数重要农艺性状均为数量性状，这些性状受多基因控制且易受环境影响。群体基因组学结合群体遗传学和基因组学优势，为数量性状遗传解析提供了重要手段。下面以水稻研究为例进行说明。

上海师范大学黄学辉团队利用超大规模的水稻遗传群体（18K）基因组数据，全面发掘了水稻 16 个重要农艺性状的 QTL 基因及其遗传互作，构建了水稻 QTL 基因的遗传互作网络，系统评估了水稻 QTL 基因的加性和上位性效应（Wei et al.，2024）。研究成果为水稻遗传研究提供了全面的数量性状基因互作信息，为水稻分子设计育种提供重要理论支持。该研究首先通过主栽籼稻品种‘黄华占’与其余 15 个材料分别杂交，随后连续多代自交，构建了 15 套重组自交系，平均每个群体大约包含 1 000 个株系。此外，还利用籼稻‘黄华占’、秋稻、温带粳稻、热带粳稻做亲本，构建了包含 2 402 个株系的 MAGIC 群体。15 套重组自交系群体和 MAGIC 群体共包含 18 421 个水稻株系。随后，对 18 421 个株系进行基因组重测序，发现所有材料的平均杂合率为 3.7%，在 15 套重组自交系群体和 MAGIC 群体中分别发现了 26 个和 1 个偏分离位点。发现 13 个控制重要性状的基因与 15 个子群体中偏分离的 QTL 共定位。将 18 421 份水稻株系及其亲本在多地进行了株高、秆长、抽穗期等重要农艺性状测定。利用 18K 水稻中大约 293 万个 SNP 标记进行 GWAS 分析，所有性状在 3 个环境中共发掘到 1 207 个 QTL 位点，46.3%的位点能够在 2 个环境中被重复检测到，23.15%的 QTL 位点能够在 3 个环境中被重复检测到。除了外壳颜色（质量性状），所有性状均受数十个 QTL 控制，表现出复杂的多基因遗传，平均每个性状能检测到 27.5 个 QTL。

研究团队进一步通过建立 QTL-QTL 互作检测方法，对 18K 群体中每个性状中每个 QTL-QTL 对的上位性进行了检测，16 个性状在三种环境中共检测到 1 013 个显著的上位互作对。研究通过线性模型评估了基因加性效应和上位性效应之间的表型贡献。平均下来，每个性状中已鉴定到的 QTL 的加性效应能够解释 49.9%的性状变异，已鉴定到的 QTL 对的上位性效应解释了 2.2%的性状变异。而在考虑所有基因效应的基因组遗传力估算中，加性效应的贡献为 56.2%，上位性效应的贡献为 8.8%。这表明许多微效 QTL 存在遗传互作，但是由于种群规模有限，微效 QTL 上位性在统计上不太显著，尚未被发现并用于估计上位性效应。对于单个性状，一个 QTL 基因通常涉及多个互作对，使得 QTL 基因形成互作网络，而多效性基因的存在，又进一步使得遗传网络能够在不同性状之间相互关联。在 96 个候选基因中，53 个基因表现出多效性。在所有 QTL 基因中，共发现了 160 个控制多个性状的 QTL，表明了 QTL 多效性的普遍存在。该研究最后建成了水稻 QTL 基因的遗传互作网络，包括 418 个 QTL 之间的互作（图 14-8）。该遗传网络中，出现频率最高的 25.4%QTL 参与了 88.8%的互作，表明 QTL 和性状之间存在广泛的联系。此外，研究共鉴定到 19 个核心 QTL 基因，这些核心基因都具有较大的遗传效应并控制多种性状。例如，*Ghd8* 涉及 10 个性状和 73 个互作对，*Sd1* 涉及 9 个性状和 62 个互作对，*DEP1* 涉及 7 个性状和 9 对互作性。核心基因通常与不同性状的不同基因发生遗传相互作用，核心基因与性状特异性基因的遗传互作极大地塑造了相应性状的遗传特征。

三、杂种优势

杂种优势（heterosis）是指遗传结构不同的两个亲本杂交所产生的子代，在生产、生活和繁殖等方面优于双亲均值或超过两个亲本的现象（Hoecker et al.，2006）。杂种优势已经在农业生产上得到广泛的应用。但杂种优势的分子机理至今没有研究清楚。大量的研究表明，杂种优势的遗传基础十分复杂，既有加性、显性和上位性的作用，又有它们与环境之间的复杂互作（Yu et al.，1997）。基因型的杂合性是杂种优势的遗传学基础，杂交种 F_1 表现出来的杂种优势是亲本杂交构成的一个新的调控系统所控制的，简单地说，杂种优势是在全新的调控系统下基因表达调控的外在表现。但是杂交种的基因虽然全部来自双亲，其表型性状又并非是双亲基因简单组合所控制的（Guo et al.，2004）。

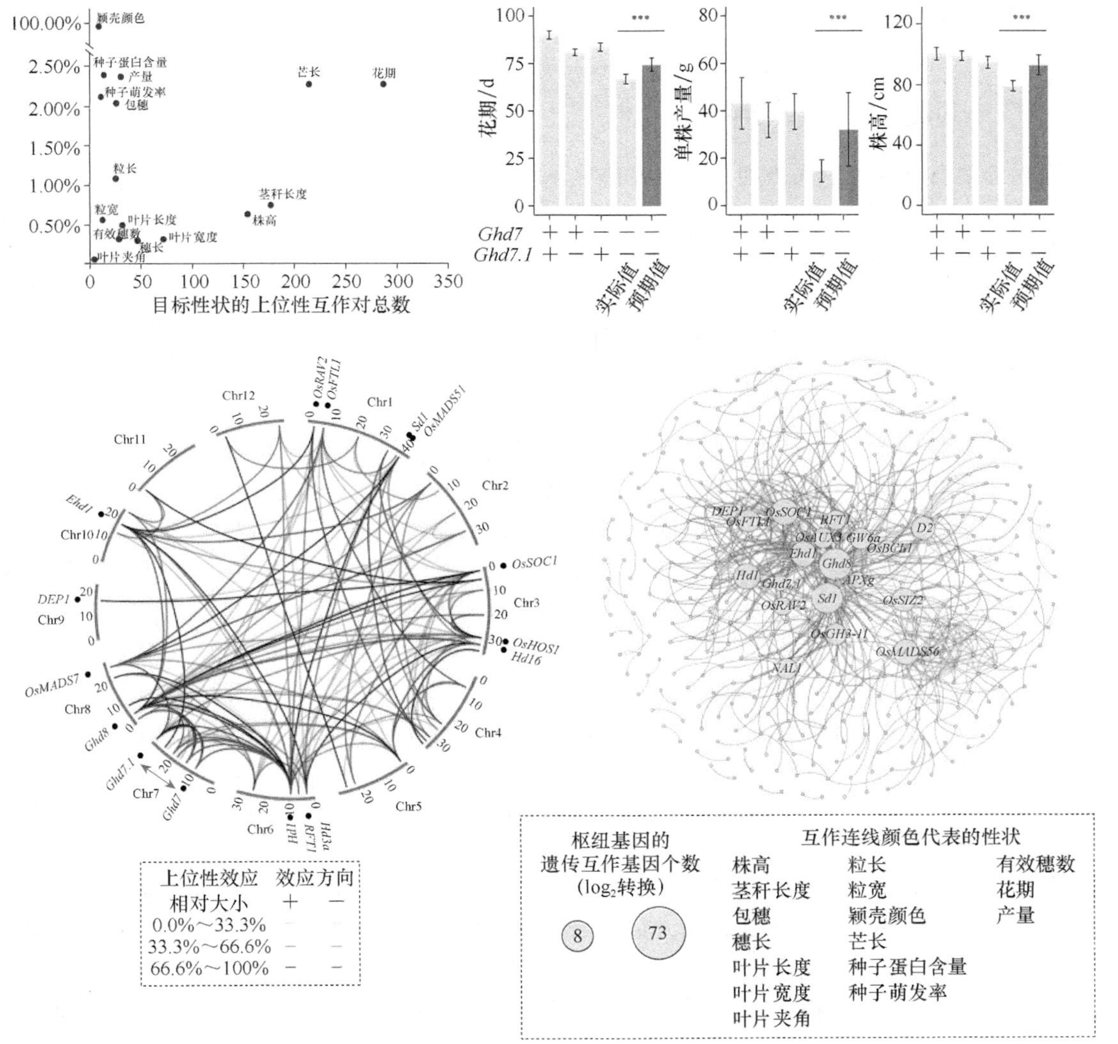

图 14-8　水稻 QTL 基因的遗传互作网络（引自 Wei et al.，2024）

自交衰退可以当作杂种优势的反过程。因此，杂种优势经常与自交衰退一起来研究。杂种优势以及自交衰退会影响适应性性状相关位点，这些位点直接调控适应性的变异。另一种是群体中大量隐性或者部分隐性的低频率的有害突变以杂合形式存在，隐藏其有害效应。自交会使得这些有害突变成为纯合，从而表现其有害效应。或者杂合状态下为优势的基因型，在平衡选择过程中呈现为中频，纯合等位基因降低适应性，杂合为超显性。虽然，显性、超显性是不同的遗传机制（Charlesworth and Willis，2009）。单个有害突变的显性、超显性也表现不同。但是全基因组中存在大量排斥项连锁的杂合有害突变，这样，在一条同源染色体纯合时，会显著降低适应性。杂合同源染色体会显著高于2个纯合同源染色体，从而表现出超显性杂种优势。

杂交育种技术在水稻、玉米等作物取得了极大的成果，在其他作物，如马铃薯中的应用也初步看到成效。然而，由于严重的自交衰退，很多作物很难构建高度纯合自交系。同样地，严重的自交衰退也暗示着巨大的杂种优势，以及杂交育种的巨大潜力。近年来，随着植物基因组学研究的发展，在基因组水平上对植物杂种优势有了更加深入的认识。例如，我国科学家联合国外研究者解析了有害突变导致严重自交衰退，建立了鉴定有害突变的进化基因组学、群体变异组学等手段，指导自交系选育及杂交组配（Zhang et al.，2019d；Zhang et al.，2021；Wu et al.，2023c）。

（一）杂种优势的基因组学解析

作物杂种优势育种利用方面，我国育种学家率先开展了水稻杂种优势利用研究。自20世纪70年代以来陆续通过三系法、两系法等途径培育出大量杂交水稻组合，包括‘汕优63’‘两优培九’在内的一系列高产杂交组合得到大面积推广，大幅度提高了稻谷产量。杂交稻的高产来自对水稻杂种优势的有效利用。在一些优异杂交组合中，杂交种的产量可以大大超越它们的双亲。杂种优势的产生是双亲基因组互作的结果，是一种复杂的生物学现象，然而这一现象背后的遗传机理一直以来不完全清楚。只有深入了解杂种优势的遗传基础，才能实现杂种优势的高效利用，推动育种技术的变革。

中国科学院国家基因研究中心联合中国水稻研究所等单位，分别利用杂交稻 F_1 和这些杂交稻衍生的 F_2 群体开展基因组解析，并对杂种优势机制进行了探究：①研究者对我国水稻主产区的1 495份杂交水稻品种进行基因组测序和产量等农艺性状调查，揭示了大量杂种优势相关的优异等位基因（Huang et al.，2015）。研究者通过开发一套全新的分析方法，有效地鉴定了高度杂合材料的基因型，构建了一张杂交稻品种的精细基因型图谱。由于大多数杂交稻品种的亲本材料无法直接获得，该研究还开发了一种多层迭代的计算方法，利用这1 000多份杂交稻品种和少量常用亲本的基因组信息，推测出了这些杂交稻的双亲（即不育系和恢复系）基因组信息。同时，研究者在三亚、杭州两地种植这些杂交稻品种，进行产量、品质和抗病性等共38项表型指标的鉴定考察。利用这些农艺性状，该研究在群体水平上对杂交稻材料的纯合及杂合基因型的遗传效应进行了精细分析。研究发现杂交稻中产量性状的表现与杂合程度相关性不高，杂交稻的高产主要来自大量优异等位基因的聚合。研究还发现了单位点超显性的存在；但无论数目上还是效应上，杂交稻品种中杂种优势的形成更多地依赖于产量位点上正向的不完全显性。该研究结果为杂交水稻的分子设计育种、杂种优势的机制研究，以及通过基因组辅助聚合育种技术，培育出具有超亲优势的常规稻新品种打下了重要基础。②研究者通过对来自17套代表性遗传群体的10 074份杂交稻 F_2 材料进行基因组测序分析和田间产量性状考察，发表了水稻产量性状杂种优势的全基因组解析研究结果（Huang et al.，2016b）。基于全基因组变异的主成分分析发现，3种类型杂交稻，即籼-籼杂交稻（Type A）、两系杂交稻（Type B）和籼-粳杂交稻（Type C）明显分为3个亚群（图14-9），说明它们的基因组构成明显不同。通过全基因组关联分析鉴定出了控制水稻杂种优势的主要基因位点，分析了纯合基因型（父本或母本基因型）和杂合基因型（父/母本型）的遗传效应，详细剖析了三系法、两系法杂交稻和亚种间杂交稻杂种优势的遗传位点。研究表明，水稻杂种优势的表现正是由鉴定到的基因位点所决定的。控制水稻杂种优势的遗传位点在杂合状态时，大多表现出不完全显性，通过杂交育种产生了全新的基因型组合，从而在杂交一代高效地实现了对水稻花期、株型、产量各要素的理想搭配，形成杂种优势。

例如，传统三系杂交稻组合中，父本（恢复系）聚集了较多的优良等位基因，综合性状配置优良；在此基础上，来自母本（不育系/保持系）的少数等位基因则进一步改善了水稻植株的结实率、穗粒数（如 *hd3a* 基因）及株型（如 *tac1* 基因），实现了杂交组合子一代的优势表现。这些发现对推动杂交稻和常规稻的精准分子设计育种实践有重大意义。利用这项研究成果，科研人员有望进一步优化水稻品种的杂交改良，实现对亲本材料的高效选育和配组，服务于具有高配合力特性的亲本材料，聚合双亲优点的常规稻材料的创制和改良，选育出更加高产、优质和多抗的水稻种质资源，对实现高效的分子设计杂交育种有重要的指导意义。③研究者继续对商业化水稻杂交种及其相关群体进行了基因组测序分析和产量性状调查，获得了杂种优势位点存在剂量效应的证据（Gu et al.，2023）。他们系统地研究了与水稻产量相关性状、开花时间（抽穗日期）和稻米品质的表型变化的遗传基础，并探索了在育种历史中如何应用杂种优势位点并重塑水稻杂交种的基因组结构，进一步研究了亚种间水稻杂交种中强杂种优势的遗传基础。他们基于全面的表型数据开发了一个基因组选择和表型预测模型，用于杂交组合和杂交设计育种。该研究立足于杂交育种的优良材料，提炼和归纳理论基础，再利用理论反哺实践，为推动杂交水稻育种技术的革新提供了理论指导和宝贵的资源。

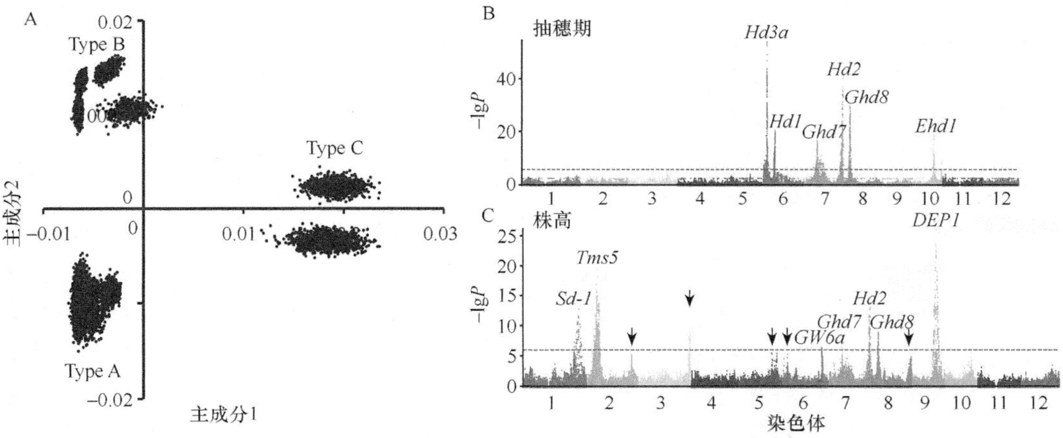

图 14-9　水稻杂种优势解析——基于 10 074 份杂交稻 F_2 材料基因组变异及杂种优势遗传关联分析的结果（引自 Huang et al.，2016b）

A．根据全基因组单核苷酸多态性对 10 074 份 F_2 单株进行主成分分析，明显分出 3 种杂交稻类型或亚群体（Type A～Type C）；B，C．抽穗期和株高全基因组关联分析结果

（二）杂种优势的表观基因组学调控

一般而言，杂种优势的表现程度与双亲的遗传距离有很强的相关性，如种间杂交往往会形成很强的杂种优势（Chen，2010）。但是很多种内杂交也表现出较强的杂种优势，如水稻亚种间的杂交、烟草和拟南芥等种内杂交（He et al.，2010）。在拟南芥中，即使两个遗传距离很近的亲本，其杂交后代 F_1 也表现出很强的杂种优势。因此，遗传距离并不能完全解释杂种优势，人们开始从表观遗传的角度来研究杂种优势。研究发现，表观遗传修饰能产生很多表观等位基因，这些表观等位基因在遗传背景相近的双亲中对基因表达有着不同的影响，从而产生杂种优势形成所需要的多种变异（Groszmann et al.，2011）。在异源多倍体和杂交种中关键的调控基因或者蛋白的表观遗传修饰，连同转录组、蛋白组和代谢组等一起形成了复杂的调控网络，从而导致杂种优势的形成（Chen，2013）。表观遗传调控可以从 DNA 甲基化、小分子 RNA 和组蛋白修饰 3 个层次调节植物基因的表达，在植物体响应外界环境胁迫、自身生长发育和内在稳定基因组等方面

发挥重要作用，对杂种优势的形成发挥作用。以下分别就 DNA 甲基化和小 RNA 调控杂种优势的分子生物学机制进行阐述。

在群体 DNA 序列变异中，区分表观遗传变异是一项极具挑战的工作。现多利用 DNA 甲基化缺陷突变株与野生型杂交，建立表观遗传重组自交系（epigenetic recombinant inbred lines，epiRIL）来研究表观等位基因（epialleles）对植物性状的影响，如株高、生物量和开花时间等（Cortijo et al.，2014）。研究表明，epiRIL 种群自交系形成的表观等位基因至少可以在 8 代之内稳定遗传，且能影响可观察的表型。例如，利用 epiRIL 群体进行拟南芥表观数量性状位点（QTLepi）定位分析，结合两个甲基化程度不同的近等自交系亲本及其 F_1 杂种（epiHybrid）的甲基化组、转录组分析，可量化表征亲本甲基化差异对杂种优势的重要贡献（Lauss et al.，2018）。

利用高通量的甲基化测序技术，通过检测两个亲本与杂种 F_1 的甲基化位点差异，可以研究杂种优势和 DNA 甲基化之间的关系。首先，基于甲基化程度明显差异的两个拟南芥近等自交系亲本及其 F_1 杂种的甲基化分析表明，亲本甲基化水平直接影响杂种优势（Lauss et al.，2018）。杂种 F_1 中的 DNA 甲基化水平同亲本相比发生显著的变化，其中 CG 位点变化程度最大，CHH（H 代表 A、C 或 T）甲基化水平通常表现为下降，CHG 甲基化则没有特定的规律（Groszmann et al.，2013）。杂种 F_1 中的 DNA 甲基化程度同双亲的亲缘远近程度成正比，亲本的亲缘关系越远，那么 F_1 中的 DNA 甲基化程度变化就越大（Groszmann et al.，2011）。当双亲等位基因区域的甲基化水平显著不同时，往往会造成杂种中甲基化水平的显著变化。有研究表明，在某一区域，其中一个亲本表现出高度甲基化，但是在另外一个亲本的等位区域甲基化水平较低，由于双亲在特定区域 DNA 甲基化水平的显著差异和相互作用，在杂交种中这一特定区域的 DNA 甲基化水平将不同于双亲的平均水平，或高于或低于平均水平（Greaves et al.，2012）。这种甲基化水平的变化可以调控基因的表达，从而导致最终的表型变化。杂种中很大一部分甲基化发生变化的区域与产生 siRNA 的区域是一致的（Groszmann et al.，2011），这也说明了 RNA 介导的 DNA 甲基化，对调控杂交种 F_1 中等位基因的表达具有重要作用。除此之外，研究者发现在拟南芥种间，杂交种 F_1 染色质较亲本更致密化，H3K27me3 组蛋白甲基化在差异表达基因中富集，表明两者是杂交种 F_1 基因表达差异的重要影响因子（Zhu et al.，2017）。总之，DNA 甲基化模式和水平的变化与杂种优势的形成有着密切的关系。虽然总体上具有杂种优势的杂种甲基化水平比双亲的甲基化平均水平要高，但并不是所有位点的甲基化都与杂种优势相关，杂种优势仅与特异位点甲基化水平和模式的改变有着很强的关联性。由于植物 DNA 甲基化在组织、器官等中具有特异性，因此在某些植物某些特定组织和特定器官，一些位点的 DNA 甲基化水平升高与植物杂种优势呈正相关，而有些位点的甲基化水平降低则与植物杂种优势呈正相关。

除了 DNA 甲基化，小 RNA（包括 siRNA 和 miRNA）同样能参与基因表达和表观遗传调控。基于拟南芥杂交种研究结果表明，小 RNA 被认为起着缓冲剂的作用，缓解基因组间的撞击，保持基因组的稳定性（Chen，2010）。拟南芥杂交种 F_1 相对于亲本，长度为 24nt 的小 RNA 表达呈下降趋势，而且大部分显著下降出现在父本与母本差异明显的位点，这些小 RNA 影响基因的表达；并且认为表观遗传调控基因活性导致的杂种优势，源于调控 DNA 甲基化的 24nt siRNA（Groszmann et al.，2011）。在杂交种中，双亲 siRNA 表达水平有差异的区域，其 24nt siRNA 的表达量呈下降趋势，而其他类型的小 RNA 没有这种变化。但是这种特点仅限于特定的组织类型，不具有普遍性，这说明需将特定的组织、细胞类型和发育时期分开进行研究。另外，24nt siRNA 在拟南芥杂交种中的变化主要发生在基因及基因的两侧区域，在转座子区域比较稳定

（He et al.，2013）。在油菜的杂交种优势研究中发现，相比于双亲的 siRNA 表达水平，杂交种中的 siRNA 表达水平显著升高，同时影响了转座子的活性。同时 24nt siRNA 的变化也引起了基因及转座子区域的 DNA 甲基化的变化（Shen et al.，2017）。对于 miRNA 而言，如果两个亲本的亲缘关系比较近，那么它们的杂交种 F_1 中 21nt miRNA 主要表现出加性表达模式；如果两个亲本的亲缘关系较远，则杂交种中 miRNA 的表达模式主要表现出非加性。非加性的 miRNA 往往与其靶基因在双亲和杂交种 F_1 中的差异表达有很大的关联性，表现为非加性的 siRNA 往往在杂交种中表现出下调表达的趋势（Greaves et al.，2012）。

第三节　组学相关育种技术

多组学的发展为作物育种提供了技术支撑，许多以组学数据为基础的育种技术应运而生。这些技术有些已在育种中开始利用并取得良好育种效果，如基因组选择、智能设计育种等；有些还处于起步探索阶段，但已展现出良好前景。下文仅就组学数据和大数据技术及其育种利用进行介绍。

一、基因组选择

20 世纪 80 年代，植物遗传学家及育种家们开始把分子标记技术引入他们的育种工作中。这项技术首先推动了数量性状基因座（QTL）定位研究（Lander and Botstein，1989）。随后出现了标记辅助选择（marker-assisted selection，MAS）（Bernardo and Charcosset，2006）。MAS 方法假定已知基因与表型的关系，其可以选择具有与主效 QTL 关联标记的个体。对于那些存在已知关联标记的主效基因，这类假设是可行的，但是对于数量性状来说，其会受到大量微效基因及环境的影响，MAS 这类方法就不再适用。这个阶段仍旧依赖大量的田间试验。为了处理这类数量性状，需要新的统计方法来解释这种不确定性，从而获得可能的最佳预测。例如，在位点识别中，需要同时估计所有标记位点的效应。在提出这种观点的同时，Meuwissen 等（2001）将其命名为“基因组选择”（genomic selection，GS）。

与早期发展的 QTL、关联作图不同，基因组选择可以同时估计全基因组范围内所有位点的效应，来计算全基因组的育种值（genomic estimated breeding value，GEBV）。基因组选择过程包括训练过程和选择过程，训练过程中需要一个训练群体，其表型和基因型均为已知（图 14-10）。选择过程是根据训练群体训练得到的模型来预测未知材料（基因型已知而表型未知，即育种材料）或称为测试个

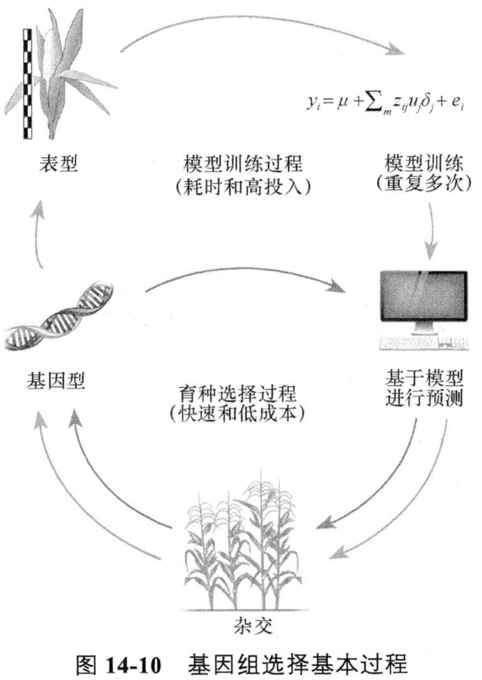

图 14-10　基因组选择基本过程
（引自 Wallace et al.，2018）
包括训练过程（training cycle）和
选择过程（selection cycle）。
前一个过程需要大量时间和经费投入，
但一旦建立起准确预测模型，
后续选择就会快速和低成本。
图中公式：y_i 表示表型值；μ 表示平均值；
z_{ij}、u_j、δ_j、e_i 分别表示不同类型的机械误差

体的 GEBV，以此作为育种选择的依据。

基因组选择通过对候选育种材料进行育种值大小估计，进而进行育种选择。这里育种值包含亲本平均值及孟德尔抽样造成的子代表现与平均值的偏差。传统育种中，亲本的平均水平通过家系信息来进行量化，从家系信息中可以直接得出亲缘关系矩阵 A。孟德尔抽样导致的家系内部变异则是通过在多环境田间试验的测试中来量化。基因组选择通过利用高密度的标记来量化孟德尔抽样，以此可以避免对子代进行广泛的表型调查。这样可以通过减少循环周期节省时间及其他资源，同时可以提高期望遗传增益（genetic gain）及单位时间内的选择响应。基因组选择具备快速提升低遗传力复杂性状的潜力（Crossa et al.，2017）。

基因组选择不同于 MAS 策略，其不是仅仅利用预先定义的与性状显著相关的标记进行估计，而是利用全基因组范围内的标记来估计每个基因型的育种值。因此，需要有一定的分子标记密度，来让更多 QTL 连锁不平衡区间中至少存在一个标记，这样也就可以使这些标记捕获到更多的 QTL。目标标记密度可以由全基因组范围的 LD 衰减（LD decay）决定，利用标记间决定系数（r^2，coefficient of determination）及遗传距离之间的关系进行估计（Heffner，2009）。

LD 衰减速率和模式会受到群体特征的影响，如演化历史、种群大小、重组率和选择效应等。因此，种群间 LD 衰减率在物种间、群体间或者不同遗传区域是高度可变的。例如，水稻不同品系群体间 LD 衰减率（LD decayrate）在 75～500kb（Mather et al.，2007），小麦优良品种群体为 10～20cM（50～100Mb）（Chao et al.，2007），玉米不同自交系中为 0.1～1.5kb（Remington，2001），高粱不同品系中为 15～20kb（Hamblin et al.，2005）。因为很多因素会影响到 LD，所以上述这些只是一个参考，实际研究中需要对每一个案例进行独立的估计。LD 估计可以用来确定基因组选择标记密度。Calus 和 Veerkamp（2007）利用标记间平均 r^2 作为 LD 相关标记密度的评价指标。他们发现对于高遗传力的性状，0.15 的平均标记 r^2 足够用于分析，而对于低遗传力的性状，将 r^2 增加到 0.2 后可以提升 GEBV 预测的准确性。

基因组选择的统计模型，需要通过有限个数的表型数据来同时估计大量标记的效应。这种标记数目远大于样本数的情况导致自由度的缺乏，必须通过选择使用最合适的统计模型来进行处理，也就是在考虑模型复杂性和计算需求的情况下，得到最高 GEBV 精度的模型。传统 MAS 认为标记效应是固定的，需要采用逐步回归（SR）的方法，通过对标记进行单独或者小群体的分割来避免自由度问题。模型选择过程中，标记会根据显著性阈值被加入或者移出模型，在此之后，未达到显著的标记其效应值被设置为 0，而显著的标记则会被同时测试来估计其效应值。这种逐步将不显著标记效应设为 0 的方法对于维护模型的可估计性至关重要。但这种方法的弱点在于，仅仅估计达到显著的标记效应时，只有一部分的标记能够被捕获到，与之对应的模型中，剩余效应会被过高估计。

基因组最佳线性无偏估计法（GBLUP）或岭回归最佳线性无偏预测（RR-BLUP）可以在基因组选择过程中一次性估计所有标记效应。相比于将标记归类为显著性标记或者零效应标记，岭回归则是将所有标记效应向着零效应缩小，这种方法假设这些标记是具有相同方差的随机效应。虽然假设相同的标记方差存在一定错误，RR-BLUP 的效果依旧优于逐步回归方法。因为其可以一次性估计所有标记效应，这样就避免了对标记的选择，也就避免了将这种选择导致的偏差引入到后续的选择过程中。基于 Meuwissen 等（2001）模拟数据估计，RR-BLUP 得到的 GEBV 准确性达到 0.732，比逐步回归和基于表型的 BLUP 高出 41%和 33%。通过对一个玉米自交系双亲杂交群体的分析，同样印证了 RR-BLUP 的效果要比逐步回归方法更好（Bernardo and Yu，2007）。

RR-BLUP 方法的假设会导致一些大的效应被过度收缩（over shrinking），随后提出的贝叶斯方法则可以避免这种假设，从而能够更好地模拟标记效应（Hayes，2007）。Meuwissen 等（2001）对标记方差提出两种类型的先验分布：第一种类型的先验分布（BayesA 模型）是尺度逆卡方分布，这样可以使得分布的均值和方差能够符合标记预期均值和方差。在一次模拟试验中，BayesA 的 GEBV 准确性达到 0.798，比逐步回归和 RR-BLUP 都要高。Xu（2003）提出的 BayesA 方法被用于一个包含 145 个个体的大麦群体，逐步回归和 BayesA 都可以检测到那些具有较大效应的 QTL，但是 BayesA 可以提供更精确的定位和效应估计。第二种类型的先验分布与 BayesA 的不同之处在于其有一个先验质量为 0 的条件，即可以允许零效应标记的存在。BayesA 的逆卡方分布可以设置为使方差强烈回归到 0，但其本身并不允许零效应的存在。相比而言，BayesB 提供了一个更加真实的先验分布，因为我们可以预期到基因组中一些区域没有 QTL 的存在，对这些区域的标记效应应该为零效应。Meuwissen 等（2001）的结果表明，BayesB 得到的 GEBV 准确性达到 0.848，要比测试的其他方法都要高。与 BayesA 相比，除了精度高以外，其所需要的计算资源也更少。

除了上述介绍的一些参数方法，基因组选择领域还有一些非参数方法及机器学习方法，如支持向量机（SVM）、随机森林（RF）等。基因组选择方法的不断发展使其逐步适应于植物育种研究领域，而高通量测序技术的发展及标记检测成本的降低则不断推动着基因组选择的应用。目前基因组选择已成为基因组数据育种利用和数量遗传学的一个研究热点，相关的研究成果数量正在迅速增加。例如，利用多个训练群体的结果，可以发展适合特定育种群体或测试材料的最佳预测模型。大量训练和育种群体数据的累积，为发展中国家和中小种业公司通过开源育种（open-source breeding）模式实现高效、低成本的基因组选择育种创造了条件。

我们可以将 GS 分为两个阶段，第一个阶段是利用有限分子标记，属于基因组选择（Ⅰ）；随着基因组水平遗传变异信息的获得，可以利用全基因组遗传变异进行选择，进入基因组选择第二阶段——基因组选择（Ⅱ）（图 14-11）。

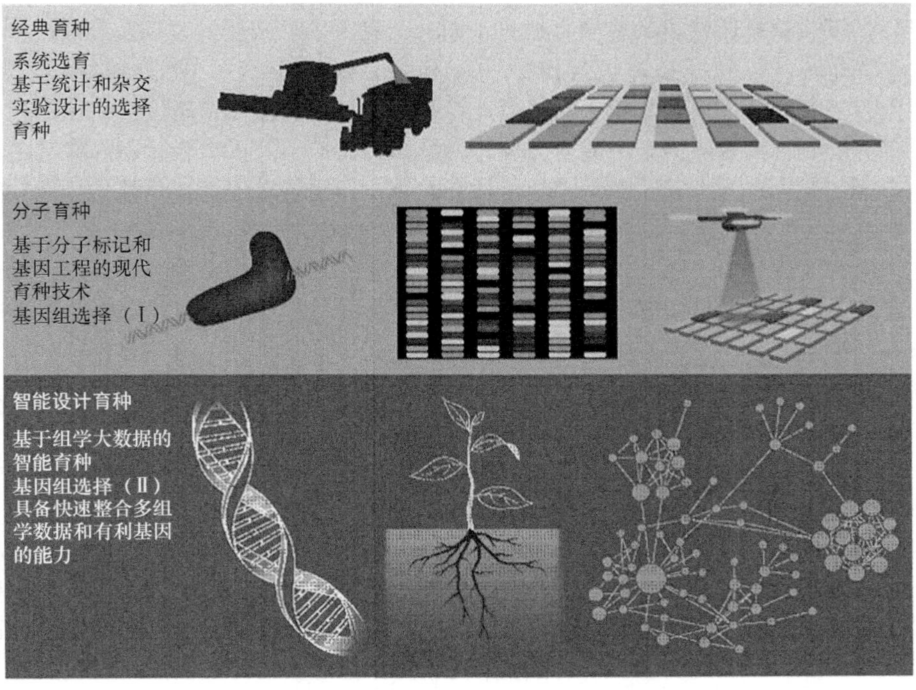

图 14-11　作物育种的 3 个阶段（改自 Wallace et al.，2018）

二、智能设计育种

（一）智能设计育种——基于组学大数据的智能设计育种

在上万年的作物驯化与育种发展历程中，农作物育种分别经历了基于系统选择、统计和杂交育种等传统育种阶段，基于分子标记、基因工程等分子育种阶段。伴随着互联网、基因组大数据和人工智能（AI）的不断发展，作物育种由此跨入了基于组学大数据和机器学习的智能设计育种阶段（图 14-11）。美国科学院院士 Edwards Buckler 等将智能设计育种阶段定义为育种 4.0 阶段（Wallace et al.，2018）。分子育种阶段将整合遗传标记和基因组数据，应用于育种，而到了智能设计育种阶段，则强调生命科学、人工智能与育种科学的深度融合，将所有具有利用价值的资源整合到极致（图 14-11）。从分子育种到智能设计育种的转换需要考虑 3 个关键问题：①如何改良作物使其更适应不同大田环境？现代农业的种植环境与祖先种所在环境有很大差别，会产生不同的选择压，导致新的等位基因出现并频率升高，最终产生全基因组受选择区域。驯化改良过程中不断选择适应栽培环境的材料，适应性也在不断提升，然而，远未达到作物适应性的极限。随着现代农业不断发展，农业生产方式也在不断变化，对作物适应性的需求也在变化。挖掘作物极限潜力是作物育种的终极目标。②遗传变异多样性的本质是什么？育种如何利用？虽然，将遗传变异看作黑箱，仅通过表型选育也可以进行品种培育。但是了解作物遗传变异本质可以显著提升育种效率。物种内的比较基因组可以辅助挖掘重要功能位点，当有上千份材料的基因组时，可以有效地挖掘调控农艺性状的重要变异位点，尤其对稀有变异，足够大的群体提升效果更显著。随着测序技术的发展，以及基因组从头拼接、全基因组多序列比对方法的发展，使得物种间比较基因组学快速发展，从而鉴定物种间遗传变异，进而挖掘进化受选择区域、快速进化区间、物种特异区域，并高效整合到育种过程中。物种内、物种间的遗传变异类型除 SNP 变异外，还包括基因拷贝数变异、缺失、插入、有无等结构变异，以及倍性、串联重复、基因组大小变化等（Wallace et al.，2018）。③如何处理有害突变？人类遗传学家非常关注有害突变，因为有害突变与疾病紧密相关。然而，育种家最关注有益等位基因，往往忽视了全基因组中大量有害变异。大效应的有害突变会在育种早期淘汰掉或者以杂合状态隐藏其效应。研究表明杂合有害突变位点的有害等位基因往往与有益等位基因紧密连锁，呈现出排斥项紧密连锁状态。需要重组才能打破连锁，剔除有害突变。然而，由于 Hill-Roberson 干涉，导致邻近位点重组发生频率降低，使得无法一次性清除有害突变，进而阻碍聚合育种以及杂交育种进程。除去大效应有害突变，基因组中的大量微效有害突变的加合效应仍然会显著降低作物适应性，影响作物最终产量。并且，有害突变与自交衰退和杂种优势形成有关。随着聚合育种以及杂交育种的发展，需要全基因组鉴定有害突变并评估其效应，进而高效指导品种选育（Wallace et al.，2018；Wu et al.，2023c）。

在智能设计育种阶段，早期利用基因组标记信息进行育种选择，现阶段通过多层面生物技术（BT）与信息技术（IT）的交叉融合，推动育种向着智能化、精准化、工程化的方向发展，即以基因组测序技术、遥感技术、人工智能图像识别与大规模物联网技术为依托，通过基因型、表型、环境型等数据的快速自动获取，实现组学大数据的快速积累；以生物信息学、机器学习技术为依托，通过各类组学数据、育种数据等的整合，实现作物性状调控基因的快速挖掘、表型的精准预测；以基因编辑技术与合成生物学为依托，通过人工改造基因元件与人工合成基因回路，实现作物具备新抗性等生物学特征；以作物育种大数据与人工智能技术为依托，构建以人工智能领域开源通用大模型为底盘的多模态模型矩阵，建立基于模型预测与数字仿真的智能设计育种决策系统，实现作物理想基因组的人工智能设计（图 14-12）。

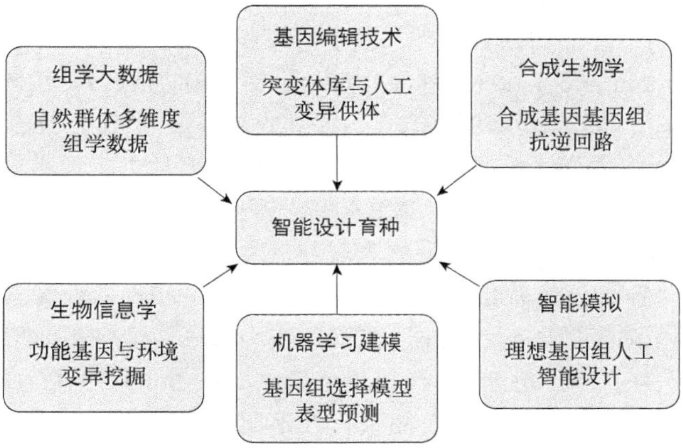

图 **14-12**　依托组学大数据及其多层次生命科学与人工智能信息科学技术的现代育种技术——智能设计育种技术

智能设计育种阶段的核心是大数据驱动的基因组智能设计育种，其跨学科、多技术交叉的特点决定了其商业运行模式需要多学科领域的技术支撑与产学研一体的研发链条，围绕育种行业需求，整合各个学科推动育种产业向智能化发展。以玉米为例，整个玉米智能设计育种应该包括玉米基因型大数据体系、玉米表型与环境大数据体系、玉米基因组育种模型体系、玉米精准种植模型体系和玉米育种方案设计决策体系五部分（王向峰和才卓，2019）。张启发院士联合国内外科学家提出 5G 育种策略，即育种对象具有完整的基因组、种质资源具备完整基因组和性状信息、基因及其功能清楚、利用基因组技术与基因组选择，以及利用基因编辑进行性状改良，从而达到智能、精确和高效育种的目的（Varshney et al.，2020）。同时，科学家们正在谋划和规划育种 5.0 愿景，即把人工智能（AI）应用于作物育种。李家洋院士团队牵头开展了“水稻高产优质性状形成的分子机理及品种设计”，提出育种 5.0 技术方向，认为智能作物是未来育种 5.0 时代的一个核心（余弘等，2024）。综上所述，智能设计育种是把各类组学大数据与人工智能有机结合的育种技术，是近年来才兴起的新育种技术，是育种 4.0 阶段最核心部分，同时也是实现育种 5.0 愿景的最重要基础。

（二）智能设计育种技术进展

组学数据育种利用是植物组学研究的一个重要目的，也是作物育种领域的迫切需求。目前国内外已有大量研究力量投入智能设计育种，已展现出美好应用前景。AI 算法应用过程首先包括组学数据收集处理、算法选择、模型训练等，然后深入应用于育种过程的各个环节（如性状和杂种优势预测、基因编辑、基因组设计和合成等）。

1．基于机器学习的农艺性状预测　基因组数据育种利用的前景取决于我们对基因型数据与表型的关联分析能力。具体到作物育种方面，则是我们能够对基因型数据与产量、抗性等农艺性状表型数据的关联分析能力，特别是在从上而下的组学数据育种利用技术途径中，基于机器学习的基因型到表型预测研究已经进入快速发展期。LightGBM（light gradient boosting machines）是基于梯度提升（gradient boosting，GB）决策树算法的高效机器学习框架，通过组合多个弱学习器来建立一个强模型，在玉米 GS 预测中展现出在预测精度、模型稳定性和计算效率方面的卓越性能（Yan et al.，2021）。在模型的训练过程中计算每个分子标记的信息增益（information gain，IG），并根据 IG 分值筛选预测效力高的标记位点。

深度学习算法为解决大数据分析和高性能并行运算等难题提供了新的契机，深度学习算法的优化将会提高全基因组选择的预测能力。基于深度学习的全基因组预测方法 DNNGP（deep neural network for genomic prediction）包含批归一化层（BN layer）、回调函数和校正线性激活函数（ReLU）等结构，可以有效避免过拟合，提高收敛速度（Wang et al.，2023b）。以玉米、小麦和番茄四种不同维度的群体数据为测试材料，与其他五种主流预测方法（基于线性模型的 GBLUP；基于机器学习的 LightGBM 和 SVR；基于深度学习的 DeepGS 和 DLGWAS）相比，DNNGP 预测精度稳健，在小型数据集上的表现与目前主流预测模型相当，在大规模数据集上预测优势更加明显，并且比已有深度学习方法提速近 10 倍。华中农业大学研究团队开发了一种基于深度学习的性状预测模型 SoyDNGP，该模型核心算法通过将基因型映射至三维矩阵，以十二层卷积神经网络为主体，融合 CA（coordinate attention）注意力机制。较传统方法，SoyDNGP 输入信息密度更高、计算速度更快，在不同的样本量和性状复杂性下表现出了稳健的性能，在多种作物品种中的泛化能力强。基于 Transformer 的基因组预测新方法 GPformer 融合了 Transformer 架构和知识引导模块（KGM），通过全局视角捕捉单核苷酸多态性（SNP）之间的长距离依赖关系。与传统的遗传评估方法相比，GPformer 在多个农作物数据集上展现出了卓越的性能，优于现有方法。KGM 模块利用 GWAS 结果作为先验知识，通过注意力机制引导模型学习，进一步提高了预测的准确性。GPformer 的稳健性和对超参数的不敏感性使其在实际育种中具有广泛的适用性。

基于迁移学习的作物产量预测方法 TrG2P（http://trg2p.ebreed.cn:81），能够整合多性状数据以实现提升作物产量预测准确性（Li et al.，2024a）。充分利用控制不同性状的基因存在“一因多效”的生物学特点，借助迁移学习算法，提取相关源域的模型知识，构建融合多性状数据的作物产量预测模型。具体包括 3 个步骤：①利用卷积神经网络（CNN）对非产量性状表型和基因型数据进行模型训练，获得预训练模型；②将预训练模型的卷积层权重迁移到产量预测任务，并对全连接层进行重新训练，获得微调模型（fine-tuned model）；③将两个微调模型的卷积层和第一个全连接层进行融合，并训练最后一个全连接层以增强预测性能，获得融合模型（fusion model）。TrG2P 应用于玉米、水稻和小麦数据集，并与其他多种基因组预测算法（rrBLUP、随机森林、LightGBM 等）进行了比较，TrG2P 对水稻、玉米和小麦产量的预测准确性分别提高了 39.9%、6.8%和 1.8%，实现了利用非产量性状数据提高作物产量预测效率。受到 DNA 分子画像技术（DNA molecular photofitting）的启发，华中农业大学研究团队开发了一套适用农作物 DNA 画像的机器学习方法——目标导向的优选技术（target-oriented prioritization，TOP），以特定品种（商业品种或区试对照材料）为目标，在育种资源中通过基因组信息对材料进行“表型画像”，并搜索和“目标画像”整体性最相似的材料，依此识别出最佳育种候选材料，同时实现多性状的协同选择。利用玉米、小麦等 4 套独立的数据集对 TOP 选择效果测试，结果表明 TOP 在多个物种、多个数据集中均获得了较高的识别精度，并能有效平衡多个性状间的复杂相关性。科研人员进一步以我国大面积推广的玉米品种‘郑单 958’为目标材料，利用 TOP 优选出杂交组合并进行田间试验验证，部分杂交组合在保持和‘郑单 958’整体性状相似的基础上实现了 0.75%～8.66%的增产。

由于高通量测序成本大幅下降，目前已比较容易获得各类生物的基因组序列，使基于基因组序列从头（*de novo*）预测性状成为可能。对于作物育种研究，同样可以在基因组数据与农艺性状相关的表型数据之间建立机器学习模型，通过大量数据的训练，确定合适的基于基因组数据直接估计表型的模型，并在育种改良中加以应用。例如，基于作物基因组水平重要位点 SNP 大数据，樊龙江团队利用机器学习算法进行基因组特征提取（GSCtool），然后基于提取的特征进行农艺性状预测取得了良好效果，无论在准确性和运算时间上，均优于直接基于基因组 SNP 数据进行预测的结果（Shen et al.，2023）。目前利用 GSCtool 工具和构建的基因组-表型成对（G2P）数据集（BreedingAIDB），可以进行水稻、玉米和大豆基因组特征提取和相应农艺性状的预测（Shen et al.，2024b）。

育种过程中既涉及结构化也涉及非结构化的数据，未来的智能设计育种将同时从结构化和非结构化的数据中提取有价值的信息。首先，需要建立行业都能共同采纳的数据采集标准，实现精准数据采集；然后，结合使用各种大数据技术、云计算，将育种相关的原始数据加工成为人工智能和计算机可以利用的形式，其中包括数据清理、集成、转换、降维、离散化和抽样等。人工智能与现代统计分析技术相结合有望帮助我们应对利用高维大数据进行性状预测时所面临的各种挑战和问题。

植物产量等表型性状是其基因型及其所处环境共同作用的结果。目前育种所采用的基因组预测和选择技术大都是根据个体的基因型来预测表型，很少考虑到个体所处环境中具体环境因子对植物表型的影响，因此这类预测所进行的基因组选择通常是有偏差的或因环境而发生变化（Xu et al.，2022c）。拓展传统线性预测模型，整合环境效应项、基因型-环境互作项或环境指数，能够实现在多目标环境或未知测环境的全基因组预测。环境指数类似于经典选择指数，由单个到多个环境变量构建环境指数，并以此作为一个新的变量参与模型的构建和预测。每个环境指数可以通过多个环境变量的线性组合来预测，而机器学习中的监督学习方法，如支持向量机，能够在高维空间中进行复杂模式识别，识别非线性特征，在环境指数构建方面具有广泛适用性和显著优势。与其他组学一样，与环境信息相关的学科发展也经历了从环境型（envirotype）到环境型鉴定（envirotyping）和环境组（envirome）的发展历程，卫星、无人机、地面遥感设施相结合的天、空、地遥感技术成为未来表型组学和环境组学发展的重要推动力（Resende et al.，2024）。机器学习在多种方式上可以协助环境组学的研究。地理信息系统（GIS）和其他遥感系统的数据处理方法主要是基于图像的，随后的图像处理本质上与使用机器学习进行基于图像的表型分析相似；卫星遥感技术与无人机和地面遥感技术相结合，辅之以周边地点的可用历史数据，借助填充技术（imputation），就可获得地球上任意地点的环境信息估计值，如利用深度神经网络（DNN）减少气候数据的缺失，实现“Genomes to Fields”（G2F）中基因组和环境数据的扩增，显著提高玉米产量的预测准确性（Sarzaeim et al.，2022）；在环境数据预处理过程以及预处理后数据应用中，机器学习具有广泛的潜在价值，例如，聚类分析、模式识别或数据降维等非监督机器学习算法，与环境分类高度相关。针对常规基因组预测存在的限制和环境组学的快速发展，徐云碧博士领衔的国际科学家团队提出了将环境组数据用于预测的基因组环境组集成预测（iGEP）方法，目标是利用基因组-表型组-环境组大数据和人工智能技术来改进预测的准确性和稳定性（图 14-13）。需要采用科学有效的技术和方法进行基因组特征提取和降维处理（Shen et al.，2023），包括主成分分析、奇异值分解、谱变换、内核卷积等，也可以通过压缩变量或构建指数变量。用于基因组环境组集成预测的人工智能模型，可以分为监督学习（采用具有标签的数据，如有表型鉴定的基因型数据进行训练）、非监督学习（采用没有标签的数据，如非表型鉴定的基因型数据发现隐藏的模式），以及半监督学习（居于两者之间），以更好地捕捉各种复杂互作、各种非线性和非加性效应。多模态深度学习具有自动提取特征、处理高维数据、捕获复杂模式的能力，将在 iGEP 中发挥重要作用。

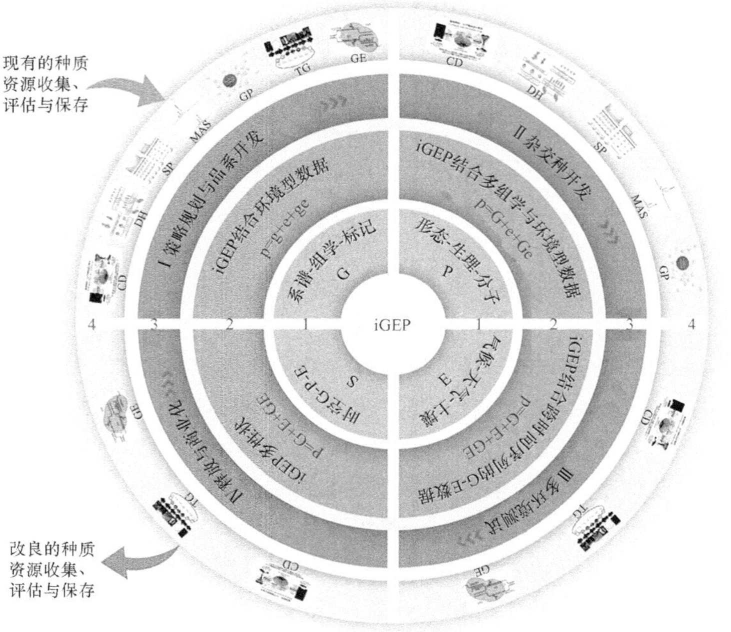

图 14-13 基于基因组环境组集成预测（**iGEP**）性状的理论框架（引自 **Xu et al.，2022c**）

2．基于机器学习的杂交种表现预测 基于亲本基因组信息预测杂交种表现（single-cross hybrid performance）是机器学习另外一个潜在应用领域。在杂交优势利用育种过程中，育种者需要开展大量组配工作，寻找最佳的两个亲本组合。如果能够根据两个亲本基因组构成预测杂交后代的表型，将极大减少组配和田间工作量，提高育种效率。通过拓展 rrBLUP 或 GBLUP 线性模型进行杂交种的全基因组预测，不仅需要考虑加性效应，还需要考虑位点内（显性）和位点间（上位性）交互效应，以及基因型与环境交互效应（Riedelsheimer et al.，2012；Xu et al.，2014）。机器学习方法在杂交种全基因组预测中的应用，包括回归核希尔伯特空间（RKHS）、集成学习和深度学习等。RKHS 方法借助核函数，集成学习方法通过结合多个“弱”学习器的预测来捕捉 SNP 标记间的隐藏非加性互作。爱荷华州立大学研究团队研发了一套基于神经网络的协同过滤（collaborative filtering）方法，参加 2020 年先正达作物挑战赛（Syngenta Crop Challenge），该方法结合了矩阵分解方法和神经网络，利用先正达公开的杂交种产量数据集（包括来自 593 个自交系与 496 个测验种之间的 10 919 个杂交组合在 280 个测试环境的数据）进行模型训练，预测新组配杂交组合的产量表现（Khaki et al.，2020）。结果表明，协同过滤方法在预测准确性上显著优于其他模型，如 DeepFM（deep factorization machines）、LASSO、随机森林等。

3．智能设计育种决策体系 智能设计育种决策体系是智能设计育种最终目标，目前全球正积极研发融合种质资源、信息技术、生物技术、常规育种技术等一体化的智能设计育种决策系统。例如，黄学辉团队基于前文中建立的水稻数量性状基因关键变异图谱开发了“水稻导航育种系统”（RiceNavi），能够为水稻设计育种提供遗传分析、选配指导和育种路线优化，在育种过程中发挥“地图导航”的作用。利用这一套系统，仅用了 2 年半，就实现了对常规水稻品种‘黄华占’的香味、株型和株高等三个性状的改良选育。目前，该系统已经与国内头部种业公司合作，已在进行大规模的种质资源创新，也服务了全国多个育种团队。同时，基于他们最近利用超大规模遗传群体基因组重测序发掘的 16 个重要农艺性状的 QTL 基因及基因的遗传互作（Wei et al.，2024），该团队正在更新他们的导航系统。李慧慧团队开发了“智能育种平台”（Smart Breeding Platform），此平台不仅支持原始表型和基因型数据的高效记录、管理和处理，还能够执行高度定制化的表型及群体遗传分析，并有效开展全基因组关联分析和利用经典机器学习与深度学习模型进行农艺性状预测，实现了从数据录入到复杂统计分析的一站式服务（Li et al.，2024b）。

生成式人工智能的发展为通过增强生物大数据分析进行精准的智能设计育种带来了新路径。华中农业大学李林团队领衔，联合国内多个研究团队，提出 CropGPT 新概念，通过整合多种资源（种质与生物大数据），利用 DH 技术、高通量基因分型、高通量表型及 AI 等先进技术快速、精准地预测，旨在通过精准智能设计助力生物育种（Zhu et al.，2024）。拜耳等种业巨头通过生成式人工智能（GenAI），开发 ELY 等大语言模型快速准确地解决与农学、农场管理及农业产品相关问题。上海人工智能实验室联合崖州湾国家实验室和中国农业大学发布首个种业大语言模型“丰登”（seedLLM），通过注入科技文献、产业实践报告等海量专业数据，训练出具备强大理解和分析能力的种业大模型。未来还会在大语言模型的基础上引入图像分析、多组学分析和育种决策能力，针对不同育种工作场景，进一步提升育种效率。

4．机器学习与基因组编辑 基因编辑技术是创制优异等位基因的理想技术，但是目前基因编辑技术需要开发辅助基因编辑的智能预测工具，提高基因编辑的编辑效率。基因编辑预测与机器学习结合，可以显著提高基因编辑的准确性和效率。机器学习算法能够分析大量的基因组数据，学习基因序列与编辑结果之间的关系，从而预测目标基因编辑的成功率和潜在的脱靶效应。一种新型的基于 Transformer 的深度学习模型——Nucleotide Transformer，其整合了来自 3 202 个不同人类基因组及 850 个不同物种（包括模型和非模型生物）的基因组信息，能够识别基因组中具有调控作用的元素，如增强子和启动子，这些元素对于基因编辑中的靶向编辑至关重要。模型能够预测特定遗传变异对基因表达和功能的潜在影响，可以帮助科学家在进行基因编辑之前预测编辑效果，从而提高实验的成功率和评估潜在的风险（Dalla-Torre et al.，2025）。基因编辑 CRISPR/Cas 系统能够感知特定核酸并随后发挥酶功能，现有的数据挖掘算法滞后了新型 CRISPR/Cas 系统的发现。张锋等开发了新型聚类分析工具——FLSHclust，即基于局部敏感哈希算法实现每秒亿万级（太拉级）运算的快速聚类分析，并可以将序列相似性低至 25%的蛋白质进行聚类，这使其能够识别以前未发现的 CRISPR 系统。FLSHclust 遍历数十亿蛋白序列，发现了 188 个之前未见报道的新型 CRISPR 相关系统（Altae-Tran et al.，2023）。现有碱基编辑系统的核心元件脱氨酶来源于单一家族，导致碱基编辑仍有诸多局限，尚难以满足多元化的应用需求。高彩霞研究组运用 AlphaFold2 辅助的大规模蛋白质结构预测，建立起全新的基于三级结构的高通量蛋白质聚类方法，实现了脱氨酶功能结构的深入挖掘，鉴定到完全区别于已知脱氨工具酶的全新底盘元件（Huang et al.，2023），成功开发了一系列具有自主知识产权的新型碱基编辑工具。

5．基因组设计与合成 机器学习/深度学习极大地推动了我们设计和理解复杂生物系统的能力，特别是在指导生物功能元件设计方面（Tian et al.，2023；Goshisht，2024）。DNA 启动子是控制基因表达的一类关键元件，它决定了基因在何时何地以及以何种程度进行转录。在合成生物学领域，启动子的设计和合成是构建高效生物系统的基础。基于已深入了解的转录因子结合位点（TFBS）的序列和功能，许多研究人员试图通过改变 TFBS 基序的不同排列组合来设计全新的启动子，但此方法的效率却相对较低。基于 AI 的启动子表达强度模型，可以预测重组启动子元件的活性, 提高启动子的设计效率和准确率。清华大学研究团队提出了一种结合专家知识和 AI 的启动子设计方法 DeepSEED，由一个基于生成序列的条件生成对抗网络（cGAN）和一个用来预测生成序列活性的预测网络组成，将两个网络整合起来并采用遗传算法来不断优化序列活性，能够在大量数据的基础上高效探索 DNA 序列信息并用于启动子设计（Zhang et al.，2023c）。这种方法能够捕获启动子侧翼序列的隐含信息，可以生成变化倍数和启动子活性都比原始启动子高的序列。在植物领域，研究人员利用了具有 35S 增强子的启动子文库数据作为输入，启动子强度作为输出，通过卷积神经网络训练核心启动子强度预测模型，产生了在玉米和烟草系统中都有活性的启动子（Jores et al.，2021）。目前此类研究只局限在特定的几种植物底盘中，且元件的数量和类型还十分有限。

三、其他组学育种技术

（一）进化基因组学技术

进化基因组学是研究生物进化过程中基因组的动态变化和基因的变异，揭示生物类群的亲缘关系和进化规律的学科。随着测序新技术开发和基因组学方法进步，进化基因组学被用于物种间保守基因功能、生物育种等领域。例如，2023 年 *Science* 发布了一个 241 个哺乳动物物种的全基因组序列的比较分析专刊。该专刊解析了物种间遗传变异，利用进化基因组学可以解析与我们人类健康相关位点、疾病位点。物种间进化保守基因对维持物种正常生理功能是必要的，如果突变发生在这些基因上会导致疾病的产生降低适应性，即有害突变（Vignieri，2023）。对于在某一分枝物种或某个物种特异的基因，可能与该分枝或该物种特异性状的形成有关。高通量进化基因组学分析对于鉴定有害突变，以及适应性状和形态是非常重要的。无独有偶，我国科学家黄三文团队也在同期发表了由 100 份茄科及旋花科材料，共 92 个物种组成的第一份植物高通量全基因组水平的进化基因组结果（Wu et al.，2023c）。该研究构建了茄科全基因组系统发育树，并利用进化基因组学首次鉴定了马铃薯全基因组功能位点，随后结合马铃薯群体突变位点，构建了马铃薯全基因组有害突变二维图谱。根据该图谱提出了反直觉选择自交系的起始材料模型，在当代就可以预测 2～3 年后自交系构建结果，大幅提高自交系构建成功率，有望解决杂交马铃薯育种卡脖子问题，在更短时间内培育更多自交系及杂交品种。该依据适合所有自交衰退严重的物种的杂交育种亲本选育。同时，进化保守位点、有害突变位点可以拟合到全基因组预测模型中，提高模型的精确度。

（二）基于基因组重测序的转基因检测技术

利用转基因和基因编辑技术创制植物新品种时，一些外源基因片段（基因碎片）也可能会整合到植物的基因组内，造成“遗传污染”。由于现有的分子技术（主要为 PCR）无法有效检出这些基因碎片。针对这一生物育种关键技术难题，大量研究开展了通过高通量基因组测序进行检查的技术。目前该技术已可以准确和全面地检测外源基因碎片，品种安全保驾护航。例如，transgeneR（Meng，2018）、TDNAscan（Sun et al.，2019）和 FED（Liu et al.，2021c）等。这些方法可以针对特定的目标序列进行准确检测。大量研究表明，转基因或基因编辑植物中，除了靶基因转入外，质粒载体骨架片段也可以通过农杆菌介导或基因枪法无意地随机整合到转化植物基因组中，这些片段有可能引发潜在的生物安全问题。为了准确鉴定并定位这些非目标外源片段插入或位点变异，浙江大学舒庆尧教授团队与其他团队合作，开发了一款命名为“CTREP-finder”的在线服务平台（Wu et al.，2022d），只要输入作物样本的基因组重测序数据，2h 左右就可以得出上述外源 DNA 片段插入信息。

（三）基于基因组重测序的品种同质化评估技术

目前作物育种过程中品种同质化很严重。品种同质性的传统鉴定法测试周期过长，易受人为误差与外界环境因素影响。随后以 SSR、SNP 等为代表的分子标记为作物品种鉴定提供了相对稳定可靠的遗传背景依据。以水稻为例，已开发了大量 SNP 标记为基础的品种同质性检测技术。例如，张启发院士团队设计的 RiceSNP50（又称 Rice60K）探针（Chen et al.，2014）。目前已根据 SSR 与 SNP 分子标记进行品种审定的国家标准。以《水稻品种鉴定技术规程 SSR 标记法》（NY/T 1433—2014）为例，该标准基于不同品种水稻基因组 DNA 短串联重复次数差异，结合 PCR 与凝胶电泳实验进行品种比较与区分，通过样品间差异位点数是否大于 2 来判断两品种的同质性。《水稻品种真实性鉴定 SNP 标记法》（NY/T 2745—2021）基于 3 072 对标记对样本进行标记对应单核苷酸多态性差异进行检测，通过遗传相似度指标进行品种同质性判定。上述方法都是通过局部序列或基因型特征进行品种鉴定与分析，难以覆盖全基因组核苷酸差异，容易忽略对于品种同质性判别起决定性作用的位点或区域。为此，樊龙江团队建立了基于全基因组变异的品种同质性分析平台 VarietyFace。该平台首先进行了代表性品种品种内遗传变异评估，获得特定作物物种（如水稻）品种内遗传变异程度，由此作为临界值；同时收集了目前已测定的品种基因组序列作为基础数据集。如果某一品系与已知品种的遗传多态性小于该物种品种内遗传多态性，则表明其与已知品种具有明显同质化。

|第 15 章|

植物基因组数据资源

扫码见
本章彩图

第一节　综合性基因组数据资源

植物基因组数据资源包括植物基因组及其他组学数据，它们一般被储存在公共核苷酸序列数据库、植物基因组数据库、特定物种基因组数据库和一些专业组学数据库中。

一、国际门户网站及其基因组相关数据库

（一）国际主要核苷酸序列数据库

目前国际上有 4 个主要的核苷酸序列数据库，包括欧洲分子生物学实验室-欧洲生物信息研究所（European Molecular Biology Laboratory-European Bioinformatics Institute，EMBL-EBI）维护的核苷酸归档库（European Nucleotide Archive，ENA）、美国国家生物技术信息中心（National Center for Biotechnology Information，NCBI）的 GenBank、日本 DNA 数据库 DDBJ（DNA Data Bank of Japan），以及中国国家生物信息中心（China National Center for Bioinformation，CNCB）的组学原始数据归档库（Genome Sequence Archive，GSA）数据库（表 15-1）。其中前 3 个数据库在 20 世纪 80 年代合作建立了国际核苷酸序列数据库合作联盟（International Nucleotide Sequence Database Collaboration，INSDC，http://www.insdc.org），联盟内每天进行数据交换，所以这三家数据库在任何给定时间均包含相同的数据。中国国家生物信息中心旨在建立生命与健康大数据汇交存储、安全管理、开放共享与整合挖掘研究体系，已建设形成多维生物数据资源体系及其数据共享平台，其组学原始数据归档库（GSA）成为继 GenBank、ENA、DDBJ 之后的第四个核苷酸序列公共数据库，得到国际社会广泛关注和 CNS 等主流刊物的认可。上述这些数据库均包括来自植物的所有核苷酸序列或基因组序列。

表 15-1　基因组序列相关综合性数据库

类别	数据库	网址
综合性门户网站	NCBI	http://www.ncbi.nlm.nih.gov
	EMBL-EBI	http://www.ebi.ac.uk
	CNCB	https://www.cncb.ac.cn
核苷酸序列数据库	GenBank	http://www.ncbi.nlm.nih.gov/genbank
	ENA	http://www.ebi.ac.uk/ena
	DDBJ	http://www.ddbj.nig.ac.jp
	GSA	https://ngdc.cncb.ac.cn/gsa

（二）基因组相关数据库

综合性门户网站往往包含大量基因组相关数据及其注释信息。NCBI 除了维护公共核苷酸数据库 GenBank 外，还包含很多具有特定功能的相关数据库。例如，①RefSeq 数据库：会对基因组、转录组、蛋白组的参考序列按照物种进行定期整理，去除冗余注释，为 NCBI 其他特定功能数据提供数据支持；②Genome 数据库：可以实现对基因组序列注释数据的获取，以及组装和注释的基本信息的浏览；③Gene 数据库：不但可以获取一些基因记录的基本注释如命名、物种、功能、参考序列、变异、文献等，还可以获得整合自 BioGrid、STRING 及 IntAct 等数据库的基因与基因、基因与蛋白、基因与 mRNA 的互作信息；④Protein 数据库：整合了不同来源的蛋白序列，包括 GenBank、RefSeq 和 TPA 编码序列翻译来的蛋白序列，以及来自 SwissProt、PIR、PRF 和 PDB 的记录；⑤GEO DataSets 数据库：储存了基因组水平基因表达数据。除了特定功能的数据库，NCBI 还开发了许多有用的在线分析工具，其中最有名的就是 BLAST，几乎已经成了序列比对的代名词，现在已经衍生出许多类型和版本的 BLAST 相关软件，可以用于在数据库中搜索生物序列的同源序列；MAP Viewer 则是 NCBI 开发出的基因组浏览器，可以用来查看基因所处的基因组位置及其他相关的信息；Primer-BLAST 被用来设计引物和检查引物与目标序列的特异性；COBALT 是用于多序列比对和分析的工具，有助于理解蛋白质序列之间的保守性和进化关系。

与 NCBI 相对应的另一大综合性门户网站 EMBL-EBI，同样囊括了庞大的基因组相关子数据库和在线工具。其中最有名的子库当属广为人知的 Ensembl 数据库，提供了大量物种参考基因组及相关注释并提供基因组浏览器等工具。另外还有高质量蛋白数据库 Swiss-Prot；不同物种间不同生物学条件下的基因组表达数据库 Expression Atlas；重要功能域数据库，如 PFAM、RFAM、PRIDE 等。EMBL-EBI 同样也开发了许多重要、好用的在线生物信息学工具。例如，与 BLAST 相对应的 HMMER 可以基于隐马尔可夫模型用于同源蛋白的快速搜索，已经广泛应用于生物学研究；InterProScan 可以利用各类主流数据库蛋白标签用于预测蛋白功能，等等。

我国作为国际基因组数据产出大国之一，中国科学院北京基因组研究所（Beijing Institute of Genomics，BIG）于 2016 年建立了生命与健康大数据中心（BIG Data Center），2019 年 6 月该中心批复成为国家基因组科学数据中心（National Genomics Data Center，NGDC），2019 年 11 月在 BIG 上批复加挂国家生物信息中心（CNCB）（图 15-1）。截至目前，CNCB 已建立覆盖基因组、变异组、转录组、表观组等多组学数据资源平台。例如，基因组变异图谱数据库（Genome Variation Map，GVM）囊括了人类基因组、主要栽培植物，以及驯化动物的 SNP、Indel 等变异；组学原始数据归档库（Genome Sequence Archive，GSA）是组学原始数据汇交、存储、管理与共享系统，是国内首个被国际期刊认可的组学数据发布平台，目前已整合 INSDC 组学数据，提供统一检索、数据下载及数据导向服务；而人类遗传资源组学原始数据归档库（GSA-Human）是 GSA 的子库，专用于人类遗传资源相关组学数据的归档；基因组数据库（Genome Warehouse，GWH）是面向多物种全基因组数据的公共归档数据库，为基因组数据汇交、存储、释放和共享提供一系列在线服务；基因表达数据库（Gene Expression Nebulas，GEN）汇集了来自多个物种的不同条件下的转录组数据，包括基于常规 RNA 测序和单细胞 RNA 测序分析得出的基因表达谱信息。另外，还建立了植物 RNA 编辑体数据库（Plant Editosome Database，PED）、植物影像归档库（Open Plant Image Archive，OPIA）、热带作物组学数据库（Tropical Crop Omics Database，TCOD）、大豆多组学数据库（SoyOmics）、内参基因数据库（Internal Control Genes）、人类长非编码 RNA 数据库（LncBook）、DNA 甲基化数据库（MethBank）等专门数据库。

图 **15-1** 中国国家生物信息中心主页（部分）（**https://www.cncb.ac.cn**）

除了以上三大综合性数据库之外，还有一些综合性基因组数据库。例如，美国能源部联合基因组研究所（JGI）建立了基因组数据库 JGI Genome Portal。该数据库是由基因组在线数据库 GOLD（Genomes OnLine Database）、微生物基因组及宏基因组综合数据库 IMG/M （Intergrated Microbial Genomes and Metagenomes）、真菌综合基因组数据库 MycoCosm，以及植物综合基因组数据库 Phytozome 组成。

二、植物基因组数据库

（一）植物基因组综合性数据库

目前植物基因组综合数据库主要包括 Phytozome、Ensembl Plants、PlantGDB、Gramene、PLAZA 及 N3 等（表 15-2）。这些数据库囊括了目前已经发表的大部分植物基因组的信息，包括基因组序列和注释信息等，以及简单的序列搜索比对功能、比较基因组学功能和基因组大小估计等，并且能够实时更新。Phytozome 数据库是目前植物基因组学中数据最全的一个数据，在 Phytozome V13 的版本中，共有 375 个拼接并被注释的基因组，而且 Phytozome 数据库中所有基因都已经经过 KOG、KEGG、ENZYME、Pathway 及 InterPro 蛋白家族分析的注释，所有的基因组和注释都按照界、门、纲、目、科、属、种这样严谨的物种分类进行排列，可以说是最全面的植物综合数据库。Gramene 数据库最近的更新（release #67）当中共有 128 个植物参考基因组；Ensembl Plants 与 Gramene 有着直接的合作关系，保持数据的互通，同样也包括 128 个植物参考参考基因组。另外 4 个数据库则更偏重比较植物基因组学相关功能。由此可见，几个数据库各有优点，在具体使用过程中可以互相弥补。值得注意的是，在对具体植物基因组下载及使用时，一定要注意植物基因组拼接序列和注释版本的一致性，以免出现麻烦。

表 15-2　主要植物基因组数据库

类别	数据库	网址
基因组综合型数据库	Phytozome	https://phytozome.jgi.doe.gov/pz/portal.html
	Ensembl Plants	http://plants.ensembl.org/index.html
	PlantGDB	http://www.plantgdb.org/
	Gramene	http://www.gramene.org/
	PLAZA	https://bioinformatics.psb.ugent.be/plaza/
	Plant DNA C-values Database	https://cvalues.science.kew.org/
	CoGe	http://genomevolution.org/CoGe/
	N3: Plants | Genomes | Technologies	http://ibi.zju.edu.cn/N3database/
植物细胞器基因组相关数据库	NCBI Organelle	https://www.ncbi.nlm.nih.gov/genome/organelle/
	PODB	http://podb.nibb.ac.jp/Organellome/
	GeSeq	https://chlorobox.mpimp-golm.mpg.de/geseq.html
	CGIR	https://ngdc.cncb.ac.cn/cgir/
	CpGDB	https://www.gndu.ac.in/CpGDB/

为了更好地呈现植物基因组测序情况及其相关信息，编者团队建立了 N3（Plants|Genomes|Technologies）数据库，收集了至今发表的来自 1 575 个物种的 3 517 个高质量植物基因组（截至 2023 年 12 月 31 日），并提供了关于这些基因组或物种的分析结果（如物种倍性、拼装软件、测序平台、拼接质量等）（图 15-2）。

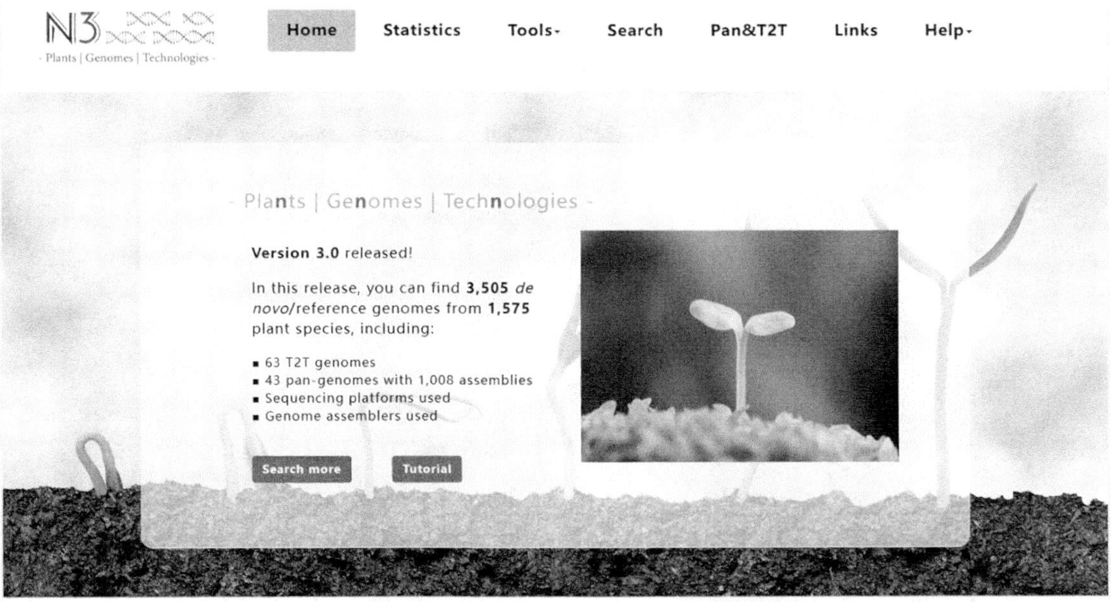

图 15-2　植物基因组数据库 N3（**Plants | Genomes | Technologies**）主页（部分）

在植物基因组中，除了核基因组之外，还有线粒体和叶绿体基因组。NCBI 的细胞器数据库 Organelle 是目前最全的细胞器基因组数据库，其中共 3 020 个植物细胞器条目，包括 402 个叶绿体条目、2 514 个线粒体条目及 104 个质粒条目（表 15-2）。植物细胞器数据库 PODB（Plant

Organelles Database）对植物细胞器研究进行了总结综合，包括植物细胞器基因组数据、植物细胞器显微图像、植物细胞器影响、植物细胞器受刺激后变化影响、植物细胞器研究协议，以及相关功能分析等；GeSeq 则是可以用于植物细胞器基因组注释的在线工具，尤其适用于植物叶绿体基因组。其他在线工具还包括叶绿体基因组拼装软件 GetOrganelle、叶绿体基因组注释工具 CPGAVAS2、叶绿体基因组圈图绘制工具 OGDRAW、线粒体基因组自动注释工具 MFannot、植物线粒体和叶绿体的在线基因注释工具 DOGMA 等。

（二）单个物种基因组数据库

单个物种基因组数据库可以提供该物种全面的基因组序列信息，涵盖了其基因组的编码区域、非编码区域和重要功能元件等信息。这些数据中通常包括基因组序列的组装拼接版本、基因的注释信息，以及基因之间的相互关系和调控网络等。此外，一些单个物种数据库资源还可以提供与其他物种基因组的比较分析数据。表 15-3 提供了主要植物物种的基因组相关数据库资源，除了模式植物拟南芥，还包括了水稻、小麦、玉米等七大粮油作物，番茄、马铃薯、黄瓜、辣椒等蔬菜，柑橘、香蕉、蝴蝶兰、康乃馨等林果花草等，旨在促进这些物种基因组数据资源的充分利用。

表 15-3 单个植物物种基因组相关数据库

物种	数据库	网址
拟南芥	TAIR	https://www.arabidopsis.org
	1001 Genomes	https://1001genomes.org
	Araport	https://araport.org
	AtGDB	http://plantgdb.org/AtGDB/
	ABRC	https://abrc.osu.edu/
水稻	RAP-DB	https://rapdb.dna.affrc.go.jp/
	MSU-RGAP	http://rice.plantbiology.msu.edu/
	IC4R	https://ngdc.cncb.ac.cn/ic4r/
	RPAN	http://cgm.sjtu.edu.cn/3kricedb
	RIS	http://rise2.genomics.org.cn/page/rice/index.jsp
	eRice	http://www.elabcaas.cn/rice/index.html
	SNP-Seek	http://snp-seek.irri.org
	RiceVarMap2	http://ricevarmap.ncpgr.cn/
	OryzaGenome2	http://viewer.shigen.info/oryzagenome2detail/index.xhtml
	Oryzabase	https://shigen.nig.ac.jp/rice/oryzabase/
	RiceRelativesGD	http://ibi.zju.edu.cn/ricerelativesgd/
玉米	MaizeGDB	https://maizegdb.org/
	MODEM	http://modem.hzau.edu.cn/
	TEDB	http://www.genomics.purdue.edu/~maize/
小麦	IWGSC	https://wheatgenome.org
	WheatGenome	http://wheatgenome.info/
	GrainGenes	https://wheat.pw.usda.gov/GG3/
	Wheat Genomics	http://www.cerealsdb.uk.net/cerealgenomics/

续表

物种		数据库	网址
大豆		Phytozome v13	https://phytozome-next.jgi.doe.gov/
		SoyBase	https://www.soybase.org
		SoyKB	https://www.soykb.org
		SoyOmics	https://ngdc.cncb.ac.cn/soyomics/
棉花		Cottongen	https://www.cottongen.org
		CottonFGD	https://cottonfgd.net/
油菜		BRAD	http://www.brassicadb.cn/
		Brassibase	https://brassibase.cos.uni-heidelberg.de/
		Brassica.info	https://www.brassica.info/
		Brassica Genome Browser	http://appliedbioinformatics.com.au/cgi-bin/gb2/gbrowse/XA/
蔬菜	茄科	Sol Genomics Network	https://solgenomics.net/organism/solanum_lycopersicum/genome
	番茄	TOMATOMICS	http://bioinf.mind.meiji.ac.jp/tomatomics/
		KaTomicsDB	http://www.kazusa.or.jp/tomato/
	马铃薯	Spud DB	http://potato.plantbiology.msu.edu/
		PoMaMo Database	http://www.gabipd.org/projects/Pomamo/
	黄瓜	CuGenDBv2	http://cucurbitgenomics.org/
	甜瓜	Melonomics	http://www.melonomics.net/
	茄子	Eggplant Genome DataBase	http://eggplant.kazusa.or.jp/
	萝卜	Raphanus sativus Genome DataBase (RGD)	http://radish.kazusa.or.jp
		RadishBase	http://bioinfo.bti.cornell.edu/cgi-bin/radish/index.cgi
		RadishDB	http://radish.plantbiology.msu.edu/index.php/Main_Page
		Radish Genome Database	http://www.radish-genome.org/
		NODAI Radish Genome Database	http://www.nodai-genome.org/
	辣椒	Pepper Genome Database	http://ted.bti.cornell.edu/cgi-bin/pepper/index
		Pepper Genome Platform(PGP)	http://peppergenome.snu.ac.kr/
林果花草	蔷薇科	Genome Database for Rosaceae (GDR)	https://www.rosaceae.org/
	越橘属	genome database for vaccinium (GDV)	https://www.vaccinium.org/
	柑橘属	CPBD	http://citrus.hzau.edu.cn/index.php
		Citrus Genome	https://www.citrusgenomedb.org/
	杜鹃花属	Rhododendron Plant Genome Database (RPGD)	http://bioinfor.kib.ac.cn/RPGD/
	香蕉	Banana Genome Hub	https://banana-genome-hub.southgreen.fr/
	梨	Pear Genome	http://peargenome.njau.edu.cn/
	莲	Nelumbo Genome Database	http://nelumbo.cngb.org/nelumbo/
	羽扇豆	Lupin Genome Portal	http://www.lupinexpress.org/
	康乃馨	Carnation DB	http://carnation.kazusa.or.jp/

续表

物种		数据库	网址
林果花草	蝴蝶兰	Orchidstra 2.0	http://orchidstra2.abrc.sinica.edu.tw/orchidstra2/index.php
	长春花	Medicinal Plant Genomics Resource	http://www.medicinalplantgenomics.msu.edu
	风铃木	Hardwood Genomics Project (HGP)	http://www.fagaceae.org/
	稗草	RiceRelativesGD	http://ibi.zju.edu.cn/ricerelativesgd/
非维管束植物		AlgaeBase	http://www.algaebase.org/
		SAGER	http://sampgr.org.cn/
		PCCCB Database	http://phycology.cn/database/

（三）植物群体基因组数据库

植物自然群体和作物群体均包含着大量的遗传变异。目前一般通过全基因组重测序进行遗传变异鉴定，如 SNP、Indel、CNV、SV 等变异信息。目前已经有相当数量的群体基因组相关公共数据库。基因组变异图谱数据库 GVM（Genome Variation Map），除人类、动物相关物种之外，主要提供了 12 个栽培植物物种，其中水稻、玉米和大豆 3 个物种还提供了表型与基因型关联信息（表 15-4）。植物领域已开展了不少大规模群体基因组测序项目，如国际拟南芥 1001 基因组项目（The 1001 Genomes Project）及水稻 3K（3 000 个）基因组项目等。基于水稻 3K 基因组数据建立了数个水稻群体基因组数据库，如 RPAN、Rice SNP-seek、水稻变异信息数据库、RiceVarMap、水稻综合变异信息数据库等。其中，水稻泛基因组 RPAN 数据库（http://cgm.sjtu.edu.cn/3kricedb/）提供了大量遗传变异信息。植物群体数据也可以用来预测植物种群历史，如在线植物种群数据库 COMPADREV4.0，它构建了植物种群矩阵模型，预测了 695 个植物物种种群的变化。除了针对单个物种群体基因组，也可以利用每个植物物种基因组，建立整个植物界物种之间的进化关系和比较基因组学信息。例如，Timetree 可以非常方便地查询到数个物种之间的进化关系、分化时间等，同时还提供了各个植物入门级别的进化描述电子书、各类进化资源及其研究等，为研究物种进化的工作者们提供了很大帮助；Angiosperm Phylogeny Website 提供了被子植物的进化关系和相关信息；plaBiPD 提供了所有发表植物基因组的时间轴，同时还按照开花植物和不开花植物对所有植物基因组按照科属种进行分类。

表 15-4　植物群体基因组相关数据库

数据库	网址
GVM	https://ngdc.cncb.ac.cn/gvm/
COMPADRE	https://www.compadre-db.org/
RPAN	http://cgm.sjtu.edu.cn/3kricedb/
Rice SNP-seek	http://snp-seek.irri.org/
RiceVarMap	http://ricevarmap.ncpgr.cn/v2/
Angiosperm Phylogeny Website	http://www.mobot.org/MOBOT/research/APweb/welcome.html
Timetree	http://www.timetree.org/
plaBiPD	http://www.plabipd.de/
GreenPhylDB	http://www.greenphyl.org/cgi-bin/index.cgi
Phylogeny.fr	http://phylogeny.lirmm.fr/phylo_cgi/index.cgi
ITOL	https://itol.embl.de/

在对植物群体数据进行分析的时候，除了利用本地软件进行处理之外，很多在线的工具资源也十分必要（表 15-4）。例如，PIECE 和 GreenPhylDB 均提供了数十个植物物种基因家族的比较和进化分析，而 Phylogeny.fr 则开发了一个很好的多功能进化分析平台，囊括大部分已知的群体进化分析基础软件，ITOL 则是在进化树构建和美化方面广为人知。

第二节 植物转录与修饰相关数据资源

一、植物转录组相关数据库

（一）转录组相关数据

目前已产生了大量植物转录组测序数据，包括常规组织水平转录组测序（bulk RNA-Seq）和单细胞转录组测序（single-cell RNA-Seq，scRNA-Seq）数据。

在遗传学中，表达序列标签（expressed sequence tag，EST）是 cDNA 序列从 5′ 端或 3′ 端测序得到的一段 cDNA 序列。EST 可以被用于鉴定基因转录本，同时在基因挖掘和基因位置定位中起到重要作用。在 NGS 还未出现之前，已产生了大量 EST 数据，目前 NCBI dbES 数据库（www.ncbi.nlm.nih.gov/dbEST/）中有超过 7.42 亿条 EST 条目，是目前科研工作者获取 EST 数据的最主要渠道。

高通量基因表达测定技术（如基因芯片）和全转录组测序技术（DGE、RNA-Seq 等）为揭示植物在某个特定时期基因是否表达和表达丰度提供了最重要技术。目前在公共基因组表达数据资源中，NCBI 的子数据库 GEO（Gene Expression Omnibus）是最大也是最全面的，包括芯片和高通量测序数据（表 15-5）。GEO 由数据集组“Datasets”和表达谱“Profiles”两大部分组成。数据集组由所提交样本中有生物学意义和在统计学上可比较的数据集组成，而表达谱则是存储了来自数据集组中的基因表达谱信息。同时 GEO 还提供了搜索、样本比较、聚类等一系列表达分析工具。

表 15-5 植物转录相关数据资源

类别	数据库	网址
转录组	GEO	https://www.ncbi.nlm.nih.gov/geo/
	Expression Atlas	https://www.ebi.ac.uk/gxa/home
	SCEA (Single Cell Expression Atlas)	https://www.ebi.ac.uk/gxa/sc/home
	PLEXdb	https://plexdb.org/
	ATTED-Ⅱ	http://atted.jp
	GENEVESTIGATOR	https://genevestigator.com/
	PlantExpress	http://plantomics.mind.meiji.ac.jp/PlantExpress/
	MODOMICS	https://iimcb.genesilico.pl/modomics/
	Rfam	http://rfam.xfam.org
	RNALocate	http://www.rna-society.org/rnalocate/

续表

类别	数据库	网址
非编码 RNA	miRBase	http://www.mirbase.org
	PmiRKB	http://bis.zju.edu.cn/pmirkb/
	PMRD	http://bioinformatics.cau.edu.cn/PMRD/
	PlanTE-MIR DB	http://bioinfo-tool.cp.utfpr.edu.br/plantemirdb/
	miRTarBase	https://mirtarbase.cuhk.edu.cn/~miRTarBase/miRTarBase_2022/php/index.php
	TAPIR	http://bioinformatics.psb.ugent.be/webtools/tapir/
	psRNATarget	https://www.zhaolab.org/psRNATarget/
	Semirna	http://www.bioinfocabd.upo.es/semirna/
	spongeScan	http://spongescan.rc.ufl.edu
	NONCODE	http://www.noncode.org
	GREENC	http://greenc.sequentiabiotech.com/wiki2/Main_Page
	PNRD	http://structuralbiology.cau.edu.cn/PNRD/
	CANTATAdb	http://yeti.amu.edu.pl/CANTATA
	PceRBase	http://bis.zju.edu.cn/pcernadb/
	PlantcircBase	http://ibi.zju.edu.cn/plantcircbase
转录因子	PlantTFDB	http://planttfdb.cbi.pku.edu.cn
	GrassTFDB	www.grassius.org
	PlantTFcat	https://www.zhaolab.org/PlantTFcat/
	PlantRegMap	https://plantregmap.gao-lab.org

相对于 GEO 数据库的巨大规模而言，PLEXdb（Plant Expression Database）侧重于数量有限的植物和植物病原体表达数据，通过整合包括 GEO、Gramene、Phytozome、TAIR、MaizeGDB、SoyBase 等一系列专业数据库中的表达数据，提供了目前包含的 14 个植物物种更加综合精细的注释，同时提供包括数据提交、浏览和分析数据、指定基因列表分析等模块的功能表。此外，EMBL-EBI 的 Expression Atlas 数据库提供了 6 个植物物种的表达数据和分析，同时也收录了植物单细胞表达数据（SCEA 数据库，目前收录了来自 4 个植物物种的 scRNA-Seq 数据）；而 PlantExpress 数据库则针对水稻和拟南芥两个模式物种建立了基因表达网络分析平台。日本科学家构建的植物共表达数据库 ATTED-Ⅱ为植物中未知功能基因的关系提供了依据。该数据库利用独立的芯片数据和 RNA-Seq 数据证明了共表达分析的可重复性和表达数据的可靠性，说明基于转录组数据的基因共表达网络具有一定的生物学意义。目前 ATTED-Ⅱ数据库共提供 9 种植物的 16 个共表达分析平台结果和可视化等一系列功能。在线转录组分析工具 GENEVESTIGATOR 功能全面，目前共包含来自 11 个植物的超过 24 000 个芯片和 RNA-Seq 数据样本，可以通过基因搜索、分层聚类、共表达分析、功能富集等系列在线工具，实现在单个实验中查找关键基因，鉴定影响目标基因的环境影响因素和不同环境下的表达模式分析等。GENEVESTIGATOR 分为基础版、付费版和企业版，目前付费版只提供 7d 试用期，免费的基础版则功能有限。

除了上述表达相关的在线资源之外，还有一些其他功能的在线资源（表 15-5），如 MODOMICS 是 RNA 修饰相关在线数据库，Rfam 是 RNA 功能注释在线数据库，RNALocate 是 RNA 在细胞定位在线数据库等。

（二）非编码 RNA 数据库

真核生物基因组中编码了数以千计的非编码 RNA（ncRNA），这些非编码 RNA 在基因表达的转录及转录后的调控中发挥了重要作用，小 RNA（如 miRNA）和长非编码 RNA（lncRNA）尤其重要。以下对植物以 miRNA 和 lncRNA 为主的 ncRNA 在线数据资源进行总结（表 15-5）。

目前已经有相当数量的 miRNA 数据库。例如，miRBase 包括各类生物的 miRNA 数据，其中收录了来自 271 个植物物种的 miRNA 基因（Release v22.1，2019），包括 miRNA 序列及相关注释信息；Rfam 数据库提供了基于同源关系的 ncRNA 功能注释；PmiRKB（Plant MicroRNA Knowledge Base）数据库和 PMRD（Plant MicroRNA Database）是植物的专业 miRNA 数据库。还有一些植物 miRNA 特定功能数据库，例如，miRTarBase 为 miRNA 靶向互作数据库，PlanTE-MIR DB 为转座子相关植物 miRNA 数据库，而 PASmiR 则是与逆境调节相关植物 miRNA 数据库。除了 miRNA 在线数据库，还有一些 miRNA 在线分析工具，如最常见的 miRNA 鉴定在线工具 psRNATarget、TAPIR 和 Semirna；鉴定 miRNA 海绵结构的 spongeScan；鉴定 RNA 基序的 RegRNA。NONCODE 和 lncRNAdb 是目前主要的 lncRNA 综合数据库，其中 NONCODE v6.0 囊括了 39 个物种的 lncRNA，包括 16 种动物和 23 种植物，而 RNAcentral v22 储存有 34 387 991 条非编码 RNA 序列和超过 2 200 万个二级结构。目前也建立了数个植物专业 lncRNA 数据库，如 PNRD 数据库（包含 166 个植物物种）及 CANTATA 数据库（v2.0，36 个植物物种）等。除了 miRNA 和 lncRNA 在线数据资源外，还有一些植物其他类型 ncRNA 数据资源，如植物环形 RNA 数据库 plantcircBase、植物竞争性内源 RNA 数据库 PceRBase 等。

（三）转录因子数据库

植物基因组有 7%的编码序列为转录因子（transcription factor，TF），一定程度上说明了转录调控的复杂性（Udvardi et al.，2007）。最近数十年间开展了大量 TF 在生物途径中的作用相关研究，通过多层次数据搜索鉴定 TF 的数据库及其在线工具应运而生（表 15-5）。通常 TF 相关数据库会根据 TF 的“DNA-binding domain”、“auxiliary domain”及“forbidden domain”这三大类功能域具体特征进行家族划分（Hakeem et al.，2017）。目前共发现 58 个植物 TF 家族在绿色植物中是保守的。目前许多植物综合数据库均包含检索 TF 的功能，如 Phytozome 13 和 PLAZA 5.0，可以从多个层次搜索 TF，包括关键词搜索、TF 家族搜索、TF 基因序列搜索等。而除了综合数据库，许多转录因子专业数据库也大量出现，如两个主要植物转录因子数据库 PlantTFDB 和 PlnTFDB。PlantTFDB 5.0 收录了来自 165 个植物物种的超过 32 万个转录因子。另外，还有不同类型植物的转录因子数据库，如林木转录因子数据库 TreeTFDB、草本转录因子数据库 GrassTFDB、以藻类和苔藓为主的转录因子数据库 PlanTAPD 及拟南芥转录因子数据库 AtTFDB。在线工具 PlantTFcat 提供针对植物转录因子、转录调节因子（transcriptional regulator，TR）和染色质调节因子（chromatin regulator，CR）的在线分析。

二、植物基因组表观遗传修饰相关数据库

植物表观遗传学的在线数据库资源相对有限。成立于 2010 年的植物表观组学国际协作组织（Epigenomics of Plants International Consortium，EPIC），其建立的数据库提供了关于植物表

观遗传学的一些整合的资源，包括植物表观遗传在线资源、实验规程（protocol）、教学材料等（表 15-6）。2018 年建立的植物染色质状态数据库（Plant Chromatin State Database，PCSD）包括了来自 3 个植物物种（拟南芥、水稻和玉米）的超过 21 万个表观遗传学数据集，主要提供了 3 个植物的染色质状态（chromatin state）分析、自组织映射图谱（self-organization mapping，SOM）分析等结果。这些分析结果通过 UCSC 基因组浏览器进行可视化展示，同时可以对不同组织 SOM 图谱作比较来对表观遗传修饰标记进行研究，通过多物种染色质状态数据比较研究，更有利于发现植物染色质可能存在的保守性及其功能。其他还包括 EpiDiverse、Planteome 及 EPIC-CoGe 等相关数据库（表 15-6），其中 EpiDiverse 数据库主要包括植物的表观遗传学和表观组学数据，包括多种植物的甲基化和组蛋白修饰数据。另外，基因组甲基化是基因组表观遗传学研究的主要内容，因此也建立了一些基因组甲基化的专门数据库，如 RMBase、RMVar、EWAS Data Hub 及 MethBank。其中 MethBank 是一个非常全面的甲基化数据库，集成了各种物种的共有参考甲基化组（CRM）、全基因组单碱基分辨率甲基化组（SRM）、DNA 和 RNA 甲基化工具（MeTools），以及表观基因组范围关联研究（EWAS），并提供了甲基化数据可视化的交互式浏览器。

表 15-6 植物表观遗传修饰相关数据库

数据库	网址
PCSD	http://systemsbiology.cau.edu.cn/chromstates/
EPIC-CoGe	http://genomevolution.org/r/939v
EpiDiverse	https://www.epidiverse.eu/
Planteome	https://planteome.org/
RMBase	https://rna.sysu.edu.cn/rmbase/
RMVar	https://rmvar.renlab.org/
EWAS Data Hub	https://ngdc.cncb.ac.cn/ewas/datahub
MethBank	https://ngdc.cncb.ac.cn/methbank/

三、植物多组学数据库

植物多组学数据库涵盖了基因组学、转录组学、表观遗传学和蛋白质组学等多个层面的数据，包括基因组序列、基因表达、蛋白质组成和功能、甲基化和组蛋白修饰等信息。这些数据资源对于理解植物基因功能、适应性进化、植物生长发育、抗逆性等方面具有重要意义。主要的植物多组学数据库还提供了数据分析工具和可视化界面，帮助研究人员在不同层面上对植物基因组进行研究和解析。这些数据库的整合和共享使得植物多组学研究更加高效和全面，为植物科学和相关领域的研究提供了重要的支持和平台。中国国家生物信息中心建立的多元数据归档库（Open Archive for Miscellaneous Data，OMIX），收录涵盖转录组、表观组、脂质组、代谢组、蛋白质组等在内的功能基因组学数据，目前该归档库已储存了超过 69.26Tb 的数据，分别来自 2 299 个项目。单个物种的多组学数据库近年来成为了基因组研究领域的热点（表 15-7），例如，CottonMD 是一个系统和全面的棉花多组学数据库；玉米属综合数据库 ZEAMAP 可以完成玉米大数据的高度集成，实现快速检索和智能分析。

表 15-7　植物多组学数据库

数据库	网址
OMIX	https://ngdc.cncb.ac.cn/omix/
Omics discovery index	https://www.omicsdi.org
eRice	http://www.elabcaas.cn/rice/index.html
Teabase	https://teabase.ynau.edu.cn/
CottonMD	https://yanglab.hzau.edu.cn/CottonMD/
ZEAMAP	http://www.zeamap.com/
BnIR	http://yanglab.hzau.edu.cn/BnIR

主要参考文献

樊龙江．2024．单细胞组学基础［M］．北京：科学出版社．

余泓，白世伟，李家洋．2024．迈向育种 5.0：智能品种的智能培育［J］．科学通报，69（32）：4687-4690．

Chen L, Lan T, Zhang S, et al. 2024. A designer synthetic chromosome fragment functions in moss [J]. Nature Plants, 10 (2): 228-239.

Chen Z, Bu Q, Liu G, et al. 2023b. Genomic decoding of breeding history to guide breeding-by-design in rice [J]. National Science Review, 10 (5): nwad029.

Deng L, Zhou Q, Zhou J, et al. 2023. 3D organization of regulatory elements for transcriptional regulation in *Arabidopsis* [J]. Genome Biology, 24 (1): 181.

Dewar JM, Walter JC. 2017. Mechanisms of DNA replication termination [J]. Nature Reviews Molecular Cell Biology, 18 (8): 507-516.

Goodstein DM, Shu S, Howson R, et al. 2012. Phytozome: a comparative platform for green plant genomics [J]. Nucleic Acids Research, 40 (D1): D1178-D1186.

Jiang B, Gao L, Wang H, et al. 2024. Characterization and heterologous reconstitution of *Taxus* biosynthetic enzymes leading to baccatin III [J]. Science, 383 (6683): 622-629.

Kalvari I, Nawrocki EP, Ontiveros-Palacios N, et al. 2021. Rfam 14: expanded coverage of metagenomic, viral and microRNA families [J]. Nucleic Acids Research, 49 (D1): D192-D200.

Li H, Ribaut JM, Li Z, Wang J. 2008. Inclusive Composite Interval Mapping (ICIM) for digenic epistasis of quantitative traits in biparental populations [J]. Theoretical and Applied Genetics, 116 (2): 243-260.

Lucibelli F, Valoroso MC, Aceto S. 2022. Plant DNA methylation: an epigenetic mark in development, environmental interactions, and evolution [J]. International Journal of Molecular Sciences, 23 (15): 8299.

Mascher M. 2019. Genebank genomics bridges the gap between the conservation of crop diversity and plant breeding [J]. Nature Genetics, 51: 6.

Mo Y, Jiao Y. 2022. Advances and applications of single-cell omics technologies in plant research [J]. Plant Journal, 110 (6): 1551-1563.

Ouyang W, Xiong D, Li G, et al. 2020. Unraveling the 3D genome architecture in plants: present and future [J]. Molecular Plant, 13 (12): 1676-1693.

Quiroz D, Lensink M, Kliebenstein DJ, et al. 2023. Causes of mutation rate variability in plant genomes [J]. Annual Review of Plant Biology, 74: 751-775.

Varshney RK, Bohra A, Yu J, et al. 2021. Designing future crops: genomics-assisted breeding comes of age. Trends in Plant Science, 26: 631-649.

Wang H, Wang Z, Chen K, et al. 2023. Insights into the missing apiosylation step in flavonoid apiosides biosynthesis of Leguminosae plants [J]. Nature Communications, 14: 6658.

Xie L, Gong X, Yang K, et al. 2024. Technology-enabled great leap in deciphering plant genomes [J]. Nature Plants, 10 (4): 551-556.

Zhang H, Lang Z, Zhu JK. 2018a. Dynamics and function of DNA methylation in plants [J]. Nature Reviews Molecular Cell Biology, 19 (8): 489-506.

Zhang Y, Li G. 2020. Advances in technologies for 3D genomics research [J]. Science China Life Sciences, 63 (6): 811-824.

Zhuang J, Zhang Y, Zhou C, et al. 2024. Dynamics of extrachromosomal circular DNA in rice [J]. Nature Communications, 15 (1): 2413.

扫二维码可见全书
完整参考文献